전문적 원예치료의 실제

Practice of Professional Horticultural Therapy

저자 약력

손 기 철 박사
건국대학교 상허생명과학대학 명예교수

조 문 경 박사
해븐리병원 인지중재치료실장

송 종 은 박사
경남과학기술대학교 원예과학과 강사

김 수 연 박사
건국대학교 미래지식교육원 강사

이 손 선 박사
(사)한국원예치료복지협회 회장

전문적 원예치료의 실제

1판 1쇄 펴낸날 2006년 9월 5일
1판 9쇄 펴낸날 2021년 3월 5일

지은이 손기철 · 조문경 · 송종은 · 김수연 · 이손선
펴낸이 전영재
펴낸곳 쿠북 (건국대학교출판부의 패밀리 브랜드입니다.)
등록 / 제 4-3 호(1971. 6. 21)
주소 / 05029, 서울시 광진구 능동로 120 건국대학교 출판부
전화 / (02) 450-3891~3
팩스 / (02) 457-7202
홈페이지 / http://press.konkuk.ac.kr
e-mail / press@konkuk.ac.kr

책임편집 박명희

본문삽화 공수진

찍은곳 ㈜동화인쇄공사

정가 15,000 원

ISBN 978-89-7107-449-7 93500

이 도서의 국립중앙도서관 출판시도서목록(CIP)은 서지정보유통지원시스템 홈페이지(http://seoji.nl.go.kr)와 국가자료공동목록시스템(http://www.nl.go.kr/kolisnet)에서 이용하실 수 있습니다.(CIP제어번호: CIP2006001849)

전문적 원예치료의 실제

손기철 · 조문경 · 송종은
김수연 · 이손선 공저

쿠북

강 좌우 가에는 각종 먹을 실과나무가 자라서 그 잎이 시들지 아니하며 실과가 끊이지 아니하고 달마다 새 실과를 맺으리니 그 물이 성소로 말미암아 나옴이라. 그 실과는 먹을 만하고 그 잎사귀는 약 재료가 되리라.

(겔 47:12)

Fruit trees of all kinds will grow on both banks of the river. Their leaves will not wither, nor will their fruit fail. Every month they will bear, because the water from the sanctuary flows to them. Their fruit will serve for food and their leaves for healing.

(Ezekiel 47:12)

머리말

1997년 국내 처음으로 원예치료연구회를 결성하고 함께 모임을 시작한 지 어언 10년의 세월이 흘렀습니다. 그동안 우리나라의 원예치료는 학계와 사회 전반에 걸쳐 전 세계에 유래를 볼 수 없을 만큼 장족의 발전을 이루었습니다. 한 예로 식물인간환경학회가 활발한 활동을 하고 있으며, 그간 국내 석 · 박사 학위 논문수가 220편이 넘고, 한국원예치료협회의 회원수가 2,000여 명이 넘었습니다. 또한, 사회 전반에 걸쳐 원예치료 및 식물을 이용한 웰빙은 가장 각광받는 이슈 중의 하나가 되었습니다.

1997년에 국내 처음으로 '원예치료'(손기철 외 6명, 도서출판 서원) 책이 출판되었을 때 가뭄의 단비처럼 많은 독자들의 사랑을 받았습니다. 그 당시에는 국내에 원예치료의 시설이나 연구자는 물론 원예치료라는 용어조차도 생소한 때라 외국 원예치료의 전반을 소개하는 입장에서 집필한 것이었습니다. 그러나 원예치료가 대상자들에게 직접 실시된 지 7~8년이 지난 지금에는 이론과 임상 모두에서 전문화 · 세분화되었고 엄청난 발전이 있었습니다. 특별히, 초창기에는 원예치료 정의를 상당히 넓게 규정하여, 식물을 이용한 다양한 활동을 통하여 장애인뿐만 아니라 일반인의 사회적 · 교육적 · 의학적 측면 전반에 걸쳐 원예치료를 활용하도록 하였습니다. 그러나 이제는 생산원예를 제외한 사회원예 중 원예복지와 원예치료가 보다 세분화되고 각 영역의 고유한 일들을 담당하는 추세가 되었습니다.

이에 본 저서는 원예복지 분야가 아닌 원예치료 분야에 대한 전문적인 이해와 기술 습득을 목표로 하여 집필되었으며, 이 책을 토대로 하여 체계적인 연구의 기틀을 마련함으로써 원예치료가 다른 대체의학과 마찬가지로 비약물적 치료로서 확실하게 자리매김하는 데 기여하고자 하였습니다.

본 책에 수록된 내용을 장별로 간략히 소개하면 다음과 같습니다. 제1장에서는 원예의 정의와 발달, 그리고 사회원예의 발달과 세분화, 국내외 원예치료의 태동과 발전에 대하여 기술하였고, 제2장에서는 원예치료의 정의 및 독특성, 그리고 원예치료의 세 요소와 작용기전 등에 대해서 다루었습니다. 실제로 그간 원예치료를 수행해 온 많은 분들의 열의와 노력은 대단하였으나, 체계적인 연구방법으로 치료를 수행하거나 그 결과를 기술하는 데 미흡하여, 좋은 결과가 사장되는 경우가 허다했던 것도 사실입니다. 이에 제3장에서는 전문적인 원예치료 프로그램의 작성을 위한 세분화된 과정들과 다양한 방법을, 제4장에서는 연구 계획 및 설계부터 결과 도출, 통계처리 및 연구논문 작성에 이르기까지 구체적으로 소개하였습니다. 제5장에서는 원예치료에 활용될 수 있는 각종 식물들을 간략히 소개하였으며, 제6장은 원예치료가 행해지는 원예치료실과 치료정원이 갖추어져야 할 기본구조와 여러 요소들을 제시하고, 몇 가지 사례를 통해서 정리해 보았습니다. 대상자에 따른 실제 원예치료를 위해서 제7장에서는 대상을 질환별로는 정신과 재활로, 대상자별로는 노인과 치매, 아동 및 청소년, 기타로 분류하여 각 대상의 특성과 원예치료적 접근법, 그리고 기존에 발표된 석박사 논문을 리뷰하여 기존의 연구분야 및 범위, 그리고 접근 노하우에 대해서 알고자 하는 이에게 도움이 되도록 하였습니다. 좀 더 심도 있게 연구하고자 하는 분들을 위하여 제8장에서는 국외 원예치료 관련 논문을 대상별로 정리하여 제시하였으며, 제9장에서는 원예치료 분야의 이해를 돕기 위해서 원예와 원예치료 분야에서 흔히 사용되는 전문용어를 간략히 풀이하였습니다.

본 저서는 이론이 아니라 실제 원예치료의 수행과 그 결과를 기록화하는 데 도움이 되도록 구성하였기 때문에, 기존의 원예치료사들뿐만 아니라 대학, 대학원에서 원예치료를 전문으로 하고자 하는 학생들에게 매우 중요한 지침서가 될 것으로 판단됩니다. 한편, 이 책과 더불어 출판된 '전문적 원예치료를 위한 평가도구 및 프로그램' 책에는 치료에 활용될 수 있는 60여 가지의 다양한 프로그램을 예시하였으며, 신뢰도와 타당성이 검정된 다양한 평가지 및 측정도구를 소개하여 원예치료를 실제로 수행하는 데 도움이 되도록 하였습니다.

그동안 많은 강의와 공동연구를 통해 원예치료의 폭과 깊이를 넓히는 데 도움을 주신 의학분야의 이종섭 원장, 나영무 원장, 김만권 원장, 이은아 과장, 이택영 교수, 최상순 교수님께 감사를 드리며, 기초 자료를 수집해 준 김세희, 김지현 대학원생에게도 진심으로 고마운 마음을 전합니다.

2006. 8.

대표저자 손 기 철

CONTENTS

Chapter 04. **원예치료 연구방법론** **127**

Chapter 01

원예, 사회원예, 원예치료

1. 원예의 정의와 역사적 변천

원예는 인류 역사와 더불어 시작되었고 발전되어 왔다고 해도 과언이 아니다. 원예(園藝, horticulture)라는 단어는 라틴어의 'hortus'(garden; 庭園)와 'colere' 또는 'cultura'(culture; 耕作)에서 유래되었으며, 1678년에 처음으로 'horticulture'라는 영어로 표현되기 시작하였다. 한편, 좁은 의미의 원예라는 뜻으로 사용되는 'gardening'이라는 말도 앵글로색슨계의 'gyrdan'에서 유래되었으며, 이것의 영어 어원은 'enclose'로 둘러싸임을 의미한다. 결국, 'gardening'이라는 동명사형 용어는 정원 내에서 무엇을 가꾼다는 의미가 된다.

또한 'paradise'라는 말도 지금은 천국(天國)이나 낙원(樂園)이라는 의미로 사용되나, 그 어원은 역시 'gender'어의 'pairi'(둘러싸임)와 'diz'(盛土, 土壁)에서 나왔으며 둘러싸인 토지라는 의미이다. 결국, paradise라는 의미는 성이나 담으로 둘러싸인 내부에서 식물을 주체로 한 정원을 통하여 미를 추구하였다는 점에서 현대의 원예를 의미하는 말이라고 볼 수 있다. 따라서 'horticulture'나 'gardening'이라는 용어가 나오기 전에 이에 해당되는 말은 'paradise'로 볼 수 있을 것이다. 이상에서 살펴본 바와 같이 '園', 즉 'garden'이란 그 어원으로 볼 때 주위가 성이나 담 또는 울타리로 둘러싸여 있는 것이라는 공통점을 발견할 수 있으며, '藝' 즉, 'culture'란 토양을 대상으로 식물을 관리하는 것을 의미한다. 결국, 원예란 둘러쳐진 환경과 식물과 인간이라는 요소가 서로 관계를 맺고 엮어 가는 활동이라고 볼 수 있다.

중세까지 성 밖의 넓은 전답이나 산에서 식물을 재배하는 것을 농업(agriculture)이라 하여 원예와 농업을 완전히 구분하는 개념으로 사용하였으나, 그 한계를 엄격히 구분하는 것은 상당히 애매모호하다. 현재에는 장소의 구분보다는 집약적·기술적으로 관리되어 높은 수익을 얻을 수 있는 작물의 의미로 원예라는 용어를 사용하는 경우가 많다. 따라서 원예란 인간의 식용, 약용 또는 미적 만족을 위하여 집약적으로 재배되는 식물에 관한 농업이라고 정의할 수 있으며, 원예의 범위는 과수(fruit), 채소(vegetable)와 같이 식용식물을 생산하는 것과 화훼(flowers and ornamentals), 정원(landscape)과 같이 인간의 미적 만족을 위한 관상식물을 생산하고 그것을 활용하는 것을 포함한다.

원예의 개념을 역사적으로 볼 때, 그 시작은 심미적인 것과 생산 및 경제적인 가치를 동시에 추구하였으나, 산업혁명 후에는 미적인 가치보다는 생산 및 경제적인 가치 추구에 역점을 두고 발전해 왔다고 볼 수 있다. 그러나 20세기 말부터는 사회적·문화적 발달로 인한 욕구의 다양성과 삶의 질에 대한 높은 관심, 그리고 환경친화적 생활 패턴의 변화로 원예를 다시 새롭게 정의하며 적용하게 되었다.

실제로 원예(horticulture)의 'culture'의 의미를 사전에서 찾아보면 우리가 흔히 알고 있는 단순히 '땅을 경작한다'라는 의미 이외에도 여러 가지 의미가 있음을 알 수 있다. 예를 들면, 마음, 감정, 흥미, 예절, 취향 등에 관한 것뿐만 아니라 일정 기간 동안에 일정한 사람들의 아이디어, 관습, 기술, 예술 등 그리고 문명의 개발, 개선, 혹은 세련을 의미한다. 과거의 전통적인 원예를 단순히 둘러쳐진 곳(garden)에서 토양을 경작한다(culture)는 뜻으로만 해석할 때 원예는 생산을 위주로 한 매우 제한된 의미만을 갖게 된다. 또한 이러한 의미는 인간과의 관계 면에서도 단순히 인간의 식량을 해결하는 수단으로서의 원예에 국한시키고 있음을 볼 수 있다.

그러나 식물이 인간의 식량문제 해결에만 국한되는 것이 아님을 깨닫고 있는 현대의 관점에서 보자면 고전적 원예의 정의만으로는 원예의 본질을 설명하기에 역부족이다. 실제로, 인간의 삶의 질(QOL; quality of life) 향상을 위해 원예를 적용한다는 것이 기존 원예에 젖어 있는 사람들에게는 생소하거나 불편한 일일지도 모른다. 따라서 원예라는 의미부터 본질적으로 재조명하는 학문적·이론적 접근과 더불어, 이것을 바탕으로 한 새로운 응용적 적용분야의 개발이 당면과제라 할 수 있다. 이러한 새로운 차원의 원예를 정의하기 위해서는 식물 - 인간 - 생활환경이 서로 공유되는 영역에서 원예의 역사적 · 문화적 · 사회적 측면이 동시에 고려되어야만 할 것이다(**그림** 1-1).

이런 틀에서 볼 때, 과거의 전통적인 생산원예를 포함하는 새롭게 정의된 원예는 "개인, 지역사회, 그리고 동시대의 복지와 건강 및 환경 회복을 위하여 꽃과 과일, 채소, 교목, 관목을 재배하는 기술과 과학"이라고 정의할 수 있을 것이다.

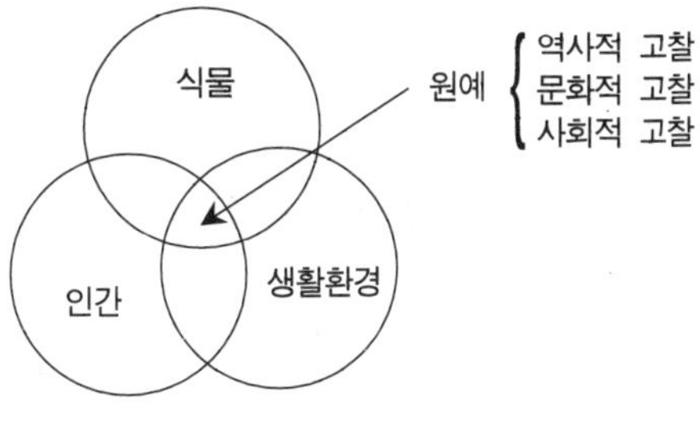

그림 1-1 **새롭게 정의된 원예의 본질**

결국, 원예란 본래 기존의 생산 및 경제적 개념에 입각한 생산원예와 그 나머지에 해당되는 사회원예를 다 포함하고 있었으나, 과거의 전통적 원예는 생산원예가 주를 차지하고 사회원예는 극히 일부로 취미 · 아마추어 · 생활 원예 등으로 명맥을 유지해 왔고, 지금에 와서는 생산원예보다 사회원예가 급격히 부상되어 생활 패턴 및 문화와 사회 전반에 큰 영향을 미치고 있다는 것을 의미한다. 생산원예가 농업적 측면에서 식물의 다수확, 고품질, 저비용 투입을 목표로 하여 인간의 생리적 필요성에 부응하고자 했다면, 사회원예는 아름다움, 삶의 질, 건강과 치유, 환경 개선과 회복 같은 사회적 필요에 부응하는 원예라고 볼 수 있다(**그림** 1-2).

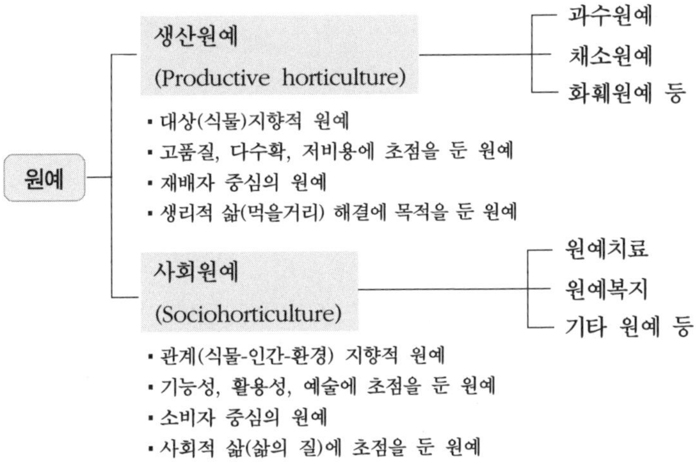

그림 1-2 **생산원예와 사회원예의 특징**

실질적으로 1970~80년대 이후 급격히 발달한 사회원예는 취미원예, 가정원예 등의 명칭으로 확산되기 시작했으며, 그 후 원예의 본질적 측면보다는 활용적인 측면에서 다양한 명칭으로 불리기 시작했다.

사회원예에서는 원예의 생산물 그 자체보다도 원예환경, 생산을 위한 행동이나 활동, 그 생산물의 이용, 그러한 행위와 산물이 인간에게 가져다주는 직・간접적인 효과, 그리고 식물을 매체로 한 인간과의 관계 등 원예와 인간과의 관계가 주체가 된다. 즉, 사회원예는 문화, 교육, 환경, 경제, 심신의 건강, 역사의 측면에서 원예가 어떻게 인간과 관계되는가를 주 내용으로 다룬다.

지금까지 사용되어 온, 그리고 앞으로 사용될 국내외 사회원예의 분야는 다음과 같이 정리될 수 있을 것이다(표 1-1). 그러나 이들 영역이 명확하게 구별될 수는 없으며, 실제로 사회원예학의 분야는 시대적 변천이나 사회적 요구에 의해서 앞으로도 다양하게 정의되고 자리 잡을 것이다.

표 1-1 사회원예학의 분야

소비자원예학(Consumer Horticulture)
원예복지학(Horticultural Well-being)
원예치료(Horticultural Therapy)
교육원예(Educational Horticulture)
환경원예학(Environmental Horticulture)
도시원예학(Urban Horticulture)
생활원예학(Horticulture in Life)
원예사(園藝史)(History of Horticulture)
원예문화론(Cultural Aspects of Horticulture)
민속원예학(Ethno-horticulture)
원예사회학(Horticultural Sociology)
가정원예(Home Horticulture)
아마추어(초보자) 원예(Amateur Horticulture)
경관(景觀)원예학(Landscape Horticulture)
원예물류(物流)학(Horticultural Logistics)
원예심리학(Horticultural Psychology)
회복원예학(Restoration Horticulture)

2. 사회원예의 본질과 특성

현대의 삶은 도시화와 산업화, 과학주의와 기술주의 등의 탈자연화된 사회적·문화적 틀 속에서 자신의 정체성에 대한 의식 없이 무한궤도를 질주하는 것처럼 보인다. 그러나 인류사적으로 볼 때, 녹색식물과 환경은 인간의 삶에서 가장 근본적이고 핵심적인 역할을 해 왔다. 현대의 삶에서 인간은 그 어느 때보다 '자연으로의 회귀'와 '잃어버린 인간성'에 대한 회복을 꿈꾸고 있다고 해도 과언이 아니다. 사회원예에 대한 급격한 관심은 바로 이러한 관점에서 이해될 수 있다.

실제로 인간 측면에서 볼 때 식물은 생존을 위한 대상일 뿐만 아니라 우리의 생활환경과 삶의 질에 절대적인 영향을 미친다(표 1-2). 전통적인 원예의 생산적 측면이 아니라 인간의 측면에서 본 사회원예의 본질에 대해서 논해 보자.

표 1-2 식물이 인간의 생존성, 생활환경, 그리고 삶의 질에 미치는 영향

제1차 효용 (생존)	산소의 공급, 이산화탄소의 흡수, 식량, 건축재료, 연료, 약제, 사료, 비료
제2차 효용 (생활환경)	건축적 기능: 구획 명료화, 차폐, 프라이버시, 경관 연출 공학적 기능: 방음, 대기정화, 방화, 침식 방지 기후조절 기능: 바람조절, 일조조절, 눈조절, 기압조절 환경지표 기능: 토양 포텐셜 지표, 환경악화 지표
제3차 효용 (삶의 질)	심미적, 지적, 레크레이션적, 종교적, 감상적, 치료적(정신적·육체적) 및 스트레스 해소 효과

사회원예의 본질은 이러한 식물-환경과 인간의 관계 면에서 접근할 때 보다 정확하게 규정할 수 있다. 먼저 관계적 측면을 고찰하기에 앞서, 식물과 인간의 독특성에 대해서 잠깐 살펴보자.

우선, 식물이라는 대상은 일반적인 무생물과는 달리 인간처럼 비가역적인 시간을 통해서 생명체의 특징적인 변화를 나타낸다. 즉, 생명체의 특징은 에너지의 입출력에 의한 발육 단계적 변화를 통하여 각자 고유의 형태를 변화시키는 삶을 영위한다. 이런 의미에서 우리는 원예활동을 생명과의 교제라는 말로 대체할 수도 있을 것이다. 한편, 식물과 인간과의 관계는 오감을 통해서 자연스럽게 인식되는 수동적인 경험에서부터 직접 참여하여 재배·관리하는 능동적 경험까지, 또한 실물을 다루는 실제 경험에서부터 식물의 대체나 모형을 다루는 간접 경험까지 실로 다양하다.

그렇다면, 인간이 사는 생활환경 내에서 복지를 위한 사회원예 활동은 어떤 요소들을 포함하고 있을까? 마쯔오(Matsuo) 이론에 따르면,[1)] 사회원예의 활동(식물과 교제한다는 의미)이란 비가역적인 시간 속에서 식물을 기르면서 얻는 감각체험과 동작체험의 피드백(feedback)이라는 지속적인 관계 속에서 인간의 본능적 반응(예, 생리적 욕구, 획득 등)과 삶의 질을 향상시킬 수 있는 창조적 반응(자아실현의 욕구, 사회적 욕구, 돌봄 등)의 균형을 유지하는 것이다. 이러한 활동은 인간의 감각적 본능에서부터 영혼에 이르기까지 다양한 단계에 영향을 미치며, 궁극적으로 삭막하고 방향을 소실한 현대 삶의 의미를 재조정해 주는 나침반 역할을 한다.

우선, 감각체험과 동작체험에 대해서 알아보자. 우리들이 식물과 교제할 경우, 오감을 통하여 '본다, 맡는다, 닿는다, 듣는다, 맛본다'라고 하는 관계방식(오감을 통한 감각체험)과 식물을 생장시키는 재배·관리라는 방식이 있다(다양한 활동을 통한 동작체험). 예컨대 공원이나 화단의 꽃 감상, 꽃구경이나 단풍 채집, 식물원 나들이 등은 감각체험을 주로 하는 관계방식이다. 그러나 식물을 기르기 위한 물 주기, 비료 주기, 풀 뽑기, 수확하기와 식물로 공예품 만들기 등은 신체를 움직여서 관계하는 동작체험이다.

결국, 원예활동이란 살아 있는 식물과 오감에 의해 교제하며 식물이 요구하는 정보를 파악하는 것(감각체험)과 그것에 대하여 사고하고 신체를 사용하여 동작하는 것(동작체험)의 두 가지 관계가 통합되어 있다. 즉, 원예는 감각체험과 동작체험의 상호작용을 동원하여, 발육하는 식물과 지속적으로 교제하는 활동이다(**그림** 1-3).

그리고 일반적으로 꽃이나 녹색식물이 있을 때 그것을 눈으로 보고, 만지며,

---

1) 松尾英輔. 2005. 社會園藝學のすすめ. 環境・教育・福祉・まちづくり. 農文協. 東京. p. 19-22.

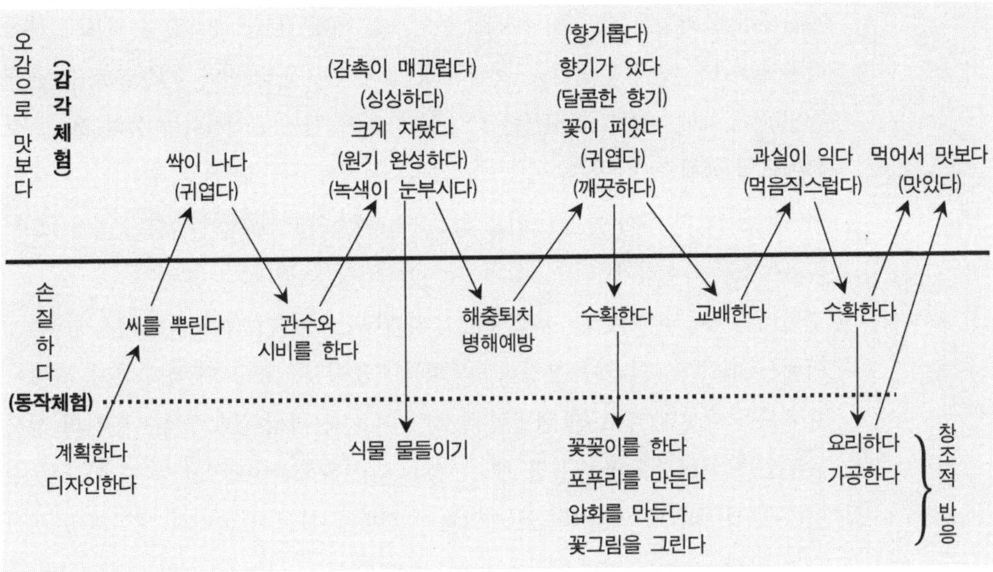

그림 1-3 원예에서 식물과 관계하는 방식: 감각체험과 동작체험(松尾英輔, 2005)

그 냄새를 맡고, 잎들이 서로 스치는 소리를 들으며, 먹으면 맛을 느끼는 것들을 통하여 기분이 가라앉거나 또는 흥분되고, 차분해지며, 엄숙해진다. 이와 같은 다양한 행동은 일종의 인간의 기본적인 생리적 욕구와 반응들이며, 동반되는 심리적 변화는 무의식에서 일어나는 본능적 반응이다. 결국 이러한 감각체험과 동작체험을 통한 식물과 인간과의 반응은 서로가 끊으려 해도 끊을 수 없는 관계임을 나타내 주고 있다. 이와 같이 본능적 욕구가 충족될 때, 인간은 심리적 안정을 얻게 되고 스트레스를 느끼지 않게 된다.

그러나 인간은 단순한 본능적 반응이나 생리적인 욕구만으로 살아갈 수 있는 존재가 아니다. 이러한 본능적 반응이 충족될 경우, 우리가 흔히 삶의 질이라고 표현하는 보다 인격적이고 풍요로우며 인생의 의미를 추구하는 삶을 추구하게 된다. 식물과의 관계에서도 마찬가지이다. 식물을 이용한 본능적 반응이 충족될 경우, 감각체험과 동작체험을 통하여 식물의 수확과 가공, 식물을 이용한 예술작품의 완성 추구, 식물의 기능적 활용, 자아실현의 도구 등을 추구하게 되는데, 이러한 반응을 창조적 반응이라고 부를 수 있다.

다시 말해서, 인간은 창조적으로 식물과 관계하고 있다는 것이다. 이 관계

가운데서 우리들은 생각하는 기쁨, 무언가를 해내었다는 성취감을 맛보고 자신감을 높이며, 자기 정체성을 확립하고 삶의 의욕을 가진다. 협동으로 화단을 손질하며, 재배 지식과 생산물을 나누어 가지며, 함께 관상한다는 등의 형식으로 타인과의 체험을 공유하고 주위 사람들과의 커뮤니케이션을 이루어 간다. 이렇게 함으로써 한 사회 속의 개인은 외로움을 해소하고, 동시에 사회 구성원으로서의 존재를 인식하게 되며, 삶의 가치를 느끼게 된다.

이러한 본능적 반응과 창조적 반응의 단계는 매슬로(Abraham Maslow)에 의해서 제안된, 인간이 감정적 · 사회적 · 윤리적으로 보다 성숙하기 위해서 요구되는 다섯 단계로 잘 설명될 수 있으며, 식물과의 관계에서는 인간의 성숙 요구도를 원예활동에 비유한 맷슨(Mattson) 박사의 설명으로도 잘 이해할 수 있다(**그림** 1-4).[2] 역사적으로 볼 때, 사회원예 활동이 이러한 개인의 단계적 성숙에 큰 영향을 미쳤음을 다양한 문화와 문학, 사회풍습을 통해서 알 수 있다. 결국, 사회원예는 단순한 생리적인 삶뿐만 아니라 사회적인 삶에 대한 요구도 만족시켜 줌으로써 궁극적으로 인간의 성장에도 지대한 영향을 미친다.

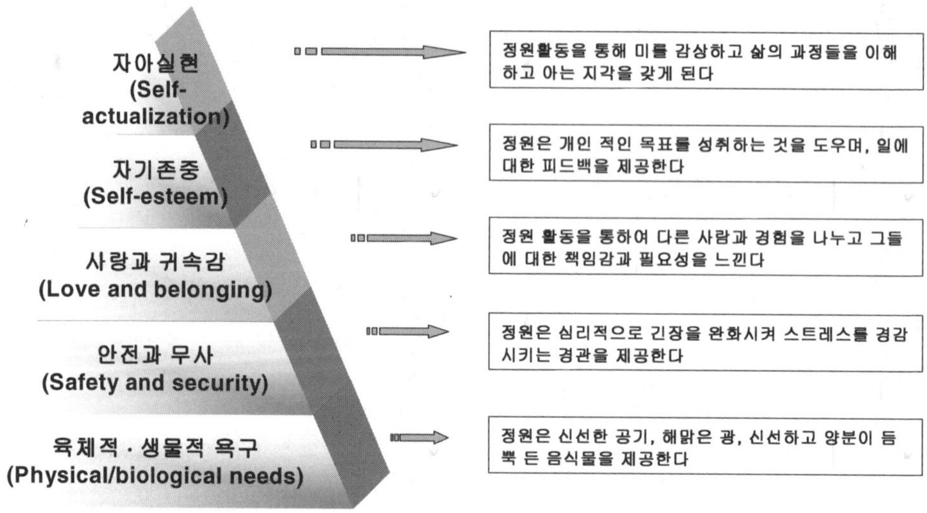

그림 1-4 인간의 성숙을 위한 필요조건과 정원활동과의 관계

2) 손기철 외. 1997. 원예치료. 도서출판 서원. p. 30-32.

생리적인 삶(생존)	사회적인 삶(생활의 질)		
획득	감지	보살핌	서로 나눔
먹거리	경관	재배	공유 · 논의

	생리적 건강	심리적 건강	사회적 건강
육체적 건강		정신적 건강	전인적인 건강
	인간으로서의 건강		
	--- 영적인 건강 ---		

그림 1-5 인간의 건강과 복지에 대한 사회원예의 역할(Relf, 2001)

한편, 인간의 건강과 복지에 대한 원예식물의 역할에 대하여 렐프(P. D. Relf) 교수는 **그림** 1-5와 같이 말하고 있다.[3)]

생리적인 삶의 측면에서 볼 때 인간은 기존의 원예를 통해 생존에 불가결한 먹을거리를 획득하고 육체(신체)적인 건강을 유지할 수 있다. 한편, 생활의 질 측면에서 보면 주위 환경을 오감으로 감지함으로써 생리적인 안정 및 건강 상태를 확보할 수 있다. 식물을 보면 심신이 평안해진다는 것이 바로 이에 해당된다. 다음으로 재배 등을 통해 기르는 본능이 충족되어 심리적인 건강을 얻을 수 있다. 더구나 재배활동을 소모임을 통해 실천하고 논의하며 생산물을 서로 나누는 등 타인과 관계 속에서 수행한다면 사회적 건강도 얻을 수 있다. 이 생리적 · 심리적 · 사회적인 세 가지 요소가 충족되면 비로소 우리들의 정신적 건강이 확보되는 것이다. 결과적으로, 육체적 건강과 정신적 건강이 충족됨으로 해서 전인적(holistic) 건강이 유지된다는 것이다.

이와 같이 원예는 생산물을 통하여 우리들에게 경제적 혜택을 주는 것뿐만 아니라 신체적 건강의 유지 · 증진에 필요한 식물과 교제의 기회도 준다. 게다가 환경을 쾌적하게 하고 심신의 환경 스트레스를 경감시켜 마음의 건강 유지와 증진에 빼놓을 수 없는 활력을 준다. 또한 사람과의 커뮤니케이션과 교육의

3) Relf, P. D. 2001. The role of plant and horticulture in human well-being and quality of life. J. Japan. Soc. People-Plant Relationships 1(1):2-5.

장을 통하여 사회적 존재로서의 욕구도 충족시켜 준다.

창조론이든 진화론의 관점에서든 인류는 그 시작에서부터 현재에 이르기까지 식물과 함께 걸어왔다. 창조론에 의하면, 식물은 인간 창조에 앞서 창조 제3일째 하나님에 의해서 만들어졌으며, 하나님은 인간을 에덴의 동산에다 두셨다. 한편, 진화론에 의하면, 하등 생명체인 식물로부터 고등 생명체인 원숭이 그리고 인간으로 진화되어 왔다고 한다. 그렇다면 어떤 이론이든지 간에 처음 인간의 삶의 터전은 녹색식물이 있는 숲이었다. 결과적으로 인간의 DNA 안에는 '식물과 함께하는 삶', '녹색에 대한 그리움' 인자가 들어 있다는 사실은 부인할 수 없다. 다시 말하면 인간은 식물 없이는 살 수 없으며 본능적으로 식물을 그리워한다는 것이다. 평소 의식하는가 아닌가에는 개인차가 있겠으나 지금까지의 실험 결과를 살펴보면, 인간은 식물이 없는 환경보다 식물이 있는 환경일 때 심리적으로 더욱 안정감을 느낀다는 결론이 지배적이다.

3. 사회원예와 원예치료의 발달

지금까지 우리는 원예의 본질, 원예에서부터 사회원예의 태동, 그리고 사회원예의 본질과 특성에 대해서 알아보았다. 앞서 언급한 바와 같이 사회원예는 그 필요와 기능에 따라 다양한 분류와 명칭들로 세분화되어 왔으며, 지금도 그렇게 불리고 있다. 여기에서는 사회원예 중 원예치료의 태동에 대해서 집중적으로 알아보고자 한다.

원예(혹은 식물) - 인간 - 환경과의 관계에 대한 연구는 주로 미국에서부터 시작되었고, 인간과 식물과의 관계(people-plant interaction)라는 관점에서 시작되었다. 실제로 이러한 관점은 정신의학적 치료나 조원(造園)·풍치(風致) 계획 등의 분야에서 주로 적용되어 왔다. 마쯔오 교수(2005)에 따르면 미국과 일본의 원예치료의 발전은 다음과 같다.[4]

4) 松尾英輔. 2005. 社會園藝學のすすめ. 環境・教育・福祉・まちづくり. 農文協. 東京. p. 27-39.

3.1 미 국

원예와 인간의 관계는 생산지향적인 농업 연구자보다는 오히려 관계지향적인 의학자나 심리학자로부터 주목받기 시작했다. 옛날부터 농·원예 작업은 정신질환자의 치료방법 중 하나로 사용되어 왔고, 특히 제2차 세계대전 후에는 상이군인이나 재활군인을 대상으로 한 직업훈련의 일환으로, 신체적 장애뿐만 아니라 정신적 장애와 사회복귀 치료(rehabilitation)에 효과가 있음이 재확인되었다.

1812년 필라델피아 대학의 'Institute of Medicine and Clinical Practice'의 교수인 러쉬(Benjamin Rush: 현대 정신의학 및 작업치료의 선구자) 박사는 뜰에서 일하는 정신병자 중 한 사람의 병세가 호전되는 것을 발견하고는, 흙을 만지는 것이 정신질환자에게 치료효과가 있다고 발표했다. 1878년 미시간 주의 폰티악 주립병원(Pontiac State Hospital)에서는 농경 작업을 정신치료의 한 과목으로 비중 있게 다루었다. 한편, 1817년에 개원한 펜실베이니아의 'Friends Asylum' 정신병원(현재의 필라델피아 Friends Hospital)에서는 1879년에 역사상 처음으로 환자를 치료할 목적으로 유리온실을 지었다. 그러나 이 때까지만 해도 원예의 활용은 작업치료 수준을 벗어나지 못하였다. 한편, 1959년에는 뉴욕 대학의 메디컬센터(Institute for Rehabilitative Medicine)에서 뇌혈관장애, 노동재해, 척추손상 등의 후유증 환자를 위한 온실을 건축함으로써 신체장애자를 위한 원예치료 이용의 새로운 국면을 맞이하였다. 이 시설은 오늘날 러스크 연구소(Rusk Institute)라고 불리는데, 1991년 봄에는 실외 치료원(370m^3)도 설치했다.

1955년에는 미시간 주립대학이 원예를 배운 작업치료사를 처음으로 배출하였다. 그 후 1971년에 캔자스 주립대학 학부과정에 원예치료 전공 프로그램이 개설되었고, 1975년에는 동 대학 대학원의 원예치료 프로그램이 주정부로부터 공식적으로 승인을 받았다.

이 과정 중, 1973년에는 '원예를 통한 치료와 재활에 관한 전국협의회'(NCRTH; The National Council for Therapy and Rehabilitation through Horticulture)가 원예치료자들의 네트워크, 원예치료 프로그램 개발, 그리고 원예치료사의 훈련 및 자격증 제도 확립 등의 목적으로 결성되었다. 이 협의회는 1987년에 '미국 원예치료협회'(AHTA; The American Horticultural Therapy Association)로 개칭되어 오늘날까지 운영되고 있다.

1970년대, 카프란(S. Kaplan)과 루이스(C. Lewis) 등은 원예의 심리적 영향에 대한 연구를 추진하여, 원예를 통해 치유와 안정을 얻을 뿐만 아니라 자신감도 향상된다고 보고하였다. 그들의 이러한 주장은 곧바로 도시계획의 조원(造園)·풍치 계획 분야에 도입되었다. 그러나 인간과 자연 혹은 원예와의 관계에 대한 원예학 관계자들의 반응은 매우 냉담했다고 볼 수 있다. 특히 루이스(C. Lewis)는 원예가 인간에게 가져다주는 효용에 대한 연구를 시작한 선구자로서 역할을 했으나, 그의 연구는 원예학 관계자들에게는 받아들여지지 못했고 오히려 심리학자, 경관계획·조원 관계자들에 의해 수용되었다. 그의 연구결과가 원예 관계자들 사이에서 주목받게 된 것은 1990년대가 되어서였다.

특히 1970년대는 미국을 비롯한 선진국의 경우, 도시 내 자연의 회복과 환경오염 방지가 주요 관심거리였다. 그 영향으로 도시민의 건강을 위한 환경 개선과 그에 따른 새로운 연구가 초미의 과제가 되었다. 한 예로, 이러한 분야는 터키 주니어(H.B. Tukey, Jr.) 박사에 의해 도시원예학(Urban Horticulture)으로 명명되어 추진되었다. 터키 박사는 1980년에 워싱턴 대학(University of Washington, Seattle)에 만들어진 도시원예센터(The Center for Urban Horticulture)의 초대 소장이 되어 도시원예 발전 분야에서 핵심적인 역할을 하였다.

한편, 1982년에 서독의 함부르크에서 개최된 제21회 국제원예학회(IHC)에서는 연구 분야로 도시원예학분과(Urban Horticulture Session)가 설정되었다. 이어서 1983년에는 미국 원예학회 내에 가정원예와 도시원예(Home Horticulture and Urban Horticulture) 실무자 모임이 결성되었다. 이와 더불어 원예 분야에서의 인간적·사회적 측면, 예컨대 심신의 건강, 교육, 도시계획과 농촌계획, 또는 도시개발과 농촌개발 등이 연구자의 관심을 끌게 되었다. 1983년에는 노박(J. R. Novak) 박사의 주도로 사회원예와 원예치료(Sociohorticulture and Horticultural Therapy) 실무자 모임이 결성되었고, 1984부터 1990년까지 사회원예 실무자 모임으로 활동하게 되었다. 같은 1983년에는 화훼원예교육(Floriculture Education) 실무자 모임도 결성되었다. 또한 1981년 8월에 조지아

주 아틀랜타에서 행해진 미국 원예학회에서는 "Consumer Horticulture: A reality for all horticulture" 심포지엄이 개최되었고, 이것을 주도한 렐프(Relf) 박사는 원예 생산물을 사용하는 사람들의 중요성을 고려해야 한다고 주창하면서 가정원예(Home Horticulture) 실무자 모임을 소비자원예(Consumer Horticulture) 실무자 모임으로 개칭할 것을 제안하였다.

그 후 1989년에, 렐프 박사는 버지니아 공과 · 주립대학(Virginia Polytechnic Institute & State University)에서 소비자원예에 관한 학제간 연구팀(IRTCH; The Interdisciplinary Research Team of the Office of Consumer Horticulture)을 결성하여 인간 · 식물관계 분야에 초점을 맞춘 연구 및 정보 수집과 교환 작업을 주도하였다.

1990년 4월 이 IRTCH 그룹은 "인간의 행복과 사회의 발전에 대한 원예의 역할"(The Role of Horticulture in Human Well-Being and Social Development) 심포지엄을 버지니아 주 알링톤에서 개최하였다. 이는 당초 미국 내의 연구모임으로 기획된 것이었으나, 미국 외에도 8개 나라에서 11명이 참가하였고, 국제 심포지엄이라 해도 손색이 없을 만큼 좋은 결과를 맺게 되었다. 이 심포지엄은 실질적으로 인간과 원예와의 관계적 학문을 취급한 세계 최초의 모임이 되었다.

이 심포지엄의 최종일에 참가자를 중심으로 '인간 · 식물협의회'(PPC; People-Plant Council)가 결성되었으며, 이 협의회는 전통적인 원예의 범주를 벗어나 꽃과 녹색으로 대표되는 식물이 인간의 복지(심신의 건강, 생활의 질적 향상 등)에 가져다주는 효과를 기록하고 보급하는 것을 지향하는 모임이 되었다. 이 목표를 수행하기 위해 'PPC News letter'를 발행함과 더불어 전술한 심포지엄을 제1회 인간 · 식물 심포지엄이라고 자리 매김하고 향후 2년마다 심포지엄을 개최하기로 결정하였다.

한편, 미국 원예학회가 1991년에 창간한 'HortTechnology' 저널에는 사회원예학 부문(Sociohorticulture Section)이 설치되어 제7권 1호(1997년 1/3월호)까지 진행되다가 동권 2호(1997년 4/6월호)부터는 '원예에 있어 인간문제'(Human Issues in Horticulture) 분야로 개칭되었다. 사회원예라는 용어가 미국 원예학 관계자에게 받아들여지지 않았던 이유는 원예의 태동이 자연과학으로부터이고

표 1-3 인간과 식물과의 관계에 관한 역대 심포지엄

횟수	시기 및 장소	심포지엄 주제
제1회	1990년 4월 19~21일 Arlington, Virginia, USA	The Role of Horticulture in Human Well-being and Social Development
제2회	1992년 4월 24~26일 East Rutherford, New Jersey, USA	People-Plant Relationships: Setting Research Priorities
제3회	1994년 3월 24~27일 Davis, California, USA	The Healing Dimensions of People-Plant Relations
제4회	1996년 5월 23~26일 San Antonio, Texas, USA	People-Plant Interactions in Urban Areas
제5회	1998년 7월 19~22일 Sydney, Australia	Towards a New Millenium in People-Plant Relationships
제6회	2000년 7월 20~22일 Chicago, USA	Interaction by Design: Bringing people & plants together for health & well-being
제7회	2002년 8월 11~17일 Toronto, Canada	Expanding Roles for Horticulture in Improving Human Well-Being and Life Quality
제8회	2004년 6월 4~6일 Hyogo, Awaji, Japan	Exploring the Therapeutic Power of Flowers, Greenery and Nature

또한 실험과학을 중시하는 미국에서는 사회원예는 의사과학(pseudoscience)으로 간주되기 때문일 것으로 판단된다. 어쨌든 미국에서 1990년의 인간 · 식물 심포지엄 후, 인간 · 원예 관계 분야를 '원예 분야에서의 인간문제'(Human Issues in Horticulture)라고 부르게 되었으며, 그 결과로 1991년에 사회원예 실무자 모임은 '원예 분야에 있어서 인간문제' 실무자 모임으로 명칭을 바꾸게 되었다.

인간 · 식물 심포지엄은 이어서 제2회 "인간과 식물과의 관계: 우선과제는 무엇인가?"(1992년 4월, 뉴저지 주), 제3회 "인간과 식물 관계에서 보는 치유의 효과"(1994년 3월, 캘리포니아 주)가 개최되었다. 이것을 계기로 하여 일본뿐만 아니라 한국, 영국, 호주 등에서도 원예가 인간의 삶에 미치는 영향 및 역할에 대한 관심이 급속하게 높아지게 되었다.

1998년 제5회 국제 인간 · 식물 심포지엄 "Towards a New Millenium in People-Plant Relationships"가 시드니 공과대학(오스트레일리아)에서, 그리고 8월에는 제25회 국제원예학회(브뤼셀, 벨기에)에서 2개의 심포지엄 "Human-Horticulture Relationships: An international perspective"와 "Allotment and Community Gardening as Part of Urban Horticulture"가 개최되었다.

2000년 시카고에서 개최된 제6회 국제 인간 · 식물 심포지엄 "Interaction by Design: Bringing people & plants together for health & well-being"은 인간 · 식물협의회와 미국 원예치료협회가 공동주최하였다. 2002년에 캐나다의 토론토에서 개최된 제26회 국제원예학회의에서 인간 · 식물협의회는 "인간의 행복과 생활의 질적 향상에 대한 원예 역할의 확대"를 제7회 국제 인간 · 식물 심포지엄으로 개최하였다. 그 당시 실무자 모임에서 손기철 교수(건국대)는 국제원예학회 Commission Landscape and urban horticulture, Human issues in horticulture-sociohorticulture 실무자 모임 위원장(2002~2006)으로 선임되었다. 최근 2004년 6월의 제8회 국제 인간 · 식물 심포지엄은 일본의 인간 · 식물관계학회가 담당하여, "꽃과 녹색, 그리고 자연의 치료적 힘의 탐구"라는 주제로 일본 효고 현(兵庫縣) 아와지 섬(淡路島)에서 개최되었다.

2006년 8월 서울 아셈 센터에서 개최된 국제원예학회 동안 실무자 모임 때 개최된 '인간 · 식물협의회' 회의에서는 협의회를 16년 동안 이끌어온 렐프 명예교수(버지니아 공과 · 주립대학)가 회장직에서 물러나고, 뒤를 이어 캔자스 주립대학의 슈메이크(Dr. Shoemaker) 교수가 회장에 선임되었다.

3.2 일 본

1970년대 후반부터 1980년대 초에 걸쳐서 일본에서도 원예붐이 일어났다. 예를 들면, 임대농원의 증가, 베란다 원예의 번성, 원예 자재와 종묘 매상고의 증가, TV와 라디오에서의 원예정보의 급증, 원예 입문서의 증가, 새로 발간되는 원예잡지 수의 증가, 월 90만 부에 이르는 TV 교과서의 발행 등이 원예의 놀라운 발전을 대변한다고 볼 수 있다. 그럼에도 불구하고 일본의 원예학계 관계자는 아마추어 원예 · 가정원예를 경제적 생산도 아니고, 수량적 표현도 어려우며, 재현성 있는 실험도 할 수 없다는 등의 이유로 원예학의 연구 분야로 인정하지 않았다. 일본에서 원예는 전통적 농업, 즉 생산지향적 농학에서 출발한 연구자가 대부분이기 때문에 사회적 원예에 대한 관심도나 중요성에 대한 인식이 거의 없는 것은 어쩌면 당연하다고 볼 수 있다.

그러나 1980년대 후반부터 일본의 사회적 변화와 맞물려 농업에도 변혁이 일기 시작하였으며, 특히 농업과 원예 관계자들이 도시권에서 시민농원의 설치, 농촌환경의 정비에 관심을 가지게 되었다. 이와 같은 변화는 인간생활과 사회발전에서 농업이나 원예의 역할이 인정되기 시작하였다는 것을 보여주는 것이다.

1990년대 이후에는 급격한 사회・문화적 환경 변화로 인하여 원예 관계자의 태도가 현저하게 변화하였다. 이는 1990년에 일본 원예학회가 4년 후(1994년) 교토(京都)에서 개최될 제24회 국제원예학회의 표어를 "건전한 생활과 아름다운 환경을 창조하는 원예"(The Beautification of Human Life and Its Environment through Horticultural Science)라고 결정한 것에서도 볼 수 있다.

1992년 봄에는 일본 원예학회에서 제1회 "생활과 원예를 생각한다"는 소모임이 열렸으며, 1994년부터는 원예・인간 관계의 발표가 약간 증가하기 시작하였고, 이 사이에 4년제 대학에서도 원예・인간 문제에 관한 과목이 조금씩 설강되는 등 교육・연구 분야가 발전하게 되었다. 대학에서 관련된 과목의 개강을 시작으로 1998년에는 도쿄(東京) 농업대학 농학과에 '인간・식물 관계 분야'가 개설되었으며, 1999년에는 큐슈(九州) 대학 대학원 생물자원 환경과학연구과의 식물기능 이용학 강좌에서 인간・식물 관계에 관한 연구・교육이 시작되었다. 또한, 2000년대에 들어서자 미나미큐슈(南九州) 대학 원예학부에서는 사회원예학을 대폭 확충하는 개혁을 실시하였다.

한편, 학계의 연구자뿐만 아니라 일반시민과 산업계에서도 원예・인간 관계에 대한 관심이 높아져 왔다. 예를 들면, 원예치료에 대한 일반시민이나 산업계의 관심이 높아지면서 1996년에는 '사회원예'가 원예관계 사전(事典)에도 올랐고, 일본 농림수산성은 1997년에 '사회원예'라는 말을 채용하였다.

교육계에서는, 1994년 '농업복지 코스'를 개설한 고등학교가 나오고[홋카이도(北海島) 루스쓰(留壽都) 고등학교, 1994], 1997년에는 '사회원예'를 선택수업으로 한 신설 고등학교도 있었다. 또한 2003년부터는 농업고교의 교과과정의 개정에 따라 '생물 활용'이라는 과목이 생겨 원예치료와 동물치료 등을 포함하여 인간생활에 대한 원예와 그 산물의 다면적 기능을 취급하게 되었다.

그리고 근년에 와서 주목할 만한 움직임으로는 1998년에 제창된 '원예복지'에 대한 관심이, 특히 지자체를 중심으로 폭발적으로 부상되어 국가사업으로 다루어졌다는 것이다. 즉, 원예복지에 대한 연구 그룹이 미에(三重) 현에서 1999년에 발족되어 2001년 4월에 '일본 원예복지보급협회'가 결성되었다. 이 해 11월에는 제1회 원예복지 전국대회가 미에 현에서 개최되어 전국에서 많은 참가자가 모였고, 그 후에도 전국대회가 매년 개최되고 있다. '일본 원예복지보급협회'의 활동성과를 바탕으로 일본 국토교통성은 '원예복지의 역(驛)'을 2002년도부터 시범사업으로 시작하였으며, 농림수산성에서는 원예복지 보급에 관한 사업비를 2003년도 예산에 책정하였다.

3.3 우리나라

1980년대에 우리나라에 원예치료가 처음 소개된 이후로 지금까지 비약적으로 발전해 가고 있다. 우리나라 원예치료의 초기 발전 상황을 살펴보면, 1991년에 우리나라 최초로 효성가톨릭대학교의 화훼학과에서 학부학생을 대상으로 원예치료 강의가 설강되었으며, 이어 1993년에는 고려대학교 원예과학과의 대학원 과정에 사회원예방법론(Socio-Horticultural Implement)에 대한 과목이 설강되었다. 그 후 관련 대학교수들에 의해 개인적인 차원에서 원예치료에 대한 소개와 연구는 꾸준히 진전되어 왔다.

한편, 전국 단위로 원예치료에 대한 연구, 모임, 그리고 홍보활동이 시작된 것은 1997년 4월에 국내 처음으로 '원예치료'(손기철 외 6인) 책이 발간되었고, 그 해 11월에 건국대학교 손기철 교수를 중심으로 '한국원예치료연구회'[Korean Research Society for Horticultural Therapy, 1999년도에는 한국원예치료협회(KHTA)로 개칭됨]가 결성되면서부터이다. 연구회에서는 매월 정기적으로 원예치료 관련 전문가들이 모여 워크숍을 개최하였고, 원예치료와 관련된 새로운 소식들을 모아 소식지를 발행하였으며, 매년 원예치료 심포지엄을 개최하여 책자(vol. 1~4: 1998~2001)[5]를 발간함으로써 우리나라 원예치료가 사회적으로 뿌리내리는 데 기여해 왔다. 한편, 1998년 2월에는 고려대학교 심우경 교수가 중심이 되어 식물인간환경학회(Korean Society for Plants, People And Environment: 회장 서정근 단국대 교수)가 발족되었으며, 이 학회의 원예치료 분과를 통해서 원예치료에 관련된 연구논문들이 발표되어 학문적으로도 기반을 잡게 되었다.

협회와 학회로 명칭이 양분되어 독자적으로 발전되어 온 한국 내 원예치료는 마침내 2001년 6월 9일자로 상호협력과 업무분담을 통해서 협회와 학회는 각각 고유의 업무를 담당하며, 한국 유일의 기관들로 재탄생하게 되었다. 학회는 학술발표대회와 학회지 발간 같은 고유 업무를 주관하는 반면, 협회는 원예치료 프로그램 연구 개발, 원예치료 활성화를 위한 홍보 및 출판, 원예치료 전문가 양성을 위한 교육, 원예치료사 자격 수여, 그리고 회원 연수 및 보수교육 등을 담당하게 되었다. 2006년 7월 현재 협회(회장 손기철 건국대 교수) 회원은 약 2,100명 정도이며, 지금까지 총 80회의 워크숍을 개최하였고, 원예치료 연구동향과 회원동정 등을 담은 월간 소식지를 총 92회 발간하였다. 최근에는 협회 홈페이지(www.khta.or.kr)와 리플릿을 통하여 보다 효율적으로 홍보 및 회원관리를 함으로써 원예치료에 대한 인식이 크게 높이고 빠르게 저변확대를 이루고 있다.

또한 농촌진흥청에서도 원예치료에 대한 관심을 갖게 되면서 2003년부터 산하 지도직 및 연구직 공무원을 협회 지정 각 대학 평생교육원 원예치료사 과정에 위탁교육을 실시하고 있으며, 전문가 육성을 위해 2004년부터 자체적으로 '원예치료' 전문교육과정을 개설 운영하고 있다. 한편, 2002년에 효성가톨릭대학교에서는 '한국원예치료연구센터'를 설립하였는데 2005년도 말에 '한국원예치료연합회'(회장 김홍렬 효성가톨릭대 교수)로 명칭을 바꾸어 독자적으로 운영하고 있다.

---

5) 한국원예치료연구회. 1998. 원예활동의 심신 치료적 효과. vol. 1. 도서출판 서원.
한국원예치료연구회. 1999. 원예치료의 적용과 실제. vol. 2. 도서출판 서원.
한국원예치료연구회. 2000. 장애인과 아동을 위한 원예치료. vol. 3. 도서출판 서원.
한국원예치료연구회. 2001. 사회복지시설에서의 원예치료. vol. 4. 도서출판 서원.

한편, 국내 원예치료는 외국 연구자들의 초청 심포지엄에서도 활성화되었는데, 1995년 일본의 마쯔오 교수가 한국원예학회 특별 세미나에 초청되어 'Sociohorticulture'에 대해서 강의한 바 있으며, 1998년 5월에는 렐프 교수가 식물인간환경학회에서 "Plant and people interactions in the human health and the quality"라는 제목으로 특별강연을 한 바 있다. 2006년 8월에는 한국원예치료협회와 식물인간환경학회 주최로 건국대학교 국제회의실에서 국제원예치료 심포지엄을 개최하였으며, 렐프 박사와 슈메이크 박사(미국), 아사노 박사(Asano, 일본), 레이너 씨(Rayner, 오스트레일리아), 손 박사(Son, 한국)가 "국내외 원예치료의 현황과 새로운 전망"이라는 주제로 전문적 원예치료, 원예치료와 치료적 원예, 자원봉사자, 원예치료의 역사, 각 나라의 원예치료의 현황 등을 발표하였다(**그림** 1-6). 또한, 2006년 8월 13~19일 서울 아셈 센터에서 개최된 국제원예학회에서는 "인간복지를 위한 원예치료와 실제"(Horticultural practices and therapy for human well-being)라는 주제로 심포지엄이 개최되었다.

그림 1-6 국제원예치료 심포지엄 참석자들
(2006년 8월 건국대 국제회의실)

한국원예치료협회 원예치료사 양성과정에 대해서 살펴보면, 1999년에 우리나라 최초로 한국원예치료협회 위탁과정으로 건국대학교 사회교육원에 원예치료사 양성을 위한 교육과정을 개설하였고, 2000년도에는 고려대학교에서도 동일한 과정을 개설하였다. 이후 해마다 개설 대학이 크게 늘어나 2006년도 현재 총 16개 대학(각 도마다 1개 대학씩)에서 원예치료사를 양성하고 있으며, 모든 개설 대학은 협회에서 정한 동일한 커리큘럼과 시스템으로 운영되고 있다(**표** 1-4).

협회에 의한 한국 원예치료사 자격 수여 현황은 2000년 5월 처음으로 원예치료사 자격을 수여한 이래 2006년 7월 말 현재 1급 53명, 2급 340명 등 모두 393명에게 자격을 수여하였으며, 이들은 정신과 및 재활의학과 병원을 비롯하여, 수목원, 사회복지시설, 노인수용시설, 학교, 교정기관 등 전국적으로 약 400여 곳에서 원예치료를 실시하고 있다.

표 1-4 한국원예치료협회 위탁 원예치료사 과정 개설 대학

한국원예치료협회 위탁 원예치료사 과정 개설 대학
건국대학교 평생교육원 (1999년 3월)
고려대학교 사회교육원 (2000년 3월)
동아대학교 사회교육원 (2002년 3월)
호남대학교 평생교육원 (2002년 3월)
경상대학교 평생교육원 (2003년 3월)
단국대학교 사회교육원 (2003년 3월)
원광대학교 평생교육원 (2003년 9월)
계명문화대학교 평생교육원 (2003년 9월)
배재대학교 평생교육원 (2003년 9월)
충남대학교 평생교육원 (2004년 3월)
강원대학교 평생교육원 (2004년 3월)
제주대학교 평생교육원 (2004년 3월)
한경대학교 평생교육원 (2004년 3월)
충북대학교 평생교육원 (2004년 9월)
경희대학교 평생교육원 (2005년 3월)
목포대학교 평생교육원 (2005년 9월)

우리나라 원예치료 관련 교육을 살펴보면 다음과 같다. 우선, 농업계 고등학교 국정교과서 '생활과 원예'와 방송통신대학 농학과 '생활과 원예' 과목에서도 원예치료가 정식으로 강의되고 있으며, 농업진흥청 재교육 연수과정에서도 원예치료가 교육되고 있다. 한편, 약 10개 대학에서 학부 혹은 대학원 과정에 '원예치료', '사회원예', '생활과 원예' 등의 과목이 설강되어 있다. 특히, 건국대학교에는 일반대학원(2002, 전공) 및 특수대학원(2004, 학과)에, 단국대학교에는 학부 및 대학원(2000, 2001)에 원예치료학과가 개설 운영되고 있으며, 순천향대학교에는 특수대학원(2004) 심리치료학과에 원예치료 전공이 개설되었다.

한편, 2006년까지 원예치료 관련 국내 석·박사 학위논문 수는 200여 편 이상이며, 한국원예치료연구회의 주최로 개최된 심포지엄에서의 발표건수는 63건, 한국원예학회에 원예치료 관련 발표건수는 100여 건 이상, 식물인간환경학회에서 원예치료 관련 발표건수는 200여 건 이상으로 집계되었다.

최근 한국은 급격한 산업화·도시화의 부작용으로 환경오염과 교통사고가 크게 늘고 있으며 이로 인한 정신적·신체적인 장애를 겪는 사람들이 빠르게 증가하고 있다. 또한 평균수명의 연장으로 노인인구가 크게 늘어남에 따라

이들의 치료 및 재활 방법의 하나로 원예치료에 대한 관심이 매우 높아지고 있다. 한편, 소득이 늘어나고 주5일 근무제 도입으로 여가시간이 많아짐에 따라 well-being 및 취미생활에 대한 관심이 점차 높아지고 있는데, 사회원예는 이들의 욕구를 충족시켜 줄 수 있는 훌륭한 대안이 될 수 있을 것으로 생각된다.

4. 원예치료와 원예복지

우리나라에 원예치료가 본격적으로 도입된 시기는 1990년대 후반이었다. 그 뒤 불과 수년 사이에 원예치료에 대한 관심이 폭발적으로 높아짐에 따라 꾸준한 연구와 결과에 대한 검증 없이 원예치료의 범위와 목적이 확대되었고, 경우에 따라서는 원예활동이 원예치료로 잘못 시행되는 경우도 있었다. 실제로 단순한 원예활동과 원예치료의 구별이 모호하여 상당한 어려움을 겪는 것도 사실이지만, 이것은 학문적인 개념의 차이에서 온 것이라기보다는 원예에 대한 폭발적인 사회적 요구와 새로운 직업 창출이라는 전제 하에 자신의 직업에 활용하려는 의도들에서 발생된 것이 대부분이었다. 또한, 원예와 인간의 관련 분야에 대한 사회적 요구가 급격히 높아질 쯤에 원예치료가 급속히 성장함에 따라 사회원예의 타 분야가 원예치료에 흡수되었던 것도 한 이유라 할 수 있다.

우리나라 원예치료의 초창기에는 저변확대를 위해서 원예치료 전문가들 스스로가 원예치료의 범위를 넓게 잡은 것도 사실이다. 실제로 치료가 아닌 복지 차원의 활동도 원예치료의 범주 안에 포용하였다. 그런데 이제는 이러한 포용으로 인해 원예치료의 본질적인 치료 효용성과 가치가 훼손되는 반대급부도 겪고 있다. 따라서 사회적으로 원예치료가 폭넓게 인식되고 있는 오늘날, 원예치료의 범위와 역할을 재정리해야 할 때라고 생각된다. 이러한 일련의 일들은 가까운 일본에서도 동일하게 일어나고 있는 현상이다. 사회원예 중 넓은 의미의 원예치료라는 영역을 보다 세분화하여 전문성을 높이는 방법 중의 하나는 원예치료와 원예복지를 분리하여 생각하는 것이다.

양자가 함께 원예의 효용성을 이용하여 인간의 행복을 증진하려는 생각은 동일하다. 그러나 원예치료는 말 그대로 일종의 대체의학적·의료적 치료행위로서 고도의 전문성과 그 결과가 요구되지만, 원예복지는 의료적인 행위보다는 건강증진, 교육, 직업재활, 스트레스 해소, 인간관계 증진 등과 같은 보다 넓은 의미의 복지 차원의 전문영역이라 할 수 있다. 따라서 과거의 넓은 의미의 원예치료는 좁은 의미의 원예치료와 그 밖의 원예복지로 분리하여 생각하는 것이 좋을 것이다.

넓은 의미에서 원예복지는 인간의 행복, 심신의 건강, 인간적 성장, 그리고 보다 좋은 인간관계의 구축과 지역사회의 발전 등을 포함한 삶의 질(QOL) 향상을 증진하기 위하여 원예가 가진 여러 효용성을 적극적으로 활용하려는 것을 말하며, 영어로는 'Horticultural Well-being'이라 칭한다. 원예복지는 모든 시민이 그 대상이며, 취급되는 범위도 개인뿐만 아니라 그룹 또는 지역사회 등의

표 1-5 원예복지사와 원예치료사의 활동 대상자와 내용의 공통점과 차이점(松尾英輔, 2005)

항 목	원예복지사	원예치료사
〈공통점〉 목표	원예의 효용을 적극적으로 활용하여 건강하고, 행복하게, 인간답게 사는 것을 지향한다.	
〈차이점〉		
주체적 활동의 대상자	건강한 일반인	치료적 관여가 필요한 사람
주된 활동의 목표	원예를 삶에 활용하는 방법을 배운다.	원예를 치료로 활용한다.
주된 활동 내용	원예의 계발, 보급 및 지도, 원예동아리 또는 지역커뮤니티 만들기	치료, 재활, 돌봄 또는 간호
진행 방법	함께 원예를 즐긴다.	전문적인 접근과 치료를 통해 치료효과를 극대화한다.
진행자의 성격	조언자(adviser) 또는 교사(instructor)	치료사나 상담자(counselor)
치료 면에서의 전문성	얕다(낮다)	깊다(높다)
시설 및 병원에서 타 치료 전문가와의 관계	필요	연관 분야의 전문가(의사, 간호사, 타 대체치료사, 사회복지사 등)와의 연계를 통해 대상자에 대한 정보 공유
타 전문가와의 관계	지원·보조	협동

문제까지 포함될 것이다. 그러나 심신의 건강뿐만 아니라 장애의 호전을 위해서 치료나 재활이 필요한 사람에게는 단순한 복지 차원의 도움보다 전문적이고 효과적인 치료방법이 필요할 것이고, 이에 해당되는 작업이 바로 원예치료이다.

결론적으로 볼 때, 원예복지사와 원예치료사의 궁극적인 목표는 동일하다고 본다. 그러나 원예복지의 범주 안에는 원예치료가 포함되지만, 전문적 원예치료 내에 원예복지가 포함될 수는 없다. 원예복지사는 건강한 일반인, 즉 자기 힘으로 원예의 효용성을 향수하여 보다 잘 살기를 바라는 일반인(학생에서부터 노인에 이르기까지)에게 정보나 지침을 제공하거나 적절한 기술을 가르치는 역할을 하게 될 것이며, 원예치료사는 원예복지 전반의 교육을 기초로 하여 치료로서 특화한 영역을 배운 전문가이기 때문에 원예복지 전반에 관여한다는 것은 어렵지 않다.

앞으로 원예복지사의 활동은 원예치료에 친숙하기가 어려운 일반인의 건강 및 레저 활동, 동아리 만들기 등의 개인적인 활동 외에, 지역 만들기나 거리 만들기, 교육 분야에서의 원예 지도와 조언 등 사회성이 강한 활동이 그 중심이 될 것이다. 물론 그 중에는 자원봉사자의 보조자(coordinator)로서의 역할도 있다. 만약, 어떤 사람이 원예복지에 관계하면서 원예치료에 관심이 생겼다면 그 때부터 원예치료적 임상실습을 배우면 된다. 배울 수 있는 시설・단체・병원・교육기관도 많으며, 현재 국내 원예치료사의 자격제도도 확실하게 정비되어 있어 아무런 문제가 없을 것이다.

5. 원예치료의 미래

이 장에서 언급한 나라 외에도, 독일, 영국, 캐나다, 타이완, 오스트레일리아 등 각 나라에서 원예치료는 독특한 상황 속에서 급속히 성장하고 있다. 이미 언급한 바와 같이 원예치료는 원예가 사회문화의 시대적 변천을 걸어오면서 자연스럽게 태동되었고, 원예치료는 그 특징상 사회과학과 자연과학, 그리고 의학의 중간 위치에 존재하며, 또한 학문의 성격상 농학과 사회과학, 의학의 학제간 공동연구가 필요하기 때문에, 아직도 그 정의와 범위, 그리고 임상실제

등에서 통일되지 않는 부분들이 있다. 이는 각 나라뿐만이 아니라 국제간에도 그렇다.

또 한 가지 중요한 점은 원예치료가 급속히 발전하고 있는 것은 사실이지만, 그 효과성의 주된 인정 및 검증은 원예에 관련된 사람들이나 단체에 의해서이지, 의학계나 과학계는 아니라는 것이다. 더욱이, 전문적 원예치료와 원예복지의 혼돈에 따라 잘못되거나 과장된 홍보 또는 과학적 방법론에 입각하지 않은 연구결과의 발표는 그들로 하여금 더 부정적인 견해를 가지게 한다. 이를 단순히 원예치료에 대한 그들의 무지로 치부할 수도 있지만, 보다 적극적인 학제간 공동연구를 통해서 원예치료의 효과성을 알리지 못하는 원예치료사 및 연구자들의 책임이 더 크다고 본다.

2004년도 일본 아와지 섬에서 처음으로 7개 나라(한국, 미국, 일본, 캐나다, 독일, 영국, 오스트레일리아) 원예치료 대표들이 모여 각 나라의 현황과 문제점을 논한 바 있으며, 이 모임을 통하여 처음으로 국제적 차원의 원예치료 방향성과 협력을 논할 수 있게 되었다. 또한, 2006년 한국에서 개최된 국제원예치료 심포지엄과 국제원예학회 동안에도 각 나라 대표들이 모여 미래 원예치료를 어떻게 이끌어갈 것인가에 대한 진지한 논의들이 있었다. 지난 2~3년 동안 이들 모임을 통해 도출된 원예치료의 문제점들은 다음과 같으며, 이것의 해결을 위한 국제간 모임이 지속적으로 계획되고 있다.

- 원예치료와 치료원예(혹은 원예치료와 원예복지)의 세분화 및 전문화
- 전문적 원예치료(professional horticultural therapy)의 정립
- 의료 수단으로서의 확고한 자리매김을 위한 원예치료의 구체적 정의의 필요성
- 임상의학에 기초한 원예치료의 이론적 모델 정립
- 병원에서의 적극적인 도입을 위한 노력과 의료수가 적용 방안 및 대책 마련
- 국제적 모임과 네트워킹 형성 그리고 이에 따른 표준화된 교육과정 제정
- 원예치료사와 대학 연구자들 간의 활발한 대화 및 모임의 필요성
- 각 나라별 기관이나 단체의 일원화를 통한 대표성 확립과 일원화된 체계
- 원예치료의 법제화와 공동연구를 위한 기금 마련안

Chapter 02

원예치료의 정의와 특성

1. 원예치료의 정의

원예치료(horticultural therapy)는 문자 그대로 'horticulture'의 '원예'와 'therapy'의 '치료' 또는 '요법'의 합성어로서, 우리나라 도입 초기에는 '원예치료' 또는 '원예요법'으로 혼용되었다. 그런데 '치료'는 보다 적극적이면서 직접적인 뜻이 내포되어 있는 반면 '요법'은 치료보다는 수동적이고 간접적인 도움까지 포함한다는 이유와 각 의미에 대한 사회적 평가와 호소력, 다른 비약물적 치료와의 균형 등을 고려하여, 점차 '원예치료'(園藝治療)라는 단어로 정착되었다.

일반적으로 원예치료란 "식물 또는 식물을 이용한 여러 가지 활동(원예활동)을 통하여 사람의 정신과 신체의 작용을 개선 혹은 유지시키는 활동"이라 할 수 있다. 여기서 '식물'이란 반드시 원예식물만이 아니라 경우에 따라서는 다양한 식물을 의미한다. 또 정신과 신체 작용을 개선 혹은 유지한다는 것은 고령자의 경우 건강하다 하더라도 노화에 의한 정신과 신체기능의 쇠퇴해졌을 때 치료가 될 경우와 치료를 바랄 수 없는 경우가 있다. 그런 상황 아래서 되도록 향상을 목표로 하여 쇠퇴를 늦추는 것, 즉 현 상태를 지속적으로 유지시키는 것도 치료의 한 방법일 것이다.

가장 역사가 오래된 미국 원예치료협회의 'horticultural therapy'에 대한 정의는 "A process utilizing plants and horticulture activities to improve social, educational, psychological and physical adjustment of persons thus improving their body, mind and spirits"이며, 우리나라에서는 미국 원예치료 및 작업치료의 정의에 기초하여 "식물을 통한 원예활동에 의해서 사회적 · 교육적 · 심리적 혹은 신체적 적응력을 기르고, 이로 말미암아 육체적 재활과 정신적

회복을 추구하는 전반적인 활동"으로 정의하고 있다.

한편, 이 책에서 말하는 전문적 원예치료란 두 가지 측면에서 설명될 수 있다. 첫 번째로 사회원예 중 원예복지를 제외한 치료적 의미를 지닌 분야와 대상자에 초점을 둔다는 것과 두 번째는 '원예치료사가 식물과 다양한 원예활동을 통하여 설정된 치료목표를 의도된 프로그램을 통해 달성함으로써, 대상자의 심신의 회복과 재활을 추구하는 전문적인 치료활동'을 의미한다. 결국, 전문적인 원예치료는 ① 원예뿐만 아니라 의학적인 훈련을 받은 치료사가, ② 대상자의 질병이나 장애를 파악하고, ③ 의도적이고 치료적인 목표를 정하여, ④ 식물과 원예활동을 이용하여, ⑤ 치료하며, ⑥ 그 결과를 기록 · 발표하는 과정을 포함하고 있다. 그러나 이 정의에서 대상자에 대한 규정과 범위는 여전히 논란의 여지가 있다고 하겠다.

2. 원예치료의 독특성

최근 들어 원예치료와 함께 미술치료, 음악치료, 운동치료, 동물치료, 오락치료, 그리고 향기치료 등과 같은 대체의학적 치료방법이 각광을 받고 있으며, 실제 병원에서도 이러한 치료방법을 점차 수용해가는 추세이다. 각각의 치료는 나름대로의 독특성과 장단점을 가지고 있기 때문에 현재 병원이나 복지센터에서는 다양한 치료방법을 동시에 도입 · 적용하고 있으며, 임상적으로 시너지효과를 얻고 있다. 다른 대체치료들과 구별되는 원예치료의 독특성을 살펴본다면 다음과 같다.

1) 생명을 매개체로 한다

원예치료는 식물, 즉 살아 있는 생명을 매개체로 하는 치료법이다. 대상자는 식물의 생장, 개화, 결실 등의 변화하는 모습을 통해 무생물과는 다른 교감을 가지게 된다. 이것은 동물을 다루는 것보다 더 손쉽고 자연스러울 수 있다. 그리고 다양한 식물을 통해 시각, 청각, 미각, 촉각, 후각의 오감을 자극받을 수 있는 특징이 있다.

2) 상호 역동적이다

원예치료는 대상자가 단순히 어떤 작업과정을 이해하고 그에 따른 행위를 수행하는 것으로 끝나는 것이 아니라 대상자와 식물 간의 상호작용으로 이루어진다. 대상자가 씨앗을 파종하고 물을 주면서 정성껏 관리한다면, 새싹이 나오고 꽃이 피고 열매가 맺을 것이다. 그러나 씨앗을 파종하고 난 뒤 무관심하게 방치해 둔다면 아무런 결과도 얻을 수 없을 것이다. 즉, 대상자의 행동과 관심에 따라 식물의 상태가 달라지기 때문에 대상자는 그런 식물의 반응을 보면서 자신감이나 책임감을 느낄 수 있다.

3) 창조적 파괴가 가능하다

원예치료를 통해 식물을 키워 수확물을 생산하고, 그것을 이용하여 만든 장식품으로 주위 환경을 개선하거나 다른 사람에게 선물을 주기도 한다. 또한 장식품을 만드는 과정에서 식물을 자르고, 꽃과 잎을 따서 눌러 말리고, 열매를 따는 등 생명을 파괴하는 행위를 하게 된다. 그렇지만 그러한 행위가 단순한 생명 파괴로 끝나는 것이 아니라 꽃, 누름꽃, 열매 등을 이용하여 다양한 창작품을 만들면서 파괴를 예술로 승화시킨다.

4) 본능적 그리움에 바탕을 둔다

식물 잎의 녹색은 사람들이 생각하고 있는 낙원의 이미지와 가장 가까울 뿐만 아니라 심리적 안정과 유연성을 준다. 특히 현대인들은 자연보다는 철근과 콘크리트로 둘러싸인 회색환경에서 생활하는 경우가 많기 때문에 자연에 대한 본능적인 그리움을 가지고 있다. 원예치료는 인간 본연의 기호색인 녹색을 가까이에서 느끼고, 소홀했던 자연과 접촉할 수 있는 가장 효과적인 방법이다.

5) 생명을 돌보는 치료방법이다

장애인들은 오랫동안 가족이나 주위 사람들의 보호를 받아왔다. 그래서 그들은 자신이 보호받는 존재라고 생각하며 남들에게 의존하려는 경향이 크다. 한편으로는 자신은 평생 남으로부터 도움을 받을 수밖에 없는 존재로 절망하거나 낮은 자존감을 가진다. 그러나 원예치료는 대상자가 직접 식물을 돌보고 키워 봄으로써 자신도 다른 누군가를 돌볼 수 있다는 자존감을 갖게 해 준다.

6) 원예치료를 통해 전인적인 접근과 전문적인 접근이 동시에 가능하다

일반적으로 생각할 때, 원예치료는 식물을 활용한 일반적이고 대체적인 활동일 뿐 의학적 측면에서의 전문적인 치료방법은 아니라고 생각한다. 그러나 원예치료가 의학적 토대 위에서 보다 전문적으로 행해질 때는 전인적이고 전문적인 치료방법으로 다른 대체의학이 줄 수 없는 효과를 줄 수 있다.

3. 원예치료의 세 요소

원예치료를 가능하게 하는 세 요소는 훈련된 원예치료사, 치료매체인 식물과 원예활동, 그리고 대상자이다. 이에 대해서 보다 구체적으로 알아보자.

3.1 원예치료사

원예치료사(horticultural therapist)는 원예치료를 수행할 수 있는 자격을 갖춘 사람으로, 식물의 생장과 재배 및 특성에 관한 원예학적 지식뿐만 아니라 인간의 심리·신체적 치료와 원활한 원예치료 프로그램 진행을 위한 정신의학·재활의학·사회학·간호학·심리상담학·사회복지학 등 다양한 분야를 이해하고, 이를 의도적으로 적용할 수 있는 능력이 있어야 한다. 그리고 원예치료사는 대상자에게 원예에 대한 관심을 유도하고 쉽게 접근할 수 있도록 하여 원예치료의 교육적·치료적·직업재활적 목적을 이룰 수 있어야 한다.

1) **원예치료사 자격 수여 요건**

현재 우리나라 원예치료사의 자격은 원예복지사와 원예치료사 2급, 원예치료사 1급, 고등 원예치료사로 나누어져 있다. 원예치료사가 되려면 한국원예치료협회에서 인정하는 각 대학의 사회(평생)교육원의 원예치료사 과정을 이수하거나 대학원의 원예치료 전공을 수료한 후 일정 시간 원예치료의 임상경험 등 자격요건을 충족시켜야 한다(표 2-1).

2) **원예치료사의 자질**

원예치료사는 대상자에게 원예를 쉽게 적용하여 목적한 바를 이끌 수 있도록 ① 대상자에 대해 진취적이고 긍정적인 자세, ② 남을 도울 수 있는 인내,

표 2-1 원예치료사 자격 수여 요건(한국원예치료협회 원예치료사 자격 수여 규정, 2006년 현재)

원예복지사	원예치료사 2급
▪ 농촌진흥청 산하 연구직 및 지도직 공무원 또는 원예복지 관심자 ▪ 평생(사회)교육원 수료 ▪ 원예치료사 2급 자격시험 합격 ▪ 농촌진흥청 원예치료 단기 연수 수료 또는 협회 워크숍 40시간 참석 ▪ 학회 논문 발표 1건 이상 ▪ 지도교수 또는 기관장 추천서	▪ 전문학사 이상의 학력 ▪ 평생(사회)교육원 수료 또는 대학원 원예치료전공 1년 수료 ▪ 원예치료사 2급 자격시험 합격 ▪ 워크숍 20시간 참석 (원예학과 졸업생은 20시간 인정) ▪ 임상실습 1,000시간 이상 (주진행자: 회/24시간, 보조자: 회/16시간) ▪ 학회 발표 1건 이상 ▪ 임상활동보고서 및 지도교수 추천서
원예치료사 1급	**고등 원예치료사**
▪ 학부 원예치료학과 또는 대학원 원예치료 전공 졸업 ▪ 대학원 원예학 전공 졸업자는 의료과목 3과목 이수 및 원예치료 석사 논문 제출 ▪ 평생(사회)교육원 1년 과정 수료(소급적용자) ▪ 워크숍 40시간 참석 (원예학과 졸업생은 20시간 인정) ▪ 임상실습 3,000시간 이상(2급 1,000시간 포함) 이상(주진행자: 16시간/회, 보조자: 8시간/회) ▪ 논문 게재 1건, 학회 발표 1건 이상 ▪ 임상활동보고서 및 지도교수 추천서	▪ 원예치료사 1급 자격 취득 후 5년 경과 ▪ 단기고급연수 5회(해외연수 2회 포함) 이상(단, 박사학위로 대체 가능) ▪ 워크숍 100시간 이상 참석 ▪ 임상실습 8,000시간(1급 3,000시간 포함) 이상 (4시간/회) ▪ 논문 게재 5건, 학회 발표 5건 이상 ▪ 협회 임원 10인 이상 추천서 ▪ 임상활동 보고서 ▪ 지도교수 추천서

③ 원예에 대한 이론적 지식과 기술, 그리고 사람들에게 전달할 수 있는 능력, ④ 원예식물과 사람의 관계를 새롭게 인식하여 새로운 아이디어를 창출할 수 있는 지혜, ⑤ 자신감과 확신, ⑥ 다른 사람들의 문제에 휩쓸리지 않고 전문성과 따뜻함을 유지하는 태도, ⑦ 대상자의 회복(재활)이라는 공통의 목표를 향해 다른 직원들과 함께 일할 수 있는 팀워크 등의 자질을 가지고 있어야 한다. 한국원예치료협회에서 원예치료사 자격을 수여할 때 선서식을 통해 이러한 사항을 스스로 다짐하도록 하고 있다(**표 2-2**).

3) 팀워크(team work)

원예치료사는 다양한 전문가들과의 상호 교류와 협력을 통해 대상자들에게

표 2-2 원예치료사 강령

<table><tr><td>

원 예 치 료 사 강 령

(Principles of Horticultural Therapist)

한국원예치료협회의 원예치료사들은 다음 강령들을 준수하여 원예치료를 받고 있는 모든 대상자들의 재활 및 삶의 질을 향상시키는 데 이바지한다.

1. 나는 원예치료사로서 대상자를 최우선 원칙으로 준수한다.
2. 나는 원예치료사로서 대상자의 인격을 최대한 존중한다.
3. 나는 원예치료사로서 책임과 의무를 다한다.
4. 나는 원예치료사로서 인격함양에 힘쓴다.
5. 나는 원예치료사로서 긍지와 자부심을 갖는다.
6. 나는 원예치료사로서 자기계발에 최선을 다한다.
7. 나는 한국원예치료협회의 회원으로서 권리와 의무를 다한다.

한 국 원 예 치 료 협 회

</td></tr></table>

보다 질 높은 치료서비스를 제공할 수 있다. 특히 병원 또는 전문기관에서의 원예치료는 치료팀을 구성하여 진행하는데, 치료팀은 다양한 세부분야의 전문인력들로 구성된다. 원예치료사의 역할은 의학적 치료와 심리·사회적 치료의 중간쯤에 위치한다고 볼 수 있다(**그림** 2-1).

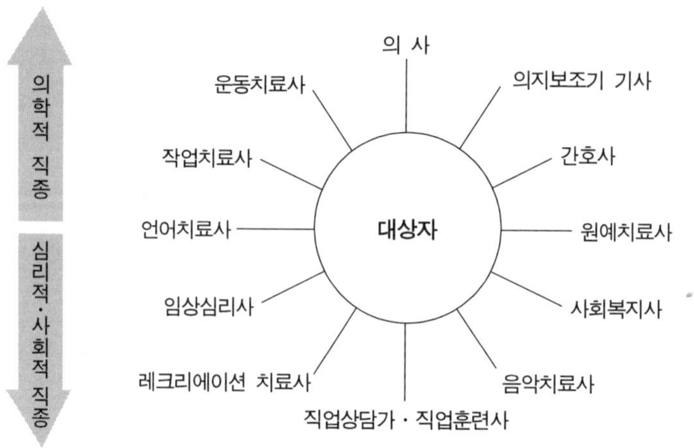

그림 2-1 재활치료팀의 구성과 원예치료사의 역할

대상자 최우선 원칙을 고수하는 팀 접근에서는 각자의 전문영역을 인정하고 존중하며, 다른 치료 과정과 방법에 대해 주시하고, 계획된 치료과정의 수정과 필요성에 관한 의견을 교환하며, 최상의 치료서비스를 제공하기 위해 서로 협력해야 한다. 또한, 필요 없는 치료서비스가 중복되는 것을 막기 위해 구체적이며 적절한 의사소통과 협력이 필요하다.

4) 자원봉사자

원예치료사만으로는 대상자들이 원하는 작업을 모두 수행하기 어렵기 때문에 자원봉사자(volunteer)들의 필요성이 점차 늘어나고 있다. 자원봉사자는 프로그램을 위해 가능한 시간을 지정하여 시간 내 진행되는 원예치료 프로그램에 지속적으로 참여하며, 프로그램 진행을 위해 대상자가 할 수 없는 작업들을 돕는다. 또한 자원봉사자가 가지고 있는 다양한 기술이나 배경지식을 활용하여 원예치료 프로그램에서 라포(rapport) 형성을 돕거나, 대상자들이 프로그램에 적극적이며 긍정적으로 참여할 수 있도록 도우며, 그 외에도 프로그램의 준비나 정리, 식물의 유지 관리 등을 돕는 역할을 한다.

자원봉사자를 모집할 경우, 경험이 풍부한 사람만 지원하는 것은 아니기 때문에 원예치료 프로그램 시작 전 원예치료사 및 원예치료팀과의 사전모임을 통해 시설이나 기관 내에서 원예치료를 행하는 목적이나 자원봉사자의 역할 및 주의사항 등을 교육하는 것이 필요하다. 자원봉사자가 기본적으로 가져야 할 자세는 배려와 공감, 여유이며, 자세한 사항은 **표 2-3**에서 볼 수 있다.

표 2-3 자원봉사자가 고려해야 할 사항

1. 전문적인 행동과 긍정적인 태도는 책임감을 증가시킨다. 부적절한 복장은 적합하지 못한 행동을 불러일으키며, 과다한 향수 사용 등은 대상자의 호흡 또는 알레르기에 영향을 미친다. 2. 자원봉사자는 대상자가 주어진 작업을 최대한 독립적으로 수행하고 완성하여 자아존중감이 향상되고, 그들의 잠재능력이 최대한 발휘되도록 한다. 다수의 자원봉사자들은 좋은 뜻에서 대상자들의 작업에 지나치게 개입하여 돕는데, 이는 대상자가 스스로 작업을 완성함으로써 얻는 치료효과를 억제시키게 된다. 3. 그룹 치료에서 자원봉사자는 자신이 돌보는 대상자의 작업을 다른 대상자들의 작업과 비교하지 않아야 한다. 대상자가 자신 나름의 방법과 기능으로 작업을 실행하도록 한다. 4. 자원봉사자는 대상자의 개인적 문제와 관련된 것(사생활)을 파악하려고 노력할 필요는 없다.

(표 2-3 계속)

5. 대상자에게 조언하기보다는 그들이 스스로 결정하고 행동하도록 돕는다. 6. 작업을 보다 완벽하게 수행하기 위해 대상자를 강요하지 않는다. 원예치료는 결과보다 치료의 과정이 중요한데, 결과를 중시하다 보면 대상자에게 오히려 스트레스와 좌절감을 안겨 주게 된다. 7. 대상자를 이동시킬 때 문을 쾅 닫거나, 커브를 돌 때 휠체어가 심하게 흔들리게 하는 등의 미숙한 행동은 대상자를 긴장시키게 하고, 두려움을 느끼게 한다. 8. 자원봉사자는 대상자들의 작업시간 동안 서로 잡담하지 않도록 한다. 이는 대상자로 하여금 소외감을 느끼게 하고, 또한 그들의 필요를 제때 파악할 수 없게 한다. 9. 그룹치료에서 자원봉사자는 자신이 돕는 대상자가 그룹 속도에 뒤처지지 않는지 살피고 돕는다. 10. 자원봉사자에 의한 평가는 대상자의 상태와 건강의 변화를 알아내는 데 있어 매우 중요하다. 지나칠 수 있는 환자들의 변화를 관찰을 통해 지적하고, 다음에 일어날 수 있는 변수들을 통제할 수 있다. 11. 능숙한 자원봉사는 곧 원예치료사의 성공을 의미한다. 치료사는 그들의 주체성을 존중하고, 제안을 받아들여 원예치료를 활성화시킨다. 12. 자원봉사자가 여유시간이 있다면, 다른 대상자도 도울 수 있도록 기회를 제공하여 다양한 경험을 갖게 한다. 13. 자원봉사자를 지속적으로 교육하고 훈련시킨다. 자원봉사자는 원예치료사를 지지하는 이들은 치료사를 돕는 스태프이다. 따라서 앞으로 일어날 수 있는 상황에 적절히 대처하는 자신감과 기술을 익히도록 도와준다.

출처: Modified from Hewson, Mitchell L. 1994. Horticulture as therapy. The Food Products Press, New York.

3.2 식물과 원예활동

'식물과 원예활동'은 원예치료사가 치료적 목적을 달성하기 위해서 사용하는 매개체이다. 우리나라 원예치료의 전통적인 정의에서 '식물과 원예활동'이라고 표현한 것은 상당한 의미를 내포하고 있다. 매개체를 단순히 식물로 규정한다면, 원예치료의 범위가 지나치게 확대되어 삼림, 약용 또는 관상 및 식용식물 등의 다양한 식물을 이용하는 활동이나 재배, 향이나 오일을 이용하는 활동 또는 조원(造園)을 이용하는 활동 등 모두를 포함하게 될 것이다. 이렇게 되면 원예치료의 전문성이 결여되고 동시에 원예치료의 범위도 모호해진다.

따라서 원예치료에는 치료효과가 있는 어떤 식물이라도 원칙적으로 사용이 가능하지만, 그 범위는 원예활동에 국한되어야 한다. 식물을 대상으로 하는 원예활동에는 간접적이며 수동적인 활동(오감을 통해서 수동적으로 받아들이는 활동)과 직접적이며 능동적인 활동(심신의 활동을 통해서 식물에 반응하는 활동) 모두를 포함하지만, 전통적으로 규정한 원예활동의 범주에 국한된다. 예를 들면, 식물체로부터 물질을 추출하여 그 약효를 이용할 경우, 이것은 분명히 한의학이나 약학에 속하는 것으로 전통적인 원예활동의 범주를 넘어선다. 또한, 정유를 사용하여 마시지를 하는 경우에도 아로마테라피의 고유한 영역에 속하는 것이지 전통적인 원예활동은 아니다. 그러나 대상자가 미니토마토나 고추를 재배하고 수확한 후 수확물을 섭취했을 때 부가적으로 얻는 영양분은 원예활동의 결과로서 주어지는 부차적인 효과일 뿐 채소나 과일을 통한 영양분의 섭취를 목적으로 한 활동이 아니므로 명백한 원예활동이며, 앞에서 언급한 약용을 위한 활동과는 구별되어야 한다.

원예치료로 활용 가능한 다양한 식물의 종류와 적용방법은 제5장 '원예치료용 식물과 관리'와 이 책의 각론편인 '전문적 원예치료를 위한 평가도구 및 프로그램'을 참고하면 된다.

3.3 대상자

역사적 관점에서 볼 때 원예치료 초창기에는 정신질환자나 신체장애인이 주 대상자였으나, 최근에는 의학적 진단으로 장애가 없다 할지라도 정신적으로나 신체적으로 혹은 사회적으로 안녕하지 못한 사람들 모두가 원예치료의 대상자로 수용되는 추세로 변하고 있다. 실제로 업무로 인해 과도한 스트레스에 시달리는 회사원이나 예기치 못했던 인생의 고비를 맞아 정신적 · 사회적으로 어려움을 겪는 퇴직자 또는 실직자, 고령자, 주부, 수험생 등 복잡한 사회구조 속에서 어려움을 겪고 있는 소위 정상인이라 불리는 사람들에게도 원예치료는 매우 유익한 정신적 · 신체적 · 사회적 건강증진법으로 확인되었다. 그러나 이러한 추세는 원예치료의 저변확대에는 엄청난 공헌을 했지만, 원예치료의 전문화를 오히려 쇠퇴시키는 결과를 초래하였다. 그렇지만 이러한 과정을 통해서 원예치료와 원예복지를 세분화시키는 계기도 되었다.

앞으로는 원예치료의 대상자가 장애인이어야만 하는가 아니면 정상인도 가능한가에 대한 논의는 더 이상 중요한 문제가 아닐 것이다. 오히려 치료가 필요한 대상자인지 복지가 필요한 대상자인지 그리고 대상자에 대한 접근이 원예복지인지 아니면 원예치료인지가 훨씬 더 중요한 고려사항이 될 것이다.

이 책에서 논하는 전문적인 원예치료의 대상자는 질환과 발달연령에 따라 분류되었다. 질환별에 따라서는 크게 정신과 재활분야로, 연령에 따라서는 아동 및 청소년, 노인, 치매 노인으로 구분하였다. 이외에 현재 소수연구가 진행된 주부나 임산부, 재소자, 위안부 등은 기타로 분류하였다. 다양한 대상자들에게 적용한 원예치료의 기존 연구는 제7장 '대상자별 원예치료'를 통해 자세히 살펴볼 수 있다.

4. 원예치료의 작용기전

원예는 고대 이집트에서부터 시작된 가장 오래된 치료수단의 하나이지만, 전문적인 치료분야에서는 아직까지 매우 새로운 기법이다. 현재 여러 치료시설에서 원예치료가 실시됨에 따라, 다양한 임상결과가 보고되고 있다. 그러나 원예치료 프로그램을 이해하기 위해서는 치료 이론이나 원리, 원예활동이 주는 긍정적 변화의 메커니즘에 대한 이해와 올바른 해석이 필요하다. 대표적으로 이러한 원예치료의 작용 메커니즘은 상호작용(interaction), 활동(activity), 반응(response)의 이론에 의해 범주화될 수 있다.[1]

4.1 상호작용

원예활동은 누구든지 쉽게 참여할 수 있어 비차별적(non-discriminatory)이며 비위협적인(non-threatening) 자연환경 속에서 이루어지고,[2] 이를 통해

1) Relf, P. D. 1981. Dynamics of horticultural therapy. Rehab. Lit. 42(5-6):147-150.
2) Lewis, C. A. 1978. Healing in the urban environment: a person/plant viewpoint. B. Y. Morrison Memorial Lecture. Mt. Vernon, Virginia.

자연스럽게 비언어적인 교류(non-verbal communication)가 일어난다. 집단활동을 통한 원예치료는 개인치료(individual treatment)에 비해 자연스럽게 대상자 - 치료사, 대상자 - 대상자, 대상자 - 비대상자 관계를 형성한다. 또한, 프로그램에서 대상자가 집단의 한 구성원으로 자신의 존재를 깨닫게 하고, 원예활동을 통한 타인과의 관계 형성을 가능하게 한다. 원예치료는 개인보다는 집단에서 그 효과가 극대화되는데, 이는 집단 속에서 개인의 역할이 더욱 뚜렷해지며 부수적인 상호작용이 이루어지기 때문이다.

4.2 활 동

식물과 함께 하는 돌봄(caring) 활동과 이러한 활동과정에서 대상자들이 얻는 변화들은 원예치료만이 가질 수 있는 치료효과이다. 이는 식물과 더불어 활동하는 동안 식물을 통해 삶을 관조할 수 있고 또한 식물의 생활주기와 사람의 삶의 주기를 비교하여 생각할 수 있기 때문이다.[3] 다양한 원예활동을 통해 대상자들은 서서히 자신이 유용하며 필요한 존재라는 것을 인식하게 된다.[4] 또한 원예치료 프로그램의 결과로 얻은 작품들을 주변에 배치함으로써 대상자들은 자신들의 작은 활동이 주변의 환경을 바꿀 수 있음을 알게 된다. 원예활동은 직업으로도 활용이 가능하므로 대상자들로 하여금 성인으로서의 정체성을 확립시키며,[5] 책임감을 증진시키고,[6] 좌절을 극복하는 방법을 가르쳐주며, 무의식적으로 주의 집중을 지속시킨다.[7]

---

3) Relf, P. D. 1990. Psychological sociogical response to plants: Implications for horticulture. HortScience 25(1):11-13.
4) Bardach, J. 1975. Some principles of horticultural therapy with the physically disabled. Mt. Vernon, Virginia.
5) Levinson. H. 1964. What work means to man. Topeka, Kansas.
6) Langer, E. J. and J. Rodin. 1976. The effects of choice and enhanced personal responsibility for the aged: a field experiment in an institutional setting. J. Personality and Social Psychol 34(2):191-198.
7) Kaplan, S. 1973. Cognitive maps in perception and thought. Image and environment, Chicago.

4.3 반 응

식물은 직접적이고 단순하면서도 긍정적인 반응을 촉진시키고 심미적인 기쁨을 주며, 식물의 성장과 변화를 관찰하면서 삶을 배우고 또한 삶에 대한 다른 모습을 이해하게 된다.[8] 원예활동을 통한 반응은 크게 신체 · 심리적, 사회적 반응으로 구분할 수 있다. 좋아하는 자연 또는 원예활동을 통해 대상자는 식물과 다양한 치료적 상호작용을 갖게 되고, 스트레스가 감소되며, 혈압 · 맥박 · 호흡의 변화, 면역력의 증가 등을 통해 긍정적인 신체적 반응을 얻게 된다. 원예치료적 자극은 긍정적인 심리적 반응을 야기하고, 이는 긍정적인 피드백으로 이어져 정서적 경험의 질을 증가시키며, 결국에는 행동처리과정에 영향을 미친다. 또한, 직업적 · 사회적 · 치료적 형태로 활용되어 원예치료사의 자질에 따라 그 기능이 극대화된다.

5. 원예치료의 세 요소와 역동성 모델

앞서 언급한 바와 같이 원예치료의 세 요소는 원예치료사, 식물과 원예활동, 그리고 대상자이다(**그림** 2-2). 만약 이 요소 중 어느 하나라도 제외된다면, 원예치료는 성립되지 않는다. 예를 들어 만약 원예치료사의 개입 없이 대상자에게 식물과 원예활동이 주어진다면, 식물과 원예활동은 대상자에게 단지 즐거움이고 흥밋거리일 뿐 치료는 아니다. 원예치료사가 대상자와 원예활동에 개입함으로써, 원예활동은 대상자에게 의도된 치료목적을 가진 치료사의 전문적인 기술이 도입된 프로그램화된 치료가 된다. 또한 치료 프로그램을 통해 대상자는 자존감이나 책임감 회복에서 일상생활 동작이나 근력 회복에 이르기까지 다양한 치료 혜택을 받게 될 것이다. 이런 관계는 나머지 두 관계에서도 마찬가지이다.

8) Ulich, R. S. 1990. Plants and the individual: Their influenced on human behavior, physical hearth, and perceptions of comfort. The role of horticulture in human well-being and social development. A national symposium. Arlington, Virginia.

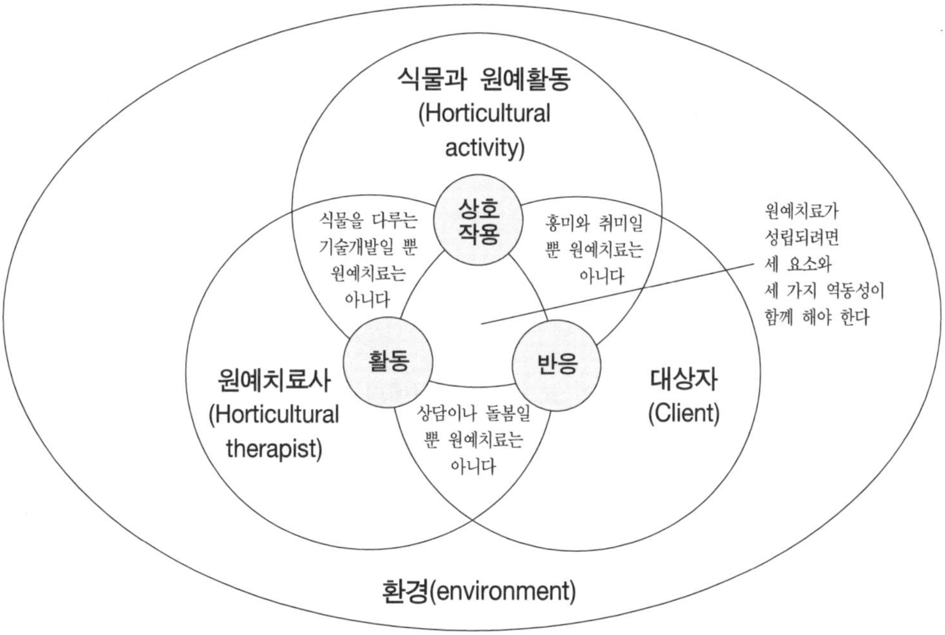

그림 2-2 원예치료의 세 요소와 역동성 모델

원예치료사와 대상자의 관계를 생각해 보자. 만약 식물이나 원예활동의 개입이 없다면 이것은 단지 상담이나 돌봄에 불과할 것이다. 그러나 식물이나 원예활동이 치료의 매개체가 됨으로써 식물체의 생로병사를 통해서 인간의 삶을 재조명하거나 또는 다양한 원예활동을 통해서 교육적 · 사회적 · 운동적 효과를 얻게 될 것이다. 또한 원예치료사와 식물과의 관계에서도 마찬가지이다. 결국, **그림 2-2**에서 보는 바와 같이 원예치료가 성립되는 부분은 두 원이 겹쳐지는 곳이 아니라 세 개의 원이 겹쳐지는 부분이다. 세 원의 물리 · 화학적 결합에 의해서 이루어지는 원예치료는 적게는 원예치료실 또는 치료정원, 크게는 자연이라는 환경 속에서 실시된다. 이 환경은 단순한 장소의 의미뿐만 아니라 치료분위기도 포함하고 있다.

한편, 세 원이 겹쳐지는 원예치료의 역동은 다시 상호작용, 활동, 그리고 반응으로 구분할 수 있다. 이 세 역동은 원예치료사 - 식물 - 대상자의 모든 관계에서 발생하는 것으로, 이러한 역동을 통하여 다른 어떤 대체치료도 줄 수 없는 원예치료의 독특성이 생성되는 것이며, 이것이 바로 원예치료의 힘이라고 볼 수 있다. 결국 전문적 원예치료가 성립되기 위해서는 환경이라는 장소(치료분위기)에서 원예치료의 세 요소와 세 가지 역동성이 함께 해야 한다.

6. 원예치료의 효과

원예치료의 직접적인 효과와 사회원예의 효과는 구분하기가 쉽지는 않지만, 원예치료의 효과는 크게 다음 세 가지로 나누어 볼 수 있다.

1) 신체적 효과

① 자율신경계의 적합한 부활

② 호흡 · 심장기능의 유지 개선

③ 순환기계 기능의 유지 개선

④ 혈압의 안정

⑤ 운동 기관 · 기능의 유지 개선(근육 · 골격 · 관절가동력 등 기관의 유지 개선, 기본적 체력, 균형잡기, 내구성의 유지 개선, 눈과 손의 협력, 정밀한 동작이나 이동의 유지 개선, 자세 유지)

⑥ 대사기능의 유지 개선

⑦ 내분비기능의 회복, 진정

2) 정신적 효과

① 불안의 경감

② 기력의 회복

③ 주의력 향상

④ 집중력 증가

⑤ 유용감(有用感)

⑥ 성취감

⑦ 지남력과 계절감 향상

3) 사회적 효과

① 공유체험을 통한 커뮤니케이션

② 협력

③ 협조

④ 애타성(愛他性)

7. 원예치료가 가능한 분야와 치료목적

원예치료는 원예치료사의 자격과 각 단체나 시설의 요구에 따라 다양하게 진행되고 있으며(표 2-4), 분야별 원예치료 제공 및 활용목적은 표 2-5와 같다. 우리나라의 경우 원예치료에 대한 요구가 기하급수적으로 늘어나고 있으며, 현재 약 400여 군데의 시설이나 단체에서 유·무급으로 원예치료가 실시되고 있다.

표 2-4 원예치료 시설과 주 목적

시 설
병원, 사회복지센터, 양로원, 실버타운, 직업훈련센터, 장애자 작업장, 너싱(nursing) 홈, 형무소 및 갱생시설, 특수학교, 식물원 등

주된 목적
치료적: 정신장애자, 신체장애자, 고령자 치료 신체기능 향상 치료정원과 장애별 프로그램 실천 교육적: 직업 훈련 또는 사회복귀 지원 교육 및 환경미화 사회적: 레크리에이션 환경미화 건강유지 및 여가선용

표 2-5 원예치료 분야 및 구체적 목적

분야	세 부 항 목	녹색환경 및 원예치료의 제공
의료·복지	고령자와 장애자의 장애 및 발병 단계	
	급성기	
	일반·종합병원	급성기 환자, 외래환자의 마음을 안정되게 하기 위한 녹색환경 제공
	응급병원	장애를 수용하기 위한 녹색환경 제공
	기능회복 훈련기~만성기	
	사회복귀 병원	장애수용, 마음을 안정되게 하는 녹색공간 제공
	노인 보건시설	즐기면서 보행훈련·휠체어 훈련을 할 수 있는 녹색환경 제공
	요양형 시설	ADL(일상생활동작)의 유지·확대
		QOL(삶의 질) 향상
		생활환경 미화
		자원봉사자 훈련의 일환
		퇴원 후 운동의 동기 부여
	생활 적응기	
	가정	퇴원 후의 운동 계속
	Group Home	ADL, QOL 향상
	Care House	커뮤니케이션 확대
	노인정	레크리에이션
	재택 개호지원센터	가족, 동거자의 QOL 향상
	장애 및 질병	
	약물·알코올 중독	자존심 회복
	정신적 스트레스 환자	자기결정력 회복
	정신분열증	자존감 및 사회성 회복, 사회복귀
	조·울증	감정의 조절, 인간관계 회복 및 개선
	심신증(心身症)	스트레스 발산
	신경증	작업을 통한 문제 직시, 인간관계 회복 및 개선
	치매	ADL 유지·향상
	신체장애	ADL, QOL 향상, 사회복귀 훈련
	심신장애자 시설	
	심신장애인 복지센터	ADL 확대
	취업소개소	환경미화, 직업훈련, 사회복귀, 사회공헌, 판매, 경제활동
환경보건·농업·원예	식물원, 공원	전시정원, 장애에 따른 다양한 활동 및 훈련 예를 보여줌
	시민농원	Barrier free형의 농원 만들기
	Green tourism	요양을 겸한 농업 체험, 환경보전 체험
	생화점(生花店), 원예센터	전문가와 함께 즐기는 원예교실·원예치료 보급
보육·교육	보육원	부모자녀 관계, 커뮤니케이션 회복
	교육	특수학교의 직업훈련
		초중고 학생들의 스트레스 해소 및 자연교육
		농업계 전문학교, 농업계 대학에서 전문직종으로 교과에 도입
		자원봉사자 양성

Chapter 03

원예치료 실시과정

전문적인 원예치료는 사회복지 혹은 원예복지 측면에서의 일반적인 원예활동과 구별된다. 전문적인 원예치료는 과학적인 수단과 방법에 따라 치료를 실시하고, 그 결과를 관련된 학회에 발표함으로써 치료의 효과성을 인정받고자 하는 의도에서 시도되는 치료과정을 의미한다. 따라서 전문적인 원예치료를 위해서는 대상자 및 치료과정에 대한 전문적인 분석과 구체적인 목표 설정, 이에 따른 체계적인 치료활동, 그리고 객관적인 평가가 수행되어야 하며, 기록을 통해 치료적 효과가 검토되어야 한다. 결국, 원예치료의 효과적인 목표달성을 위해서는 프로그램이 의도성을 가지고 계획되어야 하며, 이를 위해 다양한 요인들이 고려되어야 한다.

표 3-1 전문적인 원예치료의 요건

☐ 원예와 의학적 기초 지식을 가진 전문적인 원예치료사
☐ 달성 가능한 치료적 목표 설정
☐ 치료를 목적으로 한 의도적인 프로그램 작성에 따른 원예치료 활동
▫ 최적 원예치료 활동 선정
▫ 각 활동의 과정분석과 작업분석
▫ 치료중재 모델의 도입과 이에 따른 전체적인 프로그램 작성
▫ 치료과정 내 치료기법의 도입
▫ 적절한 대상자 수와 치료기간 결정
▫ 최적 평가 수단, 시기, 방법에 대한 고려
☐ 원예치료 활동에 대한 평가
▫ 설정된 목표평가에 적절한 평가
▫ 과학적 연구방법에 준한 실험 디자인
▫ 올바른 통계방법의 사용과 결과 도출

원예치료의 적용과정은 크게 진단 및 준비 단계(diagnosis and preparing phase), 계획단계(planning and preparing phase), 실행단계(implementation phase) 그리고 평가단계(evaluation phase)의 순으로 구분된다(**그림** 3-1). 이러한 과정의 체계화는 ① 의학적으로 보다 검증된 자료를 제시할 수 있으며, ② 체계적인 수단과 방법을 제공하고, ③ 계획, 실행 혹은 평가 단계에서 발생한 문제점은 다시 적절한 단계로 되돌아가서 수정 및 보완을 쉽게 행할 수 있게 하며, ④ 대상자의 단점보다는 장점을 최대한으로 활용하는 방법 제시와 함께 단계에 대한 치료사와 대상자의 상황을 보다 명확히 인식하게 해 준다.

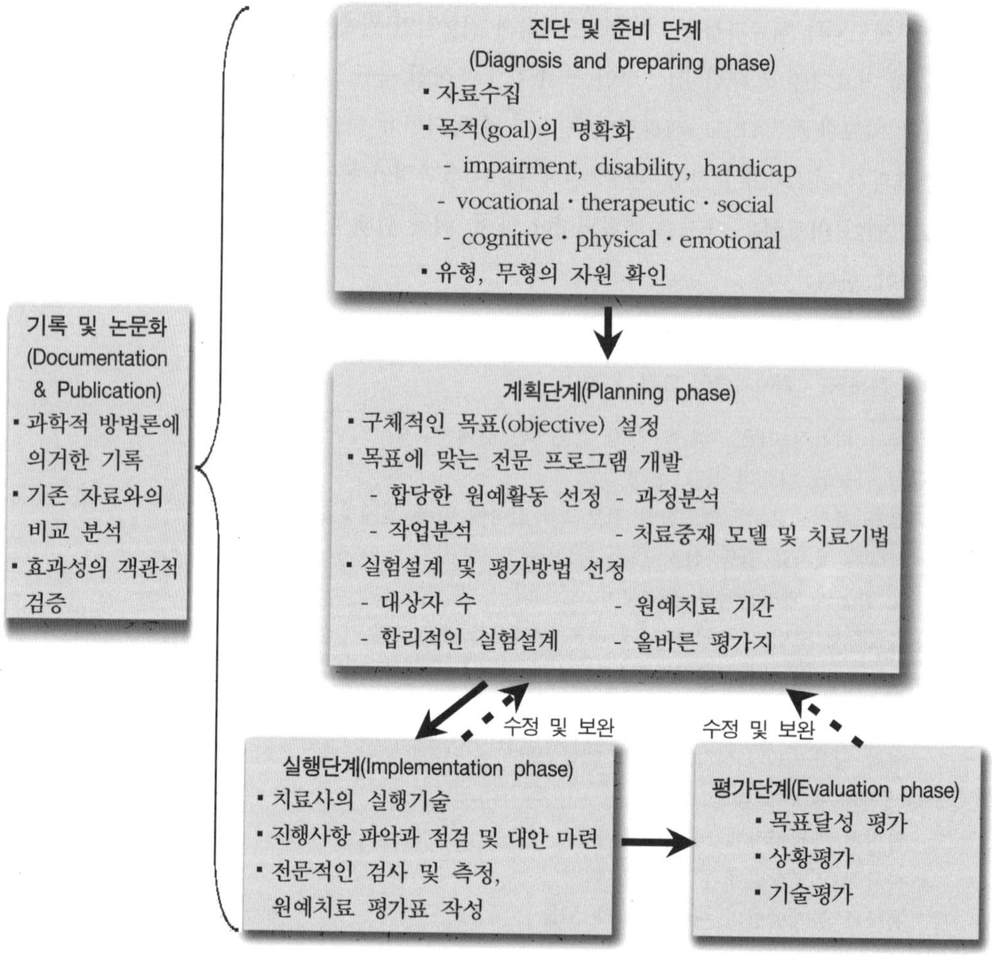

그림 3-1 원예치료 실시과정

1. 진단 및 준비 단계

진단 및 준비 단계는 원예치료 대상자에 대한 자료수집, 목적의 명확화 그리고 유 · 무형의 자원 확인 단계로 구성된다(**그림** 3-2).

자료수집	
인구통계학적 자료	기초 자료 조사: 성명, 성별, 나이, 주소, 취미, 종교, 가족관계 등
의학 · 건강적 자료	대상자의 육체, 정신, 정서 상태 파악 대상자의 장단점 파악 대상자의 욕구(개인적 목표) 파악
원예치료적 자료	대상자의 원예지식이나 흥미 파악: 원예흥미 진단표 사용

관찰	자연적 관찰 표준화 관찰
면접	개방형 질문 목록형 질문

↓

목적의 명확화	
대상자의 희망목적	치료, 직업재활, 교육, 레크리에이션 등
시설(기관)의 목적	원예치료 혹은 원예복지 차원

↓

유 · 무형의 자원 확인	
시설자원	원예치료 기초 시설, 식물의 재배관리 시설 등
인적 자원	치료사, 보조원, 자원봉사자, 상담원 등
기타 자원	원예 관련 단체, 민간 후원단체, 지역기업, 홍보단체, 종교단체

그림 3-2 원예치료의 진단 및 준비 과정

1.1 자료수집

원예치료에 참가하는 대상자의 실제 상황과 정확한 문제점을 이해하기 위한 자료수집은 여러 관점에서 이루어져야 한다. 자료수집은 크게 대상자의 일반적 특성을 파악하기 위한 인구통계학적 자료수집, 현재의 신체적·정신적·인지적 건강 상태를 파악하기 위한 의학·건강학적 자료수집, 그리고 원예 선호도나 경험 유무를 파악하기 위한 원예치료적 자료수집으로 나누어질 수 있다(표 3-2).

자료수집은 주로 관찰 또는 면접을 통해 이루어진다. 관찰은 자연적 관찰과 표준화 관찰로 나눌 수 있는데, 자연적 관찰은 사전에 결정된 목표 없이 대상자의 일상 활동을 노트에 적어 두거나 카메라로 찍어 관찰하는 것이며, 표준화 관찰은 치료사가 대상자의 정확한 반응을 보기 위해 사전에 어떤 결정된 목표들을 미리 설정한 상황에서 참가자의 반응을 관찰하는 것으로 간단한 기초 체력검사(physical fitness test), 설문지 조사 등이 있다. 한편, 면접에는 개방형 면접(open-ended question)과 조사할 내용을 목록으로 만들어서 조사하는 구조화된 조사표 이용 면접이 있다. 자료수집을 위한 설문지 사용의 경우, 병원의 진료기록 카드를 활용하는 의학적 자료 이외에 정해진 형식이 있는 것은 아니며,

표 3-2 다양한 자료수집 내용

인구통계학적 자료	의학·건강학적 자료	원예치료적 자료
☐ 성명　☐ 성별	☐ 과거 및 최근 병력	☐ 원예활동 경험 유무
☐ 생년월일(연령)	☐ 가족력	☐ 원예활동 과거력
☐ 연락처(주소, 전화번호)	☐ 기초 건강상태 (혈압, 맥박)	☐ 원예지식
☐ 결혼상태 (기혼/미혼/사별/이혼/동거)	☐ 현재 신체적 상태	☐ 원예에 대한 흥미 및 선호도
☐ 가족 상황	☐ 현재 심리 및 정신상태	☐ 선호하는 식물
☐ 종교 (기독교/천주교/불교/유교/기타)	☐ 현재 인지상태	☐ 선호하는 원예활동
☐ 교육정도(학력)	☐ 대화능력	☐ 선호하는 색
☐ 고용 상태, 직업	☐ 복용하는 약물	☐ 원예활동에 대한 조건
☐ 소득수준　☐ 취미 및 특기	☐ 특이반응(알레르기) 여부	☐ 원예치료시 바라는 점
☐ 성격	☐ 받고 있는 치료	
☐ 사회경제적 상태	☐ 참가자의 열망(욕구)	
☐ 주거 형태, 지역	* 병원의 진료기록 카드 참고	

원예치료시 참고해야 할 문항을 자유롭게 선정하여 사용할 수 있다(표 3-3, 3-4, 3-5, 3-6).

병원 내에서 원예치료를 실시할 경우에는 기존 병원에서 사용한 의학적 자료를 참고하고, 필요시 원예치료적 자료만 추가로 수집한다. 대상자의 문제점을 보다 정확하게 진단하기 위해서는 중요한 의학적 용어 정도는 알고 있어야 하며, 이 책의 제9장에 정리된 용어를 참고할 수 있다.

표 3-3 인구통계학적 자료 및 의학적 자료수집의 예

원예치료 진단서
원예치료 실시요일: 월 화 수 목 금 원예치료사 명: ____ 환자 성명: ____ 나이: ____ 성별: ____ 병실(호): ____ 기혼 / 미혼 / (배우자와) 사별 / 이혼 자녀: 직업: ____ 담당의: ____ 의학적 진단: ____ 장애: ____
보행 상태: 이동 지팡이 / 보행보조기 / 목발 / 휠체어 / 도와주는 사람 필요 언어구사력: 보통 외국어 / 실어증 / 구음장애 / 표현력 풍부 / 감수성 풍부 듣기능력: 쓰기 및 읽기 능력:
신체적 상태: 오른손잡이 / 왼손잡이 A. 근육 손상: 있음 / 약간 있음 / 없음 / 관절염 B. 협응력: 떨림 / 경련 / 운동실조 C. 지각 상태: 보통 / 안경 / 복시(double vision) / 시야 결손 / 시야 무시
정신적 상태: oriented / 기억 / 주의 집중 / 불안 / 단조로움 지시이행: 언어적 / 시각적 / 언어 및 시각 / multi-step
사전 주의사항: 목적: comments:

출처: Simson, S. P. and C. B. Straus. 1998. Horticulture as therapy. The Food Products Press, New York. p. 96.

표 3-4 의학적 자료수집의 예(재활과 의료 차트)

Name: Sex/Age: / Unit No.

[Admission Note]

Name: Hospital No: Room No:

Admission Date 입원일 : - -

Chief complaint: plegia d/t (onset: / /)

Present Illness 현재의 병명 : 상기 세 자 환자는

Past Medical History 과거력:

Hypertension 고혈압 ( ): DM 당뇨 ( ). Tbc / asthma 천식 / hepatitis 간염 (/ /)

Seizure 발작 ( ), last attack 마비 : allergy 알레르기 ( ) Prev. Op 이전에 받은 수술 ( )

LOC 의식상실 ( ) Aspiration 흡인 ( )

Physiatric Examination 신체적 검사

Cerebral Function 대뇌기능: Alert mental status

MMSE 인지기능 /30 Orientation (person, place, time): intact impaired

Memory (retention, recall, recent, remote): intact impair

Judgement: intact impaired

Calculation: intact impaired

Speech: comprehention - intact impaired

Fluency - intact impaired

Repetition - intact impaired

Naming - intact impaired

Dysarthria ( ) Neglect ( )

Cerebeller Function 소뇌기능: finger to nose: intact clumsy Heel to Shin: intact clumsy

Cranial Nerve Smeling Function: 뇌신경기능

- intact impaired

Visual acuity - not checked

Visual field - intact impaired

Diplopia ( ), Limitation of EOM ( )

Light reflex - (/)

Facial weakness - (/)

Facial sense - decreased in ( ) side

Forehead wrinkling - (/)

Hearing difficulty - (/)

Gag reflex - decreased in ( )

Uvula deviation ( )

Tongue deviation ( )

Manual muscle test 수동적 근육 검사

Shoulder 어깨	: Flexor	/	Extension	/
	Abductor	/	Adductor	/
Elbow 팔꿈치	: Flexor	/	Extension	/
wrist 손목	: Flexor	/	Extension	/
Finger 손가락	: Flexor	/	Extension	/
Hip 엉덩이	: Flexor	/	Extension	/
	Abductor	/	Adductor	/
Knee 무릎	: Flexor	/	Extension	/
Ankle 발목	: DF	/	PF	/

■ National Rehabilitation Hospital ■ Signature ______________ M.D

Name: Sex/Age: / Unit No.

Range of motion 관절가동범위: All full ROM
Straight leg raise test: (/) Hamstring tightness (/)
Thomas test (/) Patrick test (/)
Reflex 반사:
DTR Biceps jerk (/) Triceps jerk (/)
Knee jerk (/) Ankle jerk(/)
Hoffimann's sign: / Babinski's sign: / Ankle clonus:
Sensory 감각: pain and light touch
proprioception - finger: /10 toe: /10
Spasticity 경련(By modified Ashworth scale)
Right Left
Upper extremity
Lower extremity
Brunnstrom stage
Functional level:
Roll over (/)
Sit-up ( )
Sitting Balance Tailor ( )
Long ( ) wedge ( )
Sit to Stand ( )
Standing Balance ( )
Ambulation:
Functional:
Therapeutic:
Transfer 이동
Activities of daily living 일상생활동작(ADL):
Eating 먹기:
Grooming 몸단장:
Upper Dressing 윗옷 입기:
Lower Dressing 아래옷 입기:
Toileting 배변활동:
Bathing 목욕:
Bladder & Bowel:
fullness ( ) passage sensation ( ) desire to voiding ( )
method:
voiding: hrs/주간 /야간
defecation: 회/ days
incontinence: ( ) frequency: ( ) nocturia: (-)
Problem List and Plan:

■ National Rehabilitation Hospital ■ Signature ____________________ M.D

국립재활원 재활과 진료차트

표 3-5 의학적 자료수집의 예(신경학적 검사)

신경학적 검사

의식수준

뇌신경 기능평가

isocoric pupils c LR D (/) ID (/)
EOM: full intact/ palsy
facial weakness (---), central/peripheral
facial sensory change (---)
tongue deviation/swallowing difficulty(---/---)

운동기능 건반사

감각기능 Sensory pain & temperature
light touch
vibration & position

소뇌기능 평가 dysdiadochokinesia (--/--)
dysmetria (--/--)
heel to shin (/)
Romberg test (--)
Gait

뇌막자극징후 neck stiffness/ Kernig/ Brudzinski sign (---/---/---)

방사선학적 소견

* Brain CT

* TCD

* Brain-MRI/MRA

* EEG (EP)

서울특별시립서북병원 신경과 진료차트

표 3-6 원예치료적 자료수집의 예

원예치료 기초 조사

* 본 설문은 원예치료 자료로 활용하기 위한 기초 조사입니다.
  치료 외의 목적으로는 사용되지 않으니, 성의껏 작성해 주시기 바랍니다.

이 름		연 령		종 교	

* 해당되는 부분에 ○표 해 주세요.

성 별	남 / 여	결혼유무	기혼 / 미혼
동거 형태	자녀와 함께 산다 자녀와 함께 살지 않는다	배우자 유무	(배우자) 상처 (배우자와) 결별 (배우자와) 동거

1. 집에서 식물을 키워 본 적이 있습니까?
   ① 있다 ② 없다

2. 실내나 실외에서 원예나 정원활동 등을 해 본 적이 있습니까?
   ① 있다 ② 없다

3. 원예활동을 해 보았거나 하고 있는 것들을 모두 골라 주세요.
   ① 비료주기 ② 종자 파종(씨뿌리기)
   ③ 분갈이하기 ④ 채소나 과실 수확하기
   ⑤ 꽃 가꾸기 ⑥ 꽃꽂이하기
   ⑦ 압화 장식하기 ⑧ 화단이나 정원 꾸미기
   ⑨ 정원 산책하기 ⑩ 식물을 이용한 작품(장식, 음식) 만들기
   ⑪ 잡초 제거 ⑫ 기타( )

4. 과거에 키워 보았거나 현재 키우고 있는 식물 이름을 아는 대로 적어 주세요.

5. 꽃, 채소, 과수, 정원 등을 가꾸는 등의 원예활동을 좋아하십니까?
   ① 매우 좋아한다 ② 좋아한다 ③ 보통이다
   ④ 싫어한다 ⑤ 매우 싫어한다

6. 당신이 좋아하는 식물 종류는 무엇입니까? (1개 이상 표시 가능)
   ① 채소 ② 화훼(꽃) ③ 과수 ④ 실내식물
   ⑤ 허브 ⑦ 기타( )

7. 원예나 정원활동을 할 때 어떤 생각이 듭니까? (예, 마음이 편안해진다, 옛 생각이 떠오른다 등)

8. 좋아하는 꽃을 적어 주세요.

9. 좋아하는 채소를 적어 주세요.

10. 좋아하는 과일을 적어 주세요.

11. 좋아하는 꽃 색깔은? (예, 빨강, 노랑, 주황, 파랑, 분홍, 흰색 등)

12. 다음 중 평소에 관심을 가지고 있었거나, 하고 싶은 원예활동이 있다면 모두 표시해 주세요.
① 비료주기 ② 씨뿌리기
③ 분갈이하기 ④ 채소나 과실 수확하기
⑤ 꽃 가꾸기 ⑥ 꽃꽂이하기
⑦ 압화 장식하기 ⑧ 화단이나 정원 꾸미기
⑨ 정원 산책하기 ⑩ 식물을 이용한 작품(장식, 음식) 만들기
⑪ 잡초제거 ⑫ 기타(   )

13. 원예활동을 한다면 실외와 실내 중 어느 곳에서 하는 것이 좋습니까?
① 실내 활동 ② 실외 활동 ③ 실내, 실외 활동 어느 쪽이든 상관없다

14. 다음은 원예용 도구를 나타내는 것입니다. 사용법을 알고 있는 도구에 표시를 해 주세요.
① 호미 ② 원예용 가위 ③ 삽 ④ 꽃삽 ⑤ 쇠갈퀴

15. 식물에게 물 주는 시간은 하루 중 어느 때가 가장 좋을까요?
① 오전 중 ② 정오 ③ 늦은 오후 ④ 저녁 ⑤ 모르겠다

16. 식물의 재배환경 조건에 포함되는 요소는?
① 물, 공기 ② 물, 온도
③ 물, 광 ④ 물, 온도, 광
⑤ 물, 공기, 온도, 광 ⑥ 모르겠다

17. 다음은 식물의 번식방법입니다. 아는 대로 표시해 주세요.
① 씨뿌리기 ② 꺾꽂이 ③ 접붙이기 ④ 포기 나누기 ⑤ 휘묻이

18. 원예치료를 통해 얻고자 하는 것은 무엇입니까?

1.2 목적의 명확화

원예치료 대상자의 다양한 자료수집을 통해 대상자의 특성 및 요구(needs)가 파악되면 대상자가 원예치료를 통해 이루고자 하는 치료목적을 명확히 수립해야 한다. 가능한 치료목표를 정확하게 설정하기 위해서는 무엇보다도 기초적인 치료목적을 명확히 해야 한다. 치료목적은 원예치료를 통해 궁극적으로 이루고자 하는 바로서, 포괄적이고 장기적인 것이다. 이에 반해 치료목표는 치료목적을 이루기 위한 단계적이며 구체적이고 단기적이며 정량적으로 측정 가능한 것이라 할 수 있다. 즉, 단계적인 치료목표의 달성을 통해 궁극적으로 치료목적을 달성할 수 있다(**그림** 3-3).

우선 치료목적에 대해서 알아보자. 원예치료의 대상은 신체적 · 정신적 · 인지적 장애인, 일반 노인, 허약 및 치매 노인, 재소자, 어린이 및 청소년, 임산부, 직장인 등으로 다양하다. 원예치료의 주된 치료 대상자인 장애인을 살펴보면, 장애는 상태에 따라 크게 기능장애(impairment), 능력장애(disability), 사회적 불리(handicap)로 나눌 수 있다. 예를 들어 교통사고로 다리가 골절되어 깁스

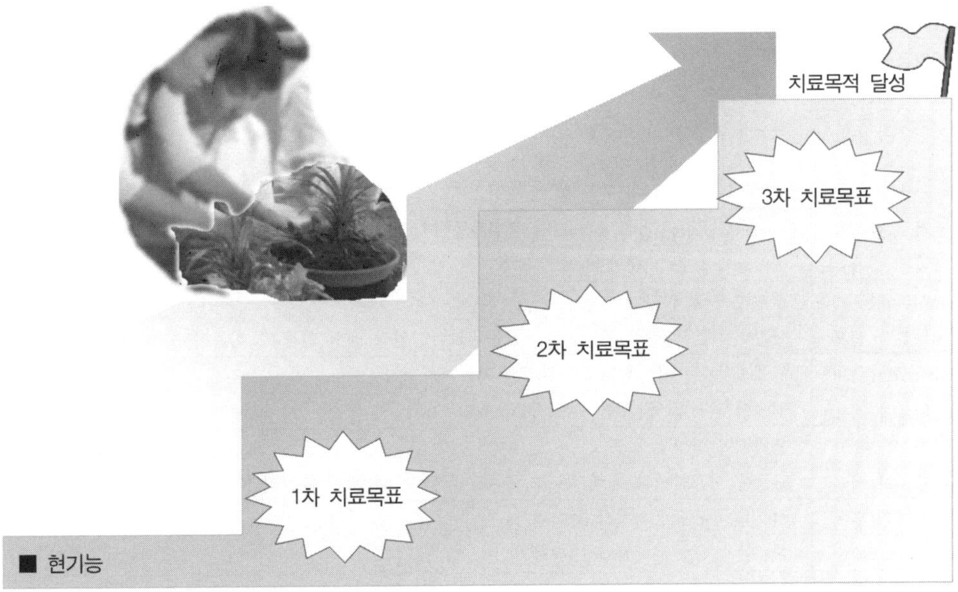

그림 3-3 단계적 치료목표와 치료목적의 달성

로 고정한 한 남성의 경우, 골절로 인해 신체의 이동기능을 쓸 수가 없는 상태를 기능장애라 한다. 즉, 여러 가지 조직(세포, 신경, 근육, 골, 내장 등)이 파괴되면서 일어난 상태이다. 또한, 능력장애는 골절로 인해 걸을 능력을 일시적으로 잃었거나 독립적으로 일상생활을 할 수 없는 상태를 말한다. 능력장애를 개선하는 것이 재활치료의 최대 목적이자 원예치료의 주 목적이다. 마지막으로 사회적 불리란, 기능장애로 인해 가정에서의 아버지의 역할이나 남편의 역할을 제대로 하지 못하고, 경제적 책임을 감당할 수 없게 되며, 사회적으로 기능에 제한을 갖게 되는 것이다. 예를 들면, 골절 상태라도 휠체어를 타면 일할 수가 있음에도 불구하고 직장에서 차별이 있다거나 출입구가 좁아 여러 제한을 받는 등 제도적·사회적 문제로 인해 겪는 제한을 의미한다.

원예치료의 목적은 대상자의 상태와 치료의도에 따라 구분될 수 있다. 원예치료의 주 대상자인 장애인은 앞서 이야기했듯이 크게 기능장애, 능력장애, 사회적 불리를 가진 상태로 구분할 수 있으며, 일반적으로 병원의 치료는 기능장애에,

표 3-7 척추손상 환자를 위한 의료적 치료 목적과 이에 따른 원예치료적 적용 예

치료목적	내용
의료적 치료목적	소근육 기술 향상
원예치료적 적용	다양한 크기의 종자 파종
의료적 치료목적	근력 향상
원예치료적 적용	관수용(watering) 도구를 손으로 들어 식물에 물주기 (다양한 크기의 계량컵 이용 가능. 예, 1L = 500mL 우유팩으로 2번, 3L=1.5L 페트병으로 2번)
의료적 치료목적	기능적인 앉은 자세 균형유지, 관절가동범위 및 근력, 협응력 증진
원예치료적 적용	테이블에서 큰 화분에 식물 옮겨심기
의료적 치료목적	문제해결 능력 향상
원예치료적 적용	사전대책과 필요시 보조가 요구되는 작은 선인장 정원 만들기, 식물이 시들었을 때 물주기
의료적 치료목적	원예지식과 이용 가능한 정원기술 발달 및 향상
원예치료적 적용	집에서 활용할 수 있는 정원기술 연습
의료적 치료목적	쓰기능력 향상
원예치료적 적용	도구를 이용하여 라벨에 환자의 이름, 식물명, 날짜를 써서 각 식물에 달기
의료적 치료목적	서 있는 자세 유지시간 늘이기
원예치료적 적용	서 있는 동안 원예작업 수행하기

출처: Modified from Simson, S. P. and C. B. Straus. 1998. Horticulture as therapy. The Food Products Press, New York.

원예치료는 기능장애 또는 능력장애에, 그리고 사회복지는 사회적 장애의 치료에도 목적을 두고 접근한다고 볼 수 있다. 기능장애 또는 능력장애를 가진 대상자의 경우, 대상자의 특성과 필요에 따라 신체적 · 정신적 · 인지적 재활을 원예치료의 구체적 목적으로 설정할 수 있다. 예를 들어, 척수손상 환자를 위한 의료적 치료목적과 이에 따른 원예치료적 적용의 예는 **표 3-7**과 같다.

또한 대상자의 요구뿐만 아니라 보호자나 원예치료를 제공하는 기관이나 단체의 의도와 절충하여 삶의 질 향상이나 직업재활, 치료, 사회적 적응 등을 원예치료의 목적으로 할 수도 있다.

따라서 원예치료의 구체적인 목적 설정시에는 이러한 세 가지 상위 범주를 고려하여야 한다(**그림 3-4**, **표 3-8**).

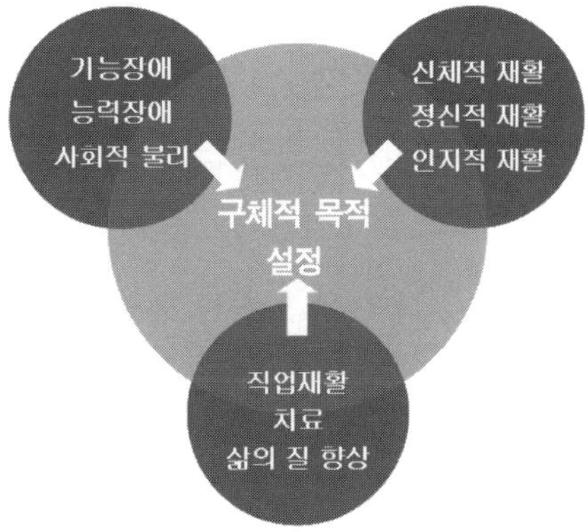

그림 3-4 원예치료의 구체적 목적 설정

표 3-8 원예치료의 구체적 목적 설정의 예

	신체적 재활	정신적 재활	인지적 재활
직업재활	▪ 근력 및 지구력 향상 ▪ 협응력 향상 (눈-손 협응, 대근육 협응) ▪ 기민성 향상 ▪ 운동조절능력 향상	▪ 동기부여, 인내력 향상 ▪ 대인관계기술 향상 (타인과의 의사소통능력, 상호작용 증가) ▪ 사회성숙도, 소속감, 협동력 향상 ▪ 역할수행능력 향상	▪ 집중력 및 기억력 향상 ▪ 이해력 및 판단력 향상 ▪ 문제해결 능력 향상 ▪ 시간 관리능력 향상 ▪ 학습능력 향상
치료	▪ 근력, 지구력, 협응력 향상 ▪ 관절가동범위(ROM) 증가 ▪ 일상생활능력(ADL) 향상 ▪ 자세조절 및 균형 유지	▪ 불안, 우울, 공격성 감소 ▪ 자아존중감 향상 ▪ 대인관계 향상 ▪ 적응력 향상 ▪ 문제행동 및 부적응행동 감소	▪ 지남력 향상 ▪ 학습능력 향상 ▪ 문제해결 능력 향상 ▪ 주의력 향상
삶의 질 향상	▪ 일상생활능력(ADL) 향상 (배변관리, 식사하기, 개인위생, 옷입기, 기능적 이동)	▪ 대인관계 향상 ▪ 생활만족도 향상 ▪ 타인과의 상호작용 증가 (집단 괴롭힘, 따돌림 감소) ▪ 긍정적인 스트레스 대처기술 모색	▪ 이해력 향상 ▪ 언어구사력 향상

예를 들어 원예치료를 제공하는 시설이나 기관이 '환자 맞춤형 원예치료'를 실시하는 경우, 대상자의 구체적 장애의 회복이나 재활에 목표를 두지만, '일반형 원예치료'를 실시하는 경우에는 원예치료 제공자가 주체가 되어 대상자의 복지적 차원의 원예치료를 실시할 수도 있다(**표 3-9**).

표 3-9 대상자에 따른 원예치료의 일반적인 목적

대 상 자	원예치료의 일반적인 목적
어린이 및 청소년	▪ 교육 및 자연학습 ▪ 진로모색의 기회 제공
일반인(임산부, 직장인)	▪ 삶의 질 향상(스트레스 해소, 취미활동), 복지
신체적 장애인 정신적 장애인 인지적 장애인	▪ 기능의 회복 및 재활 ▪ 놀이와 레크리에이션 제공 ▪ 사회적 상호교류의 증진 ▪ 직업훈련(일하는 습관 확립 또는 새로운 고용기회 제공)
노인	▪ 삶의 질 향상(취미활동, 사회적 교류 기회 제공), 복지 증진 ▪ 기능의 재활이나 회복 ▪ 소일거리로 활용할 수 있는 기술 습득

1.3 유 · 무형의 자원 확보

유・무형의 자원은 시설자원, 인적 자원, 예산, 그리고 기타 자원으로 구분할 수 있다. 시설자원은 원예치료 프로그램을 진행할 적절한 장소와 사용 가능한 계절, 일시 등에 관한 것이며, 인적 자원은 치료사를 도와줄 보조치료사(assistant 또는 co-worker) 혹은 자원봉사자(volunteer)의 확보에 관한 것이다. 기타 자원은 원예 관련 단체, 민간 후원단체, 지역기업, 홍보단체 그리고 종교단체 등으로부터 확보할 수 있는 유・무형 자원이다. 각 자원의 종류와 고려할 사항은 **표 3-10**과 같다.

표 3-10 유 · 무형 자원의 종류 및 고려 사항

시설자원	인적 자원	기타 자원
■ 원예치료실: 원예치료 프로그램을 실시할 수 있는 공간 ▪ 관상 및 학습 장소 ▪ 휴식 및 치유의 장소 ▪ 환경 미화적 장소	■ 원예치료사 및 보조치료사: 프로그램의 운영자, 지도 및 보조에 관계하는 사람 ■ 일상의 유지 관리: 프로그램 범위 외에서 필요한 시설 · 설비 및 식물관리에 관계하는 사람	■ 원예치료 전 예산 ▪ 시설 · 설비의 정비 ▪ 시설 · 설비의 설계 ■ 원예치료 실시중 예산 ▪ 자재, 도구 등 비소모성 재료 구입 ▪ 토양, 식물 등 소모성 재료 구입 ▪ 인건비
고려 사항		
▪ 장소의 넓이, 지형, 방향 ▪ 접근 용이성 ▪ 일조(日照)조건, 온도, 습도 ▪ 수원(水源) · 전원의 유무 ▪ 인공조명의 필요성 유무 ▪ 도구, 재료의 보관 장소	▪ 원예치료사 ▪ 보조치료사 수 ▪ 자원봉사자(volunteer) 수 ▪ 시설관리자 ▪ 시설 내 스태프	▪ 예산의 구성 ▪ 예산 확보 ▪ 일인당 소요 예산

2. 계획단계

계획단계는 치료목적에 따른 전문적이며 구체적인 목표 설정 및 적합한 프로그램 개발, 그리고 실험설계 및 평가방법 선정으로 구성된다(**그림** 3-5).

2.1 목표 설정

목표 설정은 대상자에 대한 기초 자료 및 유 · 무형 자원의 분석 그리고 목적 설정을 토대로 구체적이고 실현 가능하며 정량화가 가능한 목표를 설정하는

단계	내용	참고
구체적 목표 설정	▪ 목적에 기초한 단계적 목표 설정 ▪ 정량화할 수 있는 목표 설정 ▪ 대상자의 자발적이며 독립적인 참여를 최대화할 수 있는 목표 설정	유의사항 및 목표 참고 - 장애 및 질환별
↓		
프로그램 개발	▪ 최적 프로그램 선정 ▪ 프로그램 기간설정 ▪ 작업분석 및 과정분석 ▪ 적절한 치료중재 모델 선정 ▪ 치료중재 모델 및 치료기법에 기초한 프로그램의 적용 ▪ 프로그램 실행표 및 진행계획표 작성	프로그램 예 참고
↓		
실험설계 및 평가방법 선정	▪ 실험 규모와 처리 ▪ 실험 기간 ▪ 실험 디자인 ▪ 평가도구 및 방법 선정 ▪ 평가시기 결정	

그림 3-5 원예치료 계획과정

것이다. 치료의 목적이 일반적인 치료방향을 의미한다면, 목표는 원예치료사의 개입 하에 일정한 기간 내에 구체화된 치료 혹은 재활단계에 도달하기 위한 구체적 치료 달성치를 의미한다. 정확한 목표 설정은 진단과 준비단계에서 수집한 기초 자료를 근간으로 하며, 구체적인 목표를 설정하기 위해 원예활동 수행능력 등을 추가적으로 조사할 수 있다.

치료목표는 가능한 단계별로 설정하며, 치료단계별 목표와 각 회기별 세부목표로 구분할 수 있다. 예를 들어, 정신장애인을 대상으로 원예치료를 실시하는 경우, 정신장애인의 능력장애(정신질환으로 인한 격리 및 사회성 부족)와 정신적 재활, 그리고 직업재활의 상위 카테고리를 고려하여 대인관계의 향상을 구체적인 치료목적으로 설정할 수 있다. 또, 대인관계 향상을 위한 전체 원예치료 과정을 치료중재 모델에 근거하여 '흥미 유발→프로그램에의 적극적 참여→치료그룹 내에서의 역할 수행'의 3단계로 나눈다면, 치료단계의 단계별 목표는 흥미 유발, 적극적 참여 도출, 그룹 내 역할 수행으로 구체화할 수 있다. 회기마다 실행되는 원예치료의 목표는 단계별 목표와 연계하여 보다 세분화할 수 있다.

원예치료는 대상자와 스태프 및 보호자, 관련 기관 및 시설 등의 요구에 의해 실시되므로, 치료동기를 유발하여 최대한 적극적이고 독립적인 참여를 이끌어내야 한다. 따라서 원예치료의 치료목표 설정시에도 이를 고려하여 대상자의 동기를 유발하고 최대한 치료에 자발적으로 참여할 수 있도록 하여야 한다.

2.2 목표에 맞는 전문 프로그램 개발

원예치료의 치료효과는 원예치료사의 치료기술과 프로그램 작성이 그 성패를 좌우한다고 해도 과언이 아니다. 프로그램의 계획과 작성이 원예치료의 핵심임에도 불구하고, 국내 원예치료 초창기에는 원예복지 활동과 원예치료가 혼용되어 전문화되지 못한 원예활동 프로그램을 원예치료에 적용한 사례가 많았다. 이러한 상황은 사회원예의 저변확대 차원에서는 긍정적인 측면이 있었지만, 원예치료 측면에서는 전문성이 상실되고 치료효과를 제대로 구명하지 못하는 부정적인 면도 없지 않았다. 따라서 앞으로는 원예복지 차원의 프로그램 작성과 원예치료 차원의 프로그램 작성은 반드시 구별되어야 하며, 원예치료 평가에 대한 전문성도 고려되어야 한다.

원예치료가 보다 전문화되기 위해서는 원예를 통한 치료활동이 의학적 기초 위에서 행해지는 것이 바람직하다. 원예치료의 놀라운 특징 중 하나는 일반적인 대체의학이 주는 전인적 접근과 의학적인 전문적 접근이 동시에 이루어진다는 사실이다.

원예치료는 이전의 많은 연구들을 통해 대상자별로 다양한 관점에서 효과성이 규명되었으나, 재활 및 작업 치료에서 사용되는 신체적 재활의 발달단계적 적용이나, 정신 · 심리 치료에서 치료 과정 및 단계의 이론적 근거로 사용되는 치료중재 모델에 기초한 전문적인 원예치료 프로그램 개발은 미비한 실정이다. 원예치료의 전문화를 위해 선행 발전된 재활의학 분야의 작업분석과 정신심리 분야의 다양한 치료중재 모델 및 치료기법의 도입은 목표지향적인 전문 원예치료 프로그램의 개발에 반드시 필요할 뿐만 아니라 원예치료의 효과를 극대화시킬 것이다. 앞으로 언급될 계획단계의 모든 내용은 제4장의 '원예치료 연구방법론'과 함께 고려해야 가장 합리적이고 전문적인 프로그램을 만들 수 있을 것이다.

2.2.1 적절한 원예치료 프로그램 선정

원예치료 프로그램의 작성을 위해서는 우선 원예치료 프로그램의 특성을 정확히 파악하고, 유의사항 등을 고려하여 대상자의 높은 참여도와 치료효과를 극대화시킬 수 있도록 해야 한다(표 3-11).

표 3-11 원예치료 프로그램 작성시 고려사항

구 분	고 려 사 항
환자 중심적 프로그램	▪ 대상자의 욕구와 장점을 반영한 프로그램 ▪ 자신감, 즐거움, 자아정체성의 회복, 활력 증진 ▪ 대상자의 상태에 따라 동일한 원예치료 활동의 다양성 제공
진단과 준비 단계에 기초하여 작성된 프로그램	▪ 대상자의 상황 및 상태 고려 ▪ 유 · 무형 자원 고려 ▪ 예산 고려
목표 지향적이고 의도적인 프로그램	▪ 대상자의 치료목표에 기초하여 단계적 실행 ▪ 수시평가에 따른 보완 가능
활동의 모든 단계가 범주화 · 세분화되고 추론적으로 조직화된 프로그램	▪ 전문적 · 체계적인 프로그램 작성 ▪ 대상자의 상태에 따른 난이도 조절 가능
원예활동 및 식물이 주는 장점을 최대한 활용한 프로그램	▪ 친숙성, 살아 있는 생명체를 다룸 ▪ 신체적 활동, 다루기 쉬운 작업, 감각자극 ▪ 주도성 획득과 자발적인 활동 ▪ 사회적 상호작용
기록과 결과 평가가 가능한 프로그램	▪ 기존 평가 혹은 검사지를 사용하여 객관적 · 과학적인 결과 도출 ▪ 기존 의학이나 심리학 분야의 이론 또는 임상기법을 도입한 효과적인 프로그램 작성

원예치료 프로그램은 대상자에 따른 특성과 프로그램상의 유의사항을 고려해야 하며(표 3-12), 구체적인 치료목표 달성을 위해 원예치료사에 의해 의도적으로 구성되어야 한다. 또한, 원예치료 내 작업의 모든 단계가 세분화되어 대상자의 정신적 · 인지적 · 신체적 상태에 따라 작업의 난이도를 조절할 수 있어야 한다.

표 3-12 원예치료 대상자별 특성과 프로그램상의 유의점

대상자	특 성	프로그램상의 유의점
정신 장애자	▪ 다양한 연령층 ▪ 다양한 장애 정도(단기, 중기, 장기) ▪ 다양한 증세(정신분열, 불안 및 우울, 집중력 저하, 공격성향, 편집증 등)	▪ 개인작업과 그룹작업 제공 ▪ 레크리에이션이나 휴양 기회 필요 ▪ 공격성 완화를 위해 파괴행동이 허락되는 공간 필요 ▪ 신체적 장애자를 위한 다양한 활동시설 필요(높은 화단이나 컨테이너 등)
지적 장애자	▪ 낮은 의사전달능력 ▪ 이해력과 집중력 저하 ▪ 타인에 대한 높은 의존도 ▪ 신체장애 동반 가능	▪ 체력을 요하는 활동 필요 ▪ 참가자의 인지적 능력에 맞는 단계적 작업 ▪ 신체적 장애자를 위한 시설과 장비 ▪ 최대한의 자극재료와 안전대책
시각 장애자	▪ 시력결함의 정도 차(전혀 보이지 않는 경우, 약간 보이는 경우, 시력에 결함이 있는 경우) ▪ 기타 장애 동반 ▪ 시각 이외의 감각기관 발달 ▪ 우호적이며 관심과 호기심 많음	▪ 안전대책 필요 ▪ 접근용이성 및 단순한 활동 ▪ 환경에 대한 인식과 판단이 용이하도록 하는 대책 필요(점자정보, 촉감, 향기 등) ▪ 시각 또는 다른 감각자극 및 발달
고령자	▪ 다양한 원예적 지식 ▪ 신체허약(장기간 활동 어려움) ▪ 건망증이나 치매증상 ▪ 증가하는 고령자 비율 ▪ 경쟁이나 대화를 좋아함	▪ 기존 원예활동의 지속성 부여 ▪ 단순하고 난이도가 낮은 신체적 활동 ▪ 오감을 자극하는 식물 사용으로 흥미 유발 ▪ 어린 시절을 회상할 수 있는 재료 사용 ▪ 다양한 식재시설(높은 화단이나 컨테이너) ▪ 그룹 활동 및 가정에서도 가능한 활동
휠체어 이용자	▪ 일시적 휠체어 이용자(사고나 수술 후 등) ▪ 장애로 인한 장기적 휠체어 이용자 ▪ 일부는 독립적인 이동(일어서기) 가능 ▪ 휠체어를 밀어줄 보호자 필요(노약자나 팔에 장애가 있는 사람 등) ▪ 전동식 휠체어 증가로 행동범위 증가	▪ 접근용이성 및 이용하기 쉬운 시설 ▪ 다양한 높이의 식재시설(높은 화단이나 컨테이너) ▪ 앉은 자세로 작업 가능한 장비와 설비
지체 부자유아	▪ 이동 보조기구를 사용하는 경우 많음 ▪ 사회적 소외감 ▪ 복합 장애를 가진 경우 많음 ▪ 근력 등 신체적 능력의 조절 어려움	▪ 놀이 및 표현, 흥미 유발, 사회적 상호교류를 자극하는 시설 및 장비 ▪ 파괴적 창조가 허용되는 공간 ▪ 활동량이 많은 대상자 및 놀이에 견딜 수 있는 튼튼한 식물 사용 ▪ 폭넓은 표현이나 자극을 가능케 하는 식물 및 소재(물, 모래 등) ▪ 개인적 공간
이동이나 운동력이 반감된 장애자	▪ 사고 등으로 인한 일시적 장애인 ▪ 병의 진행과 함께 장애 정도 결정됨 ▪ 보행기와 휠체어 이용 ▪ 균형 감각 결여 ▪ 운동 기능의 제한	▪ 신체적 작업이 많은 프로그램(재활 프로그램의 일환) ▪ 이동성, 신체적 움직임 조절 및 균형 향상을 위한 시설 ▪ 일상생활에서 사용 및 활용 가능한 활동과 장비

원예치료는 살아 있는 식물과 원예활동을 통해 식물과 대상자와의 상호작용, 그룹 활동 내 대상자 간 또는 대상자와 치료사와의 상호작용을 통해 이루어지므로, 생장속도가 빨라 그 변화를 쉽게 느낄 수 있을 뿐만 아니라 성취감도 얻을 수 있는 식물을 선택하는 것이 바람직하다.

또한 치료목적에 따라 개인 및 집단 작업이 필요한 프로그램을 달리해야 한다. 식물의 식재 시기와 기후 및 환경조건도 원예치료 프로그램을 작성할 때 고려해야 한다. 또한, 실내외 원예치료 프로그램을 계획할 경우에는 정신적·신체적 장애를 가진 대상자들의 접근성과 식물 재배 및 관리 가능 여부 및 대상자가 사용할 작업도구를 고려해야 한다. 치료 의도에 부합하는 적절한 원예치료 프로그램을 선정하기 위해서는 '전문적 원예치료를 위한 평가도구 및 프로그램' 책을 참고하면 된다.

2.2.2 과정분석

우리가 수행하는 모든 활동에는 활동 하나하나의 과정이 있고, 어떠한 활동이라도 그 활동과정은 의미를 가지고 있다. 원예치료는 치료사의 의도를 반영하고 치료목적에 부합한 원예활동을 대상자에게 처치하여 대상자의 정신적·신체적·인지적·사회적 재활을 꾀한다. 따라서 원예치료를 할 경우 각각의 활동과 활동 내의 과정은 치료사의 치료적 의도뿐만 아니라 대상자의 상호작용 등 여러 의미를 지니고 있다.

회기별 프로그램의 각 과정이 갖는 의미나 효능은 원예치료의 전체 과정과 따로 떼어 생각할 수 없다. 이 경우, 회기별 활동 내의 각 과정을 정리하는 것을 과정분석이라고 한다. 과정분석을 통해 대상자의 병징이나 상태에 따른 최적의 치료활동을 선정하여 최대한의 효과를 누릴 수 있다. 또한 원예치료에서 가장 강조해야 할 부분이나 활동 등을 선택할 수 있으며, 대상자별로 강조해야 할 점이나 반복해야 할 점, 그리고 짧게 지나가도 될 과정 등을 선정할 수 있다.

포인세티아와 아이비를 한 화분에 모아 심는 활동과정을 분석한 예는 다음과 같다.

각각의 포인세티아와 아이비 화분을 보다 큰 화분 하나에 모아서 심으려고 한다. 화분, 포인세티아, 아이비, 젖은 이끼, 상토(피트모스, 펄라이트), 라벨, 펜, 대야, 물뿌리개, 앞치마, 배수판, 칼라타이(또는 얇은 철사), 와이어(분재용), 숟가락 등을 준비한다. 상토를 화분에 넣고 식물을 배치하여 식재한 후, 이끼로 표면을 덮고 라벨에 이름을 써 꽂는 것으로 활동을 마무리하는 것이 전체의 과정이다. 이 장면을 만화의 장면처럼 머릿속에 그려보자.

과정1. 아이비, 포인세티아를 살펴보고, 이름을 익힌다.
과정2. 왼손으로 상토가 담긴 바구니를 잡고, 오른손으로는 컵을 이용하여 피트모스와 펄라이트를 각각 3 : 1의 비율로 떠서 대야에 담는다.
과정3. 양손으로 두 종류의 상토를 골고루 섞고, 컵으로 물을 떠서 상토에 붓고 배합한다.
과정4. 화분 구멍에 배수판을 깔고, 배합된 상토를 화분의 1/3 가량 높이까지 넣는다.
과정5. 분재용 와이어를 팔길이 정도로 자른다.
과정6. 자른 와이어를 U자 모양으로 만들어 화분에 넣고, 화분의 1/2 가량까지 상토를 넣어 와이어를 고정시킨다.
과정7. 포인세티아와 아이비를 각각 기존의 화분에서 꺼내 새 화분에 올려놓아 자리를 배치한다.
과정8. 왼손으로 식재할 식물을 잡고, 오른손으로는 배합된 상토를 숟가락으로 화분에 넣어 화분 옆 비어 있는 곳을 흙으로 채운다.
과정9. 식재한 아이비의 줄기를 와이어에 유인한다.
과정10. 젖은 이끼로 화분의 표면을 덮는다.
과정11. 왼손 또는 오른손으로 펜을 잡고, 다른 손으로 라벨을 고정한 후, 자신의 이름과 식물 이름, 오늘의 날짜를 적는다.

과정분석은 위의 예에서 알 수 있듯이, 만화의 한 장면 한 장면처럼 전체 활동에서의 각 과정을 그려보는 것이라고 할 수 있다. 한 회기의 원예치료 프로그램은 본격적인 원예활동이 시작되는 전개 부분뿐만 아니라 자연스러운 활동을 유도하고 동기를 부여하는 도입부와 활동을 마무리하는 정리부로 구성된다. 따라서 과정분석에서 도입부와 전개부, 정리부의 분석도 필요하다. 또한 각각의 원예치료 프로그램별로 프로그램의 목적과 준비물, 각 과정, 과정별 예상소요시간, 각 과정에서의 치료사의 의도 및 기대효과 등을 하나의 표로 정리하면, 한눈에 프로그램의 전 과정을 점검할 수 있다(표 3-13).

원예치료 활동에 관한 과정분석을 직접 해 볼 수 있는 간략한 과정분석표와 원예치료 프로그램 과정분석표의 다양한 예는 부록을 참고해 보면 된다.

표 3-13 원예치료 프로그램 과정분석의 예(포인세티아 화분 만들기)

<table>
<tr><td>활동명</td><td colspan="2">포인세티아 화분 만들기</td><td>작성자</td><td>○○○</td><td>작성일</td><td>○○○○년 ○월 ○일</td></tr>
<tr><td>준비물</td><td colspan="6">화분, 포인세티아, 아이비, 젖은 이끼, 상토, 라벨, 네임펜, 대야, 물뿌리개, 앞치마, 배수판, 칼라타이(또는 녹철사), 와이어(분재용), 숟가락</td></tr>
<tr><td>목 표</td><td colspan="6">계절식물(포인세티아)을 통해 크리스마스를 떠올리며 계절감을 익히고, 새로운 화분에 식물을 식재하면서 촉각자극과 눈-손 협응력 향상을 꾀한다.</td></tr>
<tr><td>소요시간</td><td colspan="2">과 정</td><td colspan="2">기 대 효 과</td><td colspan="2">tip & tech.</td></tr>
<tr><td>(10)
5
5</td><td colspan="2">〈도입〉
1. 크리스마스 하면 떠오르는 것은?
2. 크리스마스 때 떠오르는 색깔은?
3. 활동을 간략히 소개한다.
- 분갈이 및 모아심기</td><td colspan="2">1.2. 사고력 증진, 동기유발
3. 식물에 관한 지식 습득</td><td colspan="2">* 빨간색의 의미는? 액땜
* 녹색의 의미는? 영원한 생명
* 분갈이: 작은 옷을 입었을 때의 느낌은? (감정이입)</td></tr>
<tr><td>(31)
7

4
3
2

3

5

3
2
2</td><td colspan="2">〈전개〉
1. 아이비, 포인세티아를 살펴보고, 이름을 익힌다.
2. 상토를 개량한다.
3. 상토를 배합한다.
4. 상토를 화분의 1/3 가량 높이까지 넣는다.
5. 와이어를 구부려 U자 모양으로 화분에 넣고, 화분의 1/2 가량까지 상토를 넣어 고정시킨다.
6. 식물을 포트에서 꺼내어 배치하고, 식재한다.
7. 아이비를 와이어에 유인한다.
8. 젖은 이끼로 표면을 덮는다.
9. 라벨에 이름과 날짜를 적는다.
- 본인 이름, 식물 이름</td><td colspan="2">1. 어휘력, 관찰력 증가

2. 수개념 인지
3. 촉각자극
4. 공간인지, ADL 훈련, ROM 증가
5. 균형감각, ADL 훈련
6. open-close 운동, 표현력 증가
7. 소근육 운동, 눈-손 협응력
8. 냉온감각 및 촉각 자극, 눈-손 협응력
9. 읽고 쓰는 연습, 지남력</td><td colspan="2">1. 포인세티아의 모양 관찰
- 꽃이나 포엽 구별 (퀴즈를 통해 흥미 유발)
- 아이비의 기는 줄기 특성 설명(와이어로 고정해야 하는 이유 설명→5, 7)</td></tr>
<tr><td>(8)
5

3</td><td colspan="2">〈정리〉
1. 화분을 누구에게 선물할까?
- 원예치료 작품을 한 번도 선물받지 못한 가족은?
2. 관리요령 설명</td><td colspan="2">1. 기억자극, 성취감

2. 식물에 대한 지식 습득</td><td colspan="2"></td></tr>
<tr><td colspan="7">* 포인세티아: 잎이나 줄기가 꺾이면 절단면에서 하얀 즙액 나온다. → 입으로 들어가지 않도록 주의
생육습성 - 멕시코 등 아열대가 원산지이다.
햇빛이 잘 들고, 바람이 많이 불지 않는 따뜻한 곳에서 재배한다.
포엽이 빨갛게 되려면, 오후 5시~오전 8시까지 종이상자를 씌워 어둡게 해 준다.
달빛 정도의 약한 빛에도 쉽게 감응한다.
한 꽃 안에 암술과 수술이 함께 있다. → 부부금실</td></tr>
</table>

2.2.3 작업분석 및 치료중재 모델과 치료기법

2.2.3.1 작업분석

치료적 중재를 제공할 때 중요한 것은 치료사가 작업(activity)을 분석하고 그것을 환자의 요구와 관심에 맞게 계획하거나 조합하는 능력이다.[9] 이것은 치료사가 임상에서 판단을 내리고, 목적 있는 활동을 적용하며, 그 다음 치료를 위해 효과적인 활동을 선택하도록 결정하는 데 기여하는 기술이다.

목적 있는 활동에서 활동에 대한 분석과 통합이 없다면 평가나 중재(intervention)를 위해 그것을 사용할 수 없다. 목적 있는 활동을 위해서는 치료사가 환자의 선호도를 평가하고, 환자의 능력과 관심 그리고 활동(환자의 건강을 회복하고, 역기능을 예방하며, 기능을 유지하고, 방해되는 행동을 감소시키고, 성장과 변화를 일으키는 것)을 서로 맞게 연결하여 짝을 이루도록 해야 한다.

원예치료 활동은 그 특성상 작업치료에서 사용되는 작업분석의 모든 부분이 가능하지도 필요하지도 않지만, 목적 있는 치료수단이 되기 위해서 원예치료의 작업분석이 반드시 수행되어야 한다. 이는 작업분석을 토대로 환자의 치료목적에 맞는 작업의 내용과 빈도 및 난이도 등을 결정할 수 있기 때문이다.

작업분석(activity analysis)은 활동의 특징과 요소를 평가하는 과정으로, 활동의 수행 요구조건들과 사회적 · 문화적 중요성 및 의미성을 확인하고 정의하는 데 목적을 둔다. 전체 활동을 구성하는 하나하나의 작업을 분석함으로써 개별적 작업이 구성하는 하나의 활동을 온전히 이해할 수 있으며, 전체 활동의 의미와 목적을 정의내릴 수 있다(표 3-14). 그러므로 작업분석은 활동 내에서의 부분들을 조사하는 과정이다.

원예치료 프로그램 내의 활동은 활동분석 양식(activity analysis form)을 기준으로 하는데[10] 활동분석 양식은 활동요약(activity summary), 작업수행요소(occupational performance components), 작업수행(occupational

---

9) Mosey, A. 1992. Philosophy of occupational therapy. Archives of Occupational Therapy 1:1-10.

10) Nancy, K. L., M. S. Coffey and G. Hersch. 1993. Activity analysis handbook. SLACK, New Jersey.

표 3-14 작업분석의 의의

- 작업을 단순화 · 시각화시킨다.
- 환자에게 적용 가능한 동작들을 판단하고, 이러한 동작들을 연결시킨다.
- 환자에 대한 맞춤형 주 동작과 대화를 분석 활용한다.
- 작업분석을 통해 동일한 원예치료 프로그램을 치료의도를 달리한 다양한 환자에게 적용할 수 있다.
- 원예치료 활동의 전체적인 시간과 균형, 그리고 프로그램의 난이도 및 단계적 적용을 위해 필요하다.

performance), 작업수행 제한(occupational performance modifications), 치료에의 적용(implications for treatment), 작업의 등급 매기기(grading the activity)의 6개 상위항목으로 구성되어 있고, 각각의 세부항목으로 재분류되어 있다. 활동분석 형식의 6개의 상위항목과 그에 따른 하위항목, 분석기준 및 세부항목별 문항 수는 표 3-15와 같다.

작업수행 요소는 다시 감각운동 요소, 인지적 요소, 사회심리적 요소, 활동요구도로 나누어진다. 감각운동 요소로는 신경근육과 관계된 반사통합, 관절가동범

표 3-15 작업분석의 항목

분 야	세 부 항 목	부 연 설 명
활동 요약		작업의 순서와 재료, 작업환경 및 주의사항 등의 총 10문항
작업수행 요소	감각운동 요소	ROM, 협응력, 감각인지 등의 29문항
	인지적 요소	지남력, 기억력, 집중력, 문제해결 능력 등의 10문항
	사회심리적 요소	자기표현, 자기조절, 다른 사람과의 상호작용 등의 17문항
	활동요구도	작업의 경도, 작업의 방법 등의 11문항
작업수행	독립적 일상생활 동작능력	신체적, 정신 · 사회적 일상생활 기술에 대한 17문항
작업수행 제한	치료적 적용	보조기, 작업환경과 도구 등의 11문항
	주의사항	작업에 대한 신체적 주의점 등의 10문항
치료에의 적용		신체적, 정신 · 사회적 적용 가능성
활동 난이도		작업의 등급

출처: Modified from Nancy 등. 1993. Activity analysis form.

위, 대소협응력, 근력 및 지구력 항목이 있으며, 감각통합과 관계된 감각지각(촉각, 입체인지, 운동능력, 고유 수용능력, 시각, 균형감각, 청각, 미각, 후각), 시-공간 지각(visual-spatial awareness; 전경배경, 형태의 항상성, 공간 내 위치지각), 신체 통합(body integration; 신체지각, 좌우 구별 등)이 포함된다. 인지적 요소는 지남력과 개념화 및 이해력, 그리고 인지통합으로 구분되며, 개념화 및 이해력에는 집중력 · 집중기간 · 기억력이, 인지통합에는 일반화와 문제해결 능력(문제평가, 계획수립, 실행 및 평가)이 포함된다. 정신심리적 요소는 자기관리(자기표현 및 자기조절), 타인과의 상호작용(의사소통, 의견조절, 스트레스 조절, 책임감 등), 그룹 상호작용(역할이행, 집단이해, 집단 내 협력)이 포함된다. 활동 요구도는 작업의 경도(약~강)와 방법(작업 과정, 방법, 표현, 목적성 등)을 포함한다.

활동분석 양식의 상위항목 중 원예치료 프로그램을 다각적으로 분석 가능하게 하는 항목과, 많이 사용되는 작업수행 요소의 세부용어 및 개념들을 원예치료 중 가장 많이 사용되는 꽃꽂이 활동을 예로 들어 설명해 보자.

2.2.3.1.1 감각운동 요소(sensorimotor components)

1) 신경근육(neuromusculoskeltal)

① 관절가동범위(ROM; range of motion): 관절가동범위는 신체의 관절이 움직이는 범위를 말한다. 크게 손(상지) 관절은 어깨, 팔꿈치, 손목, 그리고 손으로 나누어 살펴볼 수 있으며, 관절이 움직이는 방향에 따라 외전(abduction), 내전(adduction), 굴곡(flexion), 신전(extension)으로 나눌 수 있으며, 움직이는 각도를 숫자로 기록한다(표 3-16).

▪ 어깨: 꽃 소재를 옆 사람에게 전달하기, 물에 젖은 플로랄 폼 무게 재기,

표 3-16 꽃꽂이 프로그램의 관절가동범위

구 분	ROM
어깨	flexion: 90°, extension: N/A, adduction: 45°, abduction: 90°
팔꿈치	active flexion: 50°
손목	flexion: 45°, extension: 45°, adduction: 45°, abduction: N/A, rotation

몸통 중심부를 기준으로 대각선 부분의 면에 꽃 꽂기 등 거대근육을 사용하는 큰 동작(gross motor)을 할 때 활용

⇒ 소재의 전달 거리, 몸통 중심을 기준으로 꽃을 꽂을 바구니 또는 플로랄 폼의 위치를 지정하여 팔의 교차 정도 및 ROM 조절

- 팔꿈치: 테이블 위에 팔을 고정한 상태로 꽃을 들어 가위질하거나 바구니 또는 플로랄 폼 위에 꽃을 꽂는 동작
- 손목: 여러 소재 중 원하는 것 집기, 다양한 각도에서 지정된 위치에 꽃 꽂기, 젖은 플로랄 폼 포장하기, 칼라타이 돌려서 고정시키기, 리본 달기, 메모 픽(pic) 꽂기

② 근력: 물건 혹은 중력에 대항하는 근육의 힘으로, 어떤 활동이든 적절한 부위의 근육을 적절한 힘으로 사용하는 것이 필요하다. 근력의 단계별 기준과 이를 원예치료적으로 적용한 예는 **표 3-17**과 같다.

표 3-17 근력의 단계별 기준과 원예치료적 기준

근력 단계	기 준	원예치료적 적용
5	최대 저항을 주어도 중력에 거슬러서 완전히 움직일 수 있다.	▪ 물을 가득 담은 물뿌리개를 들어올려 관수할 수 있다. ▪ 굳은 흙을 작은 삽으로 깊이 팔 수 있다.
4	작은 저항을 주어도 중력에 거슬러서 완전히 움직일 수 있다.	▪ 물뿌리개를 들어올릴 수는 없으나 손으로 잡은 상태에서 관수할 수 있다. ▪ 작은 삽으로 흙을 팔 수 있다.
3	중력의 저항에 거슬러서 완전히 움직일 수 있다.	▪ 작은 삽을 쥘 수는 있으나 들어올리거나 흙을 팔 수는 없다. ▪ 큰 종자나 구근을 들고 손을 앞으로 펼 수 있다.
2	중력을 없이 하면 완전히 움직일 수 있다.	▪ 팔을 받쳐 주면 구근이나 종자를 심을 수 있다.
1	근육의 약간의 움직임은 인정되나 관절이 움직이지 않는다.	▪ 근육의 수축은 있으나 팔을 받쳐 주어도 움직이지 못한다.
0	근육의 활동을 전혀 인정할 수 없다.	▪ 근육의 수축이 없으며, 전혀 움직일 수 없다.

출처: Modified from 吉長元孝・塩谷哲夫・近藤龍良. 1998. 園藝療法の すすめ. 株式會社 創森社.

예 꽃꽂이 프로그램의 근력

식물 줄기의 다양한 굵기 및 단단함 정도에 따라 줄기 자르기, 철사 휘기, 분무하기, 반복적인 자르기를 통한 근력 향상

〈소재의 굵기 및 단단한 정도별 구분〉

- 줄기 굵기별 구분: [얇은 것] 리시안서스→프리지어→소국→스타치스→천일홍→거베라→장미→말채→해바라기→맨드라미→곱슬버들 [굵은 것]
- 줄기의 단단함 정도별 구분: [무른 것] 맨드라미→해바라기→거베라(철사 없는 부분)→스타치스→프리지어→리시안서스→천일홍→소국→장미→거베라(철사 있는 부분)→말채→곱슬버들 [단단한 것]

③ 대근육 협응: 목적을 가진 움직임을 위해서 큰 근육군을 사용하는 것으로, 원예치료에서 물에 적신 플로랄 폼 옮기기 등 목표 지향적인 움직임을 위해 큰 근육이나 관절을 이용하는 것이 이에 해당된다.

④ 소동작 협응(fine coordination)과 기민성(dexterity): 특정한 물건을 조작할 수 있도록 조화로운 동작을 위해 손의 작은 근육군을 사용하는 것으로, 치료사가 지시한 소재 길이(예, 손가락 길이)를 눈으로 인지하고 자르기, 틀이 짜인 플로랄 폼을 이용하여 정해진 위치에 꽃 꽂기(플로랄 폼을 감싸고 있는 틀이 성긴 것 → 촘촘한 것), 비어 있는 공간 찾아내어 소재 꽂기 등 조화로운 동작을 위해 둘 이상의 근육을 사용하는 것이 이에 해당된다.

⑤ 운동조절(motor control): 기능적이고 다양한 형태로 신체를 이용하는 것으로, 단단하고 굵은 소재를 꽂을 때와 무르고 여린 소재를 꽂을 때 소재의 무르고 단단한 정도에 따라 소재를 쥐거나 꽂는 힘을 조절하는 데 요구된다.

2) **감각통합**(sensory integration)

2-1) 감각지각

① 촉각: 피부를 통해 전해지는 가벼운 접촉이나 온도, 진동 및 통증 등을 느끼는 것으로, 플로랄 폼을 물에 적시기 전후 표면의 느낌 비교하기, 다양한 소재의 꽃잎이나 줄기 감촉 느끼기를 통해 촉각자극이 가능하다.

② 시각: 눈을 통해 색깔이나 형태 등의 다양한 자극을 받아들이는 것으로, 다양한 꽃의 색, 모양(형태)을 통해 소재를 구분할 수 있다.

③ 후각: 후각기관을 통해 받아들여진 자극을 해석하는 것으로, 꽃향기 또는 유칼립투스, 꽈리, 치자, 계피 등 특유의 향을 가진 소재를 이용하여 후각을 자극한다.

④ 전정감각: 평형감각으로, 자세와 움직임을 귀에서 인지하고 해석하며 균형을 잡는 감각이다. 젖은 플로랄 폼 옮기기, 몸의 중앙을 중심으로 양 방향의 플로랄 폼에 균형 있게 꽃 꽂기 등이 전정감각을 활용하여 할 수 있는 작업이다.

⑤ 입체지각(streognosis): 시각 자극이 제외된 상태에서 촉각, 인지, 고유수용감각을 이용하여 물체를 알아내는 것으로, 주머니 속에 담긴 물건에 손을 넣어 만져보고 무엇인지 인지하는 것이 이에 해당된다.

⑥ 깊이 지각(depth perception): 물건이나 그림, 다른 사람과의 거리, 지면의 변화를 인식하는 것으로, 플로랄 폼에 일정한 깊이로 소재를 꽂는 것이 이에 해당된다.

2-2) 시-공간 지각(visual-spatial awareness)

① 전경 배경(figure ground): 물건과 형태의 전경과 배경을 구분하는 것으로, 완성된 꽃꽂이 작품의 소재와 이름을 연결하여 인지하는 것으로 활용할 수 있다.

② 형태의 항상성(form constancy)과 공간 내 위치지각(position in space): 형태의 항상성은 환경이나 자세, 크기가 다양해도 이들을 같은 물건으로 인식하는 것이며, 공간 내 위치지각은 자신과 사물 또는 사물들의 공간적 관계를 인식하는 것이다. 원예치료 프로그램 중 꽃꽂이에서는 여러 형태의 소재 중 그 이름과 형태를 연결하기(예를 들어, 장미 · 백합 · 국화 중 장미 선택하기)나 지정된 위치에 선정된 소재를 꽂도록 하는 데 사용된다.

2-3) 신체 통합(body integration)

① 좌-우구별(right-left discrimination): 자신의 신체를 중심으로 왼쪽과 오른쪽 구별하여 꽃 꽂기가 이에 해당될 것이다. 뇌손상 환자의 경우 환측 시야 무시 현상이 있어 중심점이 한쪽으로 치우칠 수 있기 때문에 중앙을 중심으로 좌-우를 구별하는 훈련이 필요하며, 무시하는 쪽의 시야를 항상 확인하도록 훈련시켜야 한다.

② 정중선 지나기(cross midline): 신체의 정중선을 지나서 팔이나 다리, 눈을 움직이는 것으로, 신체의 정중선을 지나 대각선 부분의 면에 꽃을 꽂는 경우가 이에 해당된다. 뇌손상이 있거나 뇌의 미발달시 정중선 지나기가 불가능하며, 뇌손상의 경우 환측 시야 무시현상이 있으므로 정중선 지나기 훈련이 필요하다.

2.2.3.1.2 인지 요소(cognitive components)

1) **지남력**

사람 · 장소 · 시간 · 상황을 알아보는 것으로, 원예치료 프로그램을 하는 날(오늘) 날짜 적기, 계절별 개화하는 꽃(표 3-18) 기억을 통한 현재 시간(계절) 인지로 지남력을 향상시킬 수 있다.

표 3-18 계절별 개화하는 꽃

봄	개나리, 진달래, 벚꽃, 철쭉, 목련, 라일락, 산수유
여름	수국, 샐비어, 해바라기, 봉선화, 배롱나무, 나팔꽃, 연꽃
가을	맨드라미, 국화, 코스모스, 메밀꽃, 꽃양배추

2) **집중력과 기억력**

2-1) 집중력

주어진 과제에 집중하는 능력을 말하며, 집중하는 시간을 집중시간으로 체크할 수 있다. 꽃꽂이 프로그램 중 소재를 가위로 자르는 작업, 플로랄 폼에 소재를 꽂는 작업 등을 통해 집중력과 집중시간을 향상시킬 수 있다.

2-2) 기억력

기억력은 단기 또는 장기간 후 이전에 받아들였던 정보를 다시 불러내는 것을 말하며, 장기기억과 단기기억으로 나누어볼 수 있다.

① 장기기억: 어릴 적 집 주변(장독 주변, 우물가 등)에 피어 있던 꽃, 학창시절 입학식이나 졸업식 때 받았던 꽃다발, 일생 중 가장 기억에 남는 꽃에 관한 기억 등 수년에서 평생에 걸친 꽃에 관한 기억을 떠올리기 등이 이에 속한다.

② 단기기억: 최근 꽃을 받아보거나 선물한 경험, 최근에 봤던 꽃에 관한 기억 등 수 분에서 수년 동안의 기억을 떠올리는 것이다.

2-3) 인식(recognition)

익숙한 얼굴이나 물건, 이전에 본 적이 있거나 사용한 경험이 있는 것들을 알아보는 것으로, 과거에 본 적이 있는 소재를 이용하여 이를 알아보게 하는 작업에 이용할 수 있다.

2-4) 분류하기(categorization)

주변의 여러 정보를 이용하여 비슷한 점과 다른 점을 알아내는 것으로, 꽃꽂이 프로그램에서는 꽃의 크기(대, 중, 소), 꽃 색(빨강, 노랑, 흰색), 소재의 쓰임(주 소재, 부 소재) 등과 같이 기준을 정해 유사점과 차이점을 인식하고 소재를 분류하는 작업이 이에 속한다.

3) **인지통합**(cognitive integration)

3-1) 일반화(generalization)

이전에 익힌 개념이나 행동을 새로운 상황에 적용하는 것으로 플로랄 폼을 이용한 테이블 장식, 바구니 안에 플로랄 폼을 넣어 꽃을 꽂는 꽃바구니 만들기, 계절별 소재를 활용한 계절 꽃 장식, 크리스마스나 부활절 등 특정일을 기념하는 꽃꽂이 등의 다양한 프로그램으로 적용할 수 있다.

3-2) 문제해결 능력(problem solving)

문제가 무엇인지 인식하고, 이를 규명하며, 대체방법을 고안하여 계획하고 실행하며, 결과를 평가하는 각각을 모두 문제해결 능력이라 할 수 있다. 꽃꽂이 프로그램에서는 플로랄 폼이 충분히 물에 젖었는지 여부를 인식하고 해결방법 모색 및 문제해결을 위해 실행하는 것과 치료사의 지시에 맞게 꽃을 잘랐는지 판단하고 그렇지 않은 경우 작업의 반복 및 재시도 후 적합성을 판단하는 것, 그리고 플로랄 폼에 꽃을 꽂은 후 전체적으로 비어 있거나 균형이 맞지 않은 부분이 있는지 판단한 후 해결방법 고안 및 결과를 평가하는 과정을 통해 문제해결 능력을 향상시킬 수 있다.

2.2.3.1.3 정신사회적 요소(psychosocial components)

1) **자기관리**(self-management)

1-1) 자기표현(self-expression)

원예치료 프로그램에 관한 경험이나 자신의 감정 표현 때 적절한 용어 사용 훈련 및 정확한 발음 훈련, 치료사 또는 보호자에게 도움을 요청할 때 언어적·비언어적 표현 사용, 원예치료 프로그램 후 정리하는 작업을 통해 자신만의 긍정적인 스트레스 대처기술 및 해소방법 모색, 활동할 때 주변 사람들의 환측 사용방법 관찰을 통해 자신과 타인의 차이점 인식 및 타인의 행동 모방, 작품 완성 후 선물 또는 기록을 위한 메모 작성 때의 읽고 쓰는 기술 훈련 등을 포함한다.

1-2) 자기조절(self-control)

환경적인 요구나 제한, 다른 사람들의 반응 등을 고려하여 자신의 행동을 수정하는 것을 말한다.

2) **타인과의 상호작용**(dyadic interaction)

타인과의 대화나 통합의 필요를 이해하는 것, 자신과 타인의 차이점을 이해하고, 타협하며, 스트레스를 조절하고, 타인과의 경쟁 및 협력을 유지하는 것을 포함한다.

원예치료를 할 때 환측을 전혀 사용하지 못하는 대상자의 경우, ① 자신과 타인의 차이점 인지, ② 옆 사람과의 2인 1조 작업 과정으로 협력을 통한 상호작용 기술 훈련, ③ 개인별 작업 완성과정을 통해 타인과의 경쟁 및 협력, ④ 작품의 규모를 크게 하여 공동작품을 완성할 경우 집단 내 개인의 역할 수립, ⑤ 집단 내 과정에 관한 이해 증가, ⑥ 다수의 대상자간 상호작용, ⑦ 대상자 - 치료사 간 상호작용 등이 이루어진다.

3) **그룹 상호작용**(group interaction)

그룹 내에서 사회 · 정서적 역할을 이행하며, 집단의 과정을 이해하고, 상호적인 이익그룹 내에서 협력하는 것을 포함한다.

2.2.3.1.4 활동 요구도(task requirements)

1) **작업 패턴 및 방법**(work pattern & method)

대상자 특성 및 치료사의 치료목표에 따라 개별 활동 또는 소그룹별 활동, 최소한의 신체적 작업, 소재를 자른 뒤 개인의 개성과 창의성에 따라 소재의 위치를 재구성하고 전체 구성을 의미 있는 과정으로 진행하는 최소화된 구조적 작업, 표현적이고 창의적인 작업, 소재를 자르고 꽂는 작업이 반복되는 반복적인 작업, 평소 고마웠던 분이나 의미 있는 분에게 선물하기 위한 목적이 있는 작업 등으로 구분된다.

앞서 설명한 작업분석의 세부 항목들을 이용하여 원예치료 프로그램 내에서 이루어지는 작업들을 분석할 수 있으며, 그 예는 **표 3-19, 3-20**과 같다. 전문적 원예치료는 작업분석을 통해 개별적 원예치료 프로그램의 동작과 작업을 분석하고, 이를 근거로 치료목표에 부합하는 프로그램으로 재조합하여 전체의 회기를 구성하며, 전체 회기 내에서도 난이도나 단계적 접근의도에 따라 프로그램

표 3-19 원예치료 프로그램(꽃꽂이)의 작업분석 예

Part	세부항목	부 연 설 명
activity summary		▪ 꽃꽂이 방법 및 순서 ▪ 재료 및 필요한 도구, 주의사항
작업 수행 요소	감각운동 요소	▪ 상지 ROM - shoulder: flexion 90°, extension N/A, adduction 45°, abduction 90° - hand: digital grip, palmar grip, gravity-dependent grips, dynamic grips 가 가능할 정도 ▪ fine coordination, eye-hand coordination, position in space, right-left discrimination ▪ 오감 자극, 냉온감각, 입체인지감각, 균형감각
	인지적 요소	▪ 지남력(계절감) ▪ 기억력: 계절별 피는 꽃 이야기하기, 작업순서 기억 ▪ 다양한 소재를 꽂는 순서 계획 및 실행 ▪ 꽃을 꽂는 동안의 집중력 ▪ 소재의 길이 조절을 통한 판단력, 문제해결 능력 ▪ 위치별 소재 길이에 대한 문제해결 능력
	사회심리적 요소	▪ 그룹 내 역할분담을 통한 책임감, 자존감 ▪ 자신의 순서가 돌아올 때까지의 인내, 자기조절 ▪ 꽃꽂이 과정에서의 작업 계획 및 계획 실행 ▪ 개인의 창의성 및 표현력 향상 ▪ 작업을 통한 타인과의 상호작용
	활동요구도	▪ 평소 고마웠던 분에게 선물하기 위한 목적 있는 작업 ▪ 개인이 단계 내 계획을 수립하고 진행할 수 있는 최소화된 구조적 작업 ▪ 개별 활동 ▪ 최소한의 신체적 작업
작업 수행	독립적 일상 생활 동작능력	▪ 직업 전 재활단계 또는 기술습득을 통한 직업재활로 활용 가능 ▪ 자신의 작품을 다른 사람에게 선물함으로써 자존감과 자신감 향상
작업 수행 제한	치료적 적용	▪ 특별한 보조도구 필요 없음
	주의사항	▪ 특별한 신체적 제한점 없음 ▪ 가시가 있거나 독성 소재 피할 것 ▪ 끝이 뾰족한 가위는 상해의 위험이 있으므로 피할 것 ▪ 시간이 초과될 수 있으므로 시간 관리를 잘할 것
치료로의 적용		▪ 구성원간 긍정적인 의사소통 가능, 집단 소속감 향상 ▪ 적당한 길이로 소재 자르기 훈련을 통한 손의 근력 향상 및 판단력 향상 ▪ 작품을 완성하기까지의 인내 및 자신의 작품을 선물함으로써 자존감 및 성취감 향상 ▪ 사회적 상호작용의 범위 확대
활동 난이도		▪ 꽃을 보거나 관찰하는 작업에만 참여 가능 ▪ 잘라진 꽃과 소재를 꽂는 작업에만 참여 가능 ▪ 오아시스를 물에 담그는 과정에만 참여 가능 ▪ 꽃을 자르는 과정, 둥글게 꽂는 과정에만 참여 가능 ▪ 식물소재의 줄기가 가늘고 여린 것부터 굵고 강한 것으로 다양하게 하여 손의 근력 향상의 단계 조절 가능 ▪ 꽃 소재를 구입하는 과정까지 확대 가능

표 3-20 원예치료 프로그램(수경재배)의 작업분석 예

Part	세부항목	부 연 설 명
activity summary		▪ 수경재배의 재료 및 순서, 시간배분 ▪ 수도시설과 근접한 곳
작업 수행 요소	감각운동요소	▪ ROM - wrist: flexion 60°, extension 60°, adduction 15°, abduction 15° ▪ 눈-손 협응력 ▪ position in space ▪ 재료의 촉감, 냉온감각 자극 ▪ 신체 도식(body schema)
	인지적 요소	▪ 물가꾸기에 기억력 ▪ 식물을 식재하는 동안의 집중력 ▪ 하이드로볼에 식물을 식재할 때, 뿌리의 처리(흙 씻어줌)나 식물이 흔들리지 않도록 식재하는 등에 대한 문제해결 능력 ▪ 수경재배의 적당한 물 높이 결정
	사회심리적 요소	▪ 다양한 식물 중 자신이 심을 식물 선택 결정 ▪ 물가꾸기에 관한 경험 이야기를 통한 자기표현 ▪ 식물 식재시 옆 사람과의 협력을 통한 타인과의 상호작용 ▪ 역할분담 및 역할교환
	활동요구도	▪ 최소한의 신체적 작업 ▪ 정형화된 작업순서 ▪ 개별 활동 또는 소그룹 활동과 병행된 개별 활동
작업 수행	독립적 일상 생활동작능력	▪ 하이드로볼을 씻어서 흙물이 나오지 않도록 함 ▪ 새로운 식물재배법 학습
작업 수행 제한	치료적 적용	▪ 특별한 보조도구 필요 없음
	주의사항	▪ 특별한 신체적 제한점 없음 ▪ 유리용기 사용할 때는 깨지지 않도록 주의
치료로의 적용		▪ 하이드로볼의 물 먹는 소리는 청각 및 온냉감각 자극에 효과적 ▪ 균형감각을 익힘 ▪ 주의집중력과 순서 기억, 타인과의 상호작용에 효과적
활동 난이도		▪ 식물의 종류, 식재방법 및 규모에 따라 균형감각 및 입체인지감각 향상 가능 ▪ 하이드로볼을 씻는 과정에 참여 가능 ▪ 관수 과정에 참여 가능 ▪ 식재시 토양(예, 색자갈 또는 색모래)의 종류를 다양하게 하여 옆면 장식 가능 ▪ 재료를 사는 과정까지 포함 가능

순서 등을 결정한다.

실제로 원예치료 프로그램 중 꽃꽂이를 선정하여 다양한 꽃꽂이의 동작을 작업분석하고, 분석된 작업이 상지의 어떤 관절에 영향을 미치는지 분석하여, 분석된 자료를 토대로 원예치료 프로그램을 계획하고, 이를 재활과 환자의 치료에 활용한 예는 부록에서 살펴볼 수 있다.

2.2.3.2 치료중재 모델 및 치료기법

기존의 원예치료 프로그램을 설정할 경우에는 환자에게 맞추거나 혹은 질병·장애에 기초하기보다는 오히려 원예치료사나 시설에 기준한 예가 많았다. 예를 들면, 임의적으로 주 1회 또는 2회 설정하고 12 혹은 20회 등 프로그램을 계획해서 원예치료를 실시하곤 했다. 또한, 각 프로그램의 순서에 대한 타당한 이유나 의도도 결여되어 있다. 그러나 원예복지 차원이 아니라 치료 차원으로 볼 때 이러한 방법은 비과학적이고 비전문적일 수밖에 없다. 보다 전문적 원예치료를 위해서는 주당 횟수 및 치료기간에 대한 합리적인 고찰이 있어야 하며, 각 프로그램의 순서에 대한 목적지향적 의도성도 있어야 한다.

이러한 문제를 해결하기 위해서는 무엇보다도 연구방법론적으로 기존의 원예치료 연구결과나 다른 대체의학적 치료 결과에 대한 인용 혹은 관련 장애인에 대한 의학적 결과들을 참고하는 것이 중요할 것이다. 또 다른 좋은 방법 중의 하나는 기존 의학이나 상담심리, 간호학 분야에서 효과가 입증된 치료중재 모델이나 치료기법을 활용하는 것이다. 이미 그러한 모델이나 치료기법에 대한 효과는 이미 다른 연구자들에 의해서 충분히 검증되었기 때문에 그들의 연구결과를 인용하면 무리 없이 적용할 수 있을 것이다.

이럴 경우, 원예치료는 원예에 대한 여러 지식뿐만 아니라 정신 및 재활의학, 간호학, 심리학, 교육학, 사회복지학, 경제학, 작업치료학, 대체치료학 등 여러 학문과의 자유로운 상호작용 및 연관을 가지고 전개될 수 있으며, 타 학문에서 이미 검증된 다양한 모델들을 원예치료의 치료중재 모델로 확립시킴으로써 보다 전문적인 원예치료를 할 수 있을 것이다.

이 때 문제가 되는 것은 이러한 모델이나 치료기법을 어떻게 원예치료에 적용할 것인가에 관한 것이다. **그림 3-6**에서처럼 대상자의 병징이나 특징의

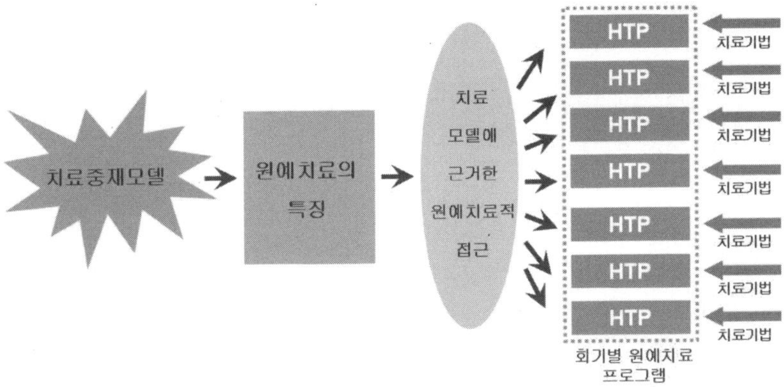

그림 3-6 치료중재 모델 및 치료기법을 이용한 원예치료 프로그램 작성

치료 및 회복 기전(mechanism)과 관련된 이론(치료중재 모델)은 생명을 매개체로 하며, 상호역동적이고, 창조적 파괴가 가능한 원예치료 특징에 의해서 걸러진 후 치료 모델에 근거한 원예치료적 접근 모듈을 통해서 프로그램화될 수 있을 것이다. 치료 모델에 근거한 원예치료적 접근 모듈은 프로그램 작성의 블랙박스가 될 것이며, 의학적 근거와 원예치료의 효과 사이의 고리 역할을 할 것이다. 그러나 이러한 모듈을 만드는 데는 정해진 일정한 패턴이 있는 것이 아니며 각 원예치료사의 능력에 따라 달라질 수 있다. 한편, 치료기법들은 원예치료의 각 회기마다 원예치료사의 적용기술로 활용될 수 있다.

2.2.3.2.1 활용 가능한 치료중재 모델

1) 사회화 모델을 이용한 원예치료

상호작용(interaction), 활동(action), 반응(response)은 원예치료의 대표적인 치료기전이다. 식물은 위협적이지도, 차별적이지도 않은 환경을 제공하므로, 원예치료가 이루어지는 집단 내에서는 치료사와의 상호작용과 대상자간 또는 간병인이나 주변인 등 타 대상자와의 상호작용이 원예치료 과정을 통해 자연스럽게 이루어진다. 이러한 원예치료를 통해 비언어적이며 자기지시적인 행동이 유도되며, 이는 동기 부여에 매우 효과적이다.

자기주장이나 대인관계의 향상은 장기간 사회적 활동으로부터 격리되어 생활해 온 대상자들이 사회에 다시 복귀하고자 할 때 가장 필수적으로 요구되는

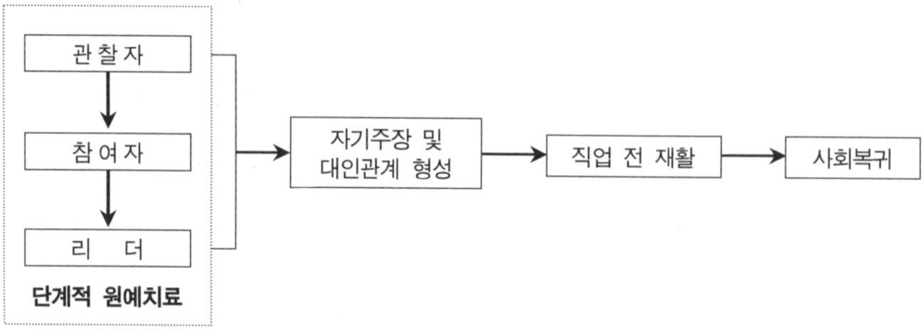

출처: Cho, M. K. 2003. Effect of Phased Application of HT Programs on the Improvements of Assertiveness and Interpersonal Relationship of Chronic Schizophrenia. MS Diss., Konkuk Univ.

그림 3-7 **원예치료를 통한 사회복귀 모식도**

부분이다(**그림** 3-7). 개인이 집단에 속하게 될 때 개인과 집단 사이의 변화 단계를 예상한 집단사회화 모델은 자기주장 및 대인관계 향상에 관한 것으로, **그림** 3-8과 같다.

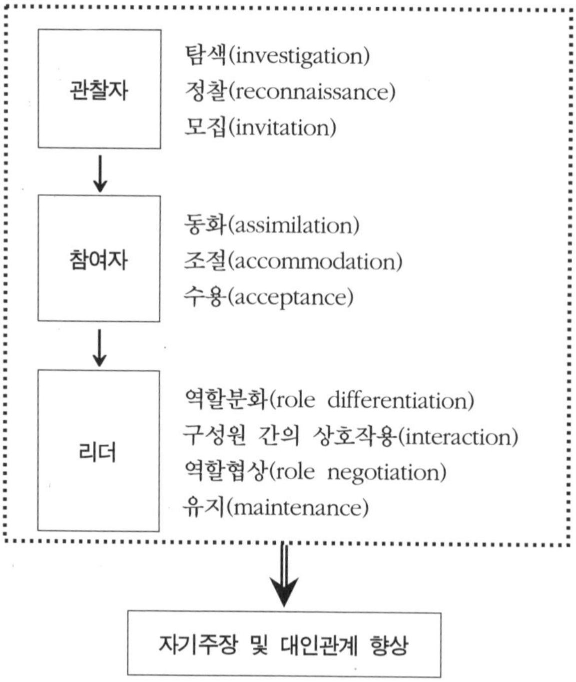

그림 3-8 **집단사회화 모델**

개인이 한 집단 내에 속하게 되면, 집단이 자신의 요구에 부합되는 곳인지 등을 알아보기 위해 탐색, 정찰, 모집 등을 통해 집단과 집단 구성원의 정보를 수집하게 된다. 관찰자의 입장에서 집단의 가치를 파악하고 집단에 참여하게 되면, 비로소 집단의 규범이나 가치를 받아들이게 되고 집단 내에서 개인의 욕구를 충족시키도록 순응하며, 집단의 구성원으로 자리매김하게 되는데, 이러한 과정에서 집단 내의 상호작용이 이루어지게 된다. 지속적인 집단 활동을 통해 집단 내에서 개인의 역할이 정해지고, 역할분화 후에는 정해진 방식으로 다른 구성원과 상호작용하는 경향이 생긴다. 이러한 집단사회화 단계를 통해 전체적으로는 자기주장 및 대인관계가 긍정적으로 향상하게 된다.[11)] 원예치료는 개별 프로그램에서 공동 프로그램까지 다양하게 계획할 수 있으므로, 사회적 고립이나 사회성 결여 등 대인관계의 어려움을 해소시키는 데 바람직하다.

사회화 모델을 원예치료 프로그램의 계획단계에서 적용하여 전체 회기의 구체적 목적 설정 및 그에 부합된 원예치료 프로그램 구성 과정을 실제 연구에 적용한 사례는 부록에 제시되어 있다.

2) 행동이론을 이용한 원예치료

정서장애 중 하나인 우울은 기존의 원예치료 연구에서 자아존중감과 더불어 가장 많이 그리고 빈번히 연구된 분야 중 하나이다. 기존의 연구를 통해 원예치료가 우울 감소에 효과적이었음이 밝혀졌으나, 우울이 어떻게 감소되고 개선되었는지에 대한 과정이나 명확하고 효과적인 접근방법 등은 거의 전무한 실정이다. 이에 보다 전문적이고 효율적인 치료를 위해 정신심리 분야에서 연구된 우울 감소의 기작(mechanism)을 활용할 수 있다.

환경으로부터의 강화 부족은 우울과 관련이 있으며, 강화는 행동을 뒤따른다. 사람들은 긍정적 강화의 결과가 없는 방법으로 행동하거나 환경에서 이러한 긍정적 강화를 주지 않는 경우 우울해지며, 높은 수준의 처벌이나 부정적 강화 또한 우울의 원인이 되기도 한다. 따라서 행동을 변화시킴으로써 긍정적 강화를 높이면 우울을 감소시킬 수 있는데, 중요한 접근 방식 중 하나가 즐거운 사건들을

11) Moreland, R. L. and J. M. Levine. 1982. Socialization in small groups: Temporal changes in individual-group relations. Advances in Experimental Social Psychology 15:137-192.

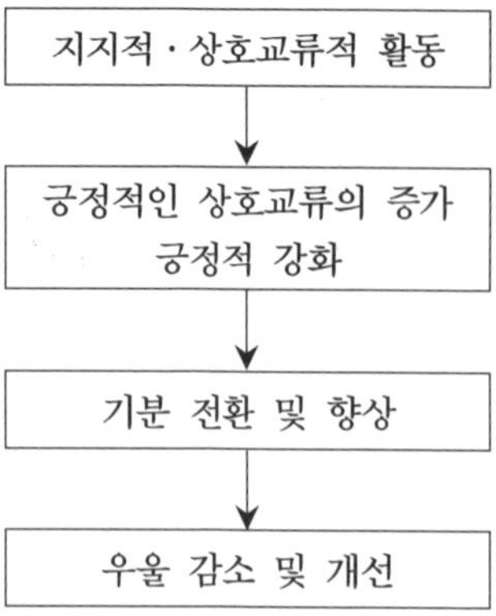

그림 3-9 우울 감소의 모식도

만드는 것이다.[12)]

원예치료는 치료 과정에서 원예치료사로부터 또는 다른 참여자로부터 지지적이며 상호교류적인 활동이 이루어진다. 대상자는 원예치료를 통해 스스로 자신의 감정을 표현할 수 있는 기회를 갖게 되고, 성공적인 감정이입과 성취감 등의 긍정적인 경험을 하게 된다. 이러한 긍정적인 강화들을 통해 부정적이고 극단적인 감정들에 집중되었던 관심이 해소되고, 다양한 원예치료 프로그램을 통해 기분이 전환되며, 긍정적이며 진취적인 감정들이 증가된다. 따라서 원예치료의 전체적인 과정을 통해 결국 우울이나 불안 등의 정서장애를 극복할 수 있다(**그림** 3-9). 따라서 이 모식도를 참고로 하여 원예치료의 단계별 목적을 성립하고, 이에 적합한 원예치료 프로그램을 계획할 수 있다.

3) 심리적 적응단계를 이용한 원예치료

우울이나 불안 등의 정서장애를 가진 대상자 이외에도 갑작스런 사고나 질병으로 인해 심리적 부적응을 경험하는 대상자도 있다. 예기치 못한 신체적 장애가 발생하게 되면 개인은 대개 충격(shock), 부정(denial), 우울반응(depressive reaction), 독립에 대한 저항(reaction against independence), 적응(adaption)의 심리적 적응과정을 거치게 되며(**그림** 3-10), 이러한 과정은 장애를 극복하는 건강한 적응과정이라고 볼 수 있다.[13)] 신체적 장애를 빠르고 효과적으로 극복하기 위해서는 심리적 재활이 선행되어야 하며, 우울이나 무력감, 의지 부족 등의 심리적 방해가 지속되면 오히려 신체적 재활에 악영향을 끼치기도 한다. 원예치료에 대한 심리적 반응은 식물 돌보기와 수확물 획득을 통해 긍정적인 피드백을 형성하고, 익숙해질수록 그러한 정서적 경험의 정도가 높아진다. 따라서 효과적인 원예치료적 자극은 긍정적인 심리적 반응을 일으키며, 이를 통한 긍정적 피드백은 행동에도 영향을 미치게 된다.

---

12) Lewinsohn, P. M., R. F. Munoz, M. A. Youngren, et al. 1978. Control your depression. Englewood cliffs. Prentice-hall, NJ.

13) Krueger, D. W. 1982. Emotional rehabilitation of the physical rehabilitation patient. International Journal of Psychiatry in Medicine 11:183-191.

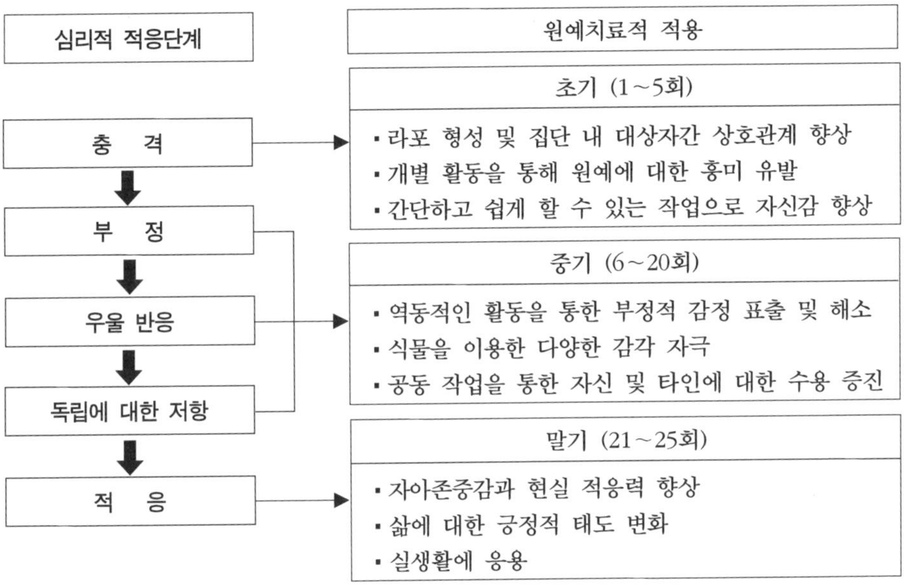

출처: Jung, S. A. 2005. Effect of the application of horticultural therapy program by phases of psychological adaptation on the psychosomatic rehabilitation in Stroke patients. MS Diss., Konkuk Univ.

그림 3-10 심리적 적응단계에 따른 원예치료적 적용

2.2.3.2.2 치료기법을 활용한 원예치료

전문적인 원예치료의 성공적인 실행을 위해서는 의료적 근간을 가진 치료 계획 및 전문 원예치료 프로그램이 요구되지만, 무엇보다도 중요한 것은 치료사가 잘 계획되어진 프로그램을 어떤 기술 또는 기법을 가지고 효율적이고 효과적으로 진행하느냐이다. 앞서 기술한 치료중재 모델이 원예치료의 전체 회기를 구성할 때 적용되고 활용되는 것이라면, 치료기법은 매 회기마다 치료사가 제공하는 실행기술이다.

1) 지지기법을 활용한 원예치료

대부분 원예치료 프로그램의 대상자는 정신적 · 신체적 · 인지적 장애를 갖고 있어 이로 인해 역할분담 등의 일 처리에 갈등을 초래하고, 대인관계에 어려움을 겪으며, 주변으로부터 소외를 경험하는 경우가 많다. 이러한 대상자들에게 원예치료 프로그램 중 칭찬하고 격려하며 감정을 공유하는 등의 정서적인 지원과 주어진 일을 해결하는 방법을 제시하거나 도움을 주는 등의 정보적 지원 및

도움, 그리고 집단에 속해 있다는 소속감 등 여러 형태의 사회적 지원을 제공한다면(**표 3-21**),[14] 계획되어진 원예치료에 대상자들이 보다 적극적으로 참여하게 될 것이며, 경우에 따라서는 이러한 치료기법이 원예치료의 치료목적을 달성하는 데 중점적인 역할을 수행할 수도 있다. 대상자들에게 사회적 지원을 어떻게 제공할 수 있는지에 대한 다양한 기법은 **표 3-22**에서 볼 수 있다.[15]

2) 합리적 · 정서적 · 행동적 치료기법(REBT)을 이용한 원예치료

합리적 · 정서적 · 행동적 치료기법, 즉 REBT(Rational Emotive Behavior Therapy)는 인간의 감정과 문제가 대부분 비합리적인 사고로부터 생겨난 것이라는 개념에 기초를 두고 있다. 원예치료의 대상자는 매우 다양하며, 대부분 병징이나 장애로 인해 정서적 또는 인지적 왜곡을 가지고 있다. 따라서 대상자의 정서적 또는 인지적 왜곡을 해소하여 행동의 변화를 꾀하는 REBT 기법의 활용이 효과적일 수 있다.

REBT는, 어떤 사실(A; activating event: 선행사건)에 접하여 경험하게 되는 정서와 행동(C; consequence: 결과)은 사실 자체에 의해서보다는, 그 사실에 대해 어떤 생각(B; belief: 사고 또는 신념)을 갖느냐에 따라 다르게 나타난다는 전제에서 출발한다. 즉, 인간의 부적응 행동 또는 이상심리는 환경이나 무의식 따위에서 유발되는 것이 아니고, 그 사람이 지니고 있는 왜곡되고 부정확한 신념체계 또는 비합리적 신념 때문에 발생한다고 본다(**그림 3-11**). 따라서 대상자의 정서적 혼란과 관계되는 비합리적 신념체계를 논박하여 이를 최소화하거나 합리적인 신념체계로 바꾸도록 하고 이를 통해 보다 현실적이고 효과적이며 융통성 있는 인생관을 가질 수 있도록 하는 데 중점을 둘 수 있다. 이는 인간의 정서와 행동은 자기언어에 의해 결정되므로 이미 발생된 사건을 변화시킬 수 없으나, 자기언어를 변화시킴으로써 정서와 행동을 통제할 수 있기 때문이다.[16]

---

14) Cho, M. K. 2003. Effect of Phased Application of HT Programs on the Improvements of Assertiveness and Interpersonal Relationship of Chronic Schizophrenia. MS Diss., Konkuk Univ. Seoul.

15) Song, J. S. 2004. Effects of supportive horticulture therapy and plantscape in classroom on the stress relief of highschool student. MS Diss., Konkuk Univ. Seoul.

16) Kim, J. A. 2002. The effects of REBT group counseling program on self-acceptance, problem solving and motivation for learning of elementary school students. MS Diss., Konkuk Univ. Seoul.

표 3-21 사회적 지원(지지)의 예

지원의 종류	예
정서적 지원 (emotional support)	▪ 타인들을 칭찬하고 격려하기 ▪ 능력이나 기술에 대해 존경하기 ▪ 비판이나 제안 없이 타인의 문제 들어주기 ▪ 감정을 공유하기
정보적 지원 (informational support)	▪ 지시, 충고, 제안해 주기 ▪ 문제와 해결책을 제시하기 ▪ 과제를 수행하는 방법에 대해 시범 보이기
과제 지원과 유형의 도움 (task support & tangible support)	▪ 서로 일을 도와주기 ▪ 작은 호의를 베풀기
소속감 (belonging)	▪ 개인에 대해 수용 표현하기 ▪ 전체 집단에 대해 인정 표현하기 ▪ 집단에 포함됨을 증명하기

표 3-22 지지치료(supportive therapy)의 다양한 기법

기 법	정 의
안심시키기 (reassurance)	증상에 대해 설명하거나 병이 두려워할 것이 아니라는 확신을 주는 등의 재확인을 해주는 치료기법
환기 (ventilation)	개인이 겪게 되는 여러 가지 갈등이나 불안, 의문, 충동성 및 죄악감을 치료자에게 털어 표현함으로써 불만이 해소되거나 긴장을 풀리게 하는 치료기법
제반응 (abreaction)	무의식 속에 억압된 억울한 기억이나 감정을 터뜨려 표현해 버림으로써 누적된 스트레스나 긴장을 완화시키는 치료기법
지지 (supprot)	대상자의 말을 경청하고 공감적 이해를 통해 불안이나 갈등을 경감시키고 적응능력이나 용기를 증가시켜 주는 치료기법
설득 (persuasion)	충동이나 욕구불만 및 잘못된 생각이나 습관을 대상자의 이성과 의지 및 윤리 도덕관에 적극적으로 호소하여 시정하도록 하는 치료기법
암시 (suggestion)	겪고 있는 증상이 와해되거나 곧 나을 것이라고 암시해 줌으로써 치료효과를 얻는 치료기법

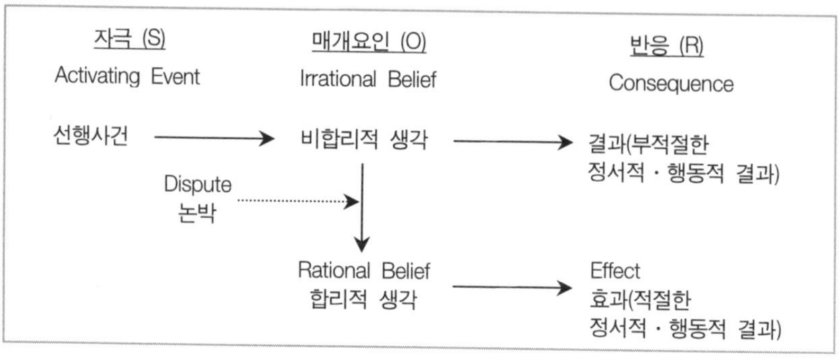

그림 3-11 REBT 기법의 ABCDE 모형

또한 REBT 기법은 크게 인지적 설명기법, 정서적 환기기법, 행동적 · 적극적 · 지시적 기법이라는 세 가지 영역의 기법으로 구분할 수 있다.[17] 따라서 원예치료에서는 REBT의 각 영역의 기법을 나누어 활용할 수 있으며(표 3-23), 더불어 인지 - 정서 - 행동의 상호성과 관련하여 세 가지 영역의 기법을 원예치료 프로그램시 통합적으로 활용할 수 있을 것이다.

3) **회상기법을 활용한 원예치료**

치료기법은 치료중재 모델과 마찬가지로 대상자의 특성이나 치료목적에 따라 선택가능하다. 예를 들어, 회상기법은 일정한 목적 아래 혹은 뚜렷한 목적 없이 과거에 관해 생각하고 이 때 나타난 긍정 및 부정의 정서가 함축된 내용을 상대방에게 표현하는 것이다. 따라서 구체적으로 즐거웠던 경험의 재음미, 자부심과 성취감의 재확인, 자신의 과거 잘못에 대한 후회와 용서를 구함, 과거의 불유쾌하거나 고통스러웠던 경험의 미화, 과거의 잘못이나 실수에 대한 합리화, 격한 감정 혹은 억눌렸던 감정의 발산, 다른 사람을 가르치고자 하는 기능, 무료함을 덜어줌, 대상자를 자신과 친밀한 관계가 형성된 자로 인식하게 해주는 등의 기능이 있다.[18] 회상기법은 대화가 가능하고 관심이 있는 대상자에게 모두 적용 가능하지만, 특히 인생에 대한 다양한 경험을 가진 노인이나 단기

---

17) Kwan, J. G. 2002. The Effects of the REBT group counseling on self-esteem and academic achievement of the low achiever. MS Diss., Graduate school of education. Busan National Univ.

18) Chon, S. J. 1989. Reminiscence: Content analysis and its nursing implication — entered on a institutionalized elderly —. MS Diss., Yonsei Univ., Seoul.

표 3-23 REBT의 다양한 기법

기 법	세 부 내 용
인지적 기법	1. 암시와 자기암시: 치료사가 대상자에게 부정적 사고를 긍정적 사고로 대체시키는 방법을 보여줌으로써 대상자가 개선될 수 있다는 것을 암시함 2. 방어의 해석: 방어는 대체로 자기비난에서 나온다고 가정하므로, 대상자의 잘못에 대해 스스로 수용할 수 있도록 하며 이러한 자기수용으로 인해 방어욕구를 최소화함 3. 대안의 제시: 대상자 스스로 다양한 대안을 찾아내도록 격려함 4. 어의적 정확성: 부정확한 언어로 인해 부분적으로 사고가 왜곡되며, 반대의 경우(왜곡된 사고 → 부정확한 언어) 생겨남. 따라서 치료사는 대상자의 말에 주의를 기울여야 함 5. 전환방법: 신체적 활동을 통해 패배적인 자기교시 대신 활동에 집중하도록 함 6. 유머(humor)의 사용과 역설적 의도: 유머를 통해 자기 실수를 웃어넘기며 약점들을 수용할 수 있으며, 역설적 의도를 통해 대상자의 비합리적 신념이 얼마나 비현실적 · 비합리적인지 깨닫게 함
정서적 기법	1. 합리적 정서 상상: 대상자가 불쾌한 장면을 상상하고 감정의 기초가 된 신념들에 집중함 2. 무조건적 수용: 대상자가 자기 자신을 적극적, 능동적으로 수용할 수 있도록 함 3. 부끄러움 공략 연습: 대상자가 창피하거나 부끄럽게 느끼는 방식으로 행동한 뒤, 그러한 행동에 대한 타인의 비난에 과도하게 영향 받을 필요가 없다는 것을 발견하게 함 4. 역할연기: 대상자의 정서를 이끌어내기 위해 타인과의 상호작용을 행동화함 5. 감정이 실린 언어: 감정을 나타내는 단어, 구절 및 문장을 구사하도록 함
행동적 기법	1. 유관조건 관리: 유관조건의 관리를 통해 바람직한 행동의 빈도를 증가시키는 자극 및 강화를 수반함 2. 과제 부과: 행동 지향적인 과제를 부과함 3. 기술훈련: 주장훈련, 사회적 기술훈련 등의 기술훈련 개념을 지지함 4. 자극 통제: 대상자가 특정 종류의 자극을 어떻게 통제하는가를 보여주어 역기능적으로 행동할 가능성 줄임 5. 합리적 사고의 연습과 강화

기억보다는 장기 기억을 가지고 있는 치매 노인에게 특히 적합하다. 회상은 회상의 내용에 따라 아동기, 청소년기 및 성인기, 그리고 노년 및 미래의 전 생애 발달단계에 따라 진행되며, 신뢰감 및 라포(rapport) 형성에서부터 회상 및 회상 마무리 등의 심화과정에 따라 진행된다.

노인을 대상으로 한 원예치료 중 회상기법을 도입하여 회기를 구성하고, 프로그램을 계획하여 연구에 적용한 사례는 부록에 수록하였다.

2.3 실험설계 및 평가방법 선정

2.3.1 참여 대상자 및 참여 인원

원예치료는 사람을 대상으로 그들의 직업재활, 치료, 삶의 질적 향상을 목적으로 수행되므로, 원예치료의 계획시 인간의 존엄성 및 윤리적인 면을 고려한 인간적인 설계가 이루어져야 한다. 참여 대상자는 기관 또는 시설의 스태프와 원예치료사의 기준에 기초해서 선정되어야 하며, 본인의 의사를 통해 원예치료 프로그램에 참여할 수 있도록 해야 하고, 개인의 사정으로 인한 중도 탈락 등으로 실험 설계시 계획했던 자료의 예기치 못한 손실도 고려해야 한다. 또한, 개인정보 및 원예치료 효과검증을 위한 개개인의 자료는 사전에 대상자와 합의된 연구목적과 사용방법의 범위 내에서만 사용되어야 하며, 개인 또는 소속기관(시설)의 비밀에 속하는 사항이 보호될 수 있도록 철저히 관리해야 한다.[19)]

원예치료시 대상자의 수는 대상자의 상태 및 회복정도나 원예치료가 이루어지는 시설 등의 부대적인 것을 고려하여 정할 수 있다. 단순히 대상자의 회복과 건강을 위한 원예복지적 차원의 경우 인원은 크게 고려될 사항이 아닐 수 있으나, 원예치료를 통한 효과검증 등과 같이 결과를 일반화하고자 하는 경우에는 신뢰성을 갖는 통계결과와 이를 통한 자료의 일반화를 위해 대상자가 최소 25~30명 이상이 되어야 한다. 그러나 현실적으로 볼 때 어떤 시설에서도 그 정도의 대상자를 구하는 것은 매우 어려우며, 대부분은 겨우 10명 내외이다. 따라서 정확한 통계적 방법과 자료기술 방법을 선택하여 신뢰성이 높은 결과를 도출해야 된다. 이에 대하여 구체적인 사항은 제4장 '원예치료 연구방법론' 중 '통계분석'을 참고해 보면 된다.

2.3.2. 원예치료 기간

전문 프로그램을 개발할 때 또 다른 중요한 요소는 원예치료의 기간이다. 원예치료 초창기에는 원예치료 프로그램의 기간을 임의적으로 8주 이하의 단기형, 3~4개월의 중기형, 4개월 이상의 장기형으로 나누었다. 그러나 이러한

19) 통계법 시행령. 제15, 19, 20조.

분류는 비합리적이며 구체적인 타당성도 없다. 원예치료의 기간은 대상자의 장애 종류나 정도에 따라 또한 치료 특성에 맞게 정해져야 할 것이다. 적절한 치료기간의 산정을 위해서는 무엇보다도 그 대상자에 대한 다른 의료적 또는 대체의학적 접근법과 그러한 치료방법에 따른 효과에 대한 임상적 고찰이 먼저 이루어져야 한다. 물론 조작적 정의가 되겠지만, 어떤 치료방법으로 얼마 정도의 기간을 치료했을 때 어떤 결과를 얻었기 때문에, 그것에 준하여 원예치료의 특성을 고려할 때 이 정도의 기간이면 되겠다는 논리성이 부여되어야 한다는 것이다.

또한 단순히 원예치료의 전체적인 기간만 생각하기보다는 횟수(일주일 당 실시횟수)와 프로그램 시간을 함께 고려해야 한다. 지금까지의 임상 결과를 볼 때, 전문적인 원예치료는 신체적 재활이 목적인 경우 가능한 횟수를 늘이고 기간을 짧게 하는 것이 효과적인 반면(예, 주 5회 1~2개월), 정신·심리적 재활이 목적인 경우는 주당 실시횟수를 줄이더라도 기간을 길게 하는 것이 효과적인 것으로 보인다(예, 주 1~2회, 6개월).

2.3.3 실험설계 방법

원예치료에서 가장 흔하게 사용되는 실험설계 방법은 두 집단 사전사후측정 실험설계와 단일집단 반복실험설계(시계열 실험설계)이다. 두 집단 사전사후측정 실험설계의 경우, 원예치료를 실시한 후 치료효과를 검증하기 위해 실험집단과 통제집단을 둔다. 이 때 통제집단은 동일한 기간 동안 원예치료를 제외한 타 치료 또는 처리 없이 방치하여, 치료효과가 원예치료로 인한 것인지를 비교한다. 실험과정은 원예치료 전, 실험집단과 통제집단에서 검증하고자 하는 항목을 평가하여 실험 전 두 집단의 동질성 여부를 조사하고, 일정기간 실험집단에서 원예치료를 실시하며, 그 후 실험집단과 통제집단을 재평가하여 원예치료를 통한 치료효과를 검증하는 것이다(**그림 3-12**). 보다 구체적인 실험계획과 설계는 제4장 '원예치료 연구방법론'을 참고해 볼 수 있다.

연구대상, 즉 대상자가 매우 독특한 성격의 집단이어서 다수의 대상자를 모집 및 선정하기 어렵거나, 시설 및 기관의 특성으로 인해 일정 인원 이상의 대상자 확보가 어려워 실험집단과 통제집단으로 연구대상을 나눌 수 없는 경우,

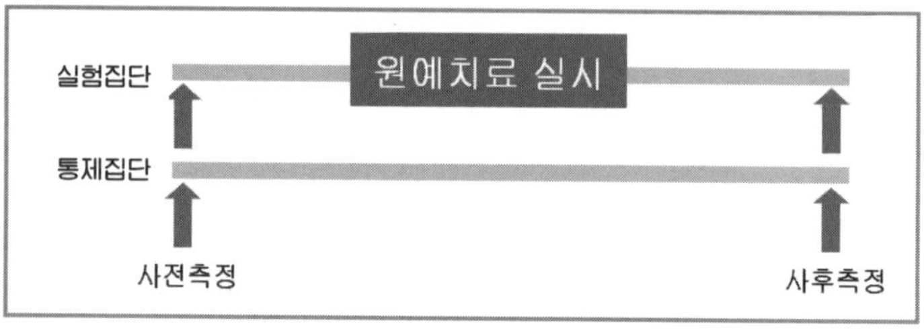

그림 3-12 두 집단 사전사후 측정 실험설계

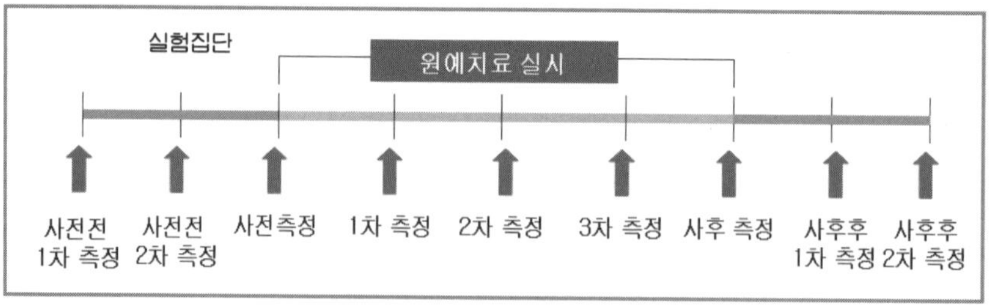

그림 3-13 단일집단 반복 실험설계

단일집단 반복 실험설계(시계열 실험설계)를 사용할 수 있다. 이 연구방법은 원예치료 실시 전과 후에 일정한 시간적 기간을 두고 정기적으로 몇 차례의 평가를 통해 결과를 측정하는 것이다(**그림** 3-13).

원예치료 실시 전의 사전측정을 통해 대상자들의 기초선(base line)을 잡고, 기초선이 안정된 상태에서 원예치료를 실시하며, 원예치료 실시 후의 평가를 통해 원예치료 효과의 지속성을 살펴볼 수 있다. 또한 원예치료 실시과정 속에서 여러 차례 평가를 통해 원예치료 기간 동안의 변화추이를 살펴볼 수 있다.

2.3.4 전문적 평가지 선정 및 측정

치료의 효과를 측정할 때, 결과를 수량화할 수 있는지 여부에 따라 비정량적 또는 정량적 효과 측정으로 나누어 볼 수 있다(표 3-24). 문제해결 능력이나 인지력 등의 행동 및 달성에 관한 영역과 불안 및 우울 등 감정에 관한 영역은 그 정도를 수치로 표현하기 어렵기 때문에 재활 및 정신의학, 심리학 등의 전문 분야에서 사용하는 전문 평가지 또는 설문지를 이용할 수 있다. 또한,

표 3-24 정량적 · 비정량적 효과 측정

비정량적 효과	정량적 효과
□ 행동적 영역(behavior), 달성(performance)에 관여된 요인 ▫ 문제해결 능력(problem solving skills) ▫ 창조성(creativity) ▫ 지각력(perception) ▫ 인지력(cognition) ▫ 지남력(orientation) ▫ 자기주장 및 대인관계 □ 감정(emotion)에 관여된 요인 ▫ 조급증(irritation) ▫ 강박증(obsession) ▫ 불안(anxiety), 우울(depression) ▫ 조증(mania)	□ 심리생리학적 영역(psychophysiology) ▫ 근전도(electromyography) ▫ 혈압(blood pressure) ▫ 심박동(heart rate) ▫ 피부전도도(skin conductance) ▫ 호흡(respiration) ▫ 내분비물질(endocrine) ▫ 면역물질(immunoglobins) ▫ Upper respiratory tract □ 운동학적 영역 ▫ ROM(range of motion) ▫ 손기능(hand function test) ▫ 기민성(dexterity) ▫ 일상생활동작(ADL) ▫ 감각 ▫ 협응력(coordination)
■ 자료수집방법 ▪ 설문(questionnaire) ▪ 심층 인터뷰(depth interview) ▪ 초점집단(focus group) 등을 활용	■ 자료수집방법 ▪ 도구를 이용한 측정 및 평가

혈압, 맥박 또는 관절운동범위 등은 의학적 측정도구를 통해 정확한 측정이 가능하다.

전문 평가지 검사는 조사목적에 맞는 유용한 자료를 수집하는 대표적인 방법이며, 특히 사회과학에서의 추상적 개념의 정량화에 이용된다. 평가지를 사용할 때 유의할 점은 첫째, 사용하고자 하는 신뢰도 및 타당도 평가가 이루어진 공신력 있는 평가지를 사용해야 한다는 점이다. 인구통계학적 자료나 원예에 대한 흥미 및 경험 유무 등을 묻는 설문지의 경우, 치료를 위한 기초 자료의 수집에 목적을 가지고 있으며 치료효과를 증명하는 데 사용되지 않고 대상자별로 필요한 문항이 다를 수 있으므로 치료사가 필요한 자료의 수집을 위해 직접 작성할 수 있다. 그러나 평가지의 경우에는 원예치료 실시에 따른 치료의 효과를 검증하는 것이 목적이므로 평가지 개발시 신뢰도와 타당도가 증명된 평가지를 사용해야 한다. 신뢰도나 타당도가 증명되지 않은 평가지를 사용한 경우, 평가지를 통해 측정된 치료효과에 관한 결과를 객관화하는 데 무리가 있다.

둘째, 평가지는 본래 개발된 의도대로 사용되어야 한다. 예를 들어 자아존중감을 평가하기 위해 개발된 4점 척도, 10문항의 자아존중감 척도의 경우, 내용이 어렵다고 판단되는 문항을 일부 제외시킨다든가, 평가 척도를 4점 척도가 아닌 3점 내지는 5점 척도로 변경시키는 등 평가지의 내용을 자신의 용도에 맞게 일부 변경시키는 것은 절대 안 된다. 평가지의 문항은 평가지를 개발하는 과정에서 평가 주제(예를 들면, 자아존중감)와 연관을 갖는 문항을 묶어 신뢰도와 타당도를 조사한 것이기 때문이다. 따라서 평가지를 선정하기 전에 평가지의 문항을 원예치료사가 직접 읽어보고, 이해가 어려운지 또는 문항이 갖는 의미가 명확한지 점검해야 한다.

셋째, 평가지를 작성하는 주체가 누구인지 살펴보아야 한다. 평가지는 대상자에 의해서만 작성되는 것이 아니라 경우에 따라 전문가만이 측정할 수 있는 평가지도 있기 때문이다. 예를 들면, 재활 관련 평가지 중 인지능력이나 관절의 가동범위 등을 측정하는 평가지는 재활과 의사 또는 작업치료사와 같은 전문가에 의해서만 측정이 가능하며, 정신과의 경우에도 일부 평가지는 전문가에 의해 평가가 가능하다. 따라서 평가지를 선정할 때에는 측정을 하는 주체가 누구인지 확인해야 한다. 또한, 노인용이나 어린이 및 청소년용 등의 연령별로 구분된 평가지 또는 정신지체 중도, 고도와 같이 발달단계별로 구분되어 있는 평가지도 있으므로, 평가지를 선정할 때부터 이러한 사항들을 고려해야 한다. 대상자에 따른 대표적인 평가지의 예는 표 3-25와 같다.

평가지 또는 설문지 등을 통해 원예치료의 효과를 수량화하는 방법 이외에도 원예치료 프로그램 시간 내 대상자의 활동모습을 관찰한다든지 대상자나 보호자 또는 스태프 등 주변인을 인터뷰하여 원예치료를 통한 변화 등을 인터뷰하는 방식으로의 질적 자료를 수집할 수 있다.

원예치료 대상자 치료목표에 적절한 평가지 및 측정도구를 선정하기 위해서는 '전문적 원예치료를 위한 평가도구 및 프로그램' 책을 참고하면 된다.

표 3-25 대상자별 대표적인 평가지의 예

대 상	적 용 검 사 지
정신과	간이 정신건강 진단지(SCL-90-R), 우울 측정지(BDI), PANSS(positive and negative syndrome scale: 정신분열증 양성음성 증후군 척도), 대인관계 척도, 자기주장 척도, 자아존중감 척도 등
재활과	MMSE, CCSE, 우울 측정지(SDS), NCSE(neurobehavioral cognitive status examination), 무력감 척도, MVPT(motor free visual perception test: 비운동성 시지각검사), FIM(functional independence measure), 일상생활 동작(ADL), 재활동기 등
노 인	MMSE-K, 노인 생활만족도 검사지, 우울 측정지(GDS; getiatric depression scale), 자아존중감 검사지, 우리성 검사지 등
포괄적	사회적 지지 측정지, 정서 지능 검사, 스마일 척도, 사회행동 척도

원예활동 수행능력 평가는 일반적으로 활동 중에 대상자의 기능 상태를 관찰하고 기록하는 방법으로 이루어진다. 현재까지 원예치료 과정에 있어서 이러한 회기별 수행능력에 관한 평가 부분은 수행평가 방법 중 관찰법에 의존해 왔는데, 원예치료 과정에서 대표적인 평가도구로 쓰이는 것은 '원예활동 평가표'(표 3-26)와 뉴욕대학 메디컬센터에서 사용하는 '원예치료 그룹 활동 평가표'(표 3-27), 그리고 한국원예치료협회에서 만든 '원예작업 활동 평가표'(표 3-28) 등이다.

한편, 최근에 국내에서 원예활동을 통해 향상될 수 있는 부분들을 민감하게 측정할 수 있고, 원예활동 내에서 단계적 치료효과에 대한 경과 및 추이를 볼 수 있는 '경도·중도 정신지체인을 위한 원예활동 수행능력 평가도구'(표 3-29)가 개발되었다.[20] 이 수행능력 평가도구는 신뢰도와 타당도가 검증된 최초의 원예치료 전용 평가도구이다.

20) 김남은. 2004. 輕度·中度 정신지체인을 위한 원예활동 수행능력 평가도구(HAPA)의 개발. 건국대학교 석사학위논문.

표 3-26 원예활동 평가표

○이 름: ________________ ○등록번호: ________________ ○평가자: ____________

○성 별: 남 · 여 ○연 령: ________세 ○증 세: ____________

변	인	월/일	/	/	/	/	/	/	/
참여성	거절 참관만 한다 설득 자발적이다								
관심 및 조력성	없다 다른 사람 방해 관심만 있다 진행자를 도움								
언어 소통능력	없다 약간 있다 중간 정도 아주 좋음								
자아개념 및 주체성	없다 약간 있다 중간 정도 아주 좋음								
욕구-충동적 적응력	없다 약간 있다 중간 정도 아주 좋음								
대인관계 능력	없다 약간 있다 중간 정도 아주 좋음								
인지 및 문제 해결 능력	없다 약간 있다 중간 정도 아주 좋음								
운동지각 능력	없다 약간 있다 중간 정도 아주 좋음								
숙련도와 직업적응력	없다 약간 있다 중간 정도 아주 좋음								

표 3-27 원예치료 그룹 활동 평가표(뉴욕대학 메디컬센터)

이름: ______________ 나이: ________________

번호: ________________________________

진단: ________________________________

장애: ________________________________

치료자: ______________________________

평가점

5: 혼자서

4: 일부 조수의 도움 포함

3: 최소의 도움으로

2: 적절한 도움으로

1: 최대한의 도움으로

N/A: 해당 없음

치료목표:

이동성(기동성)

	5	4	3	2	1	N/A
원예치료 모임에 자력으로 온다.						
원예치료 모임에 시간에 맞춰 온다.						
온실 내에서 자유롭게 활동할 수 있다.						

신체적 · 지각적 능력

원예작업을 행하는 것은: 양손						
왼손						
오른손						
작업중에 도구를 쥐고 놓을 수 있다.						
도구를 다룰 수 있다.						
식물 또는 그 외의 재료를 다룰 수 있다.						
포트에 흙을 적당히 채울 수 있다.						
식물을 수직으로 심을 수 있다.						
삽목을 위해 가위를 적절하게 위치시킬 수 있다.						
가지가 무성한 식물로부터 삽목에 적당한 가지를 선택한다.						
포트 전체에 삽수를 일정한 간격으로 심을 수 있다.						
식물을 가지고 작업시: 앞에서						
머리 위에서						
옆에서						
식물에 줄 수 있는 물의 양은: 500mL 통						
1500mL 통						
식물에 물을 정확히 줄 수 있다.						
개수대에서 손 또는 손톱을 씻을 수 있다.						
원예작업이 완료될 때까지 참을 수 있다.						
비치된 식물로 작업할 수 있다.(지름 6인치 이상 화분)						
원예작업을 제대로 완료할 수 있다.						
작업대 위에서 작업에 필요한 모든 재료를 찾을 수 있다.						
작업중 신체상의 문제/아픔을 조절할 수 있다.						

쓰기 능력

식물의 이름표에 자신의 이름을 쓴다						
이름표에 날짜를 쓴다.						
이름표에 식물의 이름을 쓴다.						
손으로 쓴 문자를 읽을 수 있다.						

(표 3-27 계속)

출석: 월 화 수 목 금

사회적 교류

청각장애에 의한 사회적 교류를 제한한다.						
외국어에 의한 사회적 교류를 제한한다.						
실어증에 의한 사회적 교류를 제한한다.						
스스로 치료자와 접촉한다.						
한번 접촉하면 커뮤니케이션을 헛수고로 한다.						
동료와 커뮤니케이션을 한다.						
타인과 적당한 커뮤니케이션을 한다.						
그룹에 쉽게 융화된다.						
질문에 정확히 그리고 적절히 답한다.						
상대가 알기 쉽게 이야기할 수 있다.						
신체 상태에 대하여 구체적으로 서로 이야기할 수 있다.						

인지 능력

지시자 또는 서면에 의한 지시에 따르는 것은: 1개의 지시						
2개의 지시						
그 이상						
실시명령에 따라 지시에 따르는 것은: 1개의 지시						
2개의 지시						
그 이상						
작업 중의 순서를 기억할 수 있다.						
작업에 집중할 수 있다.						
치료수업에 1시간 동안 주의력을 유지할 수 있다.						
하나의 작업으로부터 전혀 다른 작업으로 옮길 수 있다.						
작업을 정확히 완료하기 위하여 행동을 조절할 수 있다.						
안전하게 주의를 따른다.						
원예의 기본적인 개념을 이해한다.						
원예치료의 목적을 이해한다.						
시간적인 계획에 따를 수 있다.						
계절·날씨·장소를 알고 있다.						
작업중에 생기는 문제를 해결할 수 있다.						

감정상태

새로운 작업을 시험해 볼 의욕이 있다.						
필요할 때 도움을 청한다.						
지금까지의 원예 작업에 자신을 가지고 있다.						
어려운 작업을 견딘다.						
작업중에 감정을 조절할 수 있다.						

작업적 관심

번식을 위한 자신의 식물을 선택한다.						
식물재배법을 배우는 것에 흥미를 나타낸다.						
치료중 번식시킨 자신의 식물을 관리한다.						
식물을 집에 가지고 가는 것을 즐겁게 여긴다.						
자유시간에 적어도 주 3회 온실을 찾아간다.						

현재 상태:

치료계획:

원예치료사 ____________________

표 3-28 원예작업 활동 평가표

200공 플러그 판의 묘를 72공 플러그 판으로 이식하기

준비물: 피트모스, 펄라이트, 물, 종이컵, 연결포트(200공, 72공), 식물(연결포트 200공에 파종된 초장 2.5㎝, 본엽 2~3엽의 묘)

진행과정:

1. 용토 만들기
   ① 종이컵으로 피트모스와 펄라이트를 3대1(3컵 : 1컵)로 덜어 용기에 넣고 혼합한다.
   ② 물을 1컵 넣는다.
   ③ 물과 용토를 잘 혼합한다.
2. 연결포트 72공에 용토를 넣는다.
3. 검지 손가락으로 뚫는다.
4. 묘를 이식한다.
5. 준비된 물(3컵)을 준다.

번호	질 문	2	1	0
1	흙 만지는 반응	좋아한다	보통이다	싫어한다
2	개량하는 정도	정확하다	보통이다	부정확하다
3	혼합하는 정도	잘섞는다	보통이다	잘 못 섞는다
4	연결포트에 용토 배분 정도	잘한다	보통이다	못한다
5	편평한 정도	편평하다	보통이다	울퉁불퉁하다
6	협응력(중심을 잘 잡는가)	좋다	보통이다	못한다
7	손가락 힘 조절	강하다	보통이다	약하다
8	육묘 빼는 기능	좋다	보통이다	안 된다
9	협응력(식물잡기)	좋다	보통이다	안 된다
10	육묘 잡는 힘의 조절	좋다	보통이다	안 된다
11	구멍에 넣기	좋다	보통이다	안 된다
12	협응력(흙덮기)	좋다	보통이다	안 된다
13	마무리 관찰 여부	좋다	보통이다	안 된다
14	힘 조절 능력	좋다	보통이다	안 된다
15	관수 여부	좋다	보통이다	안 된다
16	물 빠짐에 대한 고려	좋다	보통이다	안 된다

평가방법: 작업의 숙련도와 능률성 두 가지 항목을 평가한다.

- 숙련도: 작업 내용을 위 3단계의 척도로 평가하며, 점수가 높을수록 숙련도가 좋은 것이다.
- 능률성: 작업의 속도를 초단위로 평가하며, 속도가 빠를수록 능률성이 좋은 것이다.

한국원예치료협회 제공

표 3-29 경도(輕度)·중도(中度) 정신지체인을 위한 원예활동 수행능력 평가도구

1) 인지 영역

항목	번호	문항내용	매우 그렇다	그런 편이다	보통이다	그렇지 않은 편이다	전혀 그렇지 않다
			5	4	3	2	1
단기기억	1	대상자는 활동 도입부에 과거 경험이나 사건[21]에 대해 이야기한다.(예, 활동 도입부에 활동과 관계된 대상자의 과거의 경험에 대해 이야기 하는 경우)					
	2	치료사와 지난 시간의 활동 내용(만든 작품이나 식물)에 대해 이야기한다.					
	3	식물이나 재료를 관찰하고 관찰내용에 대해 이야기한다.					
	4	오늘 했던 활동과 관련된 이전 활동에 대해 기억한다. (예, 흙반죽하기, 꽃 다듬기, 물주기 등 활동 때 주로 반복되는 활동)					
	5	오늘 했던 활동과 관련된 이전 활동에 대해 기억한다.(예, 흙반죽하기, 꽃다듬기, 물주기 등 활동 때 주로 반복되는 활동)					
주의집중	6	활동 중에 치료사가 말을 할 때는 치료사에게 시선[22]을 집중한다.					
	7	치료사가 특정 소재(예, 꽃이나 과일 등)를 들고 설명을 할 때, 소재에 시선[23]을 집중한다.					
	8	주어진 활동 시간 중 연속적으로 5~10분 정도[24]는 활동에 집중한다.					
	9	활동 중 조심히 다루어야 할 도구(예, 가위나 칼, 글루건, 호미, 삽 등 다치기 쉬운 도구)를 사용할 때는 주의를 기울일 줄 안다.[25]					
수개념	10	치료사가 지시하는 횟수만큼 흙이나 물을 용기에 담는다.					
	11	식물의 개수나 재료의 개수를 한 개에서 열 개까지 세는 것이 가능하다.					
	12	치료사가 지시한 길이(예, 손가락 길이, 손 뼘)만큼 자른다.					
사고력	13	작품 안에 자신의 생각을 독특하게 표현한다.					
	14	치료사가 제시해 주는 단서[26]로 작품에 대한 새로운 구상을 한다.					
의사결정능력	15	식물이나 재료를 놓거나 배치할 때, 자신이 원하는 위치에 놓는다.					
	16	활동 시작 전에 자신이 앉고 싶은 자리를 스스로 정한다.					
	17	식물이나 재료(색, 모양, 형태 등)를 선택할 때 스스로 의사결정을 한다.					
문제해결능력	18	활동 중에 발생하는 문제에 대해 치료사의 조언이나 지시가 있은 후 스스로 문제를 해결한다.[27]					
	19	활동 중에 혼자서 해결할 수 없는 문제가 발생하면 상황을 인지하고[28] 대처한다.(예, 활동에 대한 어려움 혹은 재료를 떨어트리거나 깨트렸을 경우, 한쪽을 잡거나 붙들어주어야 할 경우)					

21) 최근~1년 사이에 일어난 사건을 기준으로 평가한다.

22) 치료사와 눈을 맞추고 집중하는지 평가한다.

23) 치료사가 들고 있는 소재에 시선이 집중되고 있는지 평가한다.

24) 전혀 집중하지 못하는 경우: 1점, 1~2분 정도 연속적으로 집중하는 경우: 2점, 3~5분 정도 연속적으로 집중하는 경우: 3점, 5~10분 정도 연속적으로 집중하는 경우: 4점, 10분 이상 연속적으로 집중하는 경우: 5점

25) 치료사의 언어적 지시가 있어도 도구의 위험성을 전혀 인지하지 못하고 주의를 기울이지 못하는 경우: 1점, 치료사의 언어적 지시가 있은 후 도구의 위험성을 약간 인지하지만, 주의를 기울이지 못하는 경우: 2점, 치료사의 언어적 지시가 있은 후 도구의 위험성을 인지하지만 완전히 주의를 기울이지 못하는 경우: 3점, 도구의 위험성을 스스로 인지하지만 주의를 기울이지 못하는 경우: 4점, 스스로 도구의 위험성을 인지하고 주의를 기울이는 경우: 5점

26) 치료사가 대상자의 사고능력을 평가하고자 하는 문항이다. 치료사가 대상자에게 제시해 줄 수 있는 최소의 단서나 형식만 제시해 준다고 가정하고, 대상자가 스스로 작품을 구상할 수 있는지 평가한다.

작품에 대한 치료사의 구체적인 단서(실제로 보여줌)가 있어도 작품을 구상하지 못한다: 1점, 치료사의 구체적인 단서(실제로 보여줌)대로만 작품을 구상한다: 2점, 치료사의 구체적인 언어적 예시가 있은 후 그와 유사하게 작품을 구상한다: 3점, 치료사의 약간의 언어적인 예시가 있은 후 작품을 구상한다: 4점, 치료사의 어떤 단서가 없이도 작품을 구상한다: 5점

27) 치료사나 보조치료사의 완전한 도움이 필요하며 함께 수행하면: 1점, 치료사나 보조치료사의 도움이 절반 이상 필요하며 함께 수행하는 경우: 2점, 치료사나 보조치료사의 약간의 활동적 개입이 있은 후 혼자서 가능하면: 3점, 약간의 언어적 지시가 있은 후 혼자서 가능하면: 4점, 약간의 언어적 지시가 있은 후 혼자서 가능하면: 5점

28) 대상자가 문제의 상황을 인지하는지 여부를 판단하고, 그 상황에 대한 대처방법을 생각하고 수행할 수 있는지 평가한다. 문제 상황과 자신의 상황을 아예 인지하지 못하는 경우: 1점, 문제 상황과 자신의 상황을 인지하는 데 어려움을 느끼지만 치료사의 개입이 있으면 인지가 가능한 경우: 2점, 문제 상황을 인지하지만 치료사에게 도움을 요청하지 못하는 경우: 3점, 문제 상황을 인지하고 치료사에게 도움을 요청하는 경우: 4점, 문제 상황을 인지하고 자신이 스스로 문제 상황에 대해 대처하는 경우: 5점

(표 3-29 계속)

2) 지각운동 영역

항목	번호	문항내용	매우 그렇다	그런 편이다	보통이다	그렇지 않은 편이다	전혀 그렇지 않다
			5	4	3	2	1
공간지각	1	화분이나 용기에 식물을 심은 뒤 흙이 모자란 부분에 흙을 채워 넣을 수 있다.					
	2	오아시스에 꽃을 꽂을 때, 빈 공간을 찾아 꽃을 꽂을 수 있다.					
	3	화분 안에 치료사가 지시하는 양만큼 흙을 채울 수 있다.					
	4	끈(철사 또는 노끈 등 끈 종류)으로 매듭(간단히 묶는 정도)[29]을 지을 수 있다.					
	5	종자 파종 때 치료사가 지시한 간격으로 심을 수 있다.(예, 다른 프로그램 예로 치료사가 지시한 길이만큼 꽃의 줄기 끝을 자를 수 있다.)					
	6	식물을 화분(다른 것도 가능)에서 빼내고 다른 화분(다른 것도 가능)에 옮겨 심을 수(넣을 수) 있다.[30]					
	7	모종삽으로 일정량의 흙을 퍼서 90% 이상 흘리지 않고 화분에 담을 수 있다.					
	8	치료사가 지시한 삽상의 중앙 부근에 삽수를 꽂을 수 있다.					
소근육 운동 능력	9	1L 가량의 물이 담긴 물뿌리개를 들고 식물에 물을 줄 수 있다.					
	10	300mL 가량(소형 분무기에 물이 가득 든 상태)의 물이 든 분무기를 쥐고 물을 뿌릴 때, 10회 이상 반복적으로 쥐었다 폈다를 할 수 있다.[31](빈도수 기준)					
	11	가위로 재료나 식물 등을 자를 수 있다.					
	12	가위로 식물이나 재료[32]를 자를 때 한 번에 자를 수 있다.					
협응력	13	종이 위에 연필로 글씨를 쓰거나 그림을 그릴 때 떨림 없이 쓰거나 그릴 수 있다.					
	14	치료사가 지시하는 라벨(다른 것도 가능) 위치에 글자나 숫자(쓰기 불가능한 사람은 그림)를 적어 넣을 수 있다.					
	15	가위로 부직포(타 재료도 가능) 위의 정해진 선을 따라 자를 수 있다.					
	16	다양한 색의 재료나 소재 중에서 치료사가 요구하는 재료나 소재를 손으로 골라낼 수 있다.					
시각 및 후각에 대한 지각반응	17	꽃이나 식물들을 보고, 코를 가까이 대었을 때 향기에 대한 반응이 있다.					
	18	오아시스(또는 상토)에 물이 닿았을 때, 색의 변화를 시각적으로 인지한다.					
	19	화분이나 용기(container) 안에 다양한 크기의 식물이 식재되어 있을 때, 가장 큰 식물, 중간 식물, 가장 작은 식물을 구별할 줄 안다.[33]					
근지구력	20	실내활동 때 30분 정도 앉아서 활동하는 것이 가능하다.[34]					
	21	실외활동 때 30분 정도 서서 활동하는 것이 가능하다.[35]					
촉각에 대한 지각반응	22	식물의 잎 또는 다른 재료들(나무껍질처럼 거칠한 것, 부드러운 털소재, 뾰족한 장미의 가시 등 다양하게 촉감을 자극할 수 있는 소재들)을 만졌을 때, 촉감에 대한 반응이 있다					
	23	흙과 물을 섞을 때, 물이 피부에 닿는 것에 대한 반응이 있다.					

29) 예를 들어, 칼라타이(=식빵 묶는 철사류)를 이용하여 한쪽 방향으로 돌린 후 꼬아서 매듭짓는 정도

30) 한 곳에서 다른 곳으로 옮겨 놓거나 넣을 수 있는지 평가한다.

31) 2회 이하: 1점, 3~5회: 2점, 6~10회: 3점, 11~15회: 4점, 16~20회 이상: 5점

32) 치료사의 도움 없이 식물의 잎이나 얇은 줄기 정도의 두께를 자르는 것을 시도할 수 없을 정도: 1점, 치료사의 도움 없이 식물의 잎이나 얇은 줄기 정도의 두께를 자르는 것을 시도하지만 자를 수 없으면: 2점, 치료사의 도움 없이 식물의 잎이나 얇은 줄기 정도의 두께를 자르는 것이 가능하면: 3점, 치료사의 도움 없이 줄기가 두꺼운 식물(예, 장미 줄기 절단면 0.5cm 내외 기준)을 자르는 것이 가능하면: 4점, 치료사의 도움 없이 줄기가 두꺼운 식물(예, 장미 줄기 절단면 0.5cm 이상의 두께) 또는 소재의 종류와 두께에 상관없이 자르는 것이 가능하면: 5점

33) 구별이나 인지가 가능한지에 대한 평가는 치료사의 질문에 대한 대답이나 대상자의 자발적인 언어적 표현을 통해 평가할 수 있다.

34) 15분 이하: 1점, 15~20분: 2점, 20~30분: 3점, 30~45분: 4점, 45~60분: 5점

35) 20번 문항과 동일한 기준 적용

(표 3-29 계속)

3) 사회기술 상호작용 영역

항목	번호	문 항 내 용	매우 그렇다	그런 편이다	보통이다	그렇지 않은 편이다	전혀 그렇지 않다
			5	4	3	2	1
대상자간의 상호작용	1	활동이 끝나지 않은 다른 대상자를 돕는다.					
	2	조를 편성하여 이루어지는 활동에 대해 다른 대상자와 함께 끝까지 최선을 다한다.					
	3	활동 중에 다른 대상자에게 자신의 물건이나 재료를 빌려주거나 함께 쓴다.					
	4	옆 사람과 협의하여 이루어지는 활동에 대해 다툼 없이 의견을 조율한다.					
	5	대상자와 대상자 간의 의사소통[36](verbal or nonverbal communication)이 있다.					
	6	대상자와 대상자 간의 눈맞춤이 있다.					
대상자와 치료사간의 상호작용	7	치료사와 대상자 간의 의사소통[37](verbal or nonverbal communication)이 있다.					
	8	프로그램의 시작과 끝에 스스로 치료사와 인사를 한다.					
	9	대상자는 치료사에게 자신의 경험담을 이야기한다.[38]					
	10	대상자는 치료사의 질문내용에 대해 응답한다.[39]					
	11	프로그램 각 단계마다 치료사와 눈을 맞추어가면서 활동에 임한다.					
친밀감	12	다른 대상자의 신체적 접촉(손잡기, 어깨 두드려주기 등)에 대해 긍정적[40]으로 반응한다.					
	13	치료사의 신체적 접촉(손잡기, 어깨 두드려주기 등)에 대해 긍정적으로 반응한다.[41]					

36) 의사소통 방법은 언어적・비언어적 방법 모두 가능하다고 가정하고, 대상자간의 의사소통 정도와 대상자 간의 친밀도(rapport)를 관련지어 평가한다. 프로그램 전반에 걸쳐 대상자 간의 의사소통이 거의 없다: 1점, 프로그램 전반에 걸쳐 대상자 간의 약간의 의사소통이 있다: 2점, 프로그램 전반에 걸쳐 Cliemt 간의 어느 정도 의사소통이 있다: 3점, 프로그램 전반에 걸쳐 대상자 간의 의사소통이 원활한 편이다: 4점, 프로그램 전반에 걸쳐 대상자 간의 의사소통이 매우 활발하다: 5점

37) 의사소통 방법은 언어적・비언어적 방법 모두 가능하다고 가정하고, 대상자와의 의사소통 정도를 기준으로 평가하며, 치료사와의 친밀도(rapport)나 대상자의 참여성(예, 자신의 작품 의도나 감정에 대해 표현하는지 연관)과 관련지어 평가한다.
프로그램 전반에 걸쳐 치료사와 의사소통이 거의 없다: 1점, 프로그램 전반에 걸쳐 치료사와 약간의 의사소통이 있다: 2점, 프로그램 전반에 걸쳐 치료사와 어느 정도 의사소통이 있다: 3점, 프로그램 전반에 걸쳐 치료사와 의사소통이 원활한 편이다: 4점, 프로그램 전반에 걸쳐 치료사와 의사소통이 매우 활발하다: 5점

38) 치료사의 경험담에 대한 질문에 대답하지 않으면: 1점, 치료사의 경험담에 대한 질문에 짧은 대답(경험 여부에 대한 단편적 대답: 예, 아니오)만 하면: 2점, 치료사의 경험담에 대한 질문에 대해 간단하게 이야기하면: 3점, 치료사의 경험담에 대한 질문에 구체적으로 이야기하면: 4점, 치료사의 질문 없이도 구체적으로 이야기하면: 5점

39) 대상자와 치료사 간의 의사소통에 있어 정확도에 관해 묻는 문항이다.
치료사의 질문 내용에 대해 대상자가 대답이 전혀 적절치 않으면(100% 맞지 않음): 1점, 약간 비슷하지만 거의 적절하지 않으면(80% 이상 맞지 않음): 2점, 어느 정도 비슷하면: 3점(50% 정도 맞음), 거의 적절하다면: 4점(80% 이상 맞음), 적절하다면: 5점

40) 다른 대상자의 신체적 접촉에 대해 강한 거부감을 보인다면: 1점, 다른 대상자의 신체적 접촉에 대해 약간의 거부감을 보이며, 대상자의 동기 유발이나 참여도에 영향을 주지 않는다면: 2점, 다른 대상자의 신체적 접촉에 대해 거부감을 보이지 않으며, 대상자의 동기 유발이나 참여도에도 별다른 영향을 주지 않는다면: 3점, 다른 대상자의 신체적 접촉에 대해 거부감을 보이지 않으며, 다른 대상자의 신체적 접촉에 대해 동기 유발이나 참여도에 약간의 긍정적인 영향을 준다면: 4점, 다른 대상자의 신체적 접촉에 대해 거부감을 보이지 않으며, 대상자의 동기 유발이나 참여도에 아주 긍정적으로 영향을 준다면: 5점

41) 12번 문항과 동일한 기준 적용

(표 3-29 계속)

4) 심리행동 영역

항목	번호	문항 내용	매우 그렇다	그런 편이다	보통 이다	그렇지 않은 편이다	전혀 그렇지 않다
			5	4	3	2	1
흥미와 관심	1	치료사에게 식물이나 재료와 관련된 궁금한 사항에 대해 질문한다.					
	2	치료사의 질문에 대해 손을 들고 발표한다.					
	3	활동중에 동료와 대화나 교류를 가지면서 활동에 참가한다.					
	4	대상자 자신의 작품명이나 작품의 의도에 대해 이야기한다.					
	5	활동 시작 전에 식물이나 재료들에 대해 관심을 나타낸다.					
문제행동	6	둘이 함께 쓰는 물건에 대해 다른 대상자가 다 쓸 때까지 기다리지 못한다.					
	7	재료를 나누어 주거나 분배해 주는 집단적 상황에서 차례를 기다리지 못한다.					
	8	활동중에 다른 대상자를 건드리거나 치근덕거린다.					
	9	활동중에 다른 대상자의 작품에 대해 불평을 갖거나 훼방을 놓는다.					
	10	활동중에 자신의 요구사항을 울음이나 과격행동(예, 던지거나 깨거나 또는 쏟거나 찢기 등)으로 표현한다.					
참여성	11	활동중에 엎드려 있다.					
	12	활동중에 지속적으로 피로함을 호소한다.					
	13	활동시간 내에 졸거나 무관심한 모습을 보인다.					
	14	활동중에 멍하게 앉아 있다.					
자신감	15	활동중에 자기 뜻대로 작업이 진행되지 않으면 자신에 대해 실망한다. (예, '나는 맨날 왜 이럴까', '나는 원래 그래' 등)					
	16	활동 과정중이나 활동 후 자신의 작품에 대해 자신 없어 하거나 비관적인 말을 한다.					
	17	새로운 원예 활동에 대해서는 시도하지 못하거나 방어하는 행동을 보인다.					
민감성	18	활동중에 다른 대상자에 의해 쉽게 기분이 상한다.					
	19	치료사의 칭찬이나 꾸지람에 쉽게 반응한다.					
	20	부적절한 말이나 행동으로 다른 대상자의 기분을 상하게 한다.					
의존성	21	활동 때 다른 대상자의 작품 모양이나 결정을 모방한다.					
	22	활동의 난이도와 관계없이 무조건적으로 체념하는 행동을 보이거나 치료사나 보조치료사에게 도움을 요청한다.(예, "나 못해!", "선생님이 도와주세요.")					
	23	활동 때 치료사나 보조치료사에게 지나치게 의지한다.					
정서불안	24	활동이 끝날 때까지 장소를 이탈하지 않고 프로그램에 참여한다.					
	25	활동중에 활동 장소에서 이탈한다.					
위축	26	활동중에 얼굴에 미소나 웃음이 없다.					
	27	활동중에 얼굴 표정이 밝지 않으며, 기죽어 있다.					
욕구불만	28	활동중에 이유 없이 짜증을 낸다.					
	29	활동에 대한 치료사의 지시에 불평한다.					

3. 실행단계

실행단계는 원예치료 프로그램을 실시하는 과정으로, 원예치료사가 치료 목적 및 목표에 부합되는 의도적인 원예치료 프로그램을 실시하며, 매 회기별로 프로그램 실시 후와 전체 원예치료 기간의 중간에 원예치료의 진행사항을 파악하고 점검하며 필요시 대안을 마련하고, 전문 검사지나 측정도구 그리고 원예치료 평가표 등을 이용하여 원예치료의 효과성을 측정하는 단계이다(**그림** 3-14).

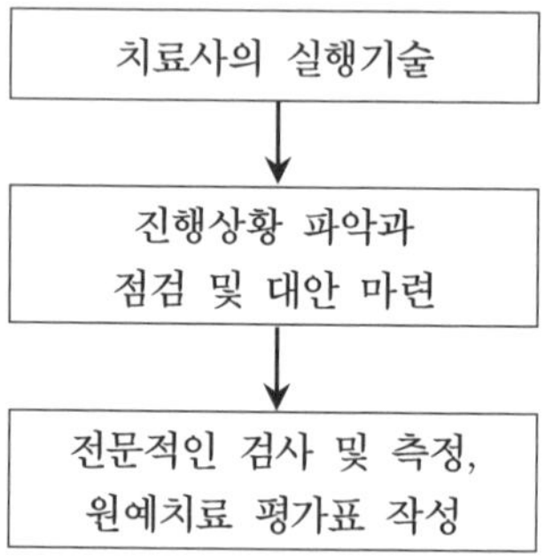

그림 3-14 원예치료 실행단계

3.1 치료사의 실행기술

대상자에 대한 목적 지향적이고 단계적이며 보다 전문화된 원예치료를 위해서는 프로그램이 확립되었을지라도 치료의 목적에 맞게 프로그램을 운영하고 치료의도를 극대화시키는 원예치료사의 자질이 무엇보다도 중요하다.

치료사의 실행기술 중 가장 중요한 것은 대상자의 협력을 최대한으로 이끌어 내어 치료사가 계획하고 의도한 치료효과를 극대화시키는 것이다. 이를 위해서는 우선 대상자의 관심과 요구를 정확히 파악하여 치료에 대한 동기를 부여하며, 치료의 목적이 지속적으로 유지되어야 하고, 치료기간 내 대상자의 행동 등을 잘 관찰하여 활동에 대한 결격사항이나 문제점을 정확히 파악해야 한다.

또한, 치료목적의 범위 내에서 대상자의 수준에 맞추어 적절하게 활동 내용을 수정할 수 있어야 하며, 의사소통 기술을 증대시켜 대상자와의 라포 형성을 원활히 하고, 대상자 - 치료사 간의 신뢰감 및 상호작용이 긍정적으로 이루어지도록 한다. 대상자 이외에 시설이나 기관의 직원이나 다른 스태프, 자원봉사자, 또는 가족의 협력을 유도하거나 그들과의 상호 협력관계를 갖는 것도 중요하다. 이외에 원예치료 프로그램 후 자료 관리에서 대상자 관련 자료 및 효과성 검증을 위한 평가지 등의 결과 자료는 개인적으로 열람할 수 없도록 하여 개인 자료를 보호하며, 식물 및 도구는 안전하고 편리하게 사용하고 관리할 수 있도록 해야 한다.

원예치료사는 대상자가 독립적으로 할 수 있는 능력을 최대한 활용할 수 있도록, 그리고 독립적인 활동의 범위를 증대시킬 수 있도록 돕는 역할을 한다. 따라서 오히려 대상자가 할 수 있는 능력을 대신해 준다든지, 또는 불가능한 범위의 일을 요구하여 대상자가 좌절하거나 포기하게 하는 경우는 피해야 한다.

치료사가 치료과정에서 개입하는 정도는 **표 3-30**에서 간략하게 볼 수 있다. ①에서 ⑥으로 숫자가 점점 커질수록, 대상자는 비독립적이며 치료사의 개입정도가 커진다. 간략히 설명하면, ①은 프로그램 참여시 보조도구는 불필요하며, 대상자 자신이 프로그램에 참여하도록 하고 치료사가 프로그램 내내 곁에 있지는 않아도 된다. ②는 대상자는 보조도구 등을 사용하면서 본인 의지대로 프로그램에 참여하고, 이 때 치료사가 프로그램 내내 곁에 있지는 않아도 된다. ③은 치료사가 직접 지도하는 것은 불필요하지만 정확하지 않은 부분을 구두로 지도하고, 프로그램 내내 곁에 있을 필요는 없다. ④는 대상자가 필요로 하는 경우 치료사의 구두 지시나 직접 지도가 필요하지만, 늘 대상자의 곁에 있을 필요는 없다. ⑤는 치료사가 늘 곁에 있으면서 구두 지시와 직접 지도를 하며, 대상자 스스로 하는 것을 돕는다. ⑥은 대상자가 전혀 활동할 수 없으므로 치료사가 모든 과정을 완전히 해야 하는 것이다. 이런 경우, 대상자에게 직접적인 원예치료보다는 식물 감상이나 산책 등의 간접적인 원예치료가 행해진다.

표 3-30 치료사의 개입 정도

개입 방법	치료사 도움	보조도구 필요 여부	구두 지시	직접 지도	독립이나 보조 정도
①	항상 필요하지는 않음	불필요	불필요	불필요	완전 독립
②	항상 필요하지는 않음	필요	불필요	불필요	완전 독립
③	항상 필요하지는 않음	필요 또는 불필요	필요	불필요	부분적 독립
④	항상 필요하지는 않음	필요 또는 불필요	필요	필요	부분적 독립
⑤	항상 필요함	필요 또는 불필요	필요	필요 또는 불필요	보조 필요
⑥	대상자가 전혀 하지 못하므로 치료자가 모두 도와주어야 함				전체 보조

출처: Modified from 吉長元孝 · 塩谷哲夫 · 近藤龍良. 1998. 園藝療法の すすめ. 株式會社 創森社. p. 141.

3.2 진행사항 파악과 점검 및 대안 마련

원예치료사는 원예치료를 실시하는 동안 원예치료에 참여하는 치료 대상자의 기능상황이나 활동상태, 호전 여부 등을 파악해야 하며, 프로그램이 치료사의 치료목적과 일관되게 진행되고 있는지 확인해야 한다. 치료 대상자의 활동상황이나 기능상황의 변화, 또는 보완하거나 보충해야 할 점 등은 매 회기 원예치료실시 후 원예치료사, 보조치료사, 그리고 스태프의 피드백 결과를 통해 조사할 수 있다. 매 회기의 피드백 정리를 통해 매 프로그램시의 문제점이나 보완할 점, 개별 환자에게 부족했던 점이나 수정할 점 등을 알 수 있고, 개별 환자 평가의 기초 자료로 활용할 수 있으며, 추후 프로그램 지도 및 향상의 자료로도 활용할 수 있다.

특히 치료목표를 단계적으로 설정하였을 경우, 원활한 치료의 진행 및 세부 치료목표 달성 유무를 파악하기 위해 진행사항을 반드시 점검하는 것이 필요하며, 이러한 점검 과정은 대상자에게 적합한 원예치료 프로그램의 난이도 및 단계를 조절할 수 있는 계기를 마련해 준다. 그 밖에 원예치료 시설이나 장소, 사용도구 및 기타 준비물 등의 물리적 환경요인에 대한 점검이 필요하다.

3.3 평가 및 측정

원예치료에서 평가는 사전평가, 매회의 활동 후에 실시하는 수행평가, 일정 기간 후에 실시하는 사후평가 또는 종합평가가 있으며, 전문적인 훈련을 받은 원예치료사 혹은 제삼자에 의해서 가장 객관적인 방법으로 실시되고 있다.

사전평가는 초기 진단평가로서 대상자가 장애인일 경우 장애진단뿐만 아니라 장애 특성에 따른 치료서비스 제공의 기초 자료를 제시해 주며, 기초 기능면에서 현재 발달이나 기능 수준, 특정한 영역에서 발달 또는 기능 결함 여부, 갖고 있는 강점 또는 덜 손상받은 영역 그리고 제공될 치료 프로그램의 종류와 치료의 출발점을 확인하는 데 있어 중요한 의미를 갖는다.

매회 활동 후에 실시하는 수행평가는 대상자의 개별 활동에 대한 피드백을 제공하고, 프로그램 수정을 위한 참고자료를 제공해 준다. 이미 언급된 바와 같이 각 대상자에 대한 치료목표는 필수적으로 측정 및 평가가 가능하도록 설정해야 하며, 원예치료사는 대상자에게 적합한 치료목표를 세우고 이에 따른 원예치료를 실시한 후에, 각 회기별 치료목표에 대한 평가를 통하여 치료가 성공적으로 이루어졌는지 여부를 알 수 있어야 한다.

또한, 일정기간 후에 실시하는 사후평가 또는 종합평가는 치료 계획과정에서 설정된 평가방식에 따라 이루어지거나 각각의 활동 회기마다 이루어진 평가의 종합으로 이루어진다.

4. 평가단계

평가단계는 원예치료가 대상자에게 어떠한 영향을 미쳤으며, 특히 원예치료 실시 전 계획하였던 초기의 치료 목적 및 목표에 얼마나 접근하였는지를 평가하는 것이다. 이러한 평가단계는 목표달성 평가와 상황평가, 그리고 기술평가로 구분된다(**그림 3-15**).

목표달성평가	평가표 분석 면담
↓	
상황평가	실시장소, 시기 치료사와 대상자의 분위기 그룹원 간의 상호관계
↓	
기술평가	작업도구 평가 및 개발 작업내용 평가 및 개발 경제적 수지평가

그림 3-15 원예치료 평가단계

4.1 목표달성 평가

목표달성 평가는 실행단계에서의 전문적인 검사 및 측정에 작성되었거나 관찰된 자료의 분석으로 이루어진다. 대부분 검사지 및 전문도구를 통한 측정 결과는 수량화할 수 있으므로, 수집된 원예치료 전후 또는 중간과정 동안의 자료를 가지고 통계분석을 하여 그 결과를 보다 객관적이고 과학적으로 검토할 수 있다. 반면 인터뷰나 관찰을 통해 수집된 수량화시키기 어려운 자료는 코딩(coding) 작업으로 자료를 정리할 수 있다.

심리적 또는 신체적 효과성 검토 이외에도 원예치료에 대한 만족도 평가를 실시할 수 있다(표 3-31). 이로 인하여 원예치료뿐만 아니라 기관이나 시설 내 재활 또는 치료 프로그램 전체에 원예치료가 미치는 만족도를 함께 평가할 수 있다.

표 3-31 원예치료 만족도 평가의 예

환자명 ______________________________ 날짜 ________________

어떠한 이유로 본 병원(또는 시설)에 오셨습니까?

____

원예치료 프로그램에 참여하는 동안 느꼈던 감정을 가장 잘 표현한 답에 표시해 주십시오.

주의 깊게 읽고 답해 주시기 바랍니다.

1. 원예치료 프로그램에서 다른 사람들과 함께 일했던 기회는 나의 치료과정에 효과적이었다.
   매우 효과적　효과적　전혀 그렇지 않다　부정적　매우 부정적

2. 원예치료에 참여하는 것은 나의 기분에 영향을 미쳤다.
   매우 유쾌한　유쾌한　전혀 그렇지 않다　불쾌한　매우 불쾌한

3. 원예치료에 참여하는 것은 나의 고통(pain)이나 걱정의 정도에 영향을 미쳤다.
   매우 증가　약간 증가　전혀 그렇지 않다　약간 감소　매우 감소

4. 원예치료에 참여하는 것은 나의 활력 수준에 영향을 끼쳤다.
   매우 활력적　활력적　전혀 그렇지 않다　비활력적　매우 비활력적

5. 원예치료에 참여하는 것은 내 질병의 고통 또는 불편함을 경험하는 데 영향을 미쳤다.
   (신체적, 정신적 아픔이 없는 경우 해당 불가에 표시해 주십시오)
   매우 증가　약간 증가　전혀 그렇지 않다　약간 감소　매우 감소　해당 불가

6. 원예치료에 참여하는 것은 병원(또는 시설)내 재활프로그램 중 전반적인 만족도에 영향을 미쳤다.
   매우 긍정적　긍정적　전혀 그렇지 않다　부정적　매우 부정적

원예치료에 참여한 소감이나 건의사항, 개선할 점 등이 있으면 말씀해 주십시오.

____

____

출처: NYC (Rusk Institute) 원예치료 만족도 평가지.

4.2 상황평가

상황평가는 원예치료가 실시되는 장소와 시기, 원예치료 회기 중 치료사와 대상자의 상호관계와 대상자 간의 상호관계, 프로그램 분위기 등을 파악하고 이를 평가하는 것이다. 원예치료사는 이러한 원예치료 상황평가를 토대로 전문적인 원예치료를 위해 통제 가능한 주변 여건을 파악하고, 향후 개선을 위해서 이러한 자료를 활용할 수 있다.

4.3 기술평가

기술평가를 할 경우에는 원예치료 때 사용되었던 작업도구들을 평가하고, 특히 재활 환자나 노인 또는 아동의 경우 대상자의 특성을 고려한 별도의 작업도구들이 필요할 경우 이를 개발할 수 있도록 기존에 사용된 작업도구의 문제점과 개선점들이 평가된다. 또한 원예치료 프로그램 내 작업내용을 평가하고 개발하며, 기관이나 시설 등에서 원예치료가 실시되었을 때의 경제적 수지를 평가하여 원예치료의 질적 향상을 위한 자료로 활용한다.

결국, 전문적인 원예치료는 식물이 인간에게 미치는 다양한 영향을 바탕으로 원예가 주는 독특성이라는 씨줄과 의학적 치료라는 날줄을 원예치료사라는 전문가가 잘 짜 맞추어 원예활동이나 기존의 의학적 치료가 줄 수 없는 새로운 효과를 얻고자 하는 데 있다.

Chapter 04

원예치료 연구방법론

1. 과학적 연구방법의 진행절차

전문적인 원예치료 수행을 위해서는 과학적인 연구방법에 의한 실험설계와 통계적인 분석과 평가절차가 필요하다. 연구란 '과학적인 방법을 적용하여 어떤 의문에 대한 해답을 얻는 과정'이다. 여기서 말하는 과학적 방법(scientific method)이란 새로운 지식을 얻기 위해 경험적인 증거(empirical evidence)를 토대로 체계적으로 진행되는 것으로, 객관적이고(objective), 관찰 가능하며(observable), 확률적인(probabilistic) 방법을 사용하는 것을 말한다. 수행한 연구가 진실되어야 하고, 다른 연구자들로부터 검증을 받고, 객관성을 인정받아야 그 연구결과의 가치성이 입증되는 것이다. 연구의 객관성이란 행해진 어떤 연구가 다른 사람에 의해서 동일한 연구조건, 재료, 방법, 절차에 따라 행해졌을 때 동일한 결과가 나와야 한다는 것을 의미한다. 궁극적으로 이러한 연구과정의 결과는 연구논문의 형태로 다른 사람 혹은 다른 연구자들에게 알려질 것이다. 일반적으로 과학적 연구방법은 다음과 같이 체계적인 절차를 거치게 된다.

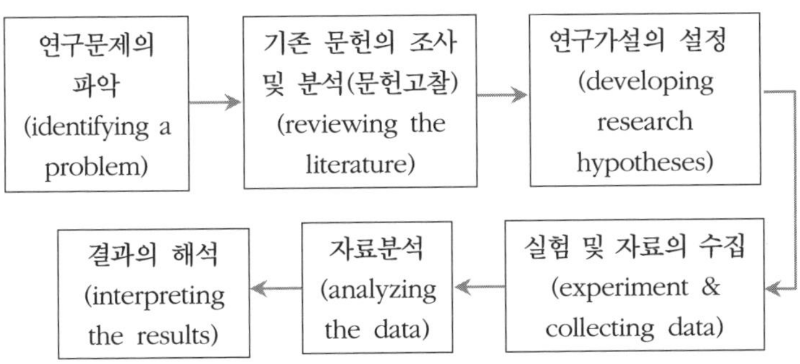

과학적인 방법으로 모든 의문에 대한 답을 얻을 수는 없지만, 과학이 규정한 범위 내에서 이러한 절차에 따라 연구를 진행시키고 검증받아야 한다. 일반적으로 연구결과는 과학적 연구방법론에 입각하여 기술되며, 그것은 초록(abstract) 혹은 프로시딩(proceeding)이라는 형태로 학회나 세미나에서 발표된다. 또한 일정한 양식을 갖춘 논문인 석박사 학위논문(학석사 논문: thesis, 박사학위논문: dissertation)으로 기술되거나 수정되어 학회지에 투고된 후 관련 전문가의 심사를 거쳐 출판된다. 이렇게 출판된 논문을 'research paper' 또는 'article'이라고 한다. 이 때 'article'은 논문이나 단신, 기사 등을 통칭하는 보다 넓은 뜻을 가지며, 원저(original article), 종설(review article), 사례보고(case report) 등으로 구분된다.

1.1 연구문제 파악

연구주제와 관련하여 문헌을 읽고 자료를 탐색하다 보면, 현재 본인의 지식이 어디에 와 있고 앞으로 어디로 나아가야 할지를 깨닫게 된다. 때로는 공들인 문제가 막다른 골목에 부딪힐 수도 있으나, 더 많은 지식을 쌓을 수도 있다. 연구는 단지 정보를 수집하고 보고하는 것만이 아니고 수집된 정보를 통하여 연구자가 가진 어떤 의문점을 해소하는 데 그 목적이 있다. 연구는 개인적 궁금증으로부터 시작되지만, 이런 궁금증은 자신뿐만 아니라 동질적인 구성원에게까지 시사점이 있는 것이어야 한다. 따라서 다음과 같은 구체적인 과정을 통하여 연구문제를 파악하고 선정하는 것이 바람직하다.

- 무엇에 대한 연구인가 → 연구주제
- 그것에 대하여 당신이 모르고 있는 것이 무엇인가 → 연구 질문
- 왜 그것을 알고자 하는가 → 연구의 정당화

① 넓은 관심 영역에서 특정의 관심사를 발견한다.

② 관심사를 좁혀 나가면서 연구주제로서의 가능성을 찾는다.

③ 주제에 대하여 다양한 시각에서 질문을 던진다.

④ 연구과제의 중요성을 정당화한다.

연구주제는 독특성이 있고 연구자에게 관심이 있는 것이어야 한다. 또한 연구자가 해결할 수 있는 지식과 기술이 있어야 하며, 연구문제가 해결 가능한 것이어야 한다. 한편, 연구수행에 필요한 연구비와 연구기간, 그리고 관련된 도구 및 인원, 현장시설 등도 고려해야 한다.

특별히, 원예치료는 인간을 대상으로 하기 때문에 연구 수행에 상당한 문제점들을 내포하고 있다. 예를 들면, 인간이기 때문에 개인차가 크고, 느낌・동기나 감정이 동일하지 않으며, 인간의 행동에 영향을 미치는 생각과 감정은 매순간 환경과 개인의 상호작용에 의해 영향을 받고 변화한다. 따라서 통제할 수 없는 변수들이 많고, 인간의 행동이나 감정을 정량화하는 것은 쉬운 문제가 아니다. 뿐만 아니라 힘든 증거수집 과정과 통계적 유의성을 나타낼 수 있는 일정 크기 이상의 집단을 구하기도 어렵고, 연구의 윤리성이 문제시되는 경우도 있다.

1.2 기존문헌의 조사 및 분석

문헌고찰은 연구 발전과 독특성 차원에서 필수적으로 수행해야 할 과정으로 이를 통해 선정된 연구주제에 대해서 다른 연구자들에 의해서 행해진 ① 연구결과 파악, ② 행해진 연구방법론 및 측정방법 파악, ③ 적용된 통계분석을 알 수 있다. 또한, 좋은 선행연구논문은 풍부한 문헌적 고찰을 제공하기 때문에 본인의 연구 서론에 중요한 역할을 하게 된다. 훌륭한 연구설정은 독특한 제목의 선정에만 있는 것이 아니라, 선행연구들을 심도 있게 분석하고 본인의 주제를 종합적으로 재검토하고 수정함으로써 얻어진다.

한편, 기존 문헌을 조사하다 보면, 본인의 연구가설에 상반되는 연구결과를 발견할 수도 있다. 이럴 경우, 매우 세심하게 비판적으로 검토하여, 연구모형이나 연구진행 방법의 문제점이나 차이점을 발견하여 지적하는 것도 필요하다. 그러나 그러한 점을 발견할 수 없어도 다양한 관점에서 상반된 연구결과를 기술해 줌으로써 연구결과의 불확실성에 대해 인지시킬 필요도 있다. 정보를 수집하고 정확하게 정리・보고할 수 있는 능력을 갖추는 것도 중요하지만 더 가치 있는 기술방식은 서로 상충하는 견해와 주장을 정리하고, 언뜻 보기에 전혀 양립하기 어려운 정보간의 관련성을 찾아 이제까지 생각하지 못하였던 독창적 시각에서 문제해결을 도출하는 것 또한 중요하다.

본인이 하고자 하는 원예치료의 연구 분야가 처음 시도하는 것이라 선행연구가 없을 수도 있다. 이럴 경우, 연구주제의 범위를 좀 더 확대하여 관련논문의 문헌연구를 실시하거나, 같은 범주의 연구가 아니더라도 개념적으로 연관된 연구(conceptually related study)를 찾아서 문헌고찰을 수행할 수 있다. 문헌자료는 일차(원저자) 및 이차자료(원저자가 아닌 다른 연구자가 인용한 내용)가 있는데 가능한 일차자료를 찾아 분석·기술하는 것이 좋다.

기존의 연구자료는 다음과 같은 항목에 준하여 분석하는 것이 바람직하다.

① 논문에 대한 인용을 자세히 기록한다.

먼저, 문헌의 서지학(도서를 연구대상으로 하는 학문) 정보를 모두 적어 놓는다. 저자, 제목(부제목도 함께), 편집자(여러 명이 있을 때는 모두 적을 것), 개정판 회수, 권, 출판장소, 출판사, 날짜, 학술지나 선집인 경우는 페이지, 책의 일부를 복사할 경우 첫 페이지와 그 뒷장에 있는 출판일자도 함께 복사하여 둔다. 마지막으로 도서관 청구번호도 기록한다. 인터넷 자료의 경우 발신자, 날짜, 전자주소 정보를 기록한다. 원자료에서 인용할 경우에는 요약과 풀어쓰기, 직접인용이 분명히 구별되도록 표시해야 한다. 원문의 일부를 직접 인용할 때는 반드시 따옴표를 사용한다.

② 논문에서 사용한 연구질문과 연구가설을 기록한다.

③ 연구대상에 대한 특징과 표본수를 기록한다.

④ 측정방법이나 측정도구에 대해서 기술한다.

⑤ 연구진행 방법(치료중재 모델)에 대해서 기술한다.

⑥ 연구가설과 이에 따른 연구결과에 대해서 기술한다.

⑦ 결과와 고찰 부분에서 참고할 중요한 내용을 기술한다.

⑧ 연구의 장점과 단점을 파악한다(논리적 취약점이나 잘못된 조사, 결과해석 등).

1.3 연구가설의 설정

연구제목이 정해진 다음에는 구체적인 연구목적을 설정한다. 연구목적은 변수(variable)들 사이에 어떤 연관성이 있는지를 통계적으로 검정하는 연구가설로 구성된다. 변수란 동질 개념을 가지는 두 개 이상의 서로 다른 값을 묶어 놓은 집합을 의미하는 것으로, 이러한 변수는 조작적 정의(operational definition)를 통해서 측정값으로 전환된다(**그림** 4-1). 이 때 조작적 정의는 대부분 연구자에 의해서 정의되어지며 변수가 어떻게 측정되어지는가에 대해서 설명하고 변수에 의미를 부여하는 과정이다. 연구가설은 변수에 대한 예측결과를 말하며, 비교연구가설과 관계연구가설로 구성된다.

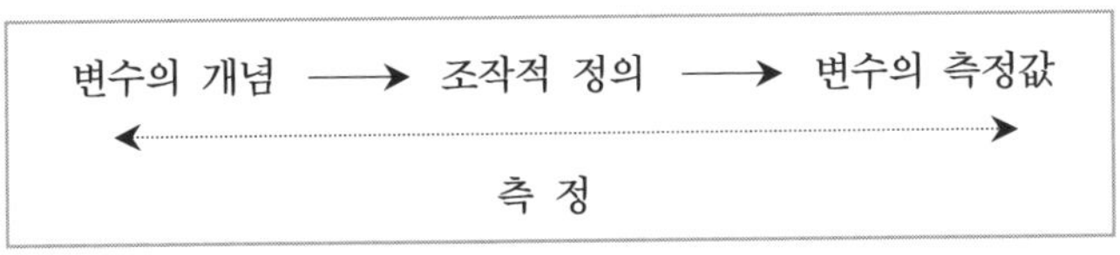

출처: 이충휘. 2002. 물리치료사와 작업치료사를 위한 연구방법론. 계축문화사.

그림 4-1 **조작적 정의의 이해**

원예치료의 제목이 '원예치료 프로그램의 종류가 어르신의 우울감소에 미치는 영향'이라고 생각해 보자. 각각 변수에 해당되는 프로그램의 종류(꽃꽂이, 압화, 식물 기르기, 수확하기 등)는 다양하게 나누어지고, 이러한 변수는 조작적 정의에 의해 수량화할 수 있는 측정값으로 전환되며, 통계적 검증을 통해 어떤 프로그램이 어르신의 우울감소에 가장 효과적인 것인지 밝힐 수 있을 것이다.

이 경우 측정(measurement)이란 일정한 규칙 하에서 변수(연구대상)의 특징을 수치나 기호로 할당하는 과정을 의미한다. 대부분의 변수는 직접 측정이 불가능한 추상적 개념일 수 있다. 한편, 한 변수가 다른 변수의 변화에 영향을 주는 여부에 따라 독립(independent)변수와 종속(dependent)변수로 나눈다. 실험군에서 연구자가 임의로 통제하는 변수를 독립변수라 하고, 이 독립변수에 의해서 영향을 받는 변수가 종속변수이다. 이러한 변수의 특징은 **표** 4-1과 같다.

표 4-1　독립변수와 종속변수의 특징

독 립 변 수	종 속 변 수
원인	결과(효과)
처치(treatment)	생리적 반응(physiological response)
x축(abscissa X)	y축(ordinate Y)
통제변인(controlled factors)	결과(outcome)
조작변수(manipulated variable)	측정변수(measured variable)

출처: 이군희. 2001. 사회과학 연구방법론. 법문사.

연구가설은 반드시 통계적 검정이 가능한 형태로 진술되어야 하며, 연구가설을 잘못 세우면 올바른 연구결과를 얻지 못한다. 대표적으로 잘못된 연구가설은 ① 비교대상의 모호성, ② 연구자가 임의로 부여한 기준, ③ 연구자의 주관적 가치가 연구가설에 반영된 경우이다.

또한 연구가설은 방향성 있는 연구가설(DH; directional hypthesis 혹은 단측가설: one-sided hypothesis)이나 방향성 없는 연구가설(NH; nondirectional hypothesis 혹은 양측가설: two-sided hypothesis))로 나누어지는데, 그것에 따라 통계적 검증방법을 달리해야 한다. 만약 문헌연구나 기존의 연구결과 등을 통해서 연구자가 설정한 가설을 사용할 수 있는 근거를 제공할 경우 이는 단측가설이 될 것이며, 이러한 예측이 불가능할 경우에는 양측가설이 될 것이다. 통계적으로 전자의 경우는 단측검정을 하게 되고, 후자의 경우는 양측검정을 하게 된다.

단측가설의 예를 들면, '원예치료 실시 후 활동자는 비활동자보다 자아존중감 점수가 높아질 것이다.'라고 가설을 세우고, 어떠한 방법이 더 좋게 나타날 것이라고 예측하여 결과에 대한 방향성을 제시해 줌으로써 두 변수가 서로 어떤 관계를 갖는지 구체적으로 주장하는 가설이다.

한편, 양측가설의 예를 들면, '원예치료 실시 후 활동자와 비활동자의 자아존중감 점수는 유의한 차이를 나타낼 것이다.'라고 세우고, 단순히 두 그룹간의 차이나 두 변수간의 연관성이 존재하는 것을 알아보는 가설이다.

1.4 실험 혹은 자료의 수집

연구문제의 해결에 가장 적합한 측정방법과 도구를 선정하고, 측정오차를 최소화하는 조건(특히, 신뢰도와 타당도를 확인)에서 자료를 수집한다. 예를 들어, 꽃꽂이 활동을 하면 상지의 관절가동범위가 증가된다고 할 때, 꽃꽂이 활동은 독립변수가 되고 관절가동범위는 종속변수가 된다.

측정에 의해서 측정대상이 구분되어지는 연속적인 체계(continum)를 척도(scale)라 하며, 측정에 대한 주요 척도는 네 가지로 구분된다(표 4-2).

표 4-2 측정의 주요 척도

명목척도 (normal scales)	 1번선수 3번선수 9번선수	대상을 구분하거나 분류할 목적으로 사용 **예**: 축구선수 등 번호, 전화번호, user type **분석방법**: 최빈값 → 경향을 알 수 있음
서열척도 (ordinal scales)	 1등(금메달) 2등(은메달) 3등(동메달)	측정대상자간의 순서를 밝히기 위해 사용하는 척도 (양적 비교 불가능) **예**: 선호도, 태도, 감정 우선순위, Likert scale, Rank scale **분석방법**: 중간값, 비모수 통계분석
등간척도 (interval scales)	 9.8(점) 9.2(점) 8.5(점)	속성에 대한 순위를 부여하되 순위 사이의 간격이 동일한 척도 **예**: 온도, 물가지수, 생산성지수 **분석방법**: 모든 모수 통계방법, 평균값
비율척도 (ratio scales)	 13.4(초) 14.2(초) 15.8(초)	순위 사이의 간격이 동일하고, 의미가 있으며 비율계산이 가능한 척도/zero 존재 기준을 세워 등급을 나눌 수 있음 **예**: 무게, 온도 **분석방법**: 모든 모수 통계방법, 평균값

출처: 채서일. 2003. 사회과학 조사방법론. 학현사.

1.5 자료 분석

수집된 모든 자료의 분석은 연구문제의 성격에 가장 적합한 분석방법을 이용하며, 통계적 분석결과를 표나 그래프로 만들어 해석한다. 분석의 경우 어렵고 복잡한 통계적 분석을 적용하기보다는 연구문제의 성격에 맞는 방법을 적용하는 것이 중요하다.

또한, 올바른 자료 분석을 위해서는 신뢰성과 타당성을 기준으로 하여 측정에 대한 체계적인 검토가 이루어져야 한다. 신뢰성(reliability)은 유사한 조건 아래서 같은 대상을 반복측정하였을 경우 반복된 자료가 그 상황 아래에서 어느 정도의 일관성을 나타내는지의 정도를 평가하는 개념이다. 신뢰성을 파악하는 주목적은 반복된 측정결과들에 대한 오차를 없애는 것이 아니라 무작위성임을 확인하고 그 크기를 줄이는 데 있다. 한편, 타당성(validity) 검토는 연구하고자 하는 개념을 측정값이 얼마나 잘 나타내고 있는지를 알아보는 것으로, 추상적인 개념과 관측값 사이의 관계를 파악하고 평가하는 과정이다.

이러한 신뢰성과 타당성은 측정오차(measurement error)로 설명되어질 수 있다. 측정오차는 실제값과 측정값의 차이를 말하며, 일정한 패턴이 없는 비체계적 또는 무작위 오차(random error)와 일정한 패턴을 가지고 있는 체계적 오차(nonrandom error)로 구분된다. 비체계적 오차가 높으면 신뢰성은 낮아지고(**그림** 4-2의 1, 3번), 체계적 오차가 높으면 타당성이 낮아진다(**그림** 4-2의 1, 2번). 크론바하 알파값(Cronbach's alpha)은 측정의 신뢰성 검토에 있어서 내적 일관성에 대한 측정방법으로, 일반적으로 이 값이 0.6 이상이 되면 신뢰성이 충분하다고 본다.

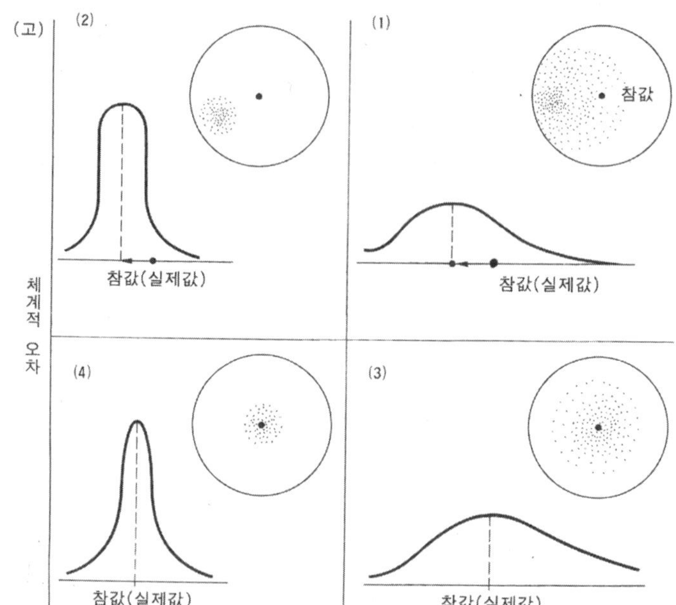

그림 4-2
신뢰성과 타당성의 차이

1.6 결과의 해석

분석된 자료와 통계적 검증을 통한 연구결과에 근거한 결론은 전체적인 연구를 통해 나타난 결과에 충실해야 하며, 연구문제에 대해 집중적으로 진술해야 한다. 이러한 과정에서 가설의 진술이나 연구결과에 대한 논의가 필요한 경우에는 논리적 순서에 따라서 기술해야 한다. 또한 결과에 나타난 현상들을 설명하거나 이해하기 위해서는 체계적이고 논리적인 관점으로 기존문헌을 동원하여 본인 연구와의 상호관련성을 확인하고, 검증된 이론을 통하여 그 진위를 확인해야 한다.

2. 원예치료를 위한 연구방법론의 실제

2.1 연구유형

2.1.1 조사연구

조사연구(survey methods)는 특정 관심사나 문제영역에 대해서 구체적으로 알아보고자 할 때 사용되는 것으로, 특정한 주제에 대하여 많은 양의 자료를 수집하고 기술통계를 이용하여 자료의 중요한 내용을 부각시킨다. 이 과정은 기존의 자료를 수집하여 분석하는 것이기 때문에 과거로부터 현재까지의 추세를 알아볼 수 있다.

2.1.2 사례연구

특정 사례(case)에 대해서 심층적으로 조사를 하는 것으로, 통계적인 검증이 없는 기술적인 연구방법이다.

2.1.3 실험연구

연구자가 실험변수를 자극하여(혹은 처치) 이로 인해 변하는 실험집단의 반응변수(종속변수)의 결과를 구명하는 연구방법을 말한다. 연구자는 실험집단에 자극이 정직하게 반영되도록 실험을 설계하고 수행해야 한다.

2.2 연구방법

2.2.1 질적 연구에 의한 탐색적 연구방법(면접 및 관찰법 평가기법)

2.2.1.1 면접법

1) 면접의 기능

면접(interview)은 치료사가 목적을 가지고 원예치료 대상자와 의사소통을 함으로써 대상자에 대한 정보를 얻는 과정을 말한다. 면접에서는 면접자가 질문을 하고 피면접자는 질문에 대해서만 응답한다는 점에서 일상적인 대화와는 그 의미가 다르다.

원예치료 과정에서는 면접의 기능을 크게 두 가지로 볼 수 있는데, 첫째는 원예치료에 필요한 사실 발견, 조사 측정, 정보 수집의 기능을 가지며, 둘째는 자문 · 치료를 조력하는 기능이다.

2) 면접의 방법

① 직접면접과 간접면접

직접면접은 면접자와 피면접자가 직접 얼굴을 맞대고 대화를 나누면서 필요한 정보를 수집하는 방법이고, 간접면접은 면접자와 피면접자가 직접 얼굴을 맞대지 않고 전화나 인터넷 등을 이용하여 묻고 답하는 면접방법이다.

② 개별면접과 집단면접

개별면접은 면접자와 피면접자가 각각 한 사람씩 대좌하는 형식의 면접이고, 집단면접은 면접자와 피면접자 중의 어느 한쪽이 2명 이상이거나 양쪽이 모두 2명 이상으로 구성되어 한 자리에서 동시에 수행하는 면접방법이다.

③ 구조적 면접과 비구조적 면접

구조적 면접은 극히 간단하고 짧은 답을 요구하는 제한적인 질문을 하고, 질문내용 · 질문순서 · 용어사용 등이 엄격하게 정해져 실시되는 면접이고, 비구조적 면접은 피면접자로 하여금 자신의 생각 · 의견 · 느낌 등을 자유롭게 답할 수 있도록 개방적 질문을 하고 질문의 형태와 내용을 면접자의 재량에 따라 결정할 수 있는 면접방법이다.

④ 지시적 면접과 비지시적 면접

지시적 면접은 면접자가 면접과정을 주도하는 면접자 중심의 면접방법이며, 비지시적 면접은 피면접자에게 대화의 내용과 흐름을 자유롭게 선택하도록 일임하고 면접자는 보조적인 역할을 수행하는 면접방법이다.

⑤ 외재적 면접과 내재적 면접

외재적 면접은 피면접자가 평가받고 있다는 사실을 인식하고 있는 상황에서 실시하는 것이고, 내재적 면접은 피면접자에게 면접을 받고 있다는 사실을 인식하지 못하도록 면접목적을 알려 주지 않고 하는 면접방법이다.

3) 면접의 실제

면접은 원예치료 프로그램 실시 전반에 걸쳐 이루어질 수 있다. 따라서 면접시 조사표의 구성, 즉 도구 구성에 세심한 주의가 필요하다. 첫째로 조사의 목적이나 조사 계획의 개요를 알아야 하고, 둘째로 조사의 일정도 세워야 하며, 셋째로 조사의 일반적인 주의도 알아야 한다. 조사의 일반적인 주의는 조사하기 전에 할 일은 어떤 것이 있으며, 인사하는 방법이나 면접 상의 주의에는 어떤 것이 있는지 아는 것이다.

그 밖에 조사표의 기입방법은 어떻게 할 것이며, 또 대상자의 거부와 불응에는 어떻게 대응할 것이며, 또 사고 발생시 연락 및 처리 방법에 대해서도 알아야 한다.

4) 면접법의 장단점

① 장점

㉠ 면접자와 피면접자의 직접적인 대화와 접촉을 통해 다양하고도 심층적인 정보를 수집할 수 있다.

㉡ 평가대상의 연령이 어릴 경우 적합한 자료수집 방법이다

㉢ 개인적으로 민감한 문제에 대해 정보를 수집하고자 할 경우 적합한 방법이다.

㉣ 연구의 초기단계에 연구 분야 및 대상을 한정시키고, 가설의 도출과 연구 타당성 검사에 도움을 줄 수 있다.

㉤ 관찰법・설문지법을 통해 얻은 정보에 대한 보충자료를 수집할 때

보조적으로 사용할 수 있는 방법이다.

② 단점

㉠ 시간과 노력이 많이 소요된다.

㉡ 면접자의 태도와 행동이 피면접자에게 영향을 미치기 때문에 반응이 왜곡될 가능성이 있다.

㉢ 일반적으로 면접결과의 신뢰도와 객관도가 낮으며, 통계적인 분석에도 제약을 받는다.

㉣ 면접자의 기술과 자질 및 경험이 미흡하면 자료를 수집할 수 없다.

2.2.1.2 관찰법

1) 원예치료시 관찰법의 의의

관찰(observation)이란 일정한 목적 하에 시각・청각・촉각 등과 같은 오감의 감각기관을 통하여 대상 또는 그 속성을 주의 깊게 지각하는 활동을 의미하며, 원예치료를 할 때 비언어적인 면을 포함하여 대상자에 대한 정보와 치료과정, 반응결과 등을 알아낼 수 있는 장점이 있다. 원예치료 평가에서 특히 프로그램 진행과정중 개개인의 행동이나 집단 내의 인간관계 또는 집단간의 역학관계에 관한 정보를 수집할 때 많이 사용되며, 동작 또는 행동뿐만 아니라 지각・언어・사고・성격・습관・태도를 파악하고자 할 경우에도 관찰법을 쓴다.

2) 관찰의 방법과 종류

① 자연적 관찰

자연적 관찰은 대상을 의도적으로 조작하거나 인위적인 처치 또는 제한을 가하지 않고 있는 그대로 자연스럽게 관찰하는 방법을 의미한다. 자연적 관찰법에는 장점도 있지만 단시일 내에 동일한 대상을 반복적으로 관찰하기가 어려우며 관찰자의 편견과 선입견이 개입되기가 쉽고 본질적인 측면보다는 단편적이고 피상적인 측면을 관찰하는 데 치우칠 가능성이 있다는 단점이 있다.

② 통제적 관찰

관찰자가 관찰목적에 맞게 조건을 인위적으로 조작해 놓고 그 반응이나 영향을 관찰하는 방법을 말한다. 통제된 상황에서 계획적・조직적으로 진행되는 관찰인 통제적 관찰은 인과관계의 규명과 법칙 발견에 필요한 자료를 비교적 짧은 기간에 집중적으로 수집할 수 있고 자연적 관찰에 비해 정확하고 객관적이라는 장점을 갖고 있으나 인위적 장면에서 관찰한 결과를 자연적인 상태에서 일반화시키기 어려울 때도 있다는 단점이 있다.

③ 직접 관찰

직접관찰은 관찰자가 직접 감각지관을 통하여 현장에서 필요한 자료를 수집하는 방법이다. 그러므로 아무리 잘 촬영한 VTR 필름이라 할지라도 필름을 통해 행동을 관찰하는 것은 관찰자가 현장에서 직접 관찰하지 않았기 때문에 직접관찰이라 할 수 없다.

④ 간접 관찰

관찰자가 대상을 직접 관찰하지 않고 특수한 기구나 장치를 사용하여 데이터를 수집, 정리하거나 관찰하고자 하는 대상과 관계되는 기록 또는 흔적을 보고 대상을 유추하는 것이다. 따라서 VTR 필름이나 녹음테이프를 보고 분석하는 것은 간접관찰에 속한다. 일반적으로 사람들은 자기 자신이 관찰 또는 평가되고 있다는 사실을 의식하면 솔직하게 반응하지 않으려는 경향이 있다. 따라서 이러한 반응경향을 차단하기 위해 관찰자가 아무리 조심해도 피관찰자는 관찰 장면의 여러 가지 단서로부터 관찰의 목적을 추론하고 반응을 적당히 왜곡시키므로 자연스러운 행동을 관찰하는 데 상당한 제약이 따른다.

⑤ 참여적 관찰

관찰자가 관찰대상과 함께 생활을 하면서 관찰대상을 자연 그대로 관찰하는 방법으로, 대상자들이 관찰받는다는 것을 알아차리지 못하게 하고, 관찰자의 영향을 받지 않은 상태에서 관찰하는 방법이다.

⑥ 비참여적 관찰

비참여적 관찰이란 참여적 관찰과 반대적인 형태의 관찰로 대상자가 다른 사람에 의해 자신이 관찰된다는 것을 아는 상태에서 진행되는 관찰이다. 즉, 관찰자의 신분과 역할이 완전히 노출된 상태에서 관찰하는 것이다.

⑦ 시간중심 관찰

하루 종일 또는 한 달 내내 계속해서 관찰할 수 없을 때 적당한 방법으로 관찰 시간과 횟수를 결정하여 일정한 시간 반복해서 관찰하는 방법이다.

⑧ 행동 관찰

시간의 흐름에 따라서 관찰시기의 횟수는 정하지 않고 대신에 관찰해야 할 행동이나 특성 또는 항목을 미리 정해 놓고 그 행동만을 집중적으로 관찰하는 방법이다. 관찰해야 할 시간이나 행동은 정하지 않되 관찰해야 할 특정한 상황을 사전에 결정해 놓고 대상자를 관찰하는 것도 이에 포함된다.

3) 관찰의 절차

① 관찰항목 선정

평가를 실시하는 목적에 비추어 어떤 내용을 어느 정도 깊이 관찰할 것인지를 결정하여 관찰항목을 확인하고 단계적으로 세분화한다.

② 관찰방법 검토

관찰 내용과 시간 및 인력을 충분히 고려하여 여러 가지 관찰법 가운데 어떤 방법으로 관찰할 것인지를 검토, 결정한다.

③ 관찰장면 탐색

관찰하고자 하는 행동 또는 사상이 가장 빈번히 나타나고, 가장 생생하게 관찰할 수 있는 장면 혹은 상황을 선정한다.

④ 관찰용지 설계

관찰항목과 관찰방법을 고려하여 관찰결과를 빠짐없이 정확하게 기록할 수 있도록 관찰용지의 서식을 설계한다.

⑤ 보조도구 검토

효과적인 관찰을 위해 녹음기, 사진기, 몰래카메라, VTR촬영기 등과 같은 장비를 활용해야 할 때 어떤 기구를 사용할 것인지를 검토・결정한다.

⑥ 관찰대상 선정

관찰대상을 표집한다. 일반적으로 관찰대상은 무선적으로 표집하여야 하지만 평가목적에 따라 임의표집도 가능하다.

⑦ 관찰기간 결정

관찰 시간과 기간을 결정한다. 관찰시간을 결정할 때는 일주일 또는 하루 중에 어느 요일, 어느 시간에 관찰할 것인가를 결정해야 하고 동시에 사례당 몇 분 혹은 몇 시간 관찰할 것인지를 결정해야 한다.

⑧ 모의관찰 실시

관찰대상과 동질적인 집단에서 극소수의 인원을 선정하여 모의관찰을 실시하고 문제점이 발견되면 수정·보완한다.

⑨ 관찰계획 집행

실제로 관찰을 하고 데이터를 수집하여 결과를 분석·정리한다.

4) 관찰평가의 기록방법

① 서술적 관찰기록법

관찰하고자 하는 특정 행동이 일어난 상황, 방식, 순서를 그대로 기록하는 것을 의미한다. 기록을 작성할 때는 어떤 행동이 언제, 그리고 어떤 조건에서 나타났는가를 사실적이고 구체적으로 기록해야 한다. 또한, 하나의 일화기록에는 한 개의 사건만을 기록해야 하고, 대상자를 이해하는 데 유의미한 행동을 기록해야 하며, 반응이나 행동이 발생한 즉시 기록하는 것이 바람직하다. 특정 시점에서 가장 전형적인 행동을 기록해야 하고, 필요한 경우 참고사항과 그 행동에 대한 해석 및 대처방안을 별도로 기록해야 한다.

이 같은 기록법은 일상생활 속에 일어나는 전형적인 행동을 관찰하지 못하고 단편적이고 피상적인 행동의 기록에 치우칠 가능성이 크며, 관찰 및 기록의 객관성을 유지하기가 어렵고 자료의 처리 및 분석이 복잡하다는 단점이 있다. 그러므로 서술적 기록은 설문지 검사와 같이 객관적인 방법으로는 평가하기 곤란한 특별상황, 행동영역에 관한 평가자료를 수집하는 방법으로만 사용하는 것이 바람직하다.

② 체크리스트 관찰법(목록 검색법)

관찰하고자 하는 행동, 조건, 상황, 또는 실태 등을 체크리스트로 만들어 관찰자에게 제공하고 그에 대한 존재 또는 출현 여부를 관찰, 기록하는 방법이다. 즉, 체크리스트를 이용하여 관찰, 기록하는 방법이 목록검색법이다.

③ 부호기록법

부호기록은 부호를 사용하여 특정 행동이나 사건의 출현빈도 및 계열을 기록하려는 방법이다. 이 방법은 미리 정해 놓은 간단한 부호를 사용하여 행동을 기록하기 때문에 한꺼번에 다수 대상자들의 복잡 다양한 내용을 관찰, 기록할 수 있다. 이 방법은 많은 행동을 기록하려고 할 때 그리고 행동의 발생순서를 그대로 기록하려고 할 때 적합하나, 기록결과를 요약하고 해석하기가 어렵다는 단점이 있다.

④ 등수표시법

등수표시법은 평가자가 관찰, 평가하고자 하는 일련의 사물, 행동, 조건, 상황, 실태의 양 또는 질을 차례로 배열한 다음 등수를 매기는 방법이다. 질문지법에서 사용하는 등위법과 같은 이 방법은 대상의 수가 적을 경우에는 쉽게 적용될 수 있지만, 대상의 수가 많을 때는 부적절하다.

5) **장단점**

① 장점

㉠ 관찰법은 대상자의 정의적 특성[1]이나 운동기능적 행동에 관한 정보를 수집할 수 있다.

㉡ 설문지검사를 통해서 수집한 자료에 대한 보완자료를 수집할 수 있다.

㉢ 실태조사, 상황조사, 현장조사 등을 해야 할 경우 이용할 수 있다.

㉣ 대상자 자신이 정확하게 인식하지 못하는 무의식적 행동 혹은 말이나 글로 표현하기 어려운 행동에 관한 자료를 수집할 수 있다.

㉤ 대상자의 연령이나 배경, 그리고 지적 수준에 관계없이 다양한 상황에서 융통성 있게 적용될 수 있다.

㉥ 대상자의 말이나 글이 아니라 직접적인 행동을 측정단위로 하기 때문에 피관찰자가 반응을 왜곡시킬 가능성이 적어 객관적인 측정의 가능성이 높다.

② 단점

㉠ 대상자가 개인적으로 드러내기를 기피하는 사적인 행동에 관한 자료수집에 한계가 있다.

㉡ 대상자가 자신이 관찰되고 있다는 사실을 인식할 경우 의도적으로 행동을 변화시키기 때문에 관찰결과가 왜곡될 수 있다.

㉢ 관찰하고자 하는 행동을 미리 구체적으로 결정하지 않으면 피상적인

1) 인간의 정의적 특성(affective characteristics)은 인지적 특성(cognitive characteristics)에 대비되는 것으로서, 인간 행동의 사회 정서적인 측면을 포괄한 개념이다. 인간이 느끼는 다양한 감정과 이에 따르는 반응행동, 그리고 어떤 과제에 대한 흥미와 지속하려는 노력 등은 인지적인 속성만으로는 설명될 수 없다. 정의적 특성은 대체로 정서・흥미・태도・성격・가치관・자아개념・동기 등을 의미하나, 정의적 영역을 어떻게 체계적으로 조직하고 정의하는가에 대해서는 상당한 견해의 차이가 있다(http://psychtest.educyber.org/ja.htm).

행동의 관찰에 치우치게 되어 오류를 범할 가능성이 커진다.

㉣ 행동이 나타나는 상황이나 조건을 감안하지 못하고 관찰된 사실이나 행동을 중심으로 해석하거나, 관찰결과를 해석할 기준 또는 방법이 불명료할 경우 오류를 범할 가능성이 있다.

㉤ 행동을 관찰하고 그 결과를 기록, 분석하는 과정에서 시간과 비용이 많이 소요된다.

6) 관찰 상의 유의사항

① 관찰하고자 하는 행동의 종류와 단위, 관찰방법, 관찰기간, 기록방법 등에 관한 관찰계획을 구체적으로 수립해야 한다. 구체적인 관찰계획은 객관적이고 체계적인 관찰에 도움을 준다.

② 관찰자의 선입견이나 편견이 개입되지 않도록 가능한 객관적으로 관찰해야 하며, 관찰된 행동에 대한 해석이나 판단을 내리지 않는 것이 좋다.

③ 될 수 있으면 자연스러운 상황에서 관찰해야 하며, 사람의 행동은 상황에 따라 달라질 수 있기 때문에 특정 상황이나 시기에 한정하지 말고 광범위하고 다양하게 반복적으로 관찰하는 것이 좋다.

④ 관찰의 오차를 최소화시킬 수 있는 도구를 사용하여 관찰해야 하며, 여러 가지 도구를 종합적으로 사용하는 것이 좋다.

⑤ 여러 개의 행동을 동시에 관찰할 경우 일반적으로 신뢰도가 낮아지기 때문에 한 번에 하나의 행동만을 관찰·기록해야 한다.

⑥ 기억에는 한계가 있으며, 시간이 경과함에 따라 기억내용이 왜곡될 가능성이 있기 때문에 행동을 관찰하는 즉시 그 결과를 적절한 방법으로 기록·요약해야 하는 것이 좋다.

2.2.2 실험연구(결론적 연구)에 의한 연구방법

2.2.2.1 실험연구의 특징

실험연구란 가설에서 정한 변수간의 관계를 검정하는 인과관계(causal relation) 연구이다. 일반적으로 독립변수를 조작하고 종속변수를 측정하게 되는데, 혼란변수를 통제한 상태에서 독립변수를 조작하면서 종속변수의 값이 어떻게 변화하는지를 관찰하는 과정을 말한다. 예를 들어, 저소득층 어린이에 대해서 원예치료를 실시한 그룹과 실시하지 않은 그룹에서 사회성 향상에 차이가 있는가를 검정할 때를 생각해 보자. 정확한 검정을 위해서는 실험설계를 계획적으로 해야 하며, 가능한 독립변수를 통제해야 한다. 실험연구는 과정이 복잡하고 시간이 많이 걸리지만 다른 연구에 비해 명확한 해답을 얻을 수 있기 때문에 선호된다.

실험설계(연구설계)

① 실험단위를 어떻게 정할 것이며,
② 실험단위를 비슷한 집단으로 어떻게 구분할 것이며,
③ 독립변수를 정의하고 어떻게 조작할 것인지를 판단하고,
④ 종속변수는 어떻게 측정할 것인지를 정하고,
⑤ 혼란변수를 어떻게 통제할 것인지를 정하는 일련의 과정이다.

2.2.2.2 측정과 타당도

실험을 통하여 어떤 결과를 얻으면, 그 결과가 타당한 결과인지를 점검해 보아야 하며, 연구결과의 타당성 검토는 결과에 영향을 주는 다른 요인이 있는지를 검토하는 내적 타당도와 이러한 결과를 일반적인 상황에 적용할 수 있는지를 검토하는 외적 타당도로 구분된다. 연구결과를 일반화하기 위해서는 실험환경이 현실과 비슷해야 된다. 이 경우 외적 타당도는 높아질 수 있겠으나 통제되지 않은 많은 혼란변수로 인하여 내적 타당도는 낮아질 것이다.

1) **내적 타당도**

내적 타당도(internal validity)는 실험연구에서 독립변수가 실제로 종속변수에 영향을 주었는가에 관한 것으로, 다시 말해 다른 변수들(혼란변수; confounding variable)이 종속변수에 영향을 미치지 않았는가를 말하는 것이다. 대부분의 연구에서는 혼란변수가 항상 존재하기 때문에, 이러한 혼란변수를 효과적으로 통제하여 내적 타당성을 높이는 것이 중요하다. 내적 타당도를 낮추는 주요 혼란변수는 '특정사건의 영향'(history effect), '시간에 따른 성숙효과'(maturation effect), '학습효과'(learning effect, pretesting effect), '측

정도구의 변화'(instrument variation effect), '**회귀효과**'(statistical regression), '**표본선택 바이어스**'(selection bias), '**연구참여자의 탈락**'(mortality effect), '**혼란변수들 사이의 상호작용 효과**'가 있다.

2) 외적 타당도

외적 타당도(external validity)는 연구결과를 일반적인 상황에 적용시키고자 하는 문제와 관련되어 있다. 이는 모집단에 대한 타당도(population validity)와 환경에 의한 타당도(ecological validity) 두 가지 측면에서 검토될 수 있다. 환경에 의한 타당도와 관련된 문제로 실험군이나 대조군에 속한 연구참여자가 스스로 어떤 의미를 부여하여 종속변수의 값을 변하게 만드는 효과가 발생할 수 있는데, '호선 효과'(Hawthorne effect)[2]와 '존 헨리 효과'(John Henry effect)[3]가 이에 속한다. 한편, 환경에 의한 타당성과 관련된 효과로 '연구자에 의한 효과'(experimenter effect)[4]가 있다.

2.2.3 실험설계 방법

실험설계에는 실험단위를 실험군(원예치료군)과 대조군(비원예치료군)으로 구분하는 과정에서 랜덤화(무작위할당) 과정(randomization process)의 유무 및 정도에 따라서 원시실험설계(pre-experimental design), 순수실험설계(true experimental design), 유사실험설계(quasi-experimental design)로 나뉜다. 원시실험설계는 랜덤화 과정이 없고 혼란변수의 통제가 전혀 없기 때문에 실험연구라고 말하기는 힘들다. 한편, 순수실험설계는 랜덤화 과정을 거쳐 처리군과 대조군으로 나눈 설계이며, 유사실험설계는 완벽한 랜덤화 과정을 통하여 설계한 것은 아니지만 그에 준하는 실험단위로 구성된 인택 그룹(intact group)[5]에서

2) 연구참여자가 연구자에 의하여 특별히 처리받고 있고, 지속적으로 측정되고 있다는 사실 자체를 인식하여, 정상적이 아닌 평상시와는 다르게 행동함으로써 연구결과에 영향을 미치는 효과이다.
3) 호선 효과와 반대되는 현상으로 특별한 처리를 받지 못한 대조군의 연구참여자가 평상시와는 다르게 행동하거나 고의로 실험군보다 더 좋은 결과가 나타나도록 노력하는 경우에 발생하는 효과이다.
4) 연구자가 연구에 영향을 미치는 행동이나 말을 함으로써 연구참여자가 평상시와는 다르게 행동하는 경우 발생하는 효과이다.
5) 실험이나 연구에 따라서는 랜덤화 과정의 적용이 현실적으로 불가능한 경우도 있다. 예를 들어, 원예치료가 고등학생의 스트레스 해소에 미치는 영향에 대해서 실험을 구상한다고 하자. 원칙적으로는 모든 고등학생을 랜덤화해서 실험군과 대조군을 정해야 하지만 현실적으로는

랜덤화한 실험설계를 말한다.

원예치료 실험에 흔히 사용되는 실험설계와 표기의 의미는 다음과 같다.

X: 독립변수의 조작이나 관찰을 나타낸다(처리를 의미하며 원예치료를 실시).

O: 실험단위에 대한 종속변수의 값을 측정한다.

R: 실험 단위나 그룹을 랜덤화한다.

R	X_1	O_1
R	X_1	O_1

위의 실험설계는 실험단위에 대해 랜덤화 과정을 거쳐 두 그룹으로 구분하고 각각 같은 시간에 처리를 한 다음 일정 시간에 이에 따른 종속변수의 값을 측정하는 설계를 말한다.

2.2.3.1 단일집단 검사 전-검사 후 설계(one group pretest-posttest design): 단일그룹 사전사후측정 원시실험설계(one-group before-after design)

O_1	X	O_2

처리 전 측정, 처리, 처리 후 측정의 설계이다. 치료효과를 보기 위하여 O_2와 O_1을 비교한다. 이 설계의 단점은 대조군이 없기 때문에 내적 타당도를 위협하는 요소의 유무에 대해서 알 수 없다는 것이다. 이러한 연구설계는 처리효과가 기존의 연구에서 명확히 알려진 경우 의미가 있으며, 이 경우는 대조군이 필요 없다. 이러한 설계를 할 때 통계방법으로는 모수적(인원이 30명 이상 정규분포집단) 검정시에는 대응(paired) *t*-검정이 사용되고, 비모수적(인원이 30명 이하 비정규분포집단) 검정시에는 윌콕슨검정(Wilcoxon test), 윌콕슨부호순위검정(Wilcoxon matched-pairs signed-ranks test)가 사용된다.

그렇게 할 수 없고, 반 그룹을 활용하여 한 반은 원예치료군, 다른 반은 대조군으로 설정할 수밖에 없다. 즉, 실험단위를 랜덤화시키지는 못하지만, 실험단위, 처리그룹, 대조그룹의 중간형태를 인택 그룹이라 하며, 유사실험을 설계할 때 사용된다.

2.2.3.2 사전사후검사 통제집단 설계(pretest-posttest control group design): 두 그룹 사전사후측정 순수실험설계(two-group before-after design)

R	O_1	X	O_2
R	O_3		O_4

단일집단 검사 전-검사 후 실험설계에 대조군을 추가한 것으로 가장 전통적이고 많이 사용되는 실험설계이다. 원예치료 대상자들이 미리 선정되고 2개의 군에 무작위화 과정을 거쳐 배정된다. 처리군과 대조군의 모든 절차는 동일하지만 대조군에서는 처리가 없다는 점이 다르다. 통제집단이 있기 때문에 타당성이 높다고 볼 수 있으며, 실험결과는 $O_1=O_3$, $O_3=O_4$, $O_2>O_1$, $O_2>O_4$가 기대된다. 이 설계는 랜덤화 과정을 거쳤지만 두 군이 균등하게 배치되었는지를 확인하기 위해 사전에 동질성 검사가 필요하다. 그러나 실험 도중 탈락에 의해 대상자가 빠질 경우 동질성에 문제가 생길 수도 있다.

한편, 무작위화 과정이 어려울 경우, 짝짓기를 통해서 대상자를 처리군과 대조군에 균등하게 배정할 수도 있는데, 이런 실험설계를 짝짓기를 이용한 두 집단 검사 전 - 검사 후 설계(pretest-posttest control-group with matching)라고 한다.

이 방법에서 사용되는 통계처리의 경우는 각 그룹 내의 변화를 알아보는 그룹별 사전사후 간의 대응 t-검정을 사용하며, 처리군과 대조군의 비교를 위해서는 독립 t-검정을 사용한다. 보다 자세한 내용은 이 장의 통계분석 편을 참고하면 된다.

2.2.3.3 두 그룹 사후측정 순수실험설계(two-group after-only design; post-test-only control group design)

R	X	O_1
R		O_2

이 실험설계는 랜덤화 과정을 통하여 처리군과 대조군으로 나누어지며, 처리 후 한 번만의 측정으로 이루어진다. 사전측정을 하지 않아 여러 가지 문제점이

발생할 수 있음에도 불구하고 사회과학 연구에서는 많이 사용되고 있다. 만약 원예치료사가 표본선택의 바이어스와 연구참여자의 탈락 문제를 적절하게 대처할 수 있다면 앞의 실험설계에 비해서 시간과 비용 면에서 유리하며, 사전측정을 하지 않음으로써 상호작용 학습효과 문제를 해결할 수 있는 장점이 있다. 통계처리는 처리군과 대조군을 비교하는 독립 t-검정으로 분석한다.

2.2.3.4 두 집단 검사 전 검사 후 설계(two-group pretest-posttest design)

R	O_1	X_1	O_2
R	O_3	X_2	O_4

두 개의 실험군을 사용한다는 점이 앞 설계와 다를 뿐 랜덤화 과정은 동일하며, 임상적으로 윤리적 문제로 인하여 대조군을 구하기 어려울 때 사용하는 방법이다. 예를 들어, 어떤 시설에서 원예치료뿐만 아니라 미술치료, 음악치료 등이 행해지고 있다면 치료방법간의 효과성을 알아볼 때 사용될 수 있다. 통계는 사전사후검사 통제집단 설계방법에서 사용된 통계처리와 같으며, 각 실험군 내의 변화를 알아보기 위해 실험군별로 검사 전 검사 후 간의 대응 t-검정을 사용하고, 두 실험군의 비교를 위해 독립 t-검정을 사용한다.

2.2.3.5 솔로몬의 4그룹 순수실험설계(Solomon four-group design)

R	O_1	X	O_2
R	O_3		O_4
R		X	O_5
R			O_6

솔로몬(Solomon)에 의해서 발표된 실험설계로, 두 그룹 사전사후측정 순수실험설계와 두 그룹 사후측정 순수실험설계를 합쳐 놓은 것이다. 가장 이상적인 설계로 타당성이 높지만 복잡성이 문제가 되며 임상적으로는 불가능한 실험에 가깝다. 이 설계는 처리 후 결과를 비교함에 있어 처리군과 대조군의 차이를 비교할 수 있을 뿐만 아니라, O_2와 O_5를 비교함으로써 처리 전 검사의 영향과

O_4와 O_6를 비교함으로써 처리와의 상호작용도 비교할 수 있는 장점이 있다. $O_1=O_3$, $O_4=O_6$, $O_2=O_5$, $O_2>O_1$, $O_2>O_4$, $O_2>O_6$, $O_5>O_1$, $O_5>O_4$, $O_5>O_6$가 기대되며, 통계분석법은 분산분석(ANOVA)과 2×2 요인분석(factorial analysis of variance)이 사용된다.

2.2.3.6 두 그룹 사전사후측정 유사실험설계(nonequivalent control goup pre-posttest design)

R	O_1	X	O_2
R	O_3		O_4

처리군과 대조군을 나누는 과정에서 실험단위를 랜덤화하지 않고, 실험단위보다는 큰 형태인 인택 그룹(intact group)을 랜덤화하여 두 그룹을 나눈다는 점을 제외하고는 두 그룹 사전사후측정 순수실험설계와 동일한 설계이다. 예를 들어 고등학생을 대상으로, 원예치료를 한 사람과 하지 않은 사람의 성적 향상을 비교할 때, 반이라는 인택 그룹으로 처리군과 대조군을 선정하여 실험할 경우가 이에 해당한다. 즉, 공변량 분석(analysis of covariance)을 하여 수정평균값(adjusted mean)을 산출하고, 차이검정을 하면 이질집단이라 하더라도 실험의 효과를 볼 수 있다. 이 방법에서도 각 실험군 내의 변화를 알아보기 위해서는 실험군별로 검사 전과 검사 후 간의 대응 t-검정을 사용하고, 두 실험군의 비교를 위해서는 독립 t-검정을 사용한다.

2.2.3.7 두 그룹 사후측정 유사실험설계(nonequivalent control group posttest only design)

R	X	O_1
R		O_2

실험단위 대신에 인택 그룹이 랜덤화 과정을 통하여 처리군과 대조군으로 나누어진다는 것을 제외하고는 두 그룹 사후측정 순수실험설계와 동일하다. 두 실험군의 비교를 위해서는 독립 t-검정을 사용한다.

2.2.3.8 단일 그룹 시계열 실험설계(simple time series design)

O_1 O_2 O_3 O_4 O_5 X O_6 O_7 O_8 O_9 O_{10}

한 그룹에 대해서 일정한 시간간격을 두고 지속적으로 결과를 측정하는 실험설계이다. 독립변수의 조작이 나타나는 시점을 전후로 하여 측정값 등을 비교함으로써 몇 가지의 혼란변수를 통제할 수 있다. 랜덤화 과정을 통해서 표본선택 바이어스를 줄이고 연구참여에 대한 인센티브를 제공함으로써 참여자의 탈락을 줄일 수도 있다. 그러나 이 설계의 문제점은 특정사건의 영향이며, 독립변수 조작시점 이후에 학습효과가 갑자기 커지는 처리효과와 학습효과의 상호작용 효과가 나타날 수도 있다는 점이다. 통계는 반복측정 분산분석(repeated ANOVA)을 사용한다.

2.2.3.9 단일피험자 실험설계(single-subject design, single-subject research)

연구대상자가 1명이며, 상당한 기간 동안 처리를 적용하는 것이다 시계열 실험설계와 비슷하지만 한 집단이 아니라 한 명이라는 점이 다르고, 실험적인 통제 없이 증상을 기술한다는 점에서 단일사례연구(case report)와도 다르다. 이 설계의 세 가지 특징은 ① 한 대상자의 종속변수를 지속적으로 반복해서 측정한다는 점, ② 한 대상자가 통제군도 되고 처리군도 된다는 점, ③ 치료효과를 보기 위하여 여러 번 측정을 한다는 점이다. 타당도 측면에서 여러 가지 혼동변수가 발생할 수 있으며, 검사효과로 인하여 결과가 긍정적일 수도 있고 부정적일 수도 있다. 외적 타당도에 해당하는 '호손 효과'를 최소화하기 위해서는 기초선과 치료선을 반복하는 것이 필요하며, 내적 타당도에 해당하는 '특정 사건의 영향'과 '시간에 따른 성숙효과'[6]를 최소화시키기 위해서 기초선과 치료선 기간에 자료를 여러 번 수집하는 것이 필요하다. 원예치료에 사용하려면 반드시 관련 치료문헌을 조사해 보는 것이 바람직하다.

---

6) '특정 사건의 영향'은 연구기간 동안 사건이 생겨, 독립변수 이외의 다른 변수가 독립변수와 함께 종속변수에 영향을 미친 것을 의미한다. 만약 역사를 제대로 판단하지 못하다면, 처음 독립변수에 의해서 종속변수가 변화된 것으로 착각할 것이다. 한편, '시간에 따른 성숙효과'는 시간경과에 따라 나타나는 과정을 의미한다. 즉, 사건에 관계없이 시간경과 그 자체로 생기는 대상자 내부의 변화를 말한다. 이러한 현상은 측정간격이 긴 임상적 연구에서 많이 나타난다.

2.2.3.10 사후 지속효과 실험설계

O_1	X	O_2	O_3
O_4		O_5	O_6

원예치료를 실시한 후 시간이 경과해도 실험대상자들의 지속효과가 얼마나 나타나는지 알아보는 실험설계로, 처리의 지속성을 알아보기 위해 매우 유용하다.

예를 들어 유치원에서 원예치료를 실시한 어린이들이 취학 후 적응능력에 미치는 영향을 알아보고자 한다고 하자. 원예치료 프로그램 실시 이전의 유치원 유아들의 적응능력 테스트 결과가 나왔다고 하면, 원예치료 프로그램을 받은 직후의 결과와 초등학교에 입학한 1학년생들의 적응능력을 테스트함으로써 이 결과를 비교할 수 있을 것이다. 즉, 처리 직후에 평가를 한 다음 어느 정도 시간이 경과한 후에 평가를 다시 한 번 하여 결과를 비교하는 방법으로 통계는 분산분석을 사용한다.

3. 통계분석

실험자료의 통계분석에는 기술통계(descriptive statistics)와 추측통계(inferential statistics)가 흔히 사용된다. 기술통계에서는 자료의 특성 및 집합을 효과적으로 요약 · 기술하는 방법으로 집단의 특성을 수량화하여 제시한다. 자료를 기술 · 조직화 · 요약하려는 목적으로, 평균 · 중위수 · 범위 · 표준편차 · 변이계수 등의 사용이 이에 해당된다. 반면에 추측통계는 자료의 정리 · 요약에서 더 나아가 주어진 자료를 통해 일반적인 현상을 추리하는 데 초점을 두고, 연구자가 결론을 내리거나 추측하는 데 표본에서 나온 결과를 모집단에 일반화시킨다. 실험연구에서 흔히 사용되는 통계량에는 t, F, r 등이 있다. 연구보고서에는 기술통계와 추측통계를 같이 제시하는 것이 일반적이다.

추측통계학은 크게 모수통계(parametric statistics)와 비모수통계(nonparametric statistics)로 구분된다. 모수검정을 위해서는 ① 표본이 무작위로 선정되어야 하고, ② 점수들이 서로 독립적이어야 하며, ③ 표본자료는 정규분포를 해야 하며, ④ 표본들은 분산이 동일해야 한다는 가정을 충족시켜야 한다. 결국, 표본에서 추출된 확률분포가 정규분포나 혹은 이항분포한다는 것을 알고 있으나 구체적인 모수를 모를 때 행하는 추론방법을 모수적인 방법이라고 한다. 반면에 모집단의 분포가 정규분포에 따른다고 생각할 수 없거나 분포의 형태에 대한 가정이 전혀 불가능할 경우는 비모수적인 방법을 사용하게 된다. 자료가 등간척도나 비율척도로 측정되었다면 모수검정(parametric test)이 적당하고, 수집한 자료가 명목척도이거나 서열척도라면 비모수검정(nonparametric test)이 적당하다. 다시 말해, 비모수검정은 모수검정의 가정을 충족시키기 어렵고, 수집된 자료의 수가 적어 특수한 분포를 하고 있어 정규분포형태를 가정할 수 없을 때 적용하기 적합한 통계방법인 것이다.

임상연구에서 표본의 크기(예, 실험대상자의 수)를 결정하는 문제는 연구의 신뢰도와 검정력을 결정하는 문제와 관련된다.[7] 검정력이란 임상연구 수행 후 연구자가 원하는 바(즉, 연구자가 제기한 가설)를 얻을 수 있는 가능성을 말한다. 표본의 크기가 작으면, 검정력이 낮아져서 실제로 차이가 있음에도 불구하고 연구결과에서는 이 차이를 검출하지 못하는 경우가 많다. 또한 차이가 검출된 연구결과라 할지라도 그 신뢰성은 낮게 된다. 반대로 표본의 크기가 너무 크면, 검정력이 너무 높아져서 임상적으로 의미가 없는 작은 차이도 통계적으로는 검출이 가능하기 때문에 통계적 해석과 임상적 해석이 서로 부합되지 않을 수가 있다.

일반적으로 의학에서는 30명을 표본 크기의 기준으로 한다. 25~30명 이상 표본 크기가 되어야 정규성과 신뢰성이 인정되기 때문인데 절대적이지는 않다. 그렇지만 원예치료 임상연구의 경우 연구를 수행하는 시설, 병원, 기관 내의 사정으로 대상자가 10명 내외가 될 수도 있다. 이러한 경우에는 정규성이 인정되는 모수검정을 사용할 수 없고, 표본수가 적을 때 사용하는 비모수검정을 사용한다. 만약, 5명 이하의 경우에는 다각도의 사례분석을 통하여 질적 연구를 하는 것이 바람직하며, 통계수치는 결론 작성에 참고로 제시하는 것이 좋다.

7) 김선우. 2001. 의학연구와 통계적 기법. 대한소화관운동학회지 7(1):1-5.

최근에는 통계 소프트웨어(예, SAS, SPSS, SysStat, Minitab)를 쉽게 구할 수 있어 개인용 컴퓨터를 이용한 통계처리도 얼마든지 가능하다. 그러나 데이터 입력과 자료의 해석은 통계 전문가의 도움을 받는 것이 좋다. 원예치료학에서 흔히 사용될 수 있는 통계방법은 표 4-3과 같다.

표 4-3 통계방법의 요약

통 계 방 법	검정방법	사 용 목 적	측정수준	
			독립변수	종속변수
독립 *t*-검정 (independent)	P*	두 집단간의 평균 차이를 검정	명목척도	등간/비척도
대응 *t*-검정 (paired)	P	두 개의 짝 지워진 집단이나 한 집단에서 실험 전후에 측정된 값의 평균 비교	명목척도	등간/비척도
중위수검정 (median test)	NP**	두 개 이상의 독립적인 집단에서 중위수의 차이 검정	명목척도	서열척도
만휘트니 U검정 (Mann-Whithney U test)†	NP	두 개의 독립적인 집단에서 서열점수(ranks of scores) 차이 검정	명목척도	서열척도
윌콕슨부호순위검정 (Wilcoxon signed rank test)	NP	두 개의 짝 지워진 집단에서 서열점수(ranks of scores) 차이 검정	명목척도	서열척도
분산분석‡ (ANOVA)	P	세 개 이상의 독립적인 집단끼리 평균차이 검정	명목척도	등간/비척도
크루스칼왈리스검정 (Kruskal-Wallis test)	NP	세 개 이상의 독립적인 집단에서 서열점수 (ranks of scores) 차이 검정	명목척도	서열척도
프리드만 검정 (Friedman test)	NP	세 개 이상의 관련된 집단에서 서열점수 (ranks of scores) 차이 검정	명목척도	서열척도
카이제곱검정 (Chi-square test)	NP	변수간의 관련성, 분포의 적합도 검정	명목척도	명목척도
피어슨상관 (Pearson Correlation)	P	두 변수간의 상관성 검정	등간/비척도	등간/비척도
스피어맨의 로 (Spreaman's Rho)	NP	두 변수간의 상관성 검정	서열척도	서열척도
다중회귀분석 (multiple regression analysis)	P	두 개 이상의 독립변수가 한 개의 종속변수를 예측	등간/비척도	등간/비척도

*P: parametric test(모수검정)

**NP: nonparametric test(비모수검정)

†: Wilcoxon rank sum test라고도 한다.

‡: 분산분석에서 독립변수가 하나인 경우를 일원(one-way)분산분석, 두 개 이상인 경우를 다원분산분석이라고 한다. 특히 두 개의 독립변수가 관련된 경우를 이원분산분석(two-way ANOVA)이라고 한다. 반복측정(repeated measure)을 한 경우에는 반복측정 분산분석방법을 한다.

원예치료 연구에서 흔히 사용되는 통계처리의 몇 가지 예를 살펴보자.

1) **모수검정인 경우**

① 두 집단간에 차이 규명시 t-검정을 사용한다. t-검정은 크게 대응(paired) t-검정과 독립(independent) t-검정으로 나눌 수 있다.

대응 t-검정은 동일한 집단 내에서 종속변수에 따른 차이 규명시 사용되는 방법이고(표 4-4), 독립 t-검정은 동일한 종속변수에 대한 집단간의 차이 규명시 사용하는 방법이다(표 4-5).

표 4-4 Changes in self-esteem scale, powerlessness scale and beck depression inventory (BDI) between before and after horticultural program in control and treatment group.

Items	Treatment		Prob.
	Pre-HT	Post-HT	
Self-esteem	25.00 ± 6.12	31.33 ± 5.13	.000***
Powerless	39.95 ± 9.84	26.52 ± 5.39	.000***
BDI	21.27 ± 10.57	13.33 ± 10.61	.002**

[z]Pre-HT: Pre-horticultural therapy, Post-HT: Post-horticultural therapy.

[y]Mean±SD

[NS,*,**,***]Nonsignificant and significant at $p<0.05$, 0.01 or 0.001, respectively, by paired t-test.

출처: 김수연. 2000. 원예치료가 뇌졸중 후 편마비 환자의 기능적 재활에 미치는 영향. 건국대학교 석사학위논문.

표 4-5 Differences in self-esteem scale, powerlessness scale and beck depression inventory (BDI) changes between control and treatment group.

Items	Control	Treatment	Prob.
Self-esteem	1.33±7.55[z]	6.33±3.95	.012*
Powerless	1.43±6.45	13.43±11.10	.000***
BDI	5.93±8.25	7.93±8.27	.513[NS]

[z]Mean±SD

[NS,*,***]Nonsignificant or significant at $p<0.05$, or 0.001, respectively, by independent t-test.

출처: 김수연. 2000. 원예치료가 뇌졸중 후 편마비 환자의 기능적 재활에 미치는 영향. 건국대학교 석사학위논문.

② 세 집단 이상의 차이 규명시 ANOVA(analysis of variance)를 사용한다(표 4-6).

표 4-6 Differences in life satisfaction. melancholia, self-esteem and self-integration between before HTP and each phase in horticultural therapy program based on reminiscence.

Item	Before HTPR[z]	After phase 1	After phase 2	p-value
Past life satisfaction	7.92±2.10a[y]	8.31±2.78a	9.23±2.49a	.16[NS]
Present life satisfaction	13.52±2.53b	13.23±3.00a	14.08±2.35b	.04*
Future life satisfaction	7.46±2.79a	8.62±2.18a	8.85±1.86a	.10[NS]
Total life satisfaction	27.79±6.11a	29.85±5.55b	32.06±4.74b	.02*
Melancholia	4.38±3.15a	3.69±2.32a	3.15±2.30a	.13[NS]
Self-esteem	30.19±5.54	31.85±3.87b	32.46±2.93b	.00*
Self-integraion	106.38±10.99a	116.15±8.66b	115.65±8.09b	.00*

[z] Before HTPR: before the horticultural therapy program based on reminiscence,
After the phase 1; after half of programs(9 times)
After the phase 2; after total 18 programs.
[y] Mean ± SD and mean separation within columns by Duncan's multiple range test, 5% level.
[NS], *Nonsignificant or significant at $p<.05$, respectively, by ANOVA.

출처: 이은숙. 2005. 회상을 도입한 원예치료 프로그램이 노인의 자아통합감 증진에 미치는 영향. 건국대학교 석사학위논문.

2) 비모수검정인 경우

대응 *t*-검정에 해당하는 경우에는 윌콕슨부호순위검정을 사용한다. 이 통계검정은 쌍을 이룬 자료 중 분포의 규성을 가정할 수 없거나 표본수가 너무 적을 때, 그리고 순위척도로 측정된 변수의 분석에 사용되는 비모수적인 방법이며(표 4-7), 독립 *t*-검정에 해당하는 경우에는 만휘트니 U검정을 사용하는데, 이 방법은

표 4-7 Changes in evaluation of horticultural activitiey the beween pre-HTP and post-HTP horticultural therapy in MR's activity group.

Items	Pre-HTP[z]	Post-HTP	Prob.
Participation(참여성)	2.25[y]	2.88	0.025*
Interest and assistance(관심 및 조력성)	1.75	2.63	0.020*
Verbal interaction during activity(언어소통능력)	1.75	3.00	0.026*
Self-concept and identity(자아개념)	1.50	2.63	0.041*
Need-drive adaptation(충동적 적응력)	1.50	2.88	0.041*
Interpersonal and social relations(대인관계 사회성)	1.50	2.50	0.020*
Cognition and problem solving(인지 문제해결)	1.37	2.88	0.026*
Exercise perceptivity(운동지각)	2.00	3.63	0.017*
Life-tasks skill and vocational adjustment	1.38	3.25	0.027*

[z]Pre-HTP: Before-horticultural therapy programs, Post-HTP: After horticultural therapy programs.
[y]Mean±ME.
*Singnificant at $p<0.05$, respectively by Wilcoxon signed-ranks test.

출처: 손기철 · 고언희 · 엄수진 · 이상훈 · 송종은. 2002. 원예치료가 정신 및 지체 장애인의 재활에 미치는 영향. 건국대학교 농자원개발논집 24:1-10.

표 4-8 Differences in self-esteem, interpersonal relationship, powerless, and social skill scale before during and after horticultural therapy program in the treatment group

Items	Control group	Field group	Prob.	Indoor group	Prob.	Natural flower work group	Prob.
Self-esteem	.00±1.51[Z]	5.70 ± 1.85	.027*	6.10 ± 2.88	.052*	3.30 ± 1.81	.158[NS]
I-R[Y]	2.50±3.91	22.30 ± 8.10	.005**	17.6 ± 5.56	.012[NS]	18.00 ± 11.75	.291[NS]
SSS[X]	10.20±4.22	3.00 ± 2.66	.597[NS]	−1.72 ± 4.17	.078[NS]	8.70 ± 3.74	.085[NS]
Powerless	2.70±3.04	−3.10 ± 4.27	.575[NS]	1.50 ± 4.01	.916[NS]	8.60 ± 1.63	.078[NS]

[Z]Mean ± ME.

[Y]I-R: Interpersonal relationship.

[X]SSS: Social skill scale.

[NS,*,**]Nonsignificant or significant at $p<0.05$, respectively, by Mann-Whitney test.

윌콕슨부호순위검정과 순위를 매기는 방법은 비슷하지만 통계적으로 보다 강력한 검정력을 가진다(표 4-8).

3) **요인분석**(factor analysis)

요인분석은 변수들간의 상관관계를 이용하여 서로 유사하거나 상관관계가 높은 변수들끼리 묶어주는 방법으로, 비교 · 예측하기 위해 자료를 이용하기보다는 자료분석을 통해 많은 수의 변수가 지니고 있는 특성과 변수의 본질을 탐구하고 확인하기 위해 사용된다. 요인분석을 통하여 수많은 변수집단의 추상적인 요소를 재구성하고, 집단을 줄이고, 유사한 개념으로 묶을 수 있으며, 이렇게 묶은 인자들의 개념과 변수들이 어느 정도의 상대적 강도로 연관성을 갖는지가 관심의 주 대상이 된다. 판단이 주관적일 수 있기 때문에 다른 분석방법보다 논란의 여지가 많지만, 추상적이고 복잡한 현상의 본질을 파악하기에는 적합한 분석방법이다. 요인분석은 검사항목의 상관행렬을 만든 다음 요인추출, 요인회전, 나누어진 요인에 이름붙이기의 과정을 거친다.

다음은 편백나무 향기의 선호도와 특성을 알아보기 위해 인간의 감성을 나타내는 형용사들을 25가지로 선정하여 각 형용사의 느낌에 어느 정도 가까운지 점수로 평가한 후 형용사들을 요인분석하여 추출된 요인들을 표로 나타낸 것이다(표 4-9).

표 4-9를 살펴보면, 편백정유향에 대한 요인분석 결과, 25가지 감성평가 형용사들이 상관관계가 높은 것끼리 7개의 요인으로 묶인 것을 알 수 있다(factor 1부터 7까지). 이 7개의 요인은 99.99%의 설명력(cumulative variance

표 4-9 Rotated factor matrix of odor sensibility

item	Variance	Factor 1	Factor 2	Factor 3	Factor 4	Factor 5	Factor 6	Factor 7	h^2(공통변량)
Delightfulness (쾌적성)	A 20	.81442	.07783	−.11263	.10006	−.08961	.38576	.03807	.85033
	A 5	.80240	.09764	.33348	.08099	−.09267	−.12974	-.02706	.79731
	A 9	.77865	.18000	.14737	.14139	.08425	−.03180	.07501	.69415
	A 4	.67148	.18388	.44577	.08148	.01975	−.14001	-.12157	.72481
	A 21	.61991	.15588	−.04242	−.09486	.29440	−.01092	.43673	.69690
	A 1	.56845	.26443	.54367	.13136	.24771	.00759	-.09084	.77556
	A 6	.47264	.05340	.31130	.44629	.25331	−.21580	-.01021	.63316
Intensity (강도)	A 10	.10766	.81570	−.04321	−.08282	−.03923	.00196	-.01109	.68734
	A 11	.14319	.77727	−.00502	−.23459	.09531	−.04836	.12392	.70648
	A 19	−.21311	.66023	−.41550	−.21962	.15746	.29843	.11667	.82965
	A 7	.18096	.64881	.31651	.09135	−.21785	−.02433	.05829	.61368
	A 12	.39663	.56612	−.26985	−.00232	−.29212	.25328	-.03359	.70124
Atmosphere (분위기)	A 8	.06822	.13416	.74091	−.10504	.00043	.03788	.04703	.58628
	A 2	.24891	.00889	.64765	.37880	.29639	−.00986	-.04614	.71505
	A 3	.17945	.09416	.54077	.29868	.41161	.10020	-.10525	.61325
Nature (자연성)	A 24	−.03248	.17061	.04667	.84585	.05043	−.01659	.20547	.79284
	A 23	.36845	.16756	.04585	.75358	.11447	.03073	-.11149	.76030
Romantic (낭만성)	A 15	.05207	.22950	.04577	−.03485	.72400	−.21443	-.06304	.63282
	A 13	−.09194	.09381	.11567	.44280	.66938	−.13515	.02062	.69347
	A 14	.19112	−.25316	.31939	.10246	.50307	.28605	.10902	.55991
Individuality(개성)	A 25	−.13257	.02673	.15324	−.09090	−.18908	.74197	.20332	.67765
	A 16	.46122	−.02036	.02735	−.00254	.01119	.66718	-.33348	.77036
	A 22	−.08051	.47537	−.25359	.07925	−.01656	.51806	-.08203	.57844
Elegance (세련)	A 18	.17061	.05895	−.00275	.14057	−.00015	−.07298	.85551	.78957
	A 17	−.32851	.21191	−.05478	−.06041	−.11516	.32587	.52189	.55130
Eigenvalue(고유치)		5.8768	4.0787	1.7610	1.7162	1.4827	1.3447	1.1716	
Variance explained (%)(각 변수 설명력)		24.20	17.85	14.69	12.39	11.20	11.03	8.63	
Cumulative variance explained(%) (누적 설명력)		24.20	42.05	56.74	69.13	80.33	91.36	99.99	

A1: refreshing - not refreshing A2: refined - unrefined A3: high-tone - coarse
A4: pleasant - unpleasant A5: sunny - clouded A6: comfortable - uncomfortable
A7: impressive - unimpressive A8: grave - rash A9: natty - not natty
A10: deep - light A11: individual - common A12: lively - gentle
A13: antique - modern A14: romantic - unromantic A15: calm - exciting
A16: lilting - gloomy A17: urbane - rustic A18: feminine - masculine
A19: stimulative - sedate A20: cheerful - dismal A21: delicate - rough
A22: passionate - intellectual A23: natural - artificial A24: warm - cold
A25: splendid -plainly

출처: 박재억. 2005. 편백정유향의 흡입이 학생의 단기기억력과 집중력 향상 및 스트레스 감소에 미치는 영향. 건국대학교 석사학위논문.

explained)을 가지고 있으며, 7가지 요인에 대하여 각각의 묶인 형용사들에 따라 요인 1은 쾌적성, 요인 2는 강도, 요인 3은 분위기, 요인 4는 자연성, 요인 5는 낭만성, 요인 6은 개성, 요인 7은 세련으로 명명하였으며, 각 요인들은 편백정유향에 대한 감성 선호도 특성을 나타내는 형용사들로 구성되어 있다. 편백정유 향에 대한 이미지는 요인 1인 쾌적성이 24.20%로 가장 높게 추출되었다. 따라서 편백정유향을 선호하는 데 가장 큰 영향을 미치는 것은 쾌적성, 강도, 분위기 등의 순서라는 것을 알 수 있다. 이처럼 요인분석은 경관이나 환경에 대한 다양한 심리적 인식을 객관적으로 수량화하는 데 유용한 평가방법이다.

한편, 원예치료에 대한 연구나 평가의 기술적 통계결과를 알아보기 쉽게 그래프나 그림으로 나타내 주는 방법이 있다. **그림** 4-3은 25문항의 후각 감성형용사를 이용하여 편백정유향의 선호도를 측정한 것으로 후각 감성형용사들을 좌우로 상반되게 짝을 지어놓고, 편백정유향을 맡은 후 어느 쪽에 가까운지를 표시하게 하며 변수에 대한 통계적 특징을 잘 보여주고 있다.

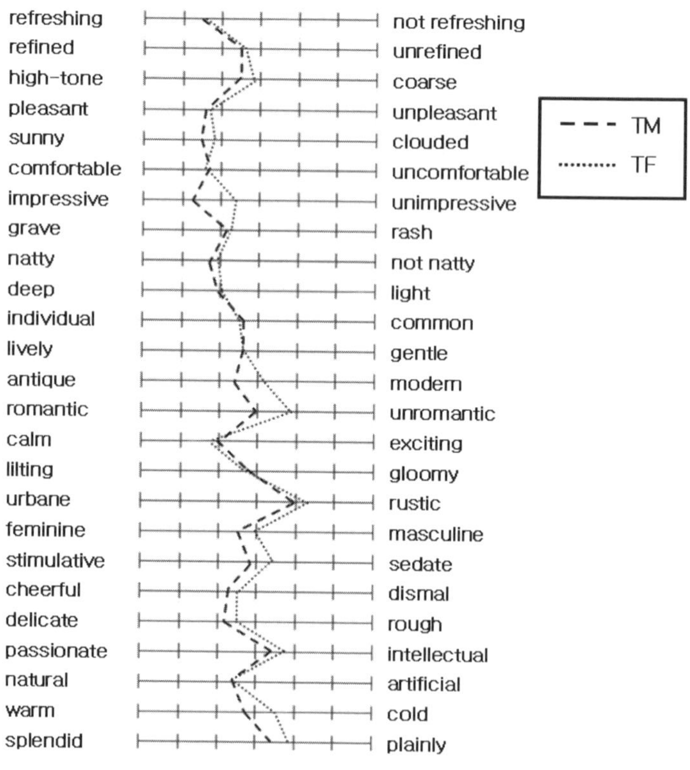

그림 4-3
Means of olfactory assessment semantic differential scale between male and female by absorption of essential oil

좀더 자세히 살펴보면, 향에 대한 이미지가 전체적으로 긍정적인 방향(좌측)으로 평가되었고, 특히 편백정유향을 흡입한 남자 처리군(TM)에서 인상적이다(평균값: 5.80), 상쾌하다(평균값: 5.50), 밝다(평균값: 5.50)가 가장 많은 점수를 나타냈으며, 여자 처리군(TF)에서 상쾌하다(평균값: 5.45), 쾌하다(평균값: 5.30), 편안하다(평균값: 5.35)가 가장 많은 점수를 나타냈다. 이는 편백정유향을 맡은 후 첫 번째 요인인 쾌적성 요인에 관련된 형용사들의 점수가 높게 나타난 것을 의미한다.

4. 결과의 통계분석을 위한 SPSS 프로그램 사용법

SPSS(Statistical Package for the Social Sciences)는 컴퓨터를 이용하여 보다 편리하고 쉽게 통계를 처리할 수 있도록 개발한 통계전용 프로그램으로서, 광범위한 분야에 대한 데이터 입력이나 관리 및 통계분석을 목적으로 전문 프로그래머가 아닌 일반 사용자들도 쉽게 사용하도록 개발된 통계 소프트웨어이다.

SPSS 프로그램을 이용하면 원예치료 평가와 분석을 할 때 단순한 기술통계에서 복잡한 통계까지 원하는 결과를 얻어낼 수 있으며, 자료의 이용에 있어서도 일반 데이터베이스에서 작성된 자료까지 손쉽게 이용할 수 있는 장점을 가지고 있다.

4.1 SPSS 설치 및 구성

SPSS for Windows의 설치는 일반 프로그램 설치와 동일하다. 즉 설치마법사의 지시에 따라 serial number와 license code를 입력하면 프로그램을 손쉽게 설치할 수 있다. SPSS를 실행하면 다음과 같은 초기화면이 나타난다.

SPSS의 초기 화면

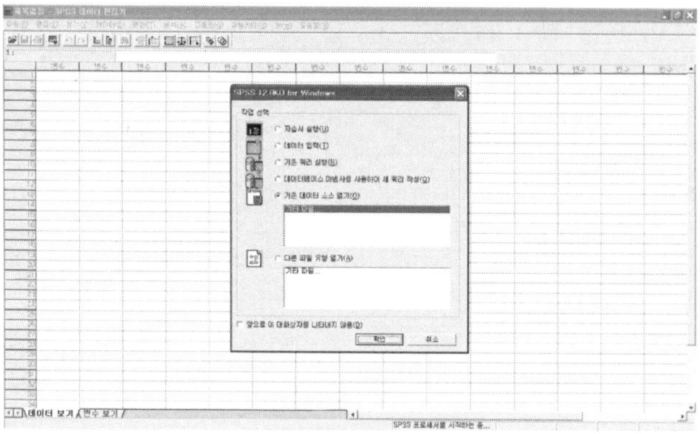

4.2 SPSS를 시작하기 전에 알아두어야 할 창들

SPSS를 시작하기 전에 반드시 알아두어야 할 창(window)들은 다음과 같다.

① 데이터 창: 이 창은 데이터 파일의 내용들을 보여주며 기존 데이터를 수정하거나 새로운 데이터를 입력할 수 있다.

데이터 편집기 창

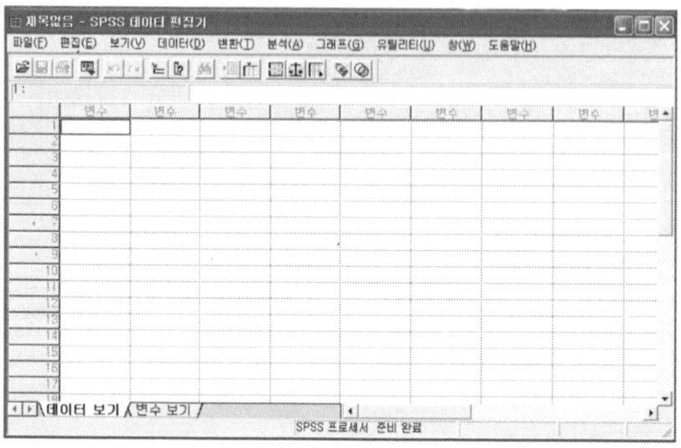

② 결과 창: 대화상자를 통하여 선택한 통계분석에 따른 결과물들이 나타나며, 분석결과는 출력결과 창에서 편집할 수 있다.

출력결과 편집창

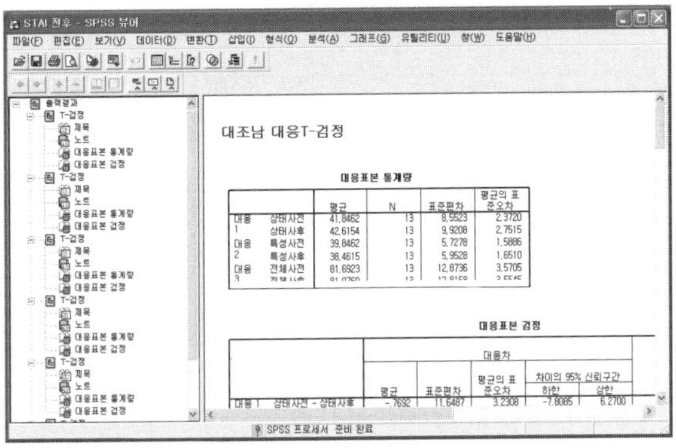

4.3 SPSS의 구성요소

SPSS 데이터 편집창은 다음과 같은 내용으로 구성되어 있다.

데이터 편집창에 있는 내용들

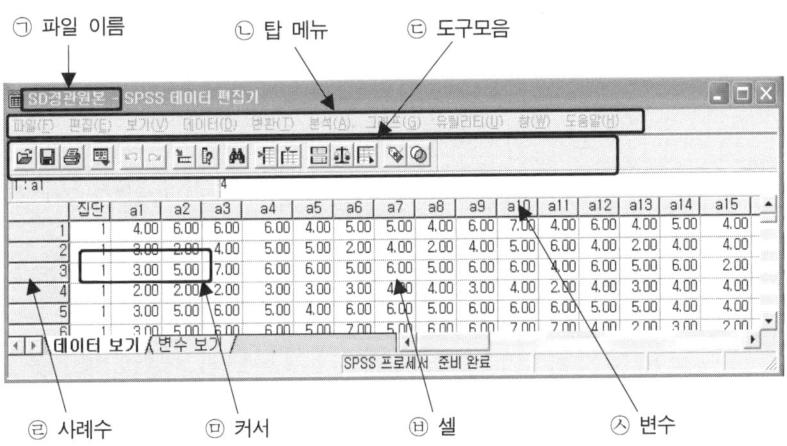

㉠ 파일 이름: 현 데이터 편집창에 있는 파일의 위치와 파일 이름을 나타낸다.

㉡ 탑 메뉴: SPSSWIN을 사용하기 위해 필요한 기능을 메뉴별로 구분해 놓는다.

㉢ 도구모음: 탑 메뉴에 있는 명령을 선택하지 않고 탑 메뉴의 명령과 동일한 명령을 직접 실행할 수 있도록 하는 아이콘들이다.

㉣ 사례수: 입력된 사례의 수를 나타낸다.

㉤ 커서: 현재 위치하고 있는 셀을 나타낸다.

4.4 반드시 알아두어야 할 탑 메뉴들

<table>
<tr><th>탑메뉴</th><th>하위메뉴</th><th>내 용</th><th>하위메뉴</th><th>내 용</th></tr>
<tr><td rowspan="7">파일</td><td>새로만들기</td><td colspan="3">새로운 창을 열 경우에 사용</td></tr>
<tr><td>열기</td><td colspan="3">기존 파일을 불러올 때 사용</td></tr>
<tr><td>저장</td><td colspan="3">작업한 자료나 결과, 명령문을 저장할 때 사용</td></tr>
<tr><td>다른이름저장</td><td colspan="3">기존 파일은 보존하고 다른 이름으로 저장할 때 사용</td></tr>
<tr><td>인쇄</td><td colspan="3">결과나 자료를 바로 인쇄할 때 사용</td></tr>
<tr><td>인쇄미리보기</td><td colspan="3">인쇄할 내용을 미리 볼 때 사용</td></tr>
<tr><td>종료</td><td colspan="3">SPSS 끝내기</td></tr>
<tr><td rowspan="6">편집</td><td>복구</td><td colspan="3">이전 작업으로 되돌릴 경우에 사용</td></tr>
<tr><td>복사</td><td colspan="3">자료나 결과를 복사할 경우에 블록을 설정하여 사용</td></tr>
<tr><td>잘라내기</td><td colspan="3">오려놓기 기능으로 블록을 설정하여 사용</td></tr>
<tr><td>붙여넣기</td><td colspan="3">복사했거나 오려놓은 부분을 붙여넣을 때 사용</td></tr>
<tr><td>지우기</td><td colspan="3">블록 지정한 영역을 삭제할 때 사용</td></tr>
<tr><td>찾기</td><td colspan="3">입력된 데이터를 찾을 때 사용</td></tr>
<tr><td>데이터</td><td>케이스선택</td><td colspan="3">변수에 조건 부여를 할 경우에 사용</td></tr>
<tr><td rowspan="3">변환</td><td>변수계산</td><td colspan="3">변수간에 조합(가감승제 혹은 함수적용)할 때 사용</td></tr>
<tr><td rowspan="2">코딩변경</td><td rowspan="2">변수변환</td><td>같은 변수로</td><td>같은 변수를 변수변환</td></tr>
<tr><td>새로운 변수로</td><td>다른 변수를 만들어서 변수 변환</td></tr>
<tr><td rowspan="10">분석</td><td colspan="2" rowspan="3">기초 통계</td><td>빈도분석</td><td>전체분포, 빈도조사</td></tr>
<tr><td>기술통계</td><td>평균, 확률값, 오차</td></tr>
<tr><td>교차분할표</td><td>범주에 따라 분할분석</td></tr>
<tr><td colspan="2" rowspan="3">평균비교</td><td>독립표본 t-검정</td><td>독립변수가 2집단일 때 사용</td></tr>
<tr><td>대응표본 t-검정</td><td>동일집단간 표본 t-검정</td></tr>
<tr><td>일원배치분산분석</td><td>독립변수가 3집단 이상일 때 사용</td></tr>
<tr><td rowspan="2">일반선형모형</td><td rowspan="2">GLM모델</td><td>일변량</td><td>Two-Way ANOVA, 공변량 분석을 할 때 이용</td></tr>
<tr><td>반복측정</td><td>반복측정 분산분석</td></tr>
<tr><td>Correlation</td><td>상관</td><td>이변량상관계수</td><td>서열이상이 변수에서 상관관계를 구할 때 사용</td></tr>
<tr><td>Regression</td><td colspan="3">회귀분석</td></tr>
</table>

4.5 독립표본 t-검정 분석에 SPSS 따라해 보기

다음의 통계적 검증 사례는 고등학교 수험생들을 대상으로 스트레스와 불안감을 완화시키기 위하여 주 1회 특별활동시간에 원예치료를 6개월간 실시하였으며, 그 효과를 알아보고자 하였다.

실험은 두 그룹 사전사후측정 유사실험설계(nonequivalent control goup pre-posttest design)로 하였으며, 6개월 동안 원예치료를 받지 않은 학생들(대조군)과 원예치료를 받은 학생들(실험군)로 구성하였고, 평가지는 상태특성불안검사지를 이용하여 원예치료 실시 전과 후 두 그룹 모두 측정하였으며, 그룹간 차이가 있는지 검증하기 위하여 독립표본 t-검정을 사용하였다.

1) **가설검증의 단계**

- 연구가설: 원예치료 실시 후 대조군과 실험군(이하 원예치료군)의 상태특성불안에 차이가 있을 것이다.
- 영가설(H_0): $\mu_1 = \mu_2$ or $\mu_1 - \mu_2 = 0$ • 대립가설(H_1): $\mu_1 \neq \mu_2$ or $\mu_1 - \mu_2 \neq 0$
- 검증통계치: 독립표본 t-검정
- 기각역(유의수준)의 설정: $p < .05$ (양측검증)
- 독립변수와 종속변수의 구분: 독립변수=대조군과 실험군
  종속변수=상태특성 불안
- 결과해석 • 결론

STEP 1: 독립표본 t-검정의 대화상자 열기

먼저 SPSS를 구동하고 데이터 파일을 부른다. 그 다음 메뉴에서 '분석→평균비교→독립표본 t-검정'을 선택한다.

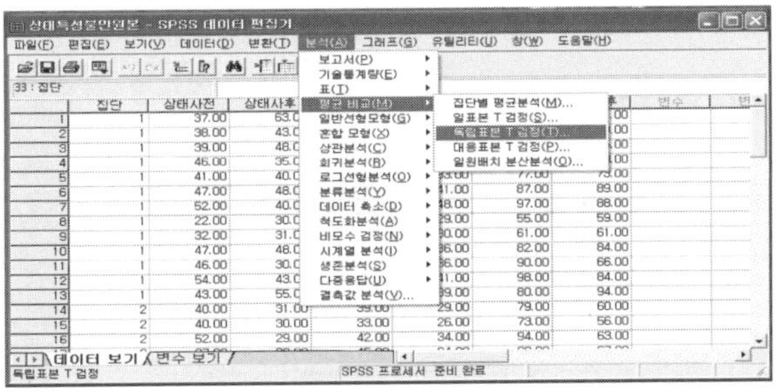

그 다음 '독립표본 *t*-검정'을 클릭하면, 독립 *t*-검정을 위한 대화상자가 열린다.

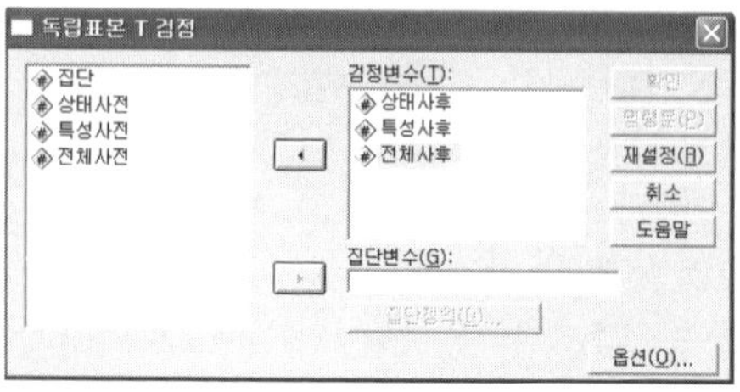

STEP 2: 분석할 변수의 선택

대화상자는 왼쪽에 변수목록이 있고 오른쪽에 분석될 변수를 넣게 되어 있다. '검정변수'에는 종속변수를 넣어 주어야 하고, '집단변수'에는 독립변수를 넣어 주어야 한다. 이 때, 독립변수는 집단을 정의해 주어야 한다. 위의 대화상자에서 '집단정의'를 누르면 집단을 정의하는 대화상자가 열리는데, 집단이 정의되기 전까지 '확인' 버튼이 활성화되지 않음에 주의해야 한다. 다음은 독립변수의 집단을 정의하는 버튼을 클릭해 나타나는 대화상자이다.

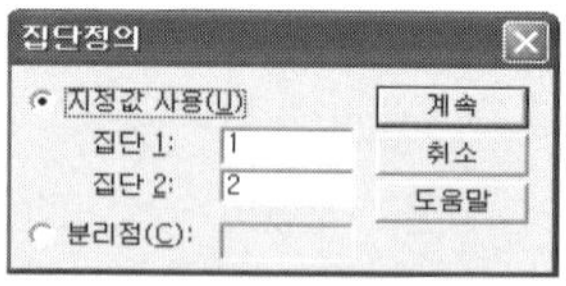

대화상자에는 집단 1과 집단 2를 정의하도록 되어 있으며, 집단 1은 대조군(1)이고 집단 2는 원예치료군(2)이므로 위의 창에서와 같이 1과 2를 각각 써 넣어 주면 된다. '계속' 버튼을 누르면 다시 독립표본 *t*-검정의 대화상자가 활성화된다.

STEP 3: 독립표본 *t*-검정의 옵션 처리

STEP 1에 보여지는 독립표본 *t*-검정의 대화상자에서 옵션버튼을 누르면, 옵션 대화상자가 나온다. 신뢰구간 95%로 해 주고 분석별 결측값을 제외한 후 '계속'을 누르면 된다.

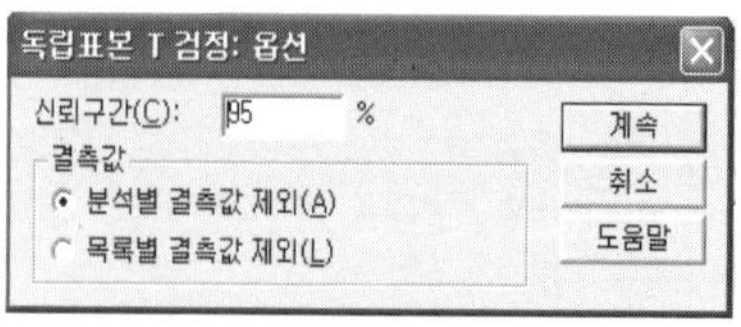

옵션까지의 모든 처리가 완성되고 STEP 1에 보여지는 독립표본 t-검정 대화상자의 '확인' 버튼을 누르면, 분석을 수행할 준비가 끝난다.

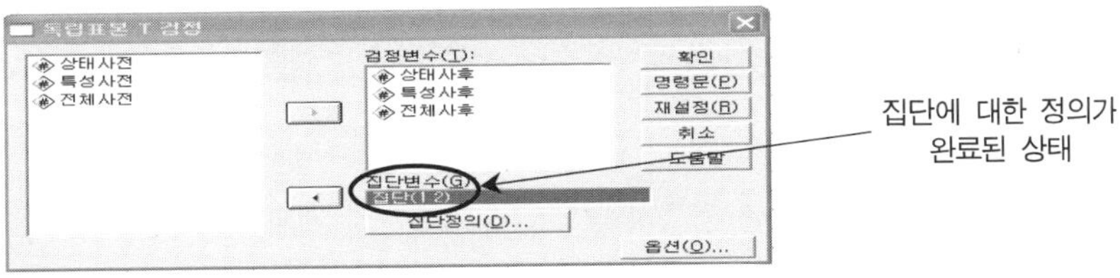

STEP 4: 독립표본 t-검정의 결과물 산출

STEP 2, 3이 완료되어 '확인' 버튼을 누르면 SPSS 뷰어가 열리면서 결과물이 산출된다.

〈결과 ①〉 기초 통계치

집단통계량

	집단	N(사례수)	평균	평균의 표준오차
상태사후	1	13	42.6154	2.75155
	2	19	34.7895	1.56081
특성사후	1	13	38.4615	1.65101
	2	19	33.9474	1.36041
전체사후	1	13	81.0769	3.55445
	2	19	68.7368	2.58407

〈결과 ②〉 검증 통계치

		Levene의 등분산 검정		평균의 동일성에 대한 t-검정						
									차이의 95% 신뢰구간	
		F	유의확률	t	자유도	유의확률(양쪽)	평균차	차이의 표준오차	하한	상한
상태사후	등분산이 가정됨	2.105	.157	2.653	30	.013	7.82591	2.94931	1.80261	13.84921
	등분산이 가정되지 않음			2.474	19.611	.023	7.82591	3.16341	1.21877	14.43306
특성사후	등분산이 가정됨	.046	.832	2.112	30	.043	4.51417	2.13769	.14842	8.87992
	등분산이 가정되지 않음			2.110	25.875	.045	4.51417	2.13929	.11576	8.91258
전체사후	등분산이 가정됨	.375	.545	2.879	30	.007	12.34008	4.28643	3.58603	21.09414
	등분산이 가정되지 않음			2.808	23.635	.010	12.34008	4.39449	3.26288	21.41728

- 등분산이 가정됨: 두 집단의 변량이 동질적일 때(동변량성 가정), 그 라인에 있는 통계치들을 사용한다.
- 등분산이 가정되지 않음: 동변량성을 가정할 수 없을 때, 해당 라인의 통계치들을 사용한다.

• 동변량성을 가정할 수 없을 때, 자유도가 변화됨에 주의해야 한다. 동변량성을 가정할 수 있을 때 *t*-검정의 자유도는 N1+N2−2=13+19−2=30이지만, 동변량성을 가정할 수 없을 때 자유도에 의해 교정해 주기 때문에 자유도가 19.611이 된다. 즉 두 집단의 변량이 달라지는 것을 최대한 방지하기 위해 교정치를 사용하는 것이다.

• 위의 경우, 동변량성을 검증하는 Levene's test의 결과 F=2.105이고 p=.157(p>.05)이므로 동변량성이 인정된다. 따라서 결과표를 제시할 때에는 '등분산이 가정됨'에 있는 결과 통계치들을 사용하여 표를 작성한다.

2) 독립표본 *t*-검정의 SPSS for Windows 결과해석

① 결과표의 작성

독립표본 *t*-검정의 결과표를 작성할 때 포함되는 기본적인 통계치는 단일표본의 경우와 비슷하지만, 각 집단에 대한 평균과 표준편차가 사용된다.

- 변수명
- 각 집단의 평균
- 각 집단의 표준편차
- t값: 기각역 결정값
- p값: 유의확률값

위의 경우, p값이 유의미하므로 표에 포함하여 제시한다(표 4-10).

표 4-10 원예치료 후 대조군 원예치료군의 상태특성 불안에 대한 독립표본 *t*-검정 결과

변 수 명	대조군	원예치료군	t	Prob.
상태불안	42.61±2.7[z]	34.78±1.5	2.653	.013*
특성불안	38.46±1.6	33.94±1.3	2.112	.045*
전체불안	81.07±3.5	68.73±2.5	2.879	.007*

[z]Mean±SE

*,**significant at p<0.05 or 0.01, respectively, by independent *t*-test.

② 결과의 해석

독립표본 t-검정은 두 독립집단의 평균을 비교하는 것이므로 대조군과 원예치료군 간에 상태특성불안점수 평균의 차이가 있는지를 검증하였다.

독립표본 t-검정의 해석 예

위 표에서 보듯이, 대조군과 원예치료군의 상태특성불안에 대한 독립 t-검정의 결과, $t(30)=2.653$로 $p<.05$이므로 두 처리군은 통계적으로 유의미한 차이가 있었다. 즉, 원예치료군의 평균은 68.73이고 대조군의 평균은 81.07로 전체불안점수가 원예치료군이 유의하게 낮게 나타났다. 따라서 본 표본조사에서 원예치료 실시군은 대조군보다 상태특성불안이 유의하게 감소한 것으로 나타났다.

5. 연구논문의 작성 및 평가

엄청난 시간과 노력을 투자하여 연구를 수행한 후, 그 결과를 정해진 규정과 양식대로 기술하는 것은 다른 사람들에게 자신의 연구를 온전히 알리고, 그 결과에 대하여 인정받기 위함이다. 학회나 단체마다 약간의 차이는 있지만 대개의 경우 논문은 다음과 같은 항목과 순서로 이루어진다. 아무리 많은 노력을 들이고 훌륭한 결과가 나왔다 하더라도 논문이라는 양식으로 적절하게 기술되지 않으면 제대로 인정받을 수 없기 때문에 논문을 작성하는 것은 실험을 수행하는 것만큼이나 중요하다.

5.1 연구논문의 체계

논문의 형식은 본인(연구자)의 생각을 검증할 뿐만 아니라 독자들이 지적으로 성장하도록 도와준다. 즉, 논문을 작성한다는 것은 다른 사람에게 읽히는 것을 전제로 글을 쓰는 것이기 때문에 본인(연구자)의 생각이 한층 더 명확해질 뿐 아니라 독자들도 논지의 근거가 무엇이며, 개념간의 관계가 어떻게 설정되어 있는지 쉽게 판단할 수 있다. 또한, 논문의 양식을 잘 알면 다른 사람들이 쓴 연구논문을 더욱 깊게 이해할 수 있으며, 전문가로서 논문의 질을 평가하는 데 새로운 안목이 생긴다. 결국, 연구논문을 쓴다는 것은 쓰면서 사고하는 것이다.

연구논문의 일반적 체계

제목(title)
저자(authority)
요약(abstract)
추가 주요어(additional key words)
목차(contents)
서론(introduction)
연구배경(research background)
연구방법(material & method)
연구 결과 및 분석(results & analysis)
토의(discussion)
결론 및 제언(conclusion & suggestion)
참고 및 인용문헌(literature cited)
부록(index)

* 굵은 글씨 항목은 학위논문에는 있지만 일반적인 research paper에는 생략되는 경우가 대부분이다. 토의와 결론 및 제언은 함께 기술되기도 한다.

각 항목별 요소 및 고려사항은 다음과 같다.

1) 제목

① 연구의 모든 내용을 함축적으로 내포하여야 한다.

② 짧고 관심을 끌 수 있는 표현이어야 한다.

③ 추상적인 표현이 아닌 과학적 표현이어야 한다.

2) 저자

① 연구의 참여도에 따라 순서를 정한다.

② first author(주 저자)와 corresponding author(교신저자)의 중요성을 고려해야 한다.

3) **요약**

① 이 연구의 목적이 무엇인지?

② 이 연구의 중요성(독창성)은 무엇인지?

③ 어떤 연구방법으로 연구가 진행되었는지?

④ 어떤 연구결과가 나왔는지?

⑤ 그것이 주는 의미는 무엇인지?

⑥ 간결하게 표현하여야 한다.

4) **추가 주 용어**

① 동일한 연구분야의 연구자들이 쉽게 접근할 수 있도록 공감성이 있는 용어를 사용한다.

② 제목에 포함되지 않은 용어를 선정하여 기술한다.

5) **목차**

① 일종의 요약문과도 같다.

② 각 장의 소제목 및 페이지를 안내한다.

③ 그래프, 표 등의 페이지를 안내한다.

6) **서론**

① 요약과 목차 부분을 좀 더 확장한 개념이다.

② 제시된 연구문제의 중요성을 기술한다.

③ 문제점을 명확히 기술한다.

④ 명백하고 논리적인 이론을 제시하기 위해서 인용문헌을 사용해야 한다.

⑤ 본 연구의 필요성에 대한 이론적 배경을 제시한다.

⑥ 연구의 구체적 목적을 기술한다.

⑦ 연구가설을 명확히 진술한다.

7) **연구배경**

① 본 연구를 선택하게 된 이유를 밝힌다.

② 선정한 주제를 어떤 맥락에서 진행할 것인가?

③ 넓은 연구분야에서 좁은 연구분야로 좁혀 나간다.

④ 주제를 뒷받침하는 과거의 연구는 어떤 것들이 있는가(다양한 각도에서 접근)?

⑤ 이미 진행된 연구결과는 무엇을 의미하는가(장단점과 문제점 파악)?

⑥ 본인 연구의 타당성과 필요성에 구체적으로 접근한다.

√ 저널에 발표되는 논문에서는 연구배경이 축약되어 서론에 들어가는 것이 일반적이다.

8) 연구방법

① 연구대상자

- 연구대상자는 누구인가?
- 선정한 구체적 기준들(선택기준과 제외기준 포함)을 제시해야 한다.
- 어떤 방법으로 선정되었는가를 기술해야 한다.
- 연구대상자의 수를 밝힌다.

√ 이러한 내용의 기술은 표본오차의 존재 여부와 혼란변수의 유무를 밝히는 데 도움이 된다.

② 연구장소

③ 연구참여자는 주 원예치료사 · 보조 원예치료사 · 스태프 · 가족 등을 구체적으로 기술해야 한다.

④ 사용된 재료와 식물을 기술해야 한다.

⑤ 프로그램 제작

- 작업분석 및 과정분석을 기술해야 한다.
- 관련 치료중재 모델의 이론과 원예치료적 접근법을 기술해야 한다.
- 프로그램의 의도(목적성)는 무엇인가?
- 프로그램 선정 및 작성방법을 상술한다.

⑥ 평가도구(기기 및 측정 평가지)

- 사용된 기기나 평가지를 구체적으로 설명한다.
- 표준화 유무를 기술(출처 기술)한다.

⑦ 연구설계

- 연구설계의 종류(실험설계 · 유사실험설계 · 비실험설계)는 무엇인가?
- 연구주제에 합당하도록 연구설계를 한다.
- 몇 개의 집단이 사용되었는가를 기술한다.
- 무작위 추출법의 유무를 기술(연구대상자의 집단 할당)한다.

• 대조군을 기술한다.

• 독립변수의 수와 수준을 기술한다.

• 치료와 측정횟수와 간격을 기술한다.

√ 혼란변수들과 내적 타당도가 엄격하게 통제된 실험환경일수록 독립변수의 효과가 높게 나타나기 때문에 내적 타당도와 일반화 사이의 어려움을 어떻게 극복하려고 했는가를 기술할 필요가 있다. 그러나 현실적으로 임상환경은 실험환경과 같이 될 수 없기 때문에 유사실험설계가 사용된 경우 가능한 외생변수의 영향도 고려해야 한다. 만약 단일피험자 실험설계(single- case design)를 사용한 경우에는 적용된 적절한 원칙들이 제시되어야 한다.

⑧ 실험절차

• 자료수집 과정을 다른 사람이 동일하게 재현할 수 있도록 구체적으로 기술한다.

• 독립변수와 종속변수의 조작적 정의를 제시한다.

• 내적 타당도를 위협하는 요소를 어떻게 통제하였는가를 기술한다.

• 측정의 시기, 횟수, 측정한 사람과 방법을 구체적으로 기술한다.

⑨ 자료분석

• 선택한 통계방법의 적절한 이유를 명시한다.

• 어떤 통계방법을 사용하였는지를 기술한다.

• 사용된 통계 패키지를 기술한다.

• 유의수준을 기술한다.

9) 연구결과 및 해석

① 표, 그림, 사진을 이용하여 기술한다.

② 각 단락에 해당되는 내용을 순차적으로 기술한다.

③ 통계적 유의성을 이용하여 적절히 기술한다.

④ 각 가설에 해당하는 내용을 모두 기술한다.

⑤ 필요시 적절한 인용문헌을 사용한다.

10) 토의

① 전체적 해석 및 인용을 한다.

② 서론에서 제시한 문제해결 방향으로 기술을 이끌어간다.

③ 필요에 따라 다른 연구자의 인용으로 입증한다.

④ 필요할 때 실험의 여러 문제를 다른 연구자들의 연구와 비교검토를 시도한다.

11) **결론 및 제언**

① 제시한 연구목적의 달성을 기술한다.

② 새로운 발견을 기술한다.

③ 부정적인 결과가 주는 의미를 기술한다.

④ 이 논문이 이 분야 연구에 기여한 점을 기술한다.

⑤ 앞으로 진행될 연구에 제언하고 싶은 말을 기술한다.

⑥ 연구 진행과정의 문제점을 지적한다.

√ 결론과 제언은 서론에서 제시하는 기술의 정반대로 볼 수 있다. 즉, 서론에서의 기술이 ① 특정한 사실이나 인용문으로 시작, ② 기존 연구의 상황, ③ 무지의 조건·상황, ④ 무지로 인하여 치러야 할 대가, ⑤ 문제해결의 순이라면, 결론과 제언은 역순으로 기술해 나가는 것이 된다.

12) **참고 및 인용문헌**(literature cited)

① 학회지에 따라 양식이 다르다.

② 일반적인 논문은 인용문헌을 요구한다.

13) **부록**(index)

연구수행의 결과로 나온 데이터 중 그 중요성은 떨어지나 본 연구를 충분히 이해하기 위해서 꼭 필요한 자료들을 수록한다.

5.2 논문 작성시 주의사항

5.2.1 서론의 전체적인 모습

기본적으로 서론은 모두 다음과 같은 세 가지 요소로 구성되어 있으며, 배열의 순서도 다음과 같아야 한다.

1) **공감대**

① 논문의 시작: 일반적인 진술, 특정의 사건이나 일화, 인용문이나 도전적인 사실로 시작한다.

② 배경: 연구문제에 학계가 공감하고 있는 문제의식이나 모든 학자들이 수긍하는 기저사실을 밝힌다.

2) **교란**

① '그러나', '하지만', '반면' 등을 사용한다.

② 제기: 무지와 오해 등과 같은 조건상황과 그 조건상황을 방치했을 때 생길 수 있는 대가의 지불 혹은 그것을 해결하여 얻을 수 있는 혜택 등을 논리적으로 기술한다.

3) **해결**

진술: 핵심요지 혹은 제기된 연구문제의 해답을 제시한다.

5.2.2 논문의 첫 문장과 마지막 문장

1) **논문의 첫 문장**

① 자제해야 할 문장

㉠ 사전 정의로 논문을 시작하는 것은 좋지 않다.

㉡ 너무 거창하게 시작하는 것은 좋지 않다.

㉢ '이 논문에서는 ~에 대한 논의를 할 것이며, ~과의 비교를 통해 할 것이다'라는 판에 박힌 기술은 진부하다.

㉣ 주어진 과제의 내용을 그대로 재진술하면서 시작하지 않는다.

② 적합한 문장

㉠ 돌출적 사실이나 익숙한 인용으로 시작한다.

㉡ 적절한 일화로 시작한다.

㉢ 일반적인 진술로 시작한다.

2) **논문의 마지막 문장**

① 핵심요지로 끝을 맺는다.

② 시사점이나 새로운 응용 가능성을 제시하며 끝을 맺는다.

③ 앞으로의 연구문제를 제시하면서 끝을 맺는다.

④ 논문의 시작과 종결이 서로 일맥상통하도록 관련성을 부여하는 코더(coda)로 끝을 맺는다.

5.2.3 논 술

연구논문 속에는 연구자의 주장과 그 주장을 뒷받침하는 증거가 분명히 제시되어야 한다. 그리고 단서 달기를 추가하여 논문의 형식을 보강한다. 주장은 실질적이며 쟁점이 있고 명시적이어야 하며, 그 주장을 받쳐주는 정확성 · 정밀성 · 충분성 · 대표성 · 신뢰성 · 명료성을 가진 증거가 제시되어야 한다. 논술에서 증거와 주장은 제시순서가 달라도 된다. 한편, 주장과 증거의 관계를 논리적으로 연계시켜 주는 교량 역할을 하는 것이 가정인데, 이 가정은 연구자의 주장이 증거로부터 추론될 수 있는가 판단하는 기준이 된다. 논술에서 주장, 증거, 그리고 가정의 요소가 모두 구비되면 논리적으로 상대방을 설득시킬 수 있을 것이다. 그러나 어떤 주장이라도 100% 확실성을 가질 수 없으므로, 그 주장이 성립되는 조건을 제시하거나 주장의 확실성에 한계가 있음을 제시할 때는 단서를 붙인다.

예) 지금 당신이 매사에 기억력이 없는 것처럼 행동한다[증거]. 따라서 병원에 가서 진찰을 받아보는 것이 좋겠다[주장]. 모든 일에 기억이 없다는 것[가정]은 당신이 치매에 걸렸을 수 있다는 것[단서]을 의미하기 때문이다.

또한 논술을 할 때 문장의 처음은 연구자의 말로 시작하고 인용의 내용으로 끝을 맺어야 한다. 인용은 가능한 한 짧게 하는 것이 좋으며, 인용과 인용을 적당히 엮는 행동은 절대로 피해야 한다.

5.2.4 자료의 시각적 표현

독자가 논문을 원활하게 이해하기 위하여 논술내용의 구성과 문체에 대한 논의를 하는 데 결과자료를 도표, 차트, 그래프, 도형과 같은 시각물로 제시하면 독자의 이해가 더욱 빠르다. 또한, 시각물은 스스로 말을 하는 것이 아니기 때문에 설명이 필요하며, 말과 그림을 결합해야 한다.

① 시각물 요소의 이름을 명확히 붙인다.
② 도표와 그림에는 다른 일련번호를 부여한다(예, 표 1-1, 그림 1-1 식으로).
③ 도표와 그림은 본문에 관련된 내용 가까이 놓도록 한다.
④ 본문 속에서는 항상 관련 도표와 그림에 대하여 언급한다.
⑤ 시각 이미지 중 필요하다면 중요한 부분에 강조 표시를 한다.

5.2.5 문장의 수정

① 5개(주어, 동사, 명사, 전치사, 절)의 문법용어가 적절해야 한다. 명확한 글쓰기를 위해서는 주어가 주체로 시작되어야 하며, 핵심적 행위는 동사를 써서 표현한다.

예) a. 원예치료의 확대보급만을 생각하여 원예활동과 원예치료의 비구분은 차후 원예치료의 전문성 결여로 나타날 것이다.

b. 원예치료의 확대보급만을 생각하여 원예활동과 원예치료의 차이를 명확하게 구별하지 않는다면, 차후 원예치료의 전문성은 점차적으로 떨어질 것이 명확하다.

√ b가 a보다 명확도가 더 높다. 행위를 동사로 표현한다.

② 익숙한 것을 먼저 제시한다.

③ 옛 정보는 먼저 쓰고, 가장 최신 혹은 가장 복합적인 정보는 문장 끝에 쓴다.

④ 문장의 길이, 적절한 단어의 선택, 간결체 등을 고려한다.

⑤ 문체, 구조, 논술 등을 수정한 후에 문법, 철자법, 구두점, 인용방식 등도 다듬어야 한다.

5.2.6 인용과 표절

1) **인용의 원칙**

① 꼭 필요한 경우에만 한다.

② 인용문은 원문의 내용과 정확하게 일치해야 한다.

③ 모든 인용문은 저자와 출전 등 서지사항을 정확하게 밝혀주어야 한다.

④ 인용문의 내용에 대해서는 인용자가 책임을 져야 한다.

⑤ 인용하는 글은 그 분야에서 인정받고 있는 권위자의 것이어야 한다.

2) **인용의 형식**

① 직접인용: 다른 저자나 필자가 표현한 것을 그대로 옮길 필요가 있을 때 하는 것이다.

② 간접인용: 남의 저서나 논문의 내용을 논문 작성자의 표현으로 바꾸어 인용하는 것이다.

3) 표절

다른 사람이 쓴 글의 내용을 인용하면서 그 출처를 밝히지 않을 경우, 다른 사람의 글을 내 글인 양 작성하는 결과가 되는데, 이것을 표절이라 하며 이는 연구자로서 불명예스러운 행동이다.

Chapter 05

원예치료용 식물과 관리

1. 원예치료용 실내식물과 관리

실내에서 할 수 있는 원예치료 활동은 화훼류뿐만 아니라 채소류와 과수류도 이용할 수 있어 매우 다양하다. 예를 들면, 투명한 용기 내에 적은 식물을 심은 테라리움, 얕은 접시(dish)에 식물을 모듬으로 심는 디쉬 가든(dish garden), 맹아(萌芽)나 싹(눈)을 생산하는 싹채소 기르기, 관엽식물을 수경재배하는 하이드로컬쳐(hydroculture), 건조한 꽃을 이용한 건조화(압화; pressed flower), 화단에 핀 꽃을 용기에 장식하는 플라워 디자인(flower design), 관수가 거의 필요 없는 air plants 기르기, 또한 다양한 색의 초화류, 꽃나무, 채소류, 허브를 사용한 삽목(揷木), 삽아(揷芽) 등이 있다. 그러나 실내에서 할 수 있는 원예활동이 다양하다 할지라도 실내환경의 특성에 대한 이해와 거기에 적절한 식물을 선택하지 않으면 관리가 불가능해진다. 몇 가지 실내환경의 특성과 이에 알맞은 식물을 알아보자.[1)]

1.1 실내환경

실내환경은 식물관리에 기초하여 편의상 식물의 지상부와 지하부를 나누어서 실내환경과의 관계를 설명하는 것이 좋을 것이다.

1) 제5장의 내용 중 원예치료용 식물은 다음 책을 주로 참고하였다.
武川滿夫・武川政江. 2000. 園藝療法. 源草社; 豊田正博. 1998. はじめてみよう 園藝療法. 家の光協會; Hewson M. 1994. Horticulture as therapy: a practical guide to using horticulture as a therapeutic tool. Homewood health center, 150 Delhi Street, Guelph, Ontario NIE 6K9, Canada.

1.1.1 광환경

실내에 식물을 두는 장소를 선택할 때 가장 먼저 고려해야 할 요소가 바로 광환경이다. 광은 식물이 생명을 유지하는 데 필요한 양분과 에너지를 생산할 뿐만 아니라 꽃을 피우는 데 요구되는 호르몬 형성에도 필요하다. 만약 광이 부족하면 식물은 자체 보유하고 있는 에너지를 사용하여 일정기간 생존할 수는 있지만, 결국에는 죽고 만다. 광에 의한 식물의 생육 및 반응은 광도(빛의 세기 혹은 강도), 광질(광의 파장대: 400~700nm), 그리고 광주기(빛의 지속기간)에 의해 영향을 받는다.

직사광선을 받는 실외와 실내의 조도(인간의 눈에 기초한 빛의 밝기, lux)를 측정해 보면, 실내의 조도가 의외로 낮은 것에 놀라게 된다. 예를 들어, 남향 창가의 조도라 할지라도 외부 조도의 반 정도밖에 되지 않는다. 더욱이 창에서 약 1m 정도 떨어진 위치의 밝기는 창가 조도의 1/3 정도로 더 낮아진다. 실제로 실내의 조도가 이렇게 낮음에도 불구하고 대부분의 실내식물이 잘 유지되는 것을 생각해 보면 실내식물의 적응력이 매우 높다는 것을 알 수 있다. 일반적으로 볼 때, 실내에는 300~3,000lux 밝기 하에서 생육이 좋은 식물을 두는 것이 좋으며, 5,000lux 이상이 요구되는 식물은 실외에서 관리하든가 보광(補光)을 해 주어야 한다.

실내에서 식물을 관리할 때 가능하면 자연광을 최대한 사용하는 것이 좋을

그림 5-1 식물의 지상부에 영향을 미치는 실내환경 요소들

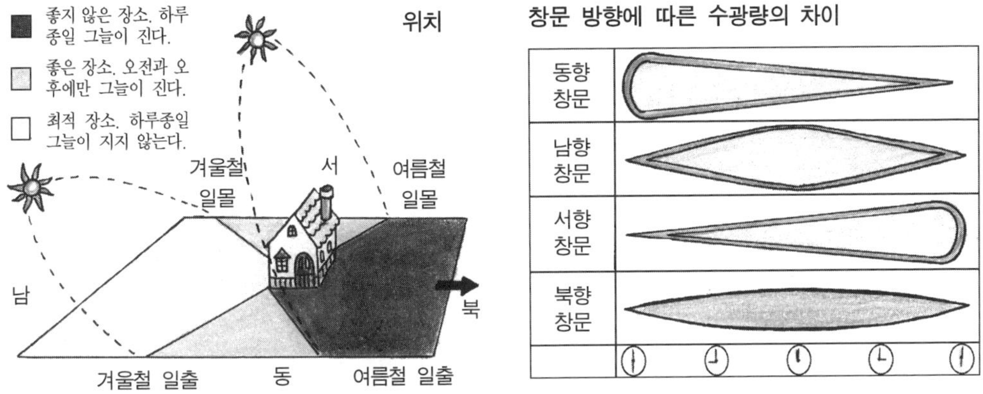

그림 5-2 계절과 방향에 따른 광도 및 수광량의 차이

것이다. 이는 단순히 경제적인 측면뿐만 아니라 인공광보다 자연광은 식물의 생장에 훨씬 효율적인 광도 및 광질을 제공하기 때문이다. 그러나 전적으로 자연광에 의존할 경우 계절과 날씨에 따라 광주기와 광도 부족과 같은 제한이 있게 된다(**그림** 5-2). 예를 들어, 창의 방향에 따라 하루 중 수광량(광이 들어오는 양)이 서로 다르며, 북위도에서는 맑은 날씨라도 겨울철에는 지구와 태양과의 거리가 멀어지기 때문에 광도가 50% 정도 감소하며, 구름이 많이 끼는 날에는 더 감소하게 될 것이다. 또한 위도가 높으면, 겨울에는 낮의 길이가 매우 짧아진다.

그림 5-2와 5-3은 여름과 겨울에 받게 되는 자연광의 차이를 나타낸다. 겨울에는 광도는 약하지만 지구에 대한 태양의 기울기가 적어서, 실내공간 깊숙이 빛이 더 많이 들어올 수 있다. 그러나 여름에는 해가 머리 위로 떠 있어서

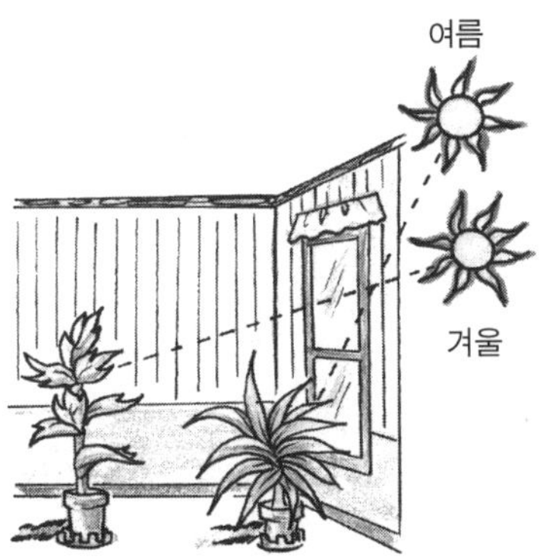

그림 5-3 태양의 기울기에 따라서 실내로 들어오는 자연광 위치의 변화

그림 5-4 실내에 들어오는 광량에 따른 구분

광도는 크지만, 실내공간으로 빛이 깊게 들어올 수는 없다. 이러한 현상들도 자연광을 이용할 때에는 고려해야 한다.

한편, 계절에 관계없이 실내에 식물을 둘 때 창문에서부터 떨어진 거리를 고려해야 한다(**그림** 5-4). 앞서 언급한 바와 같이 창문에서 멀어지면 멀어질수록 광도가 급격히 감소되기 때문이다. 꽃이 피거나 잎에 강한 색채를 지니는 식물들은 강한 광선이 필요하기 때문에 가능한 창가에 두어 직사광선을 많이 받도록 해야 하고, 반대로 고사리류처럼 저광 속에서 생육하는 식물은 실내의 그늘진 곳에 두는 것이 좋다.

전체적으로 볼 때 우리나라의 경우 겨울철에는 식물을 가능한 볕이 잘 드는 곳에 두고 습도를 잘 조절해야 하며, 여름철에는 적절히 차광된 곳에 두고 습도가 높기 때문에 통풍에 신경을 써야 한다.

적정 실내조도에 적합한 관엽식물의 예는 표 5-1과 같다.

표 5-1 실내조도에 따른 적정 관엽식물

조 도 (lux)		속한 식물
A	1,000	관음죽(*Rhapis*), 아글라오네마, 아디안텀(암공작고사리: *Adiantum*), 칼라데아, 마란타, 휘토니아, 피커스 퓨밀라, 필로덴드론
	1,200	파초일엽(*Asplenium*)
	1,500	피기백, 네프롤레피스
B	2,000	페페로미아, 고무나무류, 프테리스, 제브리나, 소형 아나나스, 아스파라거스
	2,500	호야(옥첩매: *Hoya*)
C	3,000	포토스, 금송악(*Hedera*), 브라이달벨, 필로덴드론(*Philodendron*), 필레아, 자주달개비(*Tradescantia*), 달개비류(*Setcreasea*), 셰플레라, 시페러스, 코르딜리네, 기누라(삼칠초: *Gynura*), 접란(줄모초: *Chlorophytum*)

1.1.1.1 실내 위치에 따른 식물의 분류

1) **거의 일광이 없는 실내**(형광등만의 밝기, 미광 상태)

- 싹채소류: 메밀, 참깨, 순무(蕪菁), 알팔파(Alfalfa), 콩나물

2) **창가에서 레이스 커튼 너머로 빛이 드는 실내**(투과광에 해당)

- 난 종류: 파피오페딜럼(*Paphiopedilum*)
- 분화류: 세인트폴리아(*Saintpaulia*), 글록시니아(*Gloxinia*), 리거베고니아,

군자란

- 그늘에 강한 허브: 체르빌(Chervil), 로케트(Rocket: *Eruca vesicaria*), 챠이브
- 약간의 그늘에 강한 관엽식물: 페페로미아(*Peperomia*), 아디안텀(*Adiantum*), 스파티필름(*Spathiphyllum*), 디펜바키아(*Dieffenbachia*), 아나나스(*Ananas*), 드라세나(*Dracaena*), 브라이달벨(Bridal veil), 트라데스칸티아(*Tradescantia*), 파초일엽, 호야, 관음죽

3) **창가에서 제법 빛이 들어오는 실내**(양지에 해당)

- 난 종류
  - 카틀레야(*Cattleya*): 밝은 창가에서 관리하고 월동온도는 7°C 이하가 되지 않도록 주의한다.
  - 심비디움(*Cymbidium*): 4월에서 10월까지 옥외 나무그늘에서 관리, 후에는 밝은 창가에 둔다. 월동은 5°C 이상이다.
  - 덴드로비움(*Dendrobium*): 노빌계(系), 팔레놉시스계 모두의 관리는 심비디움과 같다. 월동은 팔레놉시스계는 7°C 이상이다.
  - 호접란: 밝은 창가에서 관리하고 월동 온도가 7°C 이하가 되지 않도록 주의한다.
- 분화류: 프리뮬라(*Primula*), 시클라멘(*Cyclamen*), 시네라리아(*Cineraria*)
- 선인장: 월하미인(月下美人: *Epiphyllum oxypetalum*), 홍공작(*Epiphyllum hybrid*)
- 채소류: 파슬리, 서니 레터스(Sunny lettuce), 래디시(Radish)
- 허브: 페퍼민트(Peppermint), 스위트 바질, 챠이브, 라벤더, 레몬밤
- 광을 좋아하는 관엽식물: 인도 고무나무, 벤자민 고무나무, 크로톤(Croton), 포토스(Pothos), 셰플레라

4) **북향의 밝은 옥내**

- 임파첸스: 꽃색이 적색, 분홍색, 등(橙)색, 백색으로 풍부하다. 개화 후 자방을 누르면 씨가 사방으로 흩어지는 것이 재미있다.
- 베고니아 셈파플로렌스: 개화기가 봄부터 만추까지 긴 것이 특징이다.
- 오리엔탈 하이브리드(Oriental hybrid)계의 대형 나리(구근): 향기 좋은 것이 많다.

- 리코리스(구근): 한 번 심으면 매년 꽃이 핀다.
- 그 외에도 샐비어 · 스프렌덴스(보통종), 백묘국, 비올라, 마가레트, 크로커스, 무스카리, 수선(水仙), 스노우프레이크, 아이비, 옥잠화, 백냥금, 소엽맥문동, 애기석창포, 금대조릿대, 새우난초 등.

1.1.2 실내의 온도환경

식물의 원산지에 따라 식물의 전 생육기간 동안 요구되는 온도는 각각 다르다. 예를 들면, 같은 식물이라 할지라도 발아(發芽)를 위한 적온(適溫), 꽃을 피우기 위한 개화(開花) 적온, 겨울을 나기 위한 월동(越冬) 적온이 서로 다르다. 그러나 일반적으로 식물의 전 생장에 요구되는 온도를 생육 적온이라고 한다. 생육 적온 범위는 한대성 식물일수록 낮고 아열대, 열대성 식물일수록 그 범위가 높아진다.

실내의 온도는 지붕 및 벽체(壁體)의 종류, 구조, 열 전도도, 통풍에 의해 달라진다. 예를 들면, 목조로 된 집은 여름에는 덥고 겨울에는 추운 반면 콘크리트로 된 집은 겨울에는 따뜻하고 여름에는 시원하다. 또한 거실의 방향도 중요한데, 남향 거실은 북향 거실보다 4~5℃ 기온이 높다. 또한, 실내의 경우 바닥과 천정 부위의 온도도 계절에 따라 2~3℃ 정도 차이가 난다.

한편, 식물의 체온은 실내의 공기온도 외에도 광, 공중습도, 공기유동, 체내수분 등에 영향을 받는다.

관엽식물의 생육 적온은 **표 5-2**, 저온에 쉽게 피해를 입는 관엽식물은 **표 5-3**과 같다.

표 5-2 실내 관엽식물의 생육 적온

그룹	생육 적온	속한 식물
A	20°C 이하	필로덴드론(*Philodendron*), 양치류(*Nephrolepis*) 코르딜리네, 소형 아나나스, 아디안텀(*Adiantum*), 달개비류(*Setcreasea*), 브라이달벨
B	21~25°C	아스파라거스, 파초일엽(*Asplenium*), 아글라오네마, 기누라, 줄모초, 자주달개비, 필레아(*Pilea*), 프테리스(*Pteris*), 고무나무류, 페페로미아, 금송악(*Hedera*)
C	25°C 이상	셰플레라, 디펜바키아

표 5-3 단기간 2~10°C에 노출되었을 경우 저온 장해를 입는 관엽식물

식 물 명	영 명
Aeschynanthus pulcher	Lipstick vine
Aglaonema × 'Silver Queen'	Silver evergreen
Caladium × *hortulanum*	*Fancy-leaved caladium*
Dieffenbachia maculata	*Spotted dumbcane*
Dracaena fragrans 'Massangeana'	*Corn plant dracaena*
Dracaena reflexa	*Malaysian dracaena*
Episcia cupreata	*Flame violet episcia*
Fittonia verschaffeltti	*Mosaic plant, silver-nerve fittonia*
Maranta leuconeura erythroneura	*Red-veined prayer plant*
Polyscias fruiticosa	*Ming aralia*

1.1.3 실내의 습도환경

상대습도는 온도와 밀접한 관계를 가지고 있다. 즉, 실내온도가 높아지면 상대습도는 낮아지는 반면, 온도가 떨어지면 상대습도는 높아진다. 온도가 10°C 오르면 공중습도는 약 20~30%나 내려간다. 식물에 따라 다소 차이가 있으나 실내식물에 가장 적절한 상대습도는 60~70%의 범위이다(**그림** 5-5). 우리나라의 경우 여름철에는 상대습도가 매우 높아 차광만 제대로 하면 실내식물이 자라는 데 최적이지만, 겨울철에는 상대습도가 30% 이하로 떨어지기 때문에 난방이 된 실내에서 식물을 관리하려면 잎에 분무(噴霧)가 필수적이다.

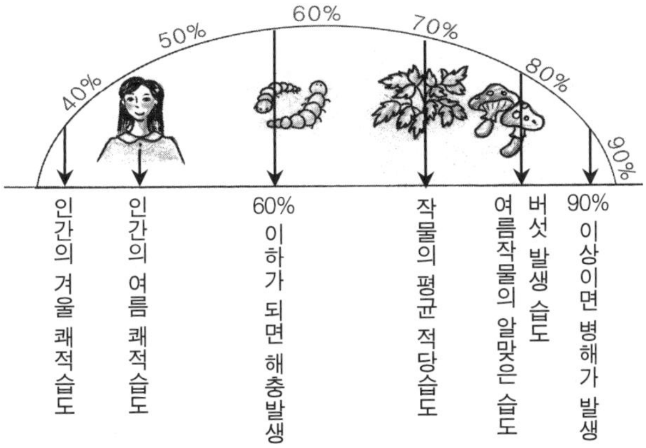

그림 5-5
실내습도(공중습도)

표 5-4 실내 관엽식물의 생육습도

습 도	적정 식물
50~60%	아스파라거스, 줄모초, 삼칠초
70% 내외	시페러스, 달개비류(*Setcreasea*), 피기백(piggy back), 고무나무류, 브라이달벨, 페페로미아, 금송악(*Hedera*), 호야
80% 이상	아디안텀(*Adiantum*), 파초일엽(*Asplenium*), 아글라오네마, 크립탄터스, 코르딜리네, 셰플레라, 제브리나, 자주달개비(*Tradescantia*), 네프롤레피스, 필레아(*Pilea*), 프테리스(*Pteris*), 필로덴드론(*Philodendron*), 포토스, 관음죽(*Rhapis*)

1.1.4 공기유동의 환경

식물의 생육에 영향을 미치는 또 다른 요소는 공기의 흐름이다. 만약 실내 공기유동(流動)이 적절치 않으면, 식물체 주위의 미세기후가 식물의 반응이나 생육에 적절치 않게 된다. 특히, 탄산가스가 부족하거나 지나치게 높아진 상대습도는 질병에 감염되기 쉽게 한다. 만약 실내온도가 25℃ 이상이면 반드시 창문을 열거나 환풍기를 설치하여 공기가 통하게 해야 한다. 실내 공기흐름은 인간이나 식물 모두에게 0.6~1.0m/sec 정도가 좋다.

1.1.5 실내 유해가스를 잘 흡수하는 식물

실내식물에 따라서는 실내공기 내 존재하는 휘발성 오염물질을 제거하는 특성이 있기 때문에 식물의 이러한 기능성을 잘 활용하면 실내 공기질을 개선할 수 있다. 그러나 실내에는 실제로 수백 개 이상의 휘발성 물질이 각각 극소량으로 존재하기 때문에 다양한 식물을 함께 두는 것이 좋을 것이다.

1) **질소산화물질 제거에 효과적인 식물**

- 국화과 식물: 쑥, 국화, 잇꽃, 페튜니아, 식용국화, 포트멈(Potmum)
- 초화류: 코스모스, 스토크(향무우: stock), 세인트폴리아(*Saintpaulia*)
- 허브: 보리지, 캐모마일(Chamomile), 라벤더
- 수목: 유카리나무, 벚나무
- 양란: 덴드로비움, 온시디움(Oncidium)

- 관엽식물: 글록시니아(Gloxinia), 포토스

2) **포름알데히드 제거에 효과적인 식물**

네프롤레피스, 자주달개비(*Tradescantia*), 포토스, 보스톤 고사리(*Nephrolepis exaltata* 'Bostonienesis'), 포트멈(*Chrysanthemum morifolium*), 거베라(*Gerbera jamesonii*) 등

3) **벤젠 제거에 효과적인 식물**

헤데라(ivy: *Hedera helix*), 거베라, 데이지(Daisy), 스파티필름(*Spathiphyllum wallisii*), 관음죽(*Rhapis excelsa*), 칼랑코에(*Kalanchoe blossfeldiana*), 산세베리아(*Sansevieria trifasciata*), 싱고늄(*Syngonium podophyllum*), 헤데라, 사계란 등

4) **톨루엔과 크실렌 제거에 효과적인 식물**

아레카야자(황야자: *Chrysalidocarpus lutescens*), 싱고늄, 헤데라, 피닉스야자(*Phoenix roebelenii*), 디펜바키아(*Diffenbachia maculata* 'Camilla')

5) **오존 제거에 효과적인 식물**

스파티필름, 헤데라, 벤자민 고무나무(*Ficus benjamina*), 사계란(*Cymbidium rubrigemmum*)과 보세란(*C. sinense*)

6) **그 밖에 효과적인 식물**

- 일산화탄소 제거: 스킨답서스(*Scindapsus aureus*)
- 이산화질소 제거: 스파티필름과 벤자민 고무나무
- 이산화황 제거: 스파티필름
- 암모니아 제거: 관음죽, 스파티필름과 파키라
- 미세먼지 제거: 인도 고무나무, 헤데라, 벤자민 고무나무
- 음이온 발생 식물: 산세베리아, 스파티필름, 관음죽, 팔손이

1.2 지하부의 환경

식물체의 지하부(地下部)와 관련된 환경은 주로 토양의 삼상(고상, 기상, 액상), 토양 내 양분, 그리고 토양 내 존재하는 미생물 등이다(**그림 5-6**). 배지는 단지 식물체의 뿌리를 감싸고 지지하는 역할뿐만 아니라 물과 양분을 전달하는

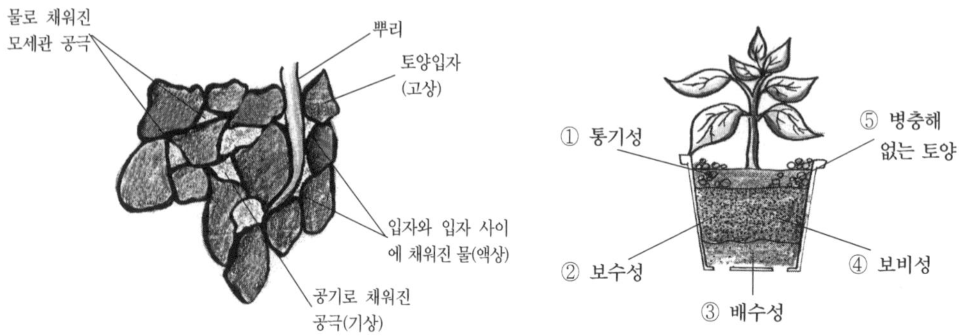

그림 5-6 식물의 지하부에 영향을 미치는 환경요소와 배지의 기본 조건

매체이기도 한다. 좋은 배지는 **그림 5-6**에서 보는 바와 같이 통기성과 배수성 및 보수성과 보비성이 좋아야 하며, 또한 병충해가 없는 깨끗한 토양이어야 한다.

실내 재배에서 배지는 무엇보다도 먼지가 나지 않아야 하며, 병충해가 없고 청결해야 하므로 무토양 배지를 사용하는 것이 좋다. 현재 실내식물 재배에 많이 사용되는 배지는 피트모스(peat moss)와 펄라이트(perlite)를 혼합하여 만든 배합토이다. 그러나 최근 들어서서는 하이드로볼(hydroball)과 같은 배지를 사용하여 일종의 수경재배식으로 관리하는 경우가 많아졌다(**그림** 5-7). 하이드로볼 배지를 사용한 분은 우선, 분 아랫부분에 배수공을 만들 필요가 없고, 배지로부터 먼지가 나지 않으며, 물주기를 어떻게 해야 할지 고민할 필요가 없다. 수위계의 눈금을 보고 필요할 때 채워 주기만 하면 된다.

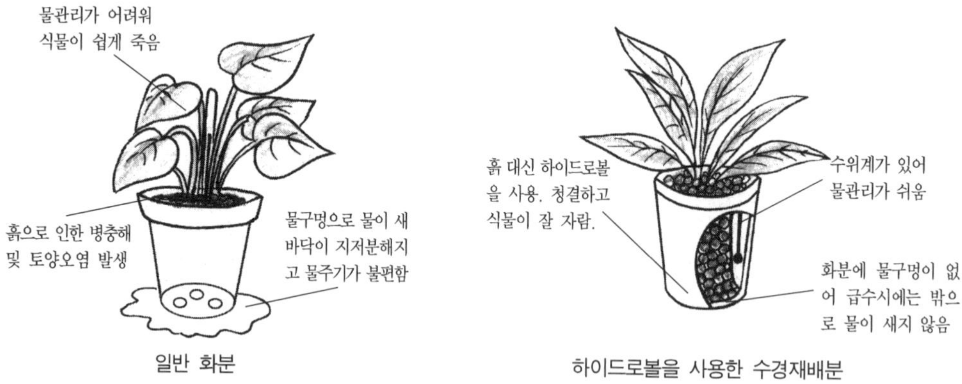

그림 5-7 일반 화분과 하이드로볼을 사용한 분의 차이점

한편, 모든 화훼류는 아니지만 상당수의 관엽식물이나 구근 그리고 싹채소는 아예 배지 없이 물만으로 키우는 수경재배가 가능하다. 수경재배 때 수돗물이면 큰 문제 없이 사용할 수 있다. 뿌리도 항상 호흡하고 있기 때문에 사용하는 물속에 신선한 산소[溶存酸素]가 필요하다. 따라서 6~9월 사이는 매일 새로운 물로 교환해서 물속에 녹아 있는 용존산소를 증가시켜 주는 것이 좋다. 뿌리의 일부가 언제나 공기와 닿게 해 두면 뿌리가 많아지고, 뿌리의 신장도 빨라져서, 물과 양분(비료)의 흡수도 좋아진다. 용기 내 물은 뿌리가 길게 자람에 따라 아래쪽 뿌리만 잠길 수 있게 수위를 내려 공간을 만들어주고, 뿌리가 직접 산소를 빨아들이도록 한다. 용기 내 물은 뿌리 길이의 1/3만 잠기도록 해도 충분하다. 물의 부패를 방지하기 위해 용기바닥에 소량의 규산백토나 이온교환 수지를 넣어 주어도 좋다. 양분을 공급하려면 시중에서 판매되는 양액을 구입해서 적정농도로 희석해서 사용하면 된다.

2. 원예치료용 화단

원예치료용 화단은 단순한 미적 개념의 화단이 아니고 상호 교제할 수 있는 화단을 의미한다. 이러한 화단은 다음의 내용을 포함하는 것이 좋다.

① 무농약 재배를 할 수 있는 튼튼한(병충해에 강한) 식물일 것

② 먹을 수 있는 꽃(식용화)일 것

③ 시각이나 후각을 자극하는 초화류일 것

④ 신경을 온화하게 한다든지 안정시켜 줄 수 있는 초화류일 것

⑤ 꽃을 가지고 놀이를 할 수 있다든지, 그 변화에 놀라움을 느낀다든지, 꽃이나 잎, 과실을 관찰할 수 있는 식물일 것

⑥ 포푸리에 사용한다든지 차(茶)로 쓰거나 목욕에 사용되는 식물일 것

⑦ 관리가 용이하여 그다지 관심을 두지 않아도 잘 살 수 있는 식물일 것

⑧ 계절감이 있고, 어린 시절(옛날)을 생각나게 해 주며, 장기간 즐길 수 있는 초화류일 것

2.1.1 놀이화단

어릴 때 밖에서 야생화나 꽃을 벗삼아 지낸 추억을 가진 사람들이 많을 것이다. 향수(鄕愁)를 자아내는 식물재료 중에서 화단에 식재할 수 있는 것을 선별하여 활용한다. 원예활동 중 이러한 식물을 이용하여 놀이를 개발할 수도 있고, 화단 대신에 플랜트를 사용하여 각자 식재할 수도 있을 것이다.

표 5-5 놀이화단에 사용되는 식물

식 물	놀이 종류
풍선덩굴	초롱 놀이를 할 수 있는 초화류
분꽃(연지화)	화장(make-up) 놀이를 즐길 수 있는 초화류
토끼풀	머리장식으로 노는 초화류
봉선화	매니큐어(손톱 물들이기)로 즐기는 초화류
닭의장풀(*Commelina*)	염색물(色水) 놀이로 즐기는 초화류
꽈리	인형 놀이에 좋은 초화류
염주(薏苡)	목걸이(necklace)가 되는 초화류
초롱꽃	풍선 놀이에 좋은 초화류
루나리아(*Lunaria*)	은화(銀貨) 동전이 되는 초화류
함수초(*Mimosa*)	닿기만 하면 움직이는 초화류
비누패랭이꽃(*Saponaria*)	비누거품 놀이가 되는 초화류
나팔꽃	키 재기를 즐기는 초화류
해바라기	키 재기를 즐길 수 있는 초화류
호리병박	재미있는 용기(그릇)가 되는 초화류
스위트피이(Sweat pea)	꽃의 아치가 아름다운 초화류
지면패랭이꽃	녹색 카펫(carpet)이 되는 초화류
아루메리아	녹색 카펫이 되는 초화류
보리수나무, 산앵두나무	열매를 즐기는 작은 과수
월귤나무, 나무딸기	열매를 즐기는 작은 과수

2.1.2 학습화단

식재된 꽃이나 잎을 관찰하도록 하면서 학습하는 화단이다. 식물의 모양을 스케치하거나 일기를 쓰도록 한다.

표 5-6 식물의 독특한 생리를 관찰할 수 있는 화단

관 찰 목 표	특 성	식 물
빛에 의한 꽃의 개폐(開閉)	낮은 피고 밤에 닫는 것	민들레
	맑은 날에 피고 흐린 날 또는 비오면 닫는 것	금영화(화연초), 리빙스턴 데이지
	밤에 피고 낮에 닫는 것	금달맞이꽃, 밤나팔꽃
온도에 의한 꽃의 개폐	꽃이 폈을 때의 온도와 닫았을 때의 온도를 조사	튤립, 복수초, 낙화생(땅콩), 함수초
꽃이나 잎의 수면시간	어두워지면 잎을 닫고 잠	괭이밥(Oxalis), 강낭콩, 클로버(토끼풀), 마란타

2.1.3 체험화단

식물의 특이한 반응을 관찰할 수 있는 화단이다. 최근 식충(食蟲)식물은 체험화단의 대표적인 예라고 할 수 있을 것이다. 식물체가 무엇인가에 닿기만 하면 일부가 운동을 일으키는 접촉운동을 관찰할 수 있다.

표 5-7 특이한 반응을 일으키는 식물

관 찰 목 표	교 재
접촉운동의 관찰	용담, 자귀나무(합환목), 강낭콩, 토레니아(*Torenia*) 수레국화, 채송화, 함수초
식충식물의 관찰	
▪ 발달한 선모(腺毛)를 사용	끈끈이주걱속(屬), 벌레잡이제비꽃속
▪ 분화된 잎의 개폐로 포충(捕蟲)	벌레먹이말, 끈끈이주걱
▪ 포충 봉지를 사용	벌레잡이통풀(*Nepenthes*)속, 사라세니아속
▪ 포충 주머니로 적출(摘出)	통발 속

2.1.4 원예치료용 A자형 높임 화단

신체장애가 있는 사람들은 높임 화단을 이용함으로써 정원활동을 보다 쉽게 할 수 있다. 높임 화단은 신체적 장애 때문에 더 이상 일반적인 정원활동을 지속할 수 없는 사람들을 위해 고안된 것이다. 높임 화단이 만들어지기 전에는 고령자나 몸이 불편한 환자들은 그들의 정원 작업에 한계를 느꼈고 의욕을

그림 5-8 A자형 높임 화단의 예

잃었다. 왜냐하면 원예치료 작업에 필요한 호스와 도구를 옮기는 것은 말할 것도 없고, 정원으로 이동하는 것도 힘들었기 때문이다. 또한 환자들은 복용하는 약으로 인한 알레르기 때문에 태양에 노출되는 것도 주의를 기울여야 했다. 결국, 정원까지 갈 수 없거나 정원 작업이 불가능한 환자를 위해서 식물들을 그들이 있는 곳으로 옮겨야 할 필요성이 생겼고, 이러한 문제점들을 해결하기 위한 것이 높임 화단이다. 그 중 A자형 높임 화단은 바퀴달린 다리로 이동이 가능하며, 용기에 인공토양을 넣어 다양한 식물들을 재배 관리할 수 있다.

2.1.5 신경이나 오감에 영향을 미치는 화단

- 신경을 안정시키거나 평안함을 주는 화단: 사용하는 초화류에는 쥐오줌풀, 민트류, 캐모마일, 라벤더, 바질, 딜(dill), 소회향(小茴香), 마조람(Majoram) 등
- 촉각을 자극하는 화단: 바질, 향꽃무우, 참나무, 아프리카파슬리, 범의귀[虎耳草], 측백(나무) 등
- 후각을 자극하는 화단: 레몬나무, 장미류, 페파민트, 바질, 수선화, 산백합, 은방울꽃, 제비꽃
- 산뜻한 색채를 즐기는 화단: 황색 나도싸리, 적색 제라늄, 다알리아, 적색 카네이션, 튤립, 각색의 국화류, 팬지 등
- 미각을 자극하는 화단: 샐비어, 파슬리, 페파민트, 타임, 로즈마리, 큰산파, 나무딸기류, 나도국수나무류, 월귤나무, 과실나무

3. 원예치료용 기능성 식물들

3.1 식용화

진달래, 국화 등의 꽃잎을 이용한 화전(花煎)은 오랜 전통으로 지금까지 즐기는 놀이 중의 하나가 되었다. 또한, 옛날 사람들은 꽃잎의 약효를 인정하여 두견주, 국화주 등도 만들어 즐겼다. 최근 들어 꽃의 식품가치가 과학적으로 증명되면서 식용화는 단순한 관상의 대상이 아니라 건강식품으로 인식되어 여러 나라에서 재배 및 조리 방법 등에 대한 연구가 활발해지면서 새로운 식문화로 자리 잡고 있다. 식용화(食用花: edible flower)는 ① 샐러드로서의 생식용, ② 얼음과자 · 두부 등에 붙이는 장식용, ③ 꽃술 재료용, ④ 화즙(花汁)을 내어 젤리 · 잼 · 아이스크림 · 과자 등을 만드는 데 사용하는 가공용, ⑤ 국거리 · 차 · 수프 등에 사용하는 것, ⑥ 튀김 재료용, ⑦ 고기를 볶을 때 사용하는 향료용, ⑧ 무침 재료용, ⑨ 비빔밥 재료용 등 다양하게 이용할 수 있다.

- 식용화의 예: 금어초, 도라지, 임파첸스, 꽃베고니아, 프리뮬라류, 나스터티움(금련화), 다이언더스(*Dianthus*), 데이지, 식용국화, 식용장미, 페튜니아(애기담배풀), 수레국화, 토레니아, 애기해바라기, 캐모마일, 아티쵸크, 야로우, 팬지, 후크샤 등

3.2 촉감을 자극시킬 수 있는 식물

원예치료를 할 때 오감을 자극하는 것은 신체적 재활뿐만 아니라 뇌의 활성에도 매우 중요하다. 그 중 촉감을 자극시킬 수 있는 식물은 감각자극, 회상, 유추에도 도움이 될 것이다.

- 융모 질감의 잎: 기누라, 백묘국
- 꺼칠꺼칠한(까실한) 잎: 참억새, 강아지풀, 레몬그라스(lemon grass)
- 톱니 모양의 잎: 상수리나무, 밤나무, 호랑가시나무, 알로에

- 뾰족한 침상형 잎: 소나무, 침엽수류(Conifer), 아스파라거스(*Asparagus densiflorus*), 훼닉스(*Phoenix*)
- 번들거리는 잎(잎 표면에 왁스물질이 많은 잎): 동백나무, 고무나무, 월계수(향기도 좋음), 페페로미아(*Peperomia caperata*)
- 섬세한(하늘거리는) 잎: 아스파라거스, 아디안텀(*Adiantum*), 네프롤레피스, 파슬리
- 뻣뻣하고 거친 잎: 베고니아 종류들
- 쭈글쭈글한 잎: 페페로미아, 크립탄터스(*Cryptantus*), 동록초(*Hemigraphis*), 떡갈잎 고무나무(*Ficus lyrata*)
- 육질이 두꺼운 잎: 돌나물과 식물들(돌나물, 세덤, 에케베리아), 다육식물들
- 괴물 모양(마구 엉켜져 있는)의 식물: 틸란드시아 종류들(*Tillandsia recurvata*)
- 공 모양의 꽃: 수국, 알리움속류(*Allium*; 파・마늘 류), 달리아
- 이상한 형태의 꽃: 천남성과 식물의 꽃(안스리움, 스파티필름, 몬스테라, 토란 등: 불염포와 육수화서를 가짐), 포인세티아
- 종이와 같은 느낌을 주는 꽃: 라넌큘러스(*Ranunculus*), 양귀비
- 미끌미끌한 줄기: 백일홍
- 구멍난 잎: 몬스테라
- 가시가 있는 식물: 선인장, 장미, 감귤의 일부(탱자나무 등), 피라칸사(*Pyracantha*), 클레오메(*Cleome*), 함수초, 보리지, 유카(*Yucca*), 호랑가시나무

3.3 추억을 일으키는 식물

특히 노인의 경우 어린 시절의 추억을 되살리게 해 주는 것은 기억력 치료에 중요한 요소이다. 다음은 식물을 이용한 다양한 놀이의 예이다.

- 코스모스(국화과): 코스모스 꽃에 솔잎을 끼워 비녀를 만든다.
- 닭의장풀(달개비과): 꽃잎을 헝겊에 싸서 물 속에서 짜면 고운 하늘빛의 염색

물이 나온다. 염색물로 사용할 수 있는 재료로는 닭의장풀 이외에도 나팔꽃, 분꽃, 도라지꽃, 코스모스, 샐비어, 봉선화, 채송화, 멕시코엉겅퀴(*Ageratum*) 등이 있다.

- 염주(벼과): 목걸이나 팔찌가 된다. 또한 염주는 공기놀이의 속을 채우는 데 사용할 수도 있다.
- 풍선덩굴(무환자과): 꽃이 핀 뒤에 녹색의 풍선 같은 과실이 달리고, 찌부러뜨리면 퐁하며 터진다. 매달아서 제등놀이를 하거나 찌부러뜨리며 놀기도 한다.
- 꽈리(가지과): 봉지 모양의 붉은 꽃받침을 벗기고 종이접기 놀이에서 인형의 머리로 만든다든지, 봉지 속의 씨앗을 끄집어내어 속을 비게 하여 불어서 소리나게 하여 놀 수도 있다.
- 초롱꽃(길경과, 초롱꽃과): 매어 단 종모양의 꽃이 달리는데, 입으로 불어 부풀리게 한다든지 오므라들게 하면서 놀 수 있다.
- 함수초(콩과): 함수초의 잎을 연필 등으로 건드리면 크게 놀라 작은 잎을 닫는다. 잘 관찰하도록 한다. 채송화, 수레국화, 토레니아(여름제비꽃)의 수술도 약간 건드리면 움직인다.
- 민들레(국화과): 꽃이 핀 줄기를 두 가닥으로 찢어 이으면 손목시계가 되고, 꽃에 가는 철사를 꿰면 비녀가 된다. 스웨터 등에 꽂으면 브로치도 된다. 솜털이 붙은 민들레 씨는 낙하산이 된다. 입으로 강하게 불어 멀리 날리는 놀이도 할 수 있다.
- 거품장구채(석죽과): 잎이나 줄기를 따서 물과 같이 비비면 거품이 일어 비누물과 같이 되므로 손수건 등으로 빨래 놀이를 할 수 있다.
- 루나리아(Lunaria; 십자화과, 유채꽃과): 자주색 꽃이 피고 나면, 꼬투리가 차츰 원반 모양으로 통통하게 되며 이 속에 종자가 만들어지고 나서 시든다. 꼬투리의 박피(薄皮)를 손톱 끝으로 까면 종자가 나타나며 십 원짜리 동전 크기의 반짝이는 격막(膈膜)이 꼭 은화 같아서 이를 사용하여 물건팔기 놀이를 할 수 있다.
- 분꽃(분꽃과): 종자에서 딴 분가루를 콧등에 바르며 화장놀이를 할 수 있다. 화장놀이 말고도 종자로 목걸이 장식, 꽃으로는 낙하산, 로켓 등의 놀이를 할 수 있다.

- 머위의 잎(국화과): 가면놀이를 할 수 있으며, 탈의 눈이 되는 곳을 뜯어 구멍을 내고 뒤를 앞으로 하여 덮어 쓴다. 또 비가 올 때는 머리에 쓰고 우산을 대신한다.
- 클로버(clover, 토끼풀; 콩과): 클로버는 토끼풀이라고도 한다. 꽃이 피면 꽃자루를 이어 목걸이나 팔찌를 만들어 논다.
- 지면패랭이꽃(꽃고비과): 녹색 카펫(양탄자)으로 활용할 수 있다. 지면패랭이꽃 이외에도 아르메리아, 리본그라스(ribbon grass), 소엽맥문동 등을 사용할 수도 있다.
- 스위트피이(Sweet pea; 콩과): 여러 가지의 색의 지주(支柱)를 만들고 여기에 덩굴을 감으면 다양한 꽃아치, 꽃커튼, 꽃장식이 된다.
- 제비꽃(Viola)류 (제비꽃과): 팬지나 비올라 모두 사용할 수 있으며, 목걸이나 반지 만들기를 할 수 있다.
- 표주박(박과, 외과): 다양한 용기를 만들 수 있는 재료이다. 가을이 완연했을 때에 수확하여 물에 2주간 정도 담그어 두어 안을 썩힌 다음 이를 정성들여 제거하고 안에 술을 넣어 음지에서 말린다.
- 해바라기(국화과): 태양의 움직임에 따라 꽃의 방향을 바꾸는 식물이다. 씨를 까먹는 재미도 있다.
- 봉선화(봉선화과): 잎에서 풍기는 향기는 삼나무나 소나무에서 나오는 것과 같아서, 향기치료로 사용할 수 있다. 꽃잎의 즙으로 손톱이나 종이를 물들게 하여 노는 것이 목적이나, 씨가 너무 익으면 열매에 조금만 닿아도 꼬투리가 터지기 때문에 눈에 들어가지 않도록 주의해야 한다. 그래서 영어로는 꽃이름을 '나를 건드리지 마세요'(Touch me not)라고도 한다.
- 보릿짚(벼과): 짚은 보릿짚, 밀짚, 볏짚 어느 것을 사용해도 무관하다. 마디 밑을 자르고, 이를 아래로 하여 부는 쪽(입쪽)을 손톱으로 조금 찢어 불어본다. 소리를 내며 논다.

3.4 원예치료용 허브

허브 식물의 향은 후각이나 피부를 통하여 흡수된 다음 신체의 불균형뿐만 아니라 정신적인 안정감, 그리고 질병의 치유에 이르기까지 다양한 역할을 한다. 허브는 그 원산지가 남미나 유럽이 많고, 오래전부터 재배되어 왔다. 허브는 향을 첨가하는 형태로 요리에 사용한다든지 약초로 사용하고 있다. 또한 예방이라는 관점에서 증상에 따라 적절한 허브를 활용하기도 한다. 실제로 이용되는 허브에 대하여 알아보자(표 5-8).

표 5-8 용처와 증상별 유용한 허브

증 상	유 용 한 허 브
신경을 진정시키는 것	발레리안(valerian, 쥐오줌풀), 민트, 캐모마일, 라벤더
불면증에 좋은 것	마조람(majoram), 홉(hop), 애니스, 라벤더, 캐모마일, 레몬밤, 멜리사(melissa: 레몬밤), 장미
긴장을 풀게 하는 것	페파민트, 베르가못(bergamot)
진정(鎭靜)작용이 있는 것	캐모마일, 타임, 애니스, 바질(basil), 딜(dill), 베르가못, 펜넬(茴香: fennel)
차[茶]로 쓰는 것	캐모마일, 레몬밤, 샐비어(sage), 딜, 민트 류, 라벤더, 타임, 로즈마리, 레몬그라스
목욕제(劑)로 쓰는 것	캐모마일, 샐비어, 장미, 제비꽃, 로즈마리, 라벤더, 페파민트, 오렌지꽃, 레몬그라스, 레몬밤, 타임, 마조람, 캄프리의 잎과 뿌리
정유해서 쓰는 것	바질유, 자스민유, 레몬유, 클라라세이지(clarysage)유, 보리수유, 자단(rosewood)유, 베르가못유, 멜리사유
포푸리에 사용	라벤더, 로즈마리, 장미꽃, 캐모마일, 페파민트, 레몬그라스, 레몬밤, 자스민 등
고혈압	마조람, 라벤더
류머티즘	캐모마일, 샐비어, 타임, 바질
뇌졸중 · 두통	캐모마일, 페파민트, 레몬밤, 코리안더(coriander), 마조람, 로즈마리, 타임, 바질, 라벤더
노화 방지	펜넬
스트레스	오레가노(oregano), 캐모마일, 샐비어, 바질, 코리안더, 제라늄, 로즈마리, 펜넬, 베르가못, 라벤더, 마조람
초조감 제거	자스민
체력 강화	캐모마일, 샐비어, 타임, 바질, 라벤더, 펜넬, 페파민트, 로즈마리
피로 회복	샐비어, 코리안더, 로즈마리
여드름	캐모마일, 라벤더, 장미
땀띠	캐모마일, 라벤더
통풍(痛風)	바질, 캐모마일, 타임, 샐비어

3.5 물주기가 거의 필요치 않은 식물

- 틸란드시아(*Tillandsia*): 파인애플과에 속하는 식물로서, 종류가 다양하다. 그 중에 *T. recurvata* 종과 *T. usneoides* 종은 기생(氣生, air plant)식물로서, 공기 중의 습기를 흡수하며 살기 때문에 전선에 걸치거나 공중에 매달거나 책상 위에 그냥 두어도 잘 생육한다. 이러한 식물은 가끔씩 분무해 주기만 하면 된다.
- 선인장과 다육식물(多肉植物): 대부분의 선인장 종류와 돌나물과의 크라슐라(*Crassula*)속, 에케베리아(*Echeveria*)속, 세덤(*Sedum*)속의 식물들과 국화과의 세네시오(*Senecio*)속 중 *S. radicans* 종과 *S. rowleyanus* 종은 다육식물이다. 이들은 자주 물을 줄 필요가 없으므로 실내의 밝은 곳이면 어디에 놓아도 좋을 것이다.
- 콜치컴(*Colchicum*), 크로커스(*Crocus*, 히야신스)의 구근: 분홍꽃을 피우는 콜치컴이나 낯익은 크로커스는 흙 없이 책상 위에 그대로 두어도 꽃을 피운다. 다만, 콜치컴의 구근은 독성이 있으므로 조심해야 한다. 투명한 유리그릇에 하이드로볼이나 유리알 등을 넣고 구근을 두면 멋있는 인테리어가 된다.

4. 독성이 있는 식물

잎이나 꽃, 그리고 열매의 관상가치가 높아 선물용으로 사랑받는 식물들 중에도 독성이 있는 식물이 있다. 이러한 독성식물은 인지적 손상이 있는 환자나 치매, 정신착란이 있는 환자, 또는 어린이 가까이에 두어, 무심코 이를 먹게 되면 사망에 이를 수도 있기 때문에 이들 식물은 특별한 주의가 필요하다. 이들 식물의 독성은 식물의 성숙도, 잎, 꽃, 열매 또는 구근과 같은 식물의 부위 및 사람의 체중에 따라 독성의 정도가 다르게 나타난다.

4.1 실내에서 재배되는 독성식물

- 디펜바키아(*Dieffenbachia*, Dumb Cane): 잎을 먹으면 입과 혀가 부어서 음식물을 삼키거나 말하는 데 어려움이 생기고, 체내에 흡수되면 점막에 염증을 유발한다.
- 꽃기린(*Euphorbia milli*, Crown of Thorns), 포인세티아(*Euphorbia pulcherrima*): 꽃기린의 화밀은 위에 염증을 일으킨다. 잎과 줄기에서 나오는 우유 같은 유액은 자극제이며, 암을 유발할 수 있다. 같은 속의 포인세티아 역시 우유 같은 유액을 가지고 있지만 꽃을 먹었을 경우 꽃기린 같은 심각한 문제를 일으키지는 않는다. 유액이 피부에 닿지 않게 하는 것이 좋다.
- 란타나(*Lantana*): 식물 전체에 독성이 있고, 녹색 열매를 먹으면 치명적일 정도로 독성이 강하다. 위와 장에 염증이 생기고 순환계가 손상되어 결국 사망한다.
- 잉글리쉬 아이비(*Hedera helix*): 독성이 있어서 잎을 먹으면 흥분하고, 호흡 곤란이 생기며 혼수상태가 된다.
- 서양 협죽도(*Oleander*): 식물의 모든 부분에 독성이 있으며, 현기증이나 졸음, 맥박 증가 및 메스꺼움을 일으킨다. 이 식물을 다룰 때는 즙이 닿지 않도록 하고, 작업한 손으로 얼굴이나 눈을 비비지 않는다. 그리고 절대로 입에 넣지 않는다.
- 예루살렘 체리(*Solanum pseudocapsicum*, Jerusalem Cherry): 오렌지 같은 붉은색 열매를 먹으면 성인도 사망할 정도로 독성이 강하다. 위통, 저체온, 순환기와 호흡기 장애 및 감각상실로 결국 사망한다.
- 봄철 구근: 크로커스와 수선화 구근은 독성이 매우 강하여 이것을 먹었을 경우 구토, 설사, 오한, 그리고 경련이 일어나 사망한다.
- 크로톤(*Croton*): 줄기에서 나오는 우유 같은 유액은 피부 염증을 유발한다.

4.2 실외에서 재배되는 독성식물

- 미나리아재비(미나리아재비과): 자극적인 성분이 있어 생잎이나 줄기를

손으로 문지르면 아프고 가렵고 발진(發疹)을 일으킨다.

- 복수초(福壽草, 미나리아재비과): 뿌리에 독이 있어 강심제나 이뇨 목적으로 사용될 때도 있다. 중독이 되면 메스껍고 토하고 심하면 죽는다.
- 수선화(석산과): 절단할 때 나오는 즙이 알레르기를 일으킨다.
- 콜치컴(Colchicum, 백합과): 콜리친이 들어 있어서 구근 한 개가 치사량이 넘는다.
- 디기탈리스(*Digitalis*, Foxglove): 정원에서 기르면 관상가치가 높은 식물이지만 심장 흥분제로 쓰이는 글리세라이드를 함유하고 있기 때문에, 건조 상태로 보관하더라도 사람이나 가축이 먹었을 경우 치명적인 결과를 가져올 수 있다. 컴프리 잎과 비슷하기 때문에 두 식물을 같은 장소에 심지 말아야 한다.
- 두드러기쑥(Ragweed): 사람에 따라 알레르기 반응을 일으킬 수 있는데, 어떤 지역에서는 이것을 유해한 잡초로 지정하고 박멸하기도 한다.
- 델피늄(*Delphinium*, Larkspur): 식물 전체에 독성이 강하게 퍼져 있으며, 먹으면 메스꺼움, 경련, 부종 및 근육의 경련과 마비로 인하여 사망한다.
- 아주까리(*Ricinus*, Castor Bean): 2～4개의 종자를 먹으면 독성으로 인하여 사망할 수 있다. 증상으로는 목과 입이 타고, 메스꺼우며 위통이 있어 갈증, 경련, 요독증을 일으키고 결국에는 사망한다.
- 은방울꽃(*Convallaria*, Lily of the valley): 꽃, 잎, 열매에 독이 있으며, 심장의 활동에 영향을 미치는데 불규칙한 심장박동, 메스꺼움, 순환계 손상으로 사망에 이른다.
- 주목(*Texus*, Yew): 흔히 관목을 식재할 때 가장 일반적으로 사용되고 있으나 잎과 열매에 독성이 있어서 호흡 곤란, 심장쇠약 및 급사를 일으킨다.
- 덩굴옻나무(*Rhus radrans*, Poison Ivy): 세 갈래 잎은 심각한 피부 염증과 수포의 원인이 되므로 즉시 치료해야 한다.
- 옻나무(옻나무과): 수액에 함유된 옻이 피부병의 원인이 된다. 피부병에는 개인차가 있어, 사람에 따라 옻나무 아래를 지나기만 해도 피부염을 일으키기도 한다.
- 버섯: 독이 있는 버섯과 없는 버섯을 확실히 구분할 수 없다면, 그 어떤

버섯도 절대 먹지 않도록 한다. 환자와 함께 작업할 때에 어떤 종류의 버섯이든지 먹지 않는 것이 안전하다.

- 쐐기풀(刺草, 쐐기풀과): 일본에서는 어린잎을 식용할 때도 있다. 가시에 아세틸콜린, 히스타민, 세로토닌이라는 성분이 있어 통증, 가려움, 염증, 발열을 일으킨다.
- 마취목(馬碎木, 철쭉과): 꽃과 잎에 중추신경을 마비시키는 성분을 함유하고 있다.
- 프리뮬라 오브코니카(Primula, 앵초과): 개인차가 있으나 줄기나 잎에 닿으면 피부가 빨갛게 부어오른다.

4.3 독성식물을 먹은 경우

독성이 있는 식물을 먹은 후 대부분의 증상은 4시간 내에 나타난다. 만약 어린아이의 경우 식물을 먹은 후 최소한 12시간이 경과되었음에도 증상이 나타나지 않으면, 안전하다고 볼 수 있다. 그러나 독성이 있는 식물을 섭취했다면 가능한 빨리 다음과 같은 순서를 취해야 한다.

① 섭취한 시간을 안다. 시간을 알면 의사가 환자를 치료하는 데 도움이 될 것이다.
② 어떤 증상이 나타났는지를 파악하라. 식물체 독성의 전형적인 증상은 구역질, 구토, 설사 등이다. 드문 경우로 열이 날 수도 있고, 피부가 붉어질 수도 있으며, 심하면 동공이 확장되거나 호흡이 약해지는 현상도 나타난다.
③ 가능하면 무엇을 먹었는지를 알아보라. 환자를 병원으로 데리고 갈 때 문제의 식물체를 가지고 가서 의사에게 보이는 것이 좋다.
④ 만약 어떤 식물체를 먹었는지를 모른다면 구토제로 토하게 한다. 이 과정을 15분마다 반복한다. 다행히도 대부분의 식물 독성물질은 사람의 조직을 부식시키지 않기 때문에 구토를 시켜도 해로운 영향을 주지 않는다.
⑤ 입과 식도가 타는 듯하고 부풀어 오르면, 달걀흰자나 마그네슘을 함유한 우유를 마시게 한다. 맥박이 느려지고 혈압이 떨어지면, 위세척을 하거나 구토시킨다. 피부염이 발생하면 비누와 물로 닦아낸다.

5. 싹채소 및 간단한 채소 기르기

치료활동에서 중요한 또 하나의 활동은 자신이 기른 식물을 수확한 다음 함께 먹는다는 것이다. 이러한 활동은 성취감뿐만 아니라 상호간 교제 및 사회성 향상에 매우 효과적이다. 이러한 활동 중 싹채소 기르기는 시설 내의 생활공간을 이용하여 손쉽게 할 수 있으므로 권장된다. 싹채소 기르기는 특별한 장소를 요구하지 않아 각자의 플랜트나 작은 상자 등에서 쉽게 재배할 수 있다. 직사일광을 필요로 하지 않고, 단기간(7~15일 정도)에 수확할 수 있으며, 신선하고 영양가 높은 채소를 수확할 수 있다. 또한, 인공배양토와 수경재배가 중심이 되기 때문에 실내를 더럽힐 걱정도 없다.

5.1 촉성무

생장이 빠른 흰 무의 씨를 두껍게 뿌려 밀생(密生)시키고 막 싹이 튼 쌍엽의 싹을 생으로 먹으면 상큼한 매운맛이 난다. 발아 적온은 15~30℃로서, 13℃ 이하든가 32℃ 이상이면 발아가 아주 나빠진다. 생육 적온은 17~ 23℃, 평균 20℃ 내외가 좋고, 겨울은 난방이 되는 실내에서, 여름은 냉방이 된 밝은 실내에서 재배한다. 여름은 5~7일, 겨울은 2주간 전후해서 수확한다. 촉성무의 재배법의 예는 **그림 5-9**에 설명되었다.

5.2 가든 크레스

잎 줄기에 후추처럼 짜릿한 매운맛이 있으므로 일본 이름으로 '큰 냉이'라고도 한다. 줄기가 30cm 정도 자라며, 희고 작은 꽃이 4~5월경, 이삭[穗] 모양으로 핀다. 여러 가지 재배법이 있으나 하이드로볼을 넣은 유리잔 등에 그린 인테리어식으로 재배하는 것도 좋다(**그림 5-10**). 용기는 어두운 장소에 두고, 매일 2~3회 분무기로 물을 준다. 자엽(子葉)이 벌어지기 시작하면 창가의 빛이나 형광등 아래 두어 잎을 녹화시킨다. 파종 후 6~7일 정도에 수확하는 것이 좋고, 10일이

① 씨는 하룻밤 물에 담근다. 물에 뜨는 씨앗은 버린다.

② 트레이(수퍼의 식품용도 좋음)에 작은 구멍을 무수히 뚫어 놓는다.

③ 트레이에 맞는 수조(도시락 상자도 좋음)를 준비하고 빽빽이 씨를 뿌린다.

④ 트레이 바닥에 붙을 정도로 하여 수조에 물을 넣고, 위에는 신문지로 덮는다. 뿌리가 나오면 수위를 조금 낮추고, 싹이 3~4cm가 되면 신문지를 제거한다. 물은 1~2일마다 교환한다. 싹이 7~8cm로 자라면 수확한다.

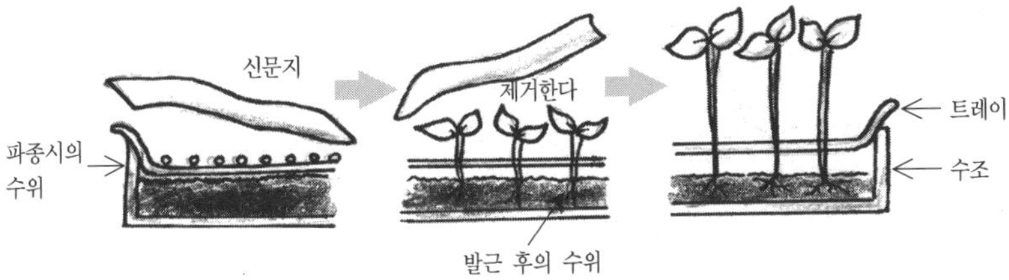

그림 5-9 촉성무 기르기

① 인공자갈 위에 빽빽이 씨를 심는다. 자갈 표면까지 물을 넣고 적당히 자른 종이를 얹는다. 용기는 어두운 장소에 둔다. 매일 1~2회 분무기로 물을 준다.

② 뿌리가 자라면 수위를 낮춘다. 싹이 3~4cm 되면 종이를 제거하고 5~7cm까지 되면 뿌리를 끊어 수확한다.

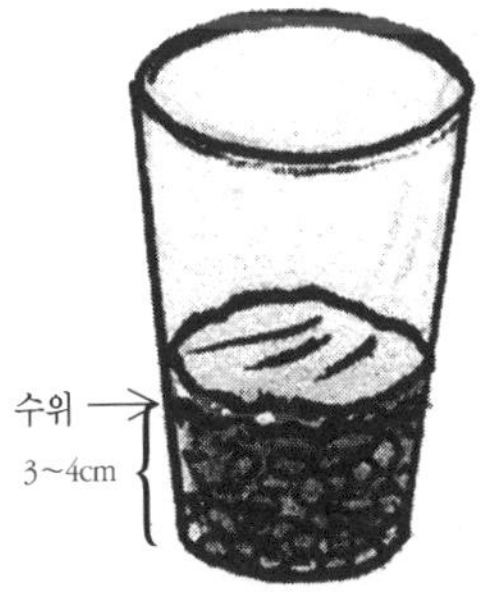

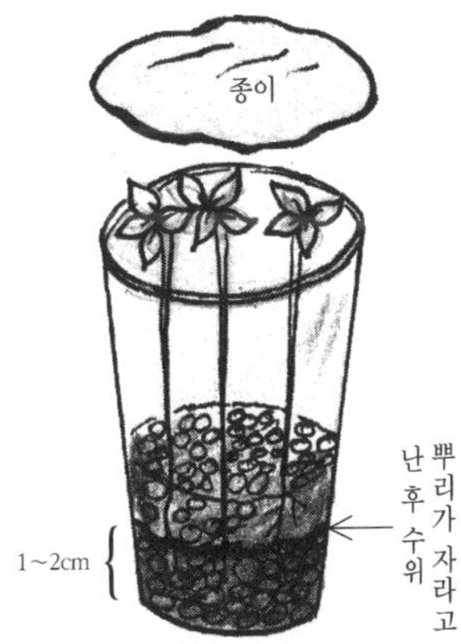

그림 5-10 가든 크레스의 컵 재배

넘게 되면, 맵고 쓰므로 주의해야 한다. 발아 적온은 15~20℃, 생육 적온은 20℃ 내외이므로 여름에는 냉방된 실내에서, 겨울은 난방이 된 실내에서 빛이 드는 창가에 두면 좋다. 냉이 샐러드는 이뇨제가 되고, 괴혈병(壞血病) 치료에도 효과가 있다고 한다. 구수한 향이 강해서 실내에서 키우면 실내에 향이 가득하다.

5.3 싹메밀

건강식품으로 유명한 메밀의 어린 싹을 싹메밀이라 한다. 후라보노이드의 일종인 루틴(rutin)은 메밀가루보다 메밀 싹과 잎에 많이 함유되어 있다. 양질의 단백질, 신진대사를 높이는 비타민 B_1, B_2도 많고, 동맥경화・고혈압・뇌졸중 예방에 적합한 채소이다. 메밀에 많은 루틴은 혈관보강제로 주목받고 있으며, 잎이 많으므로 새싹으로 먹는 방법이 가장 건강에 좋다.

5.4 싹파

막 발아하여 바늘과 같이 생긴 가는 파를 싹파라고 한다. 요리에 곁들인다든지, 샐러드, 양념 등으로 이용한다. 수확은 키가 5~6cm 정도 자랐을 때 한다. 발아 적온은 15~25℃, 생육 적온은 15~20℃로서 25℃ 이상이 되면 생육 불량이 된다. 싹파는 수확하기까지 조금 시일이 걸리므로 용토에 비료를 조금 첨가하는 것이 좋다.

5.5 싹 차조기(소엽)

쌍엽(雙葉)일 때의 차조기 잎을 싹 차조기라 한다. 붉은주름 차조기 싹을 적아(赤芽), 푸른주름 차조기 싹을 청아(靑芽)라 하여 고급요리에 자주 곁들이며 귀하게 쓰인다. 또 본엽이 두 쌍 정도까지 크게 자라면 샐러드 등에도 이용된다. 차조기 씨가 5월을 지나면 발아가 좋지 않으므로 봉지에 씨를 넣고 강모래로 채운 뒤 용기째 냉장고에 보존해 두면 1년 중 언제라도 재배할 수 있다.

5.6 싹참깨

싹참깨의 배축을 5cm 정도 자라게 한 후 충분히 광선을 쬐어 녹화시킨 것이다. 참깨의 향을 특히 중요시하는 요리에서는, 씨 뿌린 후 3~4일경 된 싹참깨를 사용하면 좋을 것이다. 참깨의 싹은 껍데기째 먹을 수 있다. 재배시 배축이 4cm가 될 때까지는 암실이 좋고, 그 이후는 밝은 빛 아래 둔다. 온도는 씨 뿌린 후 4일경까지는 25℃, 5일째 이후는 20℃로 낮춘다. 다습한 것을 좋아하므로 1일 3~4회 분무하여 축축하게 해 준다.

5.7 미니토마토

미니토마토에는 왜성종(矮性種)과 고성종(高性種) 두 가지가 있다. 5월경에 묘를 구입한다. 왜성종은 5~6호 분에 1주씩 심는다. 한편, 고성종은 플랜터에 1~2주 심고 130cm 정도의 지주를 세운다. 배양토는 시중에서 구입한 무토양 배지를 사용하고 액비를 주기적으로 준다. 창가의 충분한 광 하에서 재배해야 한다. 일조가 부족하면 잎이 처진다든지, 줄기가 도장하고 가늘게 되며, 꽃이 펴서 열매를 맺는다 해도 곧 떨어진다. 5월에 묘를 심으면, 7~8월 지나 조금씩 수확하는 즐거움을 누릴 수 있다.

5.8 미니당근

골프공 정도의 크기로 둥근 당근이다. 뿌리가 짧아 소형 플랜트에서도 재배할 수 있다. 3월부터 9월까지 씨를 뿌릴 수 있고, 70일 전후로 수확할 수 있다. 직경이 3~4cm가 되면 수확 적기이다.

5.9 고구마

고구마는 밭에서만 재배되는 것으로 생각하지만, 집안에서도 간단하게 재배하며 즐길 수 있다. 배양토가 든 비닐자루에 구멍을 내어 묘를 심는다. 이러한 재배법을 흔히 'bag culture'라고 한다. 적당량의 관수를 해 주고 따로 배수용 구멍은 내지 않는다. 비닐 안쪽에 물방울이 맺혀 있는 동안은 물을 줄 필요가 없다. 마르면 물이 고이지 않도록 구멍에 다시 물을 준다. 덩굴은 베란다로 유인한다든지, 철사로 유인하여 간단한 토피어리를 만들 수도 있다.

6. 상호공영 식물의 활용

식물은 각자 독특한 성질을 지니고 있기 때문에 몇 가지 식물들을 잘 혼용하면 혼자 식재된 것보다 생육이 훨씬 좋아진다. 즉, 서로에 좋은 영향을 미치는 식물을 혼식하면 상호공영(相互共榮)이 된다. 상호공영 식물의 효과는 병충해의 구제와 보호, 토양 개량, 생육-개화-결실의 촉진, 수확물의 증가와 맛의 향상, 허브류에서 정유의 질과 채취량의 증가 등이다. 그렇다면 어떻게 식물들을 조합하면 좋을까? 다음 몇 가지를 살펴보도록 하자(표 5-9).

① 광을 좋아하는 식물의 곁에는 음지성 식물을 심는다.
② 충분한 수분을 필요로 하는 식물 곁에는 비교적 적은 수분으로 자랄 수 있는 식물을 심는다.
③ 심근성(深根性) 식물 곁에는 천근성 식물을 심는다.
④ 허브류 중 방향성이 강한 식물을 혼식(混植)하면 해충의 발생이 감소된다.
⑤ 식물에서 내뿜는 방향의 종류에 따라서 익충(益蟲)이나 익조(益鳥), 꿀벌 등이 날아와서 해충을 잡아먹기도 한다.
⑥ 식물의 뿌리에서 나오는 분비액은 뿌리에 발생하는 해충(nematode 등)의 번식을 억제시키고, 살균 효과가 있어 식물의 생장을 촉진한다.

표 5-9 공영(共榮) 식물의 구체적인 예

	종 류	구체적인 예
식물이 주는 효과	제충국(菊科)	살충제로 이용한다.
	캐모마일(국화과)	항균작용이 있다.
	세이지(자소과)	배추흰나비 등의 해충을 방지한다.
	로즈마리(자소과)	항균작용이 있고, 배추흰나비 등의 해충을 방지한다.
	챠이브(나리과)	진디 방제 및 방부작용이 있다.
	보리지(지치과)	꿀벌을 끌어들여 수분(受粉)을 돕고 나방 등의 접근을 방지한다.
	나도싸리(능소화과)	항균작용이나 진디 방제에 사용한다.
해충과 방제 식물	동물의 기피	피마자, 수선화, 민트류(類), 꽃무릇, 파류
	진디	나도싸리(나스타티움), 스피아민트, 마늘
	배추흰나비	세이지, 로즈마리
	알풍뎅이	히숍(Hyssop), 백일홍, 향기 나는 제라늄
상생이 좋은 식물	세이지	당근, 양배추, 딸기
	금연화(金蓮花)	능금, 브로콜리, 양배추, 오이, 래디시(Radish)
	챠이브(Chive)	토마토, 당근, 파슬리, 능금
	마늘	복숭아, 능금, 장미
	바질	토마토, 파슬리, 아스파라거스, 살구나무
	파슬리	챠이브, 장미, 토마토, 아스파라거스
	장미	파슬리, 양파, 매리골드, 마늘
	매리골드	두류(豆類), 토마토, 감자, 레터스, 장미
	레터스	양파, 당근, 딸기, 래디시, 매리골드
	양배추	감자, 파, 카모밀, 꽃박하(Oregano), 나스타티움
		로즈마리, 세이지, 타임(Thyme), 민트류, 두류(豆類)
	두류	양배추, 레터스, 파슬리, 오이, 당근, 섬머세이보리

7. 흔히 사용되는 식물의 관리 특성[2]

일반명	학명	배양토					광				물				온도			습도			번식
		일토	부토	사토	양토	산토	양지	반양	반음	음지	항습	약습	어마	완마	시원	실온	따뜻	매습	습한	실습	
Acalypha	*Acalypha*	●					●	●				●				●				●	가을에 삽목
Achimenes	*Achimenes*		●					●	●			●				●				●	구근분할, 파종, 줄기꽂이
Acorus	*Acorus*	●							●		●				●			●			봄 또는 가을에 포기 나누기
African hemp	*Sparmannia africana*	●						●				●				●				●	삽목
African violet	*Saintpaulia*		●				●	●				●				●			●		파종, 잎삽목, 포기 나누기
Agapanthus	*Agapanthus*	●					●	●	●			●			●	●				●	이른 봄에 포기 나누기
Allamanda	*Allamanda*	●					●					●				●			●		봄에 반성숙한 줄기꽂이
Amaryllis	*Hippeastrum*		●				●	●				●				●				●	화분에 심을 시기에 분지를 떼다: 봄에 씨를 파종한 것
Anemone	*Anemone*	●					●	●				●			●				●		파종 혹은 분지
Anigozanthus	*Anigozanthus*	●					●					●			●					●	파종 혹은 뿌리분할
Anthurium	*Anthurium*				●				●			●					●	●			삽목 혹은 분지
Apostle plant	*Neomarica gracillis*	●					●	●				●			●				●		구근의 분할
Aralia	*Dizygotheca elegantissima, also see:Polyscias and Fatsia*		●					●	●			●				●			●		삽목
Ardisia	*Ardisia*	●						●	●			●			●				●		파종 또는 삽목
Asparagus fern	*Asparagus*	●						●	●	●		●				●				●	파종 또는 덤불 분배
Aspidistra	*Aspidistra*	●						●	●	●		●			●					●	늦겨울 또는 봄에 뿌리의 포기 나누기
Aucuba	*Aucuba japonicia*	●						●	●			●			●					●	파종 혹은 삽목
Azalea	*Azalea*	●				●	●	●				●			●			●			줄기꽂이
Baby's tears	*Helxine*		●						●	●		●				●		●			덤불의 포기 나누기 혹은 삽목
Bamboo	*Bambusa*		●				●	●				●				●				●	다량의 덤불의 분배
Bat-wing tree	*Erythrina indica*	●						●	●			●				●				●	파종
Begonia	*Begonia rex: Begonia semperflorens: Rhizomatous species: Fibrous-rooted, cane species: Tuberous-rooted species: and Fibrous-rooted species*		●				●	●	●			●				●			●	●	삽목 또는 파종
Bird-of-paradise	*Strelotzia*	●					●	●				●			●					●	구근의 분할, 봄에 포기를 이식
Bougainvillea	*Bougainvillea*	●					●					●				●			●		봄에 파종 혹은 반쯤 성숙한 나무 삽목
Bromeliad:	*Aechmea*				●		●	●					●			●				●	포복지의 제거
Pineapple	*Ananas*		●				●	●					●			●		●			과일의 윗부분을 심는다.
	Billbergia				●		●	●				●				●				●	곁눈이 난 것을 떼냄

* 일토: 일반용토, 부토: 부엽도, 사토: 사질토, 양토: 양토, 산토: 산성토, 양지: 양지, 반양: 반양지, 반음: 반음지, 음지: 음지, 항습: 항상 습하게 유지, 약습: 약간 습하게, 어마: 어느 정도 마르면 관수, 완마: 완전히 마르면 관수, 시원: 시원한, 실온: 실온, 따뜻: 따뜻한, 매습: 매우 습한, 습한: 습한, 실습: 실내습도

2) Snyder, S. D. 1995. Environmental interiorscapes. Whitney Library of Design, New York. p. 276-284.

일반명	학명	배양토					광				물				온도			습도			번식
		일토	부토	사토	양토	산토	양지	반양	반음	음지	항습	약습	어마	완마	시원	실온	따뜻	매습	습한	실습	
Earth stars	*Cryptanthus*		●					●	●				●			●				●	포복지를 떼냄
	Neoregelia				●			●	●				●			●				●	곁눈이 난 것을 떼냄
Living vase or flaming-sword	*Vriesia*		●					●	●				●			●			●		곁눈 혹은 묘목을 떼냄
Brassaia (Schefflera)	*Brassaia*	●					●	●	●	●			●			●				●	반쯤 성숙한 줄기꽂이
Cactus:	*Aporocactus: Astrophytum: Cephalocereus: Chamaecereus: Cleistocactus: Echinocactus: Echinocereus: Echinopsis: Gymnocalycium: Lobivia: Mammillaria: Notocactus: Opuntia: Pereskia: Rebutia:*			●			●	●						●		●				●	분지 혹은 삽목
	Ephiphyllum: Hylocereus: Selenicereus:	●						●	●			●				●			●		봄 또는 여름에 삽목
	Schlumbergera: and Zygocactus	●						●	●			●				●			●		삽목
Caladium	*Caladium*	●						●	●			●					●		●		봄에 괴경 혹은 덩불을 나눔
Calceolaria	*Calceolaria*	●							●	●		●			●				●		4월 혹은 8월에 파종
Calla-lily	*Zantedeschia*	●					●				●					●			●		파종 혹은 분지
Camellia	*Camellia japonica*		●			●	●	●				●			●			●			현 계절의 새 나무의 삽목
Chinese evergreen	*Aglaonema*	●							●	●	●					●				●	뿌리줄기
Chlorophytum (spider)	*Chlorophytum*	●						●	●	●		●				●				●	기생묘목을 떠거나 포기 나누기
Chrysanthemum	*Chrysanthe-mum*	●					●	●				●			●					●	삽목
Cineraria	*Senecio cruentus*	●					●	●				●			●				●		여름에 파종
Citrus	*Citrus*	●					●	●				●				●				●	봄에 반쯤 성숙한 나무의 삽목
Clematis	*Clematis*		●				●					●				●				●	파종, 휘묻이, 포기 나누기, 삽목, 혹은 접목
Clerodendrum	*Clerodendrum*		●				●	●				●				●				●	반쯤 성숙한 나무 삽목 혹은 곁눈이 난 것을 떼냄
Clivia	*Clivia*	●						●	●			●			●	●				●	포기 나누기
Cobra plant	*Darlingtoniaca-liforonica*		●			●			●	●	●					●			●		파종 혹은 여름에 발아한 것
Coccolcba (Seagrape)	*Coccolcba*	●						●	●			●				●				●	파종, 휘묻이, 나무 삽목
Coffee	*Coffea*	●						●	●		●				●	●			●		파종 혹은 나무 삽목
Coleus	*Coleus blumei*	●					●	●				●				●				●	파종 혹은 줄기꽂이
Columnea	*Columnea*		●				●	●				●				●		●			새눈의 삽목 혹은 파종

일반명	학명	배양토					광				물				온도			습도			번식
		일토	부토	사토	양토	산토	양지	반양	반음	음지	항습	약습	어마	완마	시원	실온	따뜻	매습	습한	실습	
Creeping Charlie	*Pilea nummularifolia(also see: Plectranthus)*		●					●	●			●				●				●	삽목
Creeping fig	*Ficus pimula or Fradicans*	●						●	●	●		●				●			●		삽목
Crossandra	*Crossandra*		●					●				●				●			●		파종 혹은 새눈의 삽목
Croton	*Codiaeum*		●				●	●				●				●			●		삽목
Cup-and-saucer Vine	*Cobaea scandens*	●					●	●				●				●				●	파종
Cyclamen	*Cyclamen*		●					●	●			●			●			●			파종
Cyperus	*Cyperus*	●						●	●		●				●				●		포기 나누기
Cycas fern or palm	*Cycas*	●						●				●				●				●	파종 혹은 발육 중지중인 결눈을 이식
Dieffenbachia (Dumb cane)	*Dieffenbachia*	●						●	●	●			●			●				●	줄기꽂이 혹은 휘묻이
Dipladenia	*Dipladenia splendens*	●					●	●				●				●		●			줄기꽂이 혹은 파종
Dracaena	*Dracaena*	●						●	●	●		●				●				●	줄기꽂이, 휘묻이, 뿌리의 분할
	Pleomele	●						●	●	●		●				●				●	줄기꽂이, 휘묻이, 뿌리의 분할
Easter lily	*Lilium longiflorum*	●						●					●		●					●	식물의 구근
Euonymus	*Euonymus*	●						●	●			●			●				●		가을 혹은 겨울에 반쯤 성숙한 나무의 삽목
Elaeagnus	*Elaeagnus*	●						●	●			●			●	●			●		봄에 삽목
Fatshedera	*Fatshedera lizel*	●					●	●	●			●			●	●			●		삽목
Fatsia	*Fatsia japonica*		●					●				●			●	●			●		나뭇가지의 삽목
Ferns:Bird's-nest	*Asplenium*		●					●	●			●			●				●		포복지 혹은 묘목의 뿌리를 떼냄
Boston or sword	*Nephrolepis*		●					●	●			●				●				●	덤블의 분배
Bear's-paw	*Polypodium*		●					●	●			●				●				●	덤불의 분배
Holly	*Cyrtomium*		●					●	●			●			●				●		구근의 분할
Maidenhair	*Adiantum*		●		●				●	●	●					●		●			덤불의 분배
Miniature	*Polystichum*		●						●			●				●				●	포기 나누기
Rabbit's-foot	*Davallia*		●						●			●			●			●			구근 분할
Staghorn	*Platycerium*				●			●	●			●				●		●			포복지 떼기
Table or brake	*Pteris*		●						●			●			●			●			포기 나누기
Ficus or fig	*Ficus*	●						●	●	●		●				●				●	공중의 취목
Fittonia	*Fittonia*	●						●	●			●			●				●		새눈의 삽목
Flame violet	*Episcia*		●					●	●			●					●		●		포복지 심기
Flowering maple	*Abutilon*	●					●					●				●				●	줄기꽂이
Flowering tobacco	*Nicotiana*	●						●	●		●					●				●	파종
Fragrant gladiolus	*Acidanthera*	●					●					●				●				●	봄에 새 구경
Freesia	*Freesia*	●					●					●			●				●		파종 혹은 분지
Fuchsia	*Fuchsia*	●					●	●				●			●				●		봄에 삽목

일 반 명	학 명	배 양 토					광				물				온 도			습 도			번 식
		일토	부토	사토	양토	산토	양지	반양	반음	음지	항습	약습	어마	완마	시원	실온	따뜻	매습	습한	실습	
Gardenia	*Gardenia*	●				●	●	●				●				●			●		반쯤 성숙한 나무의 삽목
Gerbera	*Gerbera*	●					●	●				●				●				●	
Geranium	*Pelargonium*	●					●	●					●		●	●			●	●	삽목
Ginger:	*Amomum*	●						●	●			●				●			●	●	덤불의 분배
Spiral	*Costus*		●					●	●			●				●			●		봄에 덤불의 분배
	Curcuma		●					●	●			●				●		●			봄에 괴경의 분할
Ginger lilies	*Hedychium*	●						●			●	●				●			●		휴면시기에 괴경의 분할
Peacock plant	*Kaempferia*		●					●	●			●				●		●			파종 혹은 덤불의 분배
Commercial ginger root	*Zingiber*		●					●	●			●				●		●			봄에 덤불의 분배
Gloriosaa	*Gloriosa rothschildian*		●				●	●				●				●			●		파종 혹은 괴경의 분할
Gloxinia	*Sinningia*	●						●				●				●			●		파종, 잎 또는 줄기의 삽목, 괴경의 분할
Gynura	*Gynura*	●					●					●				●				●	삽목
Haemanthus	*Haemanthus*	●					●	●				●				●			●		큰 화분으로 옮길 때 포복지 떼기
Hawaiian ti	*Cordyline terminalis*	●						●	●	●		●				●				●	줄기꽂이, 휘묻이, 뿌리의 분할
Hibiscus	*Hibiscus*	●					●					●				●			●		줄기꽂이
Homalomena	*Homalomena*	●						●	●			●				●			●		줄기꽂이
Hydrangea	*Hydrangea*	●				●	●	●			●	●			●					●	줄기꽂이
Hypoestes	*Hypoestes*		●				●	●				●				●			●		파종 혹은 삽목
Impatiens	*Impatiens*	●					●	●	●				●			●		●			삽목
Iresine	*Iresine*	●					●						●		●	●				●	삽목
Ivy, English	*Hedera helix*	●					●	●	●	●		●	●		●				●	●	삽목
Ixia	*Ixia*	●					●					●	●		●				●		구근 포기 나누기
Ixora	*Ixora*	●					●	●					●			●			●		강한 삽목
Jatropha	*Jatropha*	●					●	●				●				●			●	●	파종 혹은 삽목
Jerusaleum cherry	*Solanum*	●					●	●				●			●				●		파종
Jessamine, night-Blooming	*Cestrum nocturnum*		●				●	●				●			●					●	삽목
Joseph's coat	*Alternanthera*	●					●	●				●				●				●	삽목
King's crown	*Jacobina carnea*	●						●				●				●			●		삽목
Leopard plant	*Ligularia tussilaginea*	●						●	●			●			●					●	1개 이상의 부관과 함께 묘목 나누기
Liriope or lily turf	*Ophiopogon*	●						●	●			●			●				●		포기 나누기
Lipstick vine	*Aeschynanthus*		●		●			●	●			●				●		●			줄기 혹은 새눈의 삽목
Miniature rose	*Rosa*	●					●	●				●				●			●		파종 혹은 삽목
Montbretia	*Crocosmia*	●					●					●				●				●	파종 혹은 분지
Myrtle	*Myrtus communis*	●					●	●					●		●					●	성숙한 나무의 삽목
Nandina	*Nandina*	●						●	●			●				●				●	줄기꽂이
Norfolk island pine	*Araucaria excelsa*	●						●	●			●			●	●			●		파종 혹은 오래된 식물의 끝 심기
Oleander	*Nerium oleander*	●					●	●				●				●			●		봄 또는 여름에 충분히 새눈이 자라면 삽목

일반명	학명	배양토					광				물				온도			습도			번식
		일토	부토	사토	양토	산토	양지	반양	반음	음지	항습	약습	어마	완마	시원	실온	따뜻	매습	습한	실습	
Orchid:	*Brassavola*				●		●	●						●		●		●			늦겨울에 포기 나누기
	Cattleya				●		●	●						●		●		●			늦겨울에 포기 나누기
Swan	*Cycnoches*	●			●			●	●			●		●				●			봄 또는 여름에 포기 나누기
	Epidendrum				●			●	●				●			●		●			공중 취목 혹은 봄에 포기 나누기
Tiger	*Odontoglossum*				●				●				●		●			●			봄 또는 여름에 포기 나누기
Butterfly	*Oncidium*				●			●	●			●				●		●			봄에 포기 나누기
Lady slipper	*Paphiopedilum*				●				●			●				●		●			봄에 포기 나누기
Dogwood or moth	*Phalaenopsis*				●			●	●			●				●		●			봄에 포기 나누기
Oxalis	*Oxalis*	●					●	●				●				●			●		분지 또는 포기 나누기
Palms: Bamboo	*Chamaedorea*	●							●	●		●				●				●	파종 혹은 겯눈 옮겨심기
Butterfly	*Chrysalidocarpus*	●						●	●			●				●				●	파종 혹은 봄에 덤불의 포기 나누기
Date	*Phoenlx*	●							●	●		●				●				●	파종 혹은 겯눈 옮겨심기
Fan	*Chamaerops*	●						●	●		●	●			●					●	파종 혹은 겯눈 이식
	Licuala	●							●	●		●				●			●		파종 혹은 겯눈 이식
	Livistona	●							●	●		●				●			●		파종 혹은 겯눈 이식
	Rhapis	●							●	●		●			●					●	파종 혹은 겯눈 이식
Fishtall	*Caryota*	●						●	●			●				●			●		3월에 파종
Pandanus	*Pandanus*		●				●	●				●				●		●			겯눈 옮겨심기
Passion Flower	*Passiflora*		●				●	●				●				●			●		파종 혹은 삽목
Pellionia	*Pellionia*	●							●	●		●				●			●		삽목
Peperomia	*Peperomia*	●						●	●	●				●		●				●	줄기 혹은 잎 삽목
Philodendron	*Philodendron*	●						●	●	●		●				●			●	●	줄기꽂이 혹은 분지
Pilea(Artillery, Aluminum, Moon Valley)	*Pilea*		●					●	●			●				●			●	●	삽목
Pittosporum	*Pittosporum*	●						●	●			●			●				●		반쯤 성숙한 나무의 삽목
Plectranthus (Swedish ivy)	*Plectranthus*	●						●	●	●		●				●				●	파종 혹은 줄기꽂이
Podocarpus	*Podocarpus*	●							●			●			●				●		파종 혹은 성숙한 나무의 삽목
Polyscias	*Polyscias*	●					●	●	●	●		●			●	●		●			삽목
Prayer plant	*Maranta*		●						●			●				●			●		포기 나누기
Pregnant onion	*Ornithogalum caudatum*	●						●					●			●				●	포복지 옮겨심기
Primrose	*Primula*		●					●	●			●			●			●			파종
Privet	*Ligustrum*	●					●	●				●				●				●	줄기꽂이
Pyracantha	*Pyracantha*	●					●					●			●					●	이른 여름에 부드러운 나무 삽목
Radar plant	*Desmondium gyrans*	●					●					●				●				●	2월에 파종
Ranunculus	*Ranunculus*	●					●					●			●				●		3월에 파종: 가을에 심기
Redwood burl	*Sequoia sempervirens*							●	●	●	●					●				●	작은 묘목이 뿌리 박은 후 할 수 있음

일 반 명	학 명	배양토					광				물				온도			습도			번 식
		일토	부토	사토	양토	산토	양지	반양	반음	음지	항습	약습	어마	완마	시원	실온	따뜻	매습	습한	실습	
Resurrection plant	*selaginella lepidophylla*							●	●	●	●					●				●	건조한 상태에서 구입
Rhododendron	*Rhododendron*	●				●	●	●				●			●				●		줄기꽂이
Rhoeo (Moses-in-the-Cradle)	*Rhoeo*	●					●	●	●			●				●				●	포복지를 떼내거나 모목에서부터 씨를 채취
Rosary vine	*Ceropegia woodi*	●					●	●	●					●		●				●	삽목 혹은 줄기를 가지고 있는 구아식물
Sansevieria	*Sansevieria*	●					●	●	●	●			●			●				●	근경의 포기 나누기 혹은 엽삽
Saxifraga	*Saxifraga*	●						●	●			●	●		●				●		어린 식물 옮기기
Scindapsus	*Scindapsus aureus*	●						●	●	●			●				●			●	삽목
Selaginella	*Selaginella*		●						●	●		●				●		●			삽목
Sensitive plant	*Mimosa pudica*	●						●	●	●	●	●				●			●		파종 혹은 이식
Shoo-fly plant	*Nicandra physalodes*	●					●	●				●				●				●	파종
Shower plant	*Cassia*	●					●	●				●				●				●	파종
Shrimp plant	*Beloperone guttata*	●					●	●						●		●			●		삽목
Spathiphyllum	*Spathiphyllum*		●					●	●			●				●			●		근경의 포기 나누기
Stephanotis	*Stephanotis floribunda*		●				●	●				●				●			●		봄에 반쯤 성숙한 줄기의 삽목
Succulents: Century plant	*Agave*	●					●							●		●				●	포복지를 떼냄
	Aloe	●					●	●				●				●				●	파종 혹은 분지
Ice plant	*Aptenia*	●					●					●				●				●	줄기꽂이
Pony-tail	*Beaucarnea*	●					●	●				●				●				●	포복지를 떼냄
	Bowiea	●						●	●			●			●					●	포복지를 떼냄
Propeller, rattlesnake, scarlet paintbeush, etc.	*Crassula*	●					●	●				●	●			●				●	파종 혹은 삽목
	Eschiveria	●					●	●						●		●				●	포복지 혹은 줄기꽂이
Poinsettia, Crown-of-thorns, etc.	*Euphorbia*	●					●	●						●		●				●	삽목
Tiger jaws	*Faucaria*			●			●							●		●				●	파종 혹은 삽목
Baby toes	*Fenestraria*			●			●							●		●				●	파종 혹은 삽목
Ox-tongue	*Gasteria*	●						●	●			●				●				●	파종 혹은 포복지
Zebra or Wart	*Haworthia*	●					●	●						●		●				●	파종 혹은 포복지
	Kalanchoe	●					●	●						●	●	●				●	묘목을 화분에 심기, 파종, 혹은 새눈 삽목
Living stones, stone face	*Lithops*			●			●					●				●				●	봄에 파종
	Pachyveria	●					●	●						●		●				●	포복지 혹은 줄기꽂이
Devill's backbone	*Pedilanthus*	●					●	●				●				●				●	봄에 삽목
Mistletoe cactus	*Rhipsalis*	●			●				●	●		●					●	●			삽목

일 반 명	학 명	배양토					광				물				온도			습도			번 식
		일토	부토	사토	양토	산토	양지	반양	반음	음지	항습	약습	어마	완마	시원	실온	따뜻	매습	습한	실습	
	Scilla	●						●	●			●				●		●			가을에 분지
Donkey's tail, coral beads, etc.	*Sedum*	●					●	●						●	●	●				●	파종, 삽목, 혹은 포기 나누기
Starfish flower	*Stapelia*		●				●	●				●				●				●	포기 나누기 혹은 늦봄 또는 여름에 삽목
String-of-pearls	*Senecio rowleyanus*	●					●	●					●			●				●	
Sweet-olive	*Osmanthus fragrans*	●					●	●				●			●				●		여름에 반쯤 성숙한 나무의 삽목
Tibouchina	*Tibouchina*	●						●	●				●		●				●		삽목
Tolmeia (Piggy-back)	*Tolmeia*		●					●	●		●	●			●				●		습한 흙 안에 작은 식물을 고정
Tulbaghia	*Tulbaghia*	●					●	●				●				●				●	봄 또는 가을에 분지
Voodoo plant	*Hydrosme rivieri*	●					●	●				●				●				●	괴경으로부터 포복지 떼기
Walking iris	*Neomarica northiana*	●					●	●				●			●				●		꽃이 있는 작은 식물의 형태
Wandering Jew	*Gibasis*	●					●	●	●			●			●				●		언제든지 삽목
	Setcreasea	●					●	●	●				●		●					●	언제든지 삽목
	Tradescantia	●					●	●	●				●		●					●	언제든지 삽목
	Zebrina	●					●	●	●			●				●			●		언제든지 삽목
Yesterday, Today, and Tomorrow	*Brunfelsia calycina*	●						●				●				●			●		삽목
Zebra plant	*Aphelandra*	●						●				●				●			●		봄에 새눈 삽목

출처: House Plants: Indoors/Outdoors; Ortho Books, Ortho Div. of Chevron Chemical Co., San Francisco. 1974.

Chapter 06

원예치료실과 치료정원

1. 전문적 원예치료를 위한 실내시설

원예치료실은 대상자의 질병, 장애, 심신의 기능을 고려한 적절한 시설 및 도구를 갖추어야 한다. 원예치료실은 최대한의 치료효과를 얻기 위해서 원예치료 활동의 전 과정을 효율적으로 지원할 수 있어야 하지만, 동시에 대상자의 특성을 고려하여 공간을 융통성 있게 활용할 수 있어야 한다. 또한, 환자들에게 스트레스를 주지 않으면서도 바람직한 변화에 필요한 긍정적인 행동을 지원할 수 있어야 하고, 환자들의 복지와 편안함에 기여할 수 있는 기능도 있어야 한다. 결국, 원예치료를 위한 실내공간은 사람, 사물, 공간, 시스템(프로그램과 활동)을 고려하여 유지성과 접근성에 중점을 둔 특수화된 치료시설이어야 한다.

실제 원예치료에서는 실내공간에서 용기원예, 플라워 디자인, 식물번식과 같은 프로그램들이 다양하게 실시되고 있으며, 실내공간의 크기와 형태 등에 따라 원예치료 프로그램의 종류와 이용할 수 있는 식물의 선택폭이 결정된다. 그러나 식물의 생리와 치료의 특성을 이해하는 원예치료사라면 대부분의 장소에서 원예치료 프로그램을 진행시킬 수 있으므로 원예치료 활동은 반드시 온실과 같이 식물생육이 최적인 장소에서 행할 수 있는 것만은 아니다.

이처럼 원예치료 활동은 다양한 장소를 활용할 수 있지만, 본 장에서는 전문적인 원예치료를 염두에 두고 원예치료에 적합하게 요구되는 실내공간의 기본적인 환경과 시설 등을 기술하고자 하며, 아울러 국내외 전문 원예치료실의 종류와 특성을 소개하고자 한다.

1.1 원예치료에 적합한 실내공간

원예치료실은 치료사와 대상자들의 요구를 적극적으로 반영해야 한다. 따라서 대상자로 하여금 두려움을 완화시키고 치료의 긍정적인 측면을 받아들이는 공간이 되도록 하는 것이 무엇보다 중요하므로, 질병을 예방하고 정신적・신체적으로 조화된 상태로 유지시킬 수 있는 환경을 갖추어야 한다. 원예치료실의 실내공간은 치료활동공간, 저장공간, 식물재배공간으로 기능에 따라 구분하며, 다양한 치료 대상자들을 고려한 접근성과 적합한 요소 및 안전시설이 필요하다.

기본적으로 필요한 세 가지 공간 외에도 원예치료사가 프로그램 재료를 준비하거나 기록・평가를 위한 사무공간과 원예치료 과정에서 만들어진 작품이나 식물의 판매를 위한 전시공간, 기본적인 식물 재배와 증식을 위한 여분의 공간, 그리고 표본실 등의 추가공간이 있으면 좋을 것이다. 본 장의 실내공간에 대한 기술은 일반인보다는 보다 넓은 실내공간이 요구되는 장애인을 기준으로 하여 기술하였다.

1.1.1 적절한 크기와 면적

원예치료를 위한 실내공간의 규모는 대상자(환자)의 수, 대상자의 활동 특성, 계획된 프로그램의 유형에 따라 달라지지만, 기본적으로 원예치료에 필요한 재료를 작업하기 편리하도록 배치한 상태에서 활동할 수 있는 적절한 공간이 마련되어야 한다. 또한, 작업공간 내에서의 용이한 기동성, 작업대 배치공간, 그리고 작업이 끝난 후 결과물을 놓아두기 위한 저장공간 등도 고려해야 한다. 이에 필요한 총 면적을 산출하려면 참여하는 대상자(일반 사람, 휠체어를 탄 장애인 등)에게 요구되는 개인적인 작업영역을 먼저 산출해야 한다. 예를 들어 휠체어를 탄 한 사람이 원예치료를 받는다면, 활동공간(180×180cm), 통로 및 회전공간(153×153cm), 시설물공간(100×100cm) 등을 기본으로 고려할 경우 약 2.1평이 필요하다.

1.1.2 활동공간 한도

원예치료실에서 대상자가 휠체어를 이용할 경우 휠체어의 표준 높이는 좌석까지 50cm, 팔걸이까지 73cm, 그리고 미는 사람의 핸들까지 92cm이며, 휠체어의 폭은 평균 42×40cm이고 길이 102×107cm의 최소 활동공간이 요구된다.[1] 또한, 휠체어에서 팔을 상하좌우로 회전하려면 180×180cm의 공간이 필요하고, 통로에서 두 대의 휠체어가 통과하려면 폭이 153cm 이상은 되어야 하며, 통로에서는 휠체어가 360° 회전할 수 있어야 하므로 휠체어의 회전에 필요한 평균 공간은 150×150cm이다(**그림 6-1**).

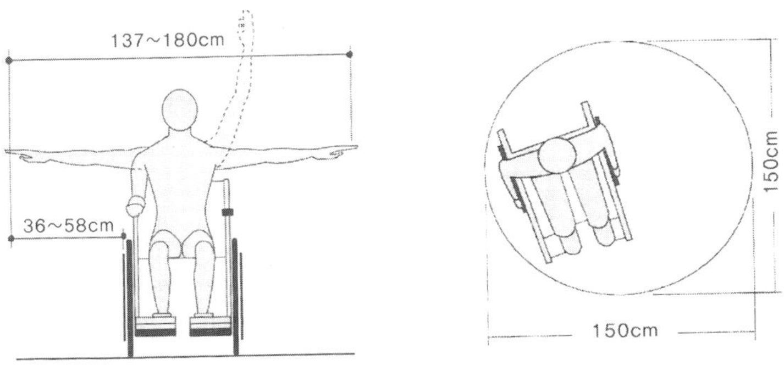

출처: 강병근. 2004. 장애인 편의시설 설치 매뉴얼. 화영사.

그림 6-1 휠체어 공간 한도

1.1.3 원예치료 작업공간 및 보행통로

원예치료 작업공간은 사용되는 가위, 삽, 화분 등의 도구뿐만 아니라 식물 재료와 프로그램에 따라서 달라진다. 만약 배양토를 혼합하거나 번식을 위해 트레이(tray)나 용기에 배양토를 담는 활동을 한다면 다른 일반적인 작업보다 더 큰 공간이 필요할 것이다.

작업공간에서 화분에 흙을 채우고 식물을 심기 위해서는 적합하게 설치된 작업대가 있거나 작업할 수 있는 선반이 가까이 위치해 있어야 하므로 필요에 따라서는 기존의 건물에 맞추어 작업공간을 조절하거나 프로그램의 목적에 맞추어서 필요한 크기로 실내구조를 개조해야 할 경우도 있다. 다시 말해, 작업공간은 충분한 활동공간이 확보된 후 적절한 위치의 작업대에서 원예치료 작업을

1) Rothert, G. 1994. The enabling garden. Taylor Publishing Company. Dallas, TX.

할 수 있어야 한다(**그림 6-2, 6-3**). 또한 식물과 사람이 상호작용을 할 수 있어야 하며, 종합적인 유니버설 디자인 원리(Universal Design)가 적용되어야 한다(**표 6-1**).

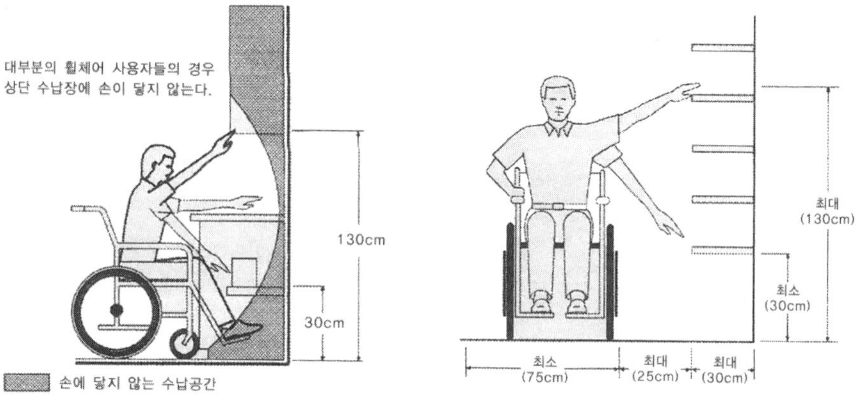

출처: 강병근. 2004. 장애인 편의시설 설치 매뉴얼. 화영사.

그림 6-2 휠체어 장애인 작업공간

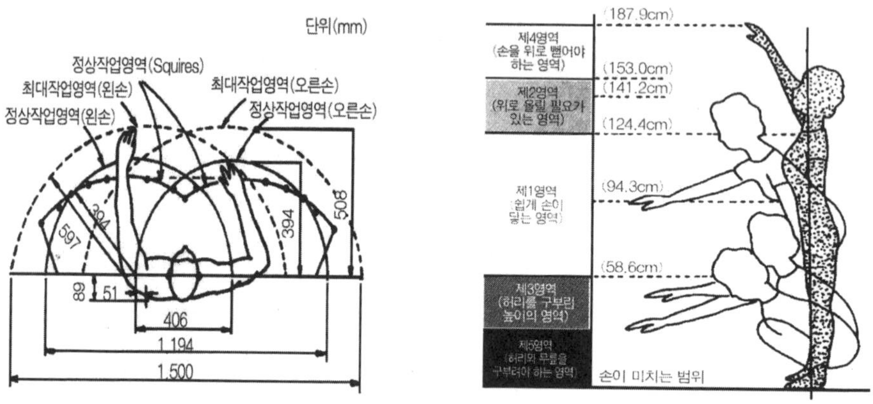

(1) 수평 작업영역 (2) 수직 작업영역

출처: Shin, T. Y. 2001. Understanding of space and ergonomics. Kukje Publishing House, Seoul.

그림 6-3 인체공학을 고려한 일반인의 최적 작업영역 기준

유니버설 디자인

유니버설 디자인(Universal Design)이란 단순히 '좋은 디자인'(Good Design)만을 의미하는 것이 아니라 폭넓은 의미에서 모든 사람을 위한 디자인을 뜻한다.[2] DeMerchant와 Beamish(1995)는 "Universal Design은 모든 연령과 다양한 능력을 가진 사람이 사용할 수 있도록 상품과 공간을 디자인하는 것이다."라고 하였다.[3] 유니버설 디자인은 전 생애를 통하여 모든 사람들에게 이용 가능한 환경을 만들려는 것이 그 핵심 개념이며, 장애를 가진 사람뿐만 아니라 모든 사람들에게 이를 통하여 안전하고 기능적이며 편리한 환경을 제공하려는 것이다.

표 6-1 유니버설 디자인의 원리

공평한 사용 (equitable use)	모든 이용자에게 똑같은 의미를 전달할 수 있어야 하고, 동일한 사용방법을 제공하며, 어떤 사용자라도 차별하거나 불명예스럽게 하지 않도록 해야 한다.
융통성 있는 사용 (flexibility in use)	디자인은 광범위한 개인의 능력이나 기호에 유연하게 적응될 수 있어야 한다는 개념이며, 사용방법 상의 선택 가능성을 제공하고 사용자의 정밀도와 정확성을 조장할 수 있어야 한다.
단순하고 직관적인 사용(simple and intuitive use)	디자인된 결과물의 사용이 사용자의 경험이나 지식, 언어능력, 현재의 관심 정도에 상관없이 이해하기 쉬워야 한다. 불필요한 복잡성은 제거하고 광범위한 교육과 언어능력의 수준을 수용하도록 하는 것이다.
인식 가능한 정보 (perceptible information)	주위의 상태나 사용자의 지각능력에 상관없이 필요한 정보를 효과적으로 전달하는 것이다. 다양한 방법, 즉 그림, 음성, 촉각 등을 사용하여 다양하게 표시하고 지각적 장애를 가진 사람을 위하여 다양한 기술의 호환이 가능해야 한다.
오류의 허용성 (tolerance for error)	디자인된 결과물이 우연적이거나 혹은 의도하지 않았던 행동으로 인해 불리한 결과를 가져와도 장애를 최소화해야 한다. 실수를 줄일 수 있도록 가장 많이 쓰이는 요소, 가장 위험한 요소, 격리되어야 하는 요소 등을 고려하여 배열해야 하며, 실수나 위험한 상황에 대한 경고를 제공해야 한다.
육체적 노력의 최소화 (low physical effort)	신체적인 피로를 최소화함으로써 디자인의 결과물을 효과적이고 편하게 사용하는 것이다. 사용자가 자연스러운 자세를 유지하여 반복되는 조절행위는 최소화하며, 물리적인 노력을 되도록 적게 하도록 해야 한다.
접근과 이용의 용이성 (size and space for approach and use)	사용자의 신체적 크기나 자세, 이동성에 상관없이 접근이 용이하고, 조작하기 편리한 크기와 공간을 제공해야 한다는 개념으로 보행자뿐만 아니라 휠체어 사용자들도 쉽게 효과적으로 사용할 수 있어야 한다.

출처: Connell, B., M. Jones, R. Mace, J. Mueller, A. Mullick,. E. Ostroff, J. Sanford, E. Steinfeld, and G. Vanderheiden. 1999. The principles of universal design: Version 2.0. Raleigh, NC. The Center for Universal Design., USA.

2) Null, R. L. and K. F. Cherry. 1996. Universal Design. Professional publications, USA.
3) DeMerchnt, E. A. and J. O. Beamish. 1995. Universal Design in residential space. Journal of the American Association of Housing Educators 22:12-30.

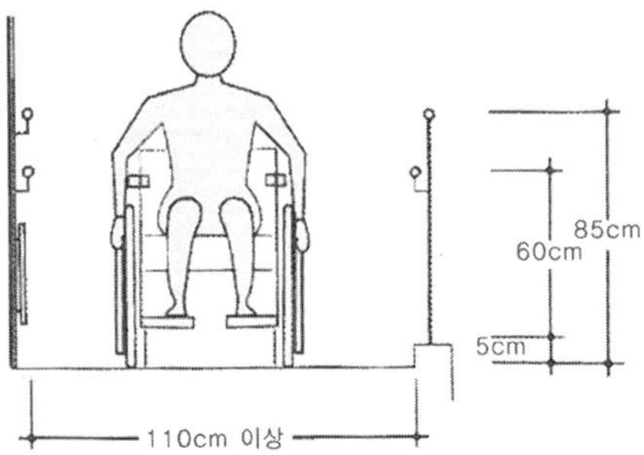

그림 6-4 휠체어 장애인 보행통로 규모

작업공간으로의 이동이나 활동에 필요한 보행통로에는 안전을 위해 벽 부분에 85cm 높이의 손잡이(hand rail)를 설치하는 것이 좋으며, 휠체어가 지나갈 수 있도록 110cm 이상의 폭을 확보하는 것이 바람직하다(**그림 6-4**).

1.1.4 테이블과 탁자

가장 이상적인 테이블은 앉거나 선 위치 또는 휠체어 사용자에게 맞추어 높이를 조절할 수 있는 것이다. 그러나 높이 조절이 불가능하다면 작업 높이와 무릎공간 높이에 따라 다양한 높이의 테이블이 필요하다. 다시 말해 앉아서 작업할 때 개인에게 편안한 높이는 팔을 바닥과 평행하도록 뻗었을 때 팔꿈치가 테이블의 윗면에 닿거나 그보다 약간 낮은 정도이다. 모든 의자는 앉기에 알맞게 조절되어야 하며, 개인에게 편안한 의자의 높이는 대퇴부가 바닥과 평행한 상태에서 발을 바닥에 평행하게 놓을 수 있는 높이다.

원예치료사가 그룹이나 대상자의 활동을 인도하기 위해서는 한쪽 끝에서(테이블의 머리 쪽에서) 모든 참석자들을 바라볼 수 있는 회의실 스타일이 좋을 것이다. 이 때 배치는 원예치료사가 환자들 사이나 의자 뒤에서 안전하고 편안하게 움직일 수 있도록 하는 것이 좋다. 또한, 참여자의 수와 특징에 따라서 테이블 배치를 달리 할 수 있도록 테이블은 내구성이 강하고 옮기기 쉬운 재질로 만들어진 것이 좋다.

프로그램을 진행할 때에는 화분을 놓을 수 있는 선반, 실습할 수 있는 테이블, 설명을 위한 칠판, 효과를 극대화하기 위한 개인적인 작업공간과 더불어 대상자들과의 상호작용 효과를 높이기 위한 보조 테이블이 요구된다.

1.1.5 도구 사용

원예치료에 사용되는 작업도구로는 여러 종류의 가위, 트레이, 칼, 삽, 수저, 컵, 철사, 리본 등이 있으며, 도구는 되도록 가볍고 작동이 쉬우며 조작력을 증가시킬 수 있는 것으로 선정한다. 손잡이는 대상자의 활동 특성에 맞게 작업할 수 있도록 짧거나 길게 개선된 것을 사용하는 것이 바람직하다. 또한, 손기능이 약화된 고령자나 장애인의 경우 손잡이 부분에 쿠션이 있는 것을 사용하여 작업이 용이하도록 한다.

모든 도구는 치료사의 감독 하에 사용되어야 하며, 환자들에게 도구의 적절한 사용에 관한 지시를 주고, 특히 날카로운 도구를 사용할 때는 안전사고에 주의하도록 한다. 환자가 도구를 손에 들고 걸어 다니는 것을 삼가게 하고, 사용한 도구는 반드시 가죽 케이스나 주머니에 넣어서 보관하도록 한다. 도구는 환자들의 안전을 위해 원예치료사가 직접 관리하며, 치료가 끝난 후에는 회수된 숫자를 확인하고 잠금장치가 되어 있는 저장장소에 보관한다.

1.1.6 원예치료실 안전시설 및 안전점검

인화성 물질, 부식물, 살균제 또는 위험한 화학물, 독성물질은 있는 위치가 잘 보이도록 분명하게 표시하고, 만약을 대비해서 세척시설, 소화기, 비상벨 등의 안전시설을 마련한다. **그림 6-5**는 얼굴이나 눈에 위험한 독성물질이 들어갔을 경우 발로 스위치를 누르면 위의 구멍에서 세척액이 나와서 응급조치를 할 수 있는 비상용 세안장치로 만약을 대비해 설치하면 좋다.

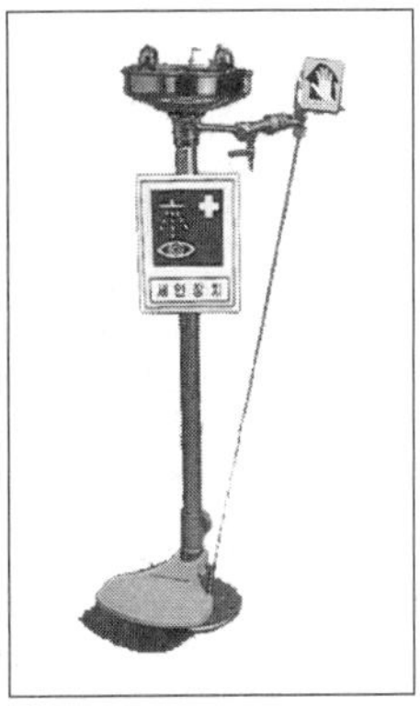

그림 6-5
세척시설 eyewash
(비상용 세안장치)

특별히 위험하고 날카로운 도구와 품목들은 항목별로 나누어 목록을 기입하고 매일 점검하며 잠금장치가 있는 곳에 보관한다. 원예치료사뿐만 아니라 자원봉사자들도 도구의 안전한 사용과 보관에 대해 숙지하며, 안전점검에 대한 수칙은 도구와 설비가 있는 곳에 잘 보이도록 게시한다.

1.2 저장공간

1.2.1 부피가 크고 대량으로 사용되는 물품의 저장공간

대부분의 배양토(피트모스, 펄라이트, 버미큘라이트, 비료, 석회)는 대량으로 구입해서 작업에 필요한 양만큼 그 자리에서 섞어서 사용하거나 미리

섞여 있는 혼합상토를 구입하여 사용한다. 상토는 부피가 크고 무겁기 때문에 적절한 저장공간을 확보하는 것이 필요하다. 그 외에 부피가 큰 포장지, 비닐, 트레이, 호스, 화분, 라벨 등은 선반이나 서랍에 보관한다. 위험한 도구를 보관하기 위해서는 잠금장치가 있는 보관공간을 이용하고, 적당한 크기의 냉장고는 절화의 저장과 유지에, 작은 냉장고는 발근 호르몬과 종자를 저장하는 데 이용한다.

1.2.2 물품목록표

원예치료실에 있는 물품은 목록표에 기입하여 프로그램 계획서를 작성하거나 필요한 물품을 구매할 때 활용할 수 있도록 한다.

1.3 식물관리공간 설비

실내에 식물관리를 위한 공간으로 식물관리 전용시설을 만들거나 창문과 유효공간만을 적절히 이용해 식물을 관리할 수 있다. 원예치료실 내의 식물관리 공간은 단지 식물재배라는 측면보다는 식물과의 다양한 활동과 이를 통한 심신의 회복, 그리고 식물을 통해 삶을 바라보는 측면이 훨씬 중요하므로 미적・시각적・치료적 요소가 함께 어울리도록 배치・관리한다.

식물관리공간에는 기본적으로 조명시설과 급배수시설, 습도조절이 필요하며, 이를 위해서는 인공광 혹은 자연광의 이용, 수도시설, 통풍 및 공기유동을 고려해야 한다.

1.3.1 조명시설

식물재배를 위한 인공조명 시설은 식물을 재배하는 테이블 바로 위에 설치할 수도 있고, 높이 조절이 가능한 선반에 설치할 수도 있다. 인공조명은 재배해야 하는 식물의 수나 필요한 조명 강도에 따라 숫자와 종류가 달라지는데, 일반적으로 실내에서 식물을 관리할 경우 내구력 있는 상업용 형광등과 백열등을 적당한 높이로 조절하여 사용하면 충분하므로, 비싼 특수램프나 식물생육에 필요한 파장만을 방출하는 생육등은 필요하지 않다. 일장에 따라 식물의 개화가 달라지는데 일장조절을 위해서는 반드시 백열등을 사용하도록 하며, 꽃이 피는 화훼식물의 개화를 촉진하기 위해서는 조명을 좀 더 가깝게 둔다. 매일 14시간에서 18시간 정도의 조명시간이 필요하므로 자동 타이머를 사용하여 조절한다.

식물재배공간은 가능한 넓게 확보하여 물을 주거나 운반하기 쉽도록 하고, 조명설비 아래 적당한 간격으로 식물체를 배치함으로써 개별적으로 충분한 광을 받도록 한다. 백열등은 열을 많이 발산시키기 때문에 1m 이내로 설치하지 않은 것이 좋다. 한편, 형광램프 자체에서는 많은 열이 방출되지 않지만 안정기에서는 많은 양의 열이 발생되기 때문에 형광등을 많이 설치할 경우 안정기의 위치를 전문가에게 의뢰하는 것이 바람직하다.

1.3.2 급배수시설

식물에 관수하거나 번식 또는 흙을 배합할 때, 그 외에 대부분의 원예활동을 할 때에 물이 필요하며, 작업 후 손을 씻어야 할 경우에도 수도시설이 필요하므로 하수시설이 있는 싱크대와 온수기를 설치한다.

원예치료실에서 벽면이나 테이블 위에 식물을 재배할 경우 여러 형태의 관수시설 및 관수도구를 사용할 수 있다. 식물재배면적이 좁고 수량이 적을 경우에는 물뿌리개나 호스(hose)를 이용하여 관수할 수도 있지만 공중걸이 화분이나 많은 양의 식물을 관리할 경우에는 점적관수(drip irrigation)용 노즐을 이용하여 근권부에만 적셔 주는 특수한 관수시설을 갖추기도 한다.

제한된 실내공간에서 다양한 관수시설을 이용할 경우 배수시스템이 꼭 필요하다. 따라서, 식물관리용 테이블이나 시설의 위치는 배수구를 잘 고려해서 결정해야 하고, 선반이나 벽면 주변에 식물을 재배할 경우 물이 다른 공간으로 흐르지 않도록 화분 받침대를 설치하거나 방수시설을 갖추도록 한다.

1.3.2 통풍 및 환기 시설

실내에 자동환경조절 시스템을 갖출 수도 있지만 대부분의 경우 창문을 통해 광, 온도, 습도, 통풍 등이 조절된다. 따라서, 창문의 방향과 크기, 그리고 자연광의 유입 정도에 따라 식물을 배치하는 방법이 달라진다. 또한 실내환경은 계절에 따른 온도변화가 크지 않으며, 하루 중 일교차도 거의 없는 경우도 있는데,

이러한 조건에서는 식물이 냉난방기구나 조명시설에서 발생되는 열과 빛 때문에 수분손실이 많아져 더 빨리 시들어 버릴 수 있다.

따라서 적절한 환기와 통풍으로 실내 온습도환경을 조절해 주어야 한다. 자연적으로 통풍이 잘 이루어지도록 하기 위해서는 실내 표면적의 약 15% 정도의 창문이 필요하고, 자연환기를 할 수 없는 건물에서는 반드시 환풍기를 설치하여 강제환기를 해 주어야 한다. 강제환기시 흡입구에서 배출구까지 온도차이가 생기기 때문에 겨울철에는 외부의 추운 공기가 유입되지 않도록 셔터를 설치해 주어야 한다.

1.4 접근성

원예치료실의 실내공간을 설계할 때 가장 중요하게 고려해야 할 점은 이용자의 접근성이다. 특히 휠체어를 사용하는 대상자의 경우 보행이나 편의시설 이용 등 물리적 환경에서 어려움을 겪기 때문에 행동특성과 접근성(accessibility)을 고려한 시설이 필요하다. 특히, 활동공간, 접근할 수 있는 통로, 바닥 포장, 좌석공간, 경사로, 문, 그리고 접근할 수 있는 휴식시설 등을 고려해야 한다.

1.4.1 원예치료실 접근통로와 경사로

접근통로와 치료실 공간은 장애인과 환자가 이동하기에 편리해야 하며, 지면과 바닥이 견고하고 단단하며 미끄럼 방지가 되어 있어야 한다. 그리고 비탈이

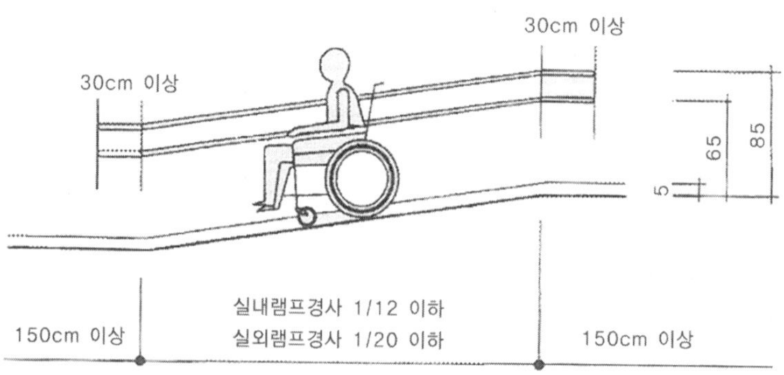

그림 6-6 휠체어 이동 경사로 규정

있는 언덕이 있다면 휠체어가 지나갈 수 있는 경사로가 설치되어야 한다. 가능한 경사는 최소한의 높이로 하는 것이 좋으며, 경사로의 경사 비율이 1/12(8.3%) 이하가 되어야 하고, 핸드레일의 높이는 65cm에서 85cm에 위치해야 하며, 경사가 시작되고 끝나는 지점보다 30cm 이상 길어야 한다. 경사로의 시작과 끝 지점에는 150×150cm 이상의 면적이 휴식공간으로 제공되어야 한다(**그림** 6-6).

1.4.2 의 자

착석에 대한 폭넓은 선택과 수동적 참여를 고려하여 이동성 있는 의자를 배치하고, 대상자뿐만 아니라 스태프와 자원봉사자에 대한 착석공간도 마련한다. 의자의 소재나 재질은 가볍고 위험요소가 없는 것으로 선택하고, 의자 디자인은 연령과 신체활동의 특성 등을 고려하여 크기를 결정한다. 또한 편안함을 줄 수 있는 디자인으로 안락함을 줄 수 있도록 한다. L자형 타입의 의자와 벤치는 대상자 - 스태프, 대상자 - 대상자 간의 언어적 교류를 높이기 위해 적합하다.

1.4.3 좌석공간

휠체어를 탄 사람들을 위한 좌석공간을 계획할 때, 휠체어의 접근이 가능한 통로공간이 필요한데, 작업대의 주변을 움직이기 위해서는 105cm의 공간이 필요하며(**그림** 6-7), 작업대에 사람이 앉아 있는 경우 그곳을 지나가기 위해서는 90cm의 공간이 추가로 필요하다. 테이블 밑의 무릎공간은 폭 50cm, 팔의 휴식을 위해서는 폭 76cm가 필요하다.

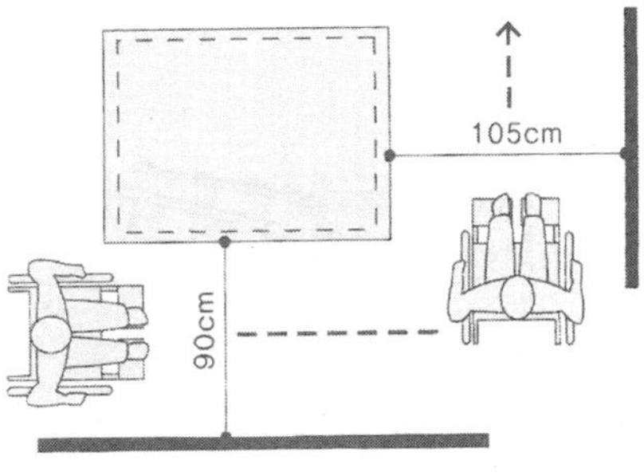

그림 6-7
휠체어 회전, 좌석공간 규모

1.4.4 돌출된 물건

위험한 물체나 위험구역의 경우에는 바닥으로부터 70~200cm 범위의 높이에 위험을 알리는 표시를 해야 하며, 표시판은 두께가 10cm 이상 돌출되지 않도록 한다.

1.4.5 문과 화장실

90°로 열리는 양쪽 문의 폭은 120cm가 되어야 하며, 한쪽 문이 90°로 열릴 때는 폭이 80cm가 되어야 한다. 여닫이 문일 경우에는 폭 185cm가 되어야 한다(**그림 6-8**). 문을 밀거나 당길 때 큰 힘이 들지 않도록 하는 것이 좋으며, 문의 손잡이는 작동을 위해 꽉 잡거나 손목을 비틀지 않도록 한손으로 잡기 쉬운 모양으로 되어 있어야 한다. 손잡이 부착 높이는 바닥에서 120cm보다 높으면 안 된다.

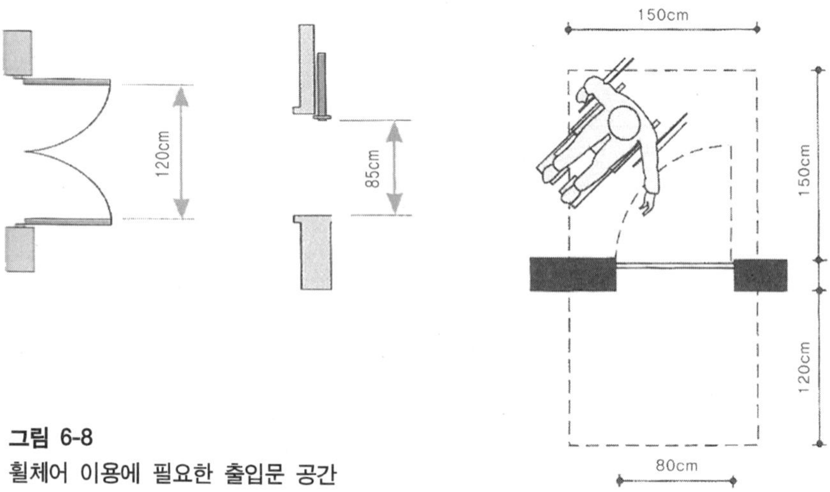

그림 6-8
휠체어 이용에 필요한 출입문 공간

화장실의 내부영역은 문을 열고 들어갔을 때 변기 좌석에서 문까지의 폭이 120cm 이상, 168cm 정도의 깊이로 최소 회전공간이 기본 200×153cm는 되어야 한다. 화장실 내부의 측면이나 뒷면에 있는 손잡이 난간은 바닥에서 84~92cm에 위치해야 하고, 측면 난간은 좌석의 전체 길이에 맞게 달려 있어야 하며, 화장실 좌석에서 앞쪽으로 43cm 이상 길게 설치되어야 한다.

■ 휠체어 사용 장애인의 행동특성

- 평지에서의 이동은 용이하나 단차가 있거나 가파른 경사면은 오르지 못한다.
- 좁은 곳에서는 통행 및 회전이 불가능하다.
- 가로방향으로 직접이동이 불가능하며, 옆으로의 이동에는 어느 정도의 시간이 필요하다.
- 접근시 휠체어의 활동공간이 필요하다.
- 경사로 통과시 경사도에 따라 휠체어의 가속이 생긴다.
- 요철이 있는 바닥이나 포장재료 사이의 이음새가 큰 부분은 통행이 불가능하다.
- 고저 전후 좌우 방향으로 손이 닿는 범위가 한정된다.
- 이동시에는 양손 사용이 불가능하다.
- 휠체어에서 다른 것에 옮겨 탈 때는 적절한 높이와 공간이 필요하다.

■ 휠체어 사용자의 물리적 환경 대응조건

- 건물 출입구의 턱이나 단차를 제거한다.
- 충분한 휠체어 통행로를 확보하고, 회전이 가능한 공간을 확보한다.
- 진열장이나 테이블 등의 아래에 활동공간이 확보되어야 한다.
- 경사로에 추락 방지턱을 설치해야 한다.
- 바닥의 요철은 제거해야 한다.
- 화장실 변기나 의자 높이는 휠체어 높이와 비슷하게 고려한다.

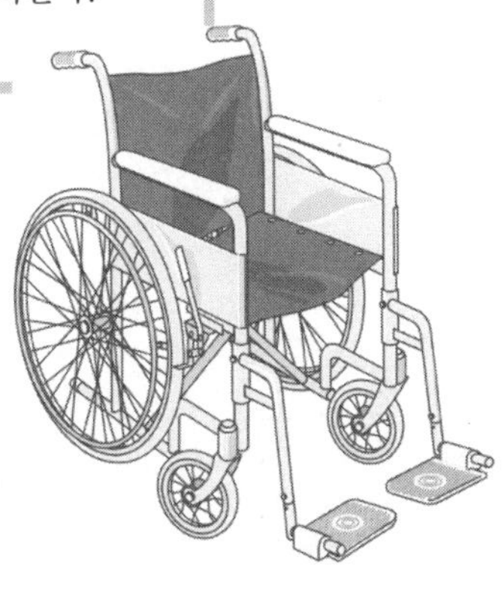

2. 전문적인 원예치료실 사례

2.1 건국대학교 원예치료실

2005년에 준공되었으며, 철제빔 유리온실(250평) 내에 전문 원예치료실 공간을 포함하고 있다. 지상부에는 원예치료실과 부속실, 식물재배실과 번식실, 표본실 및 휴식실, 그리고 연구온실동으로 구성되어 있다. 지하실에는 실내 원예치료 및 세미나를 위한 실습실이 있으며, 화장실과 샤워실이 있다. 모든 시설에는 장애인의 접근성과 활동성이 고려되었고, 대상자들이 가능한 자연환경 속에서 원예치료 활동을 할 수 있도록 설계되었다. 그 밖에도 제시된 사진들에서 보여지듯이 원예치료실에서 접근성이 용이한 다양한 공간들이 제공된다.

온실 전경이며, 중앙전시실을 중심으로 좌측 날개 부분이 원예치료실이다.

원예치료실 전경이며, 온실임에도 불구하고 냉난방시설이 완벽히 갖추어져 있고, 뒤쪽에 부속실이 있다.

지하 세미나실 및 화장실로 가는 통로이며, 휠체어 장애인도 접근이 용이하도록 되어 있다.

원예치료실 옆쪽에는 표본실이 있다.

온실 내 실내 조경공간과 휴게실

중앙전시실 전경이며 중앙에 분수대가 설치되어 있고, 그 주위로 벤치가 원형으로 마련되어 있다.

원예치료실 건너편에 있는 번식실과 재배실

지하에 위치한 세미나 및 작업실

원예치료실에서 프로그램을 진행중인 모습

2.2 일본 아와지 경관학교 원예치료실

원예치료 시설은 정원과 더불어 실내외에서 원예치료 활동을 할 수 있도록 꾸며져 있다. 정원에는 다양한 재질로 바닥을 시공하여 감각자극을 줄 수 있도록 하였으며, 다양한 형태의 높임 화단, 벽면 화단, 그리고 특수 관수시설 등을 설치하여 장애인들이 쉽게 접근하여 이용할 수 있도록 하였다. 또한, 소리 나는 정원, 향기 나는 정원, 촉감으로 지각할 수 있는 정원은 다양한 장애인들이 즐길 수 있도록 되어 있다. 특히, 정원 내 설치된 간이 원예치료실의 천정은 자외선을 차단하는 유리를 사용하여 장애인들의 자외선으로 의한 피해를 최소화 하였다. 또한, 정원 내 온실을 만들어 특수식물들을 계절에 관계없이 관리할 수 있도록 하였고, 냉난방시설을 갖춘 창고를 만들어 관련 자재 및 도구를 보관하거나 필요에 따라 이용자들이 휴식할 수 있는 장소를 제공하고 있다.

◀ 다양한 형태의 높임 화단과 여러 가지 재질로 깔려 있는 바닥을 볼 수 있다.

▲ 원예치료 시설 내 많은 공간을 마련하기 위해서 인공 칸막이가 세워져 있다.

◀ 실외 정원 옆에 두 동의 창고를 지었으며, 냉난방이 조절되어 극한 환경에서도 휴식을 취할 수 있다.

겨울용 온실

높임 화단과 걸이 화분을 설치하는 시설

실외 원예치료실로 사용되며, 천정은 자외선 차단 유리를 설치하여 여름철 피해를 최소화했다.

실외 원예치료실 내에 설치된 높이 조절이 가능한 테이블

다양한 선반과 벽에 식물을 재배할 수 있는 수직화단

치료정원 내에 있는 야외 강의실

2.3 캐나다 병원 내 원예치료실

캐나다 동부 온타리오 주 Guelph에 위치한 Homewood Health Centre는 1883년에 설립된 정신병원으로 320개의 병상이 있다(www.homewood health.com). 이 곳에서는 원예치료사 2명과 보조 치료사 1명이 주 12회 원예치료 프로그램을 진행하고 있으며, 총 140여 명의 환자(정신분열증, 기분장애, 식이장애, 치매 노인, 외상 후 스트레스 장애, 약물중독 등)가 프로그램에 참여한다. 원예치료가 25여 년 동안 계속되면서 환자의 이용이 편리하도록 원예치료실 증축 공사를 거듭하여 오늘날 캐나다에서 최고의 모습을 갖추게 되었다.

원예치료에 사용되는 공간은 크게 실외 치료정원, 실내 원예치료실, 원예치료 프로그램실로 구성되어 있어 프로그램의 특성에 따라 위의 세 곳을 적절히 이용하여 원예치료를 진행한다. 실외 치료정원의 경우, 높임 화단과 허브정원 그리고 휴게장소가 설치되어 있고, 병동에서 실외정원까지 이동이 불편한 환자들은 카트를 타고 이동한다. 정원 한 부분에 조성되어 있는 Labirinth(원형 미로 모양의 화단을 돌며 자연과 함께 명상하는 프로그램)라는 명상의 길에는 타임을 심어, 환자들이 명상을 하며 마음을 안정시키는 데 도움을 준다. 실내 원예치료실의 경우, 테이블과 의자를 배치하여 자연 속에 앉아 있는 것과 같은 분위기를 조성하였으며, 분화식물들로 채워 있는 온실 양끝에는 자동관수시설이 구비되어 있다.

Homewood Health Centre의 중앙 건물 전경

높임 화단, Gazebo, Labirinth가 있는 실외 정원의 전경

원예치료 프로그램실은 공예 작업 등을 행할 때 사용되는데, 복도 벽 쪽으로 커다란 창문이 있어 방문객이나 의료스태프 또는 환자들이 오가며 원예치료 프로그램의 진행과정을 직접 볼 수 있도록 되어 있다. 실내 프로그램실과의 접근 용이성을 위하여, 휠체어 사용자는 휠체어 리프트를 통해 이동할 수 있다. 지하 창고에는 솔방울이나 토양, 화분 등의 원예 기자재들을 보관한다.

종류별 허브와 높임 화단

병원 복도에서 창문을 통해 보이는
실내 원예치료실의 전경

실내 원예치료실의 모습

휠체어 리프트와 병동별 원예치료 프로그램
주간 계획표

거동이 불편한 치매나 식이장애 환자를 위한
병원 내 중정에 설치된 A형 화단

복도 창문을 통해 보이는 원예치료 프로그램실

3. 치료정원

3.1 치료정원의 개념

고대부터 자연경관과 정원은 사람들에게 치유 효과가 있다고 전해져 왔으며, 18세기부터 미국은 원예활동을 정신과 환자들을 위한 치료 프로그램으로 적극 활용하였다. 일반정원에 비해 치료정원(healing garden)의 독특성은 장애인의 치료와 회복을 목적으로 한다는 것과, 간접적인 체험만을 목적으로 하는 것이 아니라 참여정원이라는 점, 그럼에도 불구하고 장애인, 보호자, 시설 거주자 모두를 만족시켜야 된다는 점이다. 그러므로 궁극적으로 치료정원은 원예치료 활동을 실행하기 위한 장(場)이며, 이용자에게 물리적이고 직접적인 지원이 이루어지는 공간이다.

치료정원에서 이용자들은 아름다운 자연경관을 감상하면서 산책과 휴식을 하고, 기분전환을 하거나 가벼운 운동을 통해 통증에 대한 통제력을 향상시키고, 더불어 직접 식물을 기르고 수확하는 다양한 상호작용을 통하여 건강에 긍정적인 반응을 이끌어 내게 된다. 이러한 치료정원은 이용자의 신체적 · 정신적 증상의 경감과 스트레스 감소, 편안함 제공, 오감 향상 등 건강회복 능력을

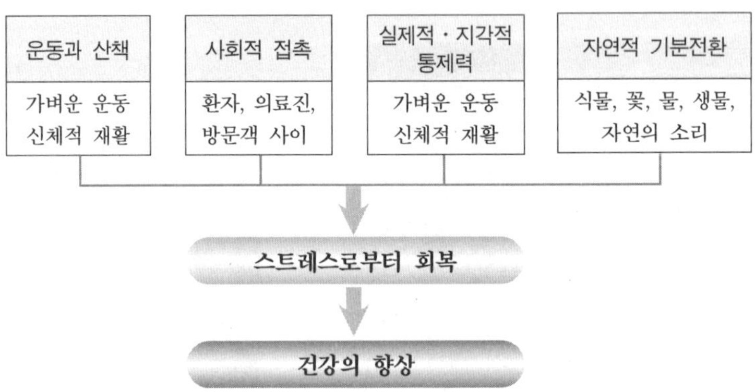

출처: Cooper Marcus, C. and M, Barnes. 1999. Healing gardens. John Wiley & Song. Inc., NY. p. 37.

그림 6-9 치료정원 효과의 개념적 모델

증진시킴으로써 임상치료를 지지하고, 나아가 사람들과의 사회적 접촉을 도모함으로써 삶의 질을 향상시켜 주는 효과를 지니고 있다(**그림 6-9**).

3.2 치료정원의 특성

치료정원은 쾌적성과 심미성을 강조하는 일반정원과는 달리 이용자의 특성에 대한 이해와 배려가 필수적으로 이루어져야 하며, 궁극적으로는 원예치료의 정확한 목적과 목표를 지원받을 수 있는 공간으로 조성되어야 한다. 그러나 이용 대상자가 환자뿐만 아니라 보호자, 시설 내 직원, 방문객 등 모두를 포함하고 있기 때문에 수동적 및 능동적 치료활동이 가능해야 할 뿐만 아니라, 식물과 사람들 간의 상호작용이 일어날 수 있도록 이용자의 접근성도 고려해야 한다. 결국, 치료정원은 모든 이용자에게 유용하고 즐거운 곳이어야 하므로 다음과 같은 특성을 갖추어야 한다(**표 6-2**).

표 6-2 치료정원의 특성

1	치료정원은 이용자의 접근성을 고려하여 본질적으로 개선 및 조절된 정원이다. 즉, 정원에서 식물과 다양한 요소들을 통하여 이용자들이 긍정적인 상호작용을 경험할 수 있어야 하며, 능력과 무능력에 개의치 않는 정원활동을 약속할 수 있는 장소로서의 특징을 지닌다.
2	정원에서 치료와 원예활동이 지속적으로 유지될 수 있도록 계획되어야 한다.
3	치료정원은 주변이 깨끗하게 잘 정돈되어 있어야 하며, 환자와 방문객들을 위한 공간도 잘 정리되어야 한다.
4	풍부한 식물들이 존재하고, 사람들과도 사회적 상호작용을 할 수 있는 공간이어야 한다.
5	안전하고 지원적인 환경이어야 한다. 즉, 치료정원에서 식물들과 장소, 시설물들은 항상 안전하게 유지 관리되어야 하고, 이용자의 복지, 방문자, 그리고 직원들을 위해 위험요소는 제거되어야 한다.
6	종합적인 유니버설 디자인 원리가 사용되어야 한다. 치료정원은 장애인과 비장애인 모든 사람들에게 유용하고 즐거운 곳이어야 한다.
7	치료정원은 주변 환경으로부터 쉽게 구분되는 독특함을 지닌 장소이어야 한다.

출처: Simsom, Sharon P. and Martha C. Straus. 1998. Horticulture as therapy-principles and practice. The Food Product Press, New York. p. 289.

3.2 치료정원의 종류

치료정원이란 다양한 장애를 가진 대상자들이 일반인들과 교류하면서 자신이 즐길 수 있는 원예활동을 통하여 원예치료의 목적을 실현하는 정원을 말하며, 그 종류는 이용자의 특성, 장애 형태, 적용 장소에 따라서 여러 가지 유형으로 분류될 수 있다(표 6-3).

구체적으로 살펴보면, 감각자극 정원(sensory garden)은 한 가지 이상의 감각기관에 장애가 있는 사람에게 오감을 통하여 자극할 수 있는 감각적 요소를 도입하여 기능회복에 기여할 수 있도록 하는 데 주안점을 둔 치료정원이다. 재활치료 정원(rehabilitation garden)은 신체적 · 정신적 결함과 손상이 있는 환자들에게 기능을 회복시키고, 재활의 효과를 증진시켜, 사회복귀를 도모할 수 있도록 조성된 정원이다.[4] 고령자, 장애인을 위한 치료정원은 사고와 질병 그리고 고령화 때문에 이전과 같은 활동을 할 수 없는 사람들에게 유익한 여가활

표 6-3 치료정원의 종류

●: 적용 대상자 및 장소

치료정원의 종류와 기능특성	실험정원 (demonstration garden)	감각자극 치료정원	재활치료정원	고령자 · 장애인을 위한 치료정원	청소년 · 장애아를 위한 정원
정원이 가진 특성	▪ 장애인 치료, 직업 훈련, 원예기술 습득을 촉진 ▪ 원예치료사 양성과 원예치료 프로그램의 실천마당 제공 ▪ 장애인와 비장애인의 교류 및 원예치료의 관심을 높이는 장소 ▪ 모든 사람이 쉽게 접근할 수 있는 정원 만들기를 제안하는 정원 ▪ 원예치료에 관한 설비자재와 식물 전시	▪ 시각 · 청각 장애인들도 같이 즐기고 오감을 통해 감각을 촉진하는 정원 ▪ 향기에 의해 식물을 즐김 ▪ 접촉으로 형과 질감, 음색을 즐김 ▪ 먹어서 각각의 미각을 즐김	▪ 신체적 손상환자의 운동기능 회복, 약물 · 알코올중독 환자의 사회 복귀를 위한 재활치료에 효과적인 정원 ▪ 운동치료 훈련에 응용하고 원예치료를 통해 운동기능의 회복 도모	▪ 개인이나 그룹과의 꽃 또는 채소 가꾸기 등 원예작업에서 유지 관리까지 즐기면서 할 수 있는 정원 ▪ 삶의 보람 있는 사업이나 사회공헌 사업으로 마을 혹은 녹지 만들기에 참여할 수 있는 기회 부여	▪ 놀이터, 체력단련장, 원예학습장, 지각기능을 자극하는 장소와 모든 아이들과 교류하는 장소인 다목적 정원을 제공 ▪ 사회교육과 환경학습의 일환으로, 교정을 위한 프로그램과 함께 활용

4) 강석윤. 2002. 정신지체장애인을 위한 치료정원계획연구. 서울시립대 석사학위논문.

(표 6-3 계속)

치료정원의 종류와 기능특성		실험정원(demon-stration garden)	감각자극 치료정원	재활치료정원	고령자 · 장애인을 위한 치료정원	청소년 · 장애아를 위한 정원
이용자 특성과 장애형태	지적장애(정신지체)	●				●
	지체부자유	●		●	●	●
	시각장애	●	●		●	●
	청각장애	●			●	●
	언어장애	●			●	●
	내부장애	●		●		●
	정신장애	●				●
	고령에 의한 운동기능장애	●		●	●	
	회복 가능한 운동 기능장애	●		●		
	기타 심신장애	●	●	●	●	●
원예치료사의 역할	운동능력 판정(방법지도)	●		●		●
	프로그램의 계획(방법지도)	●		●		●
	작업종료 후의 평가(방법지도)	●		●		●
	기능훈련	●				
	설계 시공단계에서의 조언	●	●		●	
적용 가능한 공공기관 · 민간시설	도시공원 내	●	●			●
	식물원 · 수목원 내	●	●			●
	커뮤니티 가든	●	●		●	●
	개인정원				●	
	공장부지 내	●	●		●	
	노인홈 부지 내	●	●	●	●	
	그룹홈 부지 내			●	●	
	작업장 시설 내			●	●	
	대학 · 전문학교 원예학과 내	●	●	●		
	재활센터 내	●	●	●		
	소아과 병원 내			●		●
	양호학교 내		●	●		●
	요양소 내			●		●
	아동회관 · 시민회관 내					●
	교정시설 내(소년원 등)			●		●

출처: 吉長元孝 · 塩谷哲夫 · 近藤龍良. 1998. 園藝療法のすすめ. 創森社. 東京. p. 94-95.

동인 원예활동과 정원가꾸기를 계속 할 수 있도록 적극적인 지원체계와 기회가 제공되는 정원이다. 청소년과 장애아동을 위한 치료정원은 모든 아이들이 안전하게 교류하면서 놀이, 체력단련, 감성자극 등 다목적으로 사회교육과 환경학습의 장으로 활용되는 정원이다.

편의상 위와 같이 분류할 수 있지만 실제로는 다양한 대상자와 활용목적에 따라 다목적 치료정원을 조성할 수도 있다.

3.3 치료정원 계획 및 설계시 고려사항

치료정원의 설계와 시공은 주된 이용자들의 특징과 요구사항을 고려하여 이루어져야 한다. 다음은 치료정원의 계획 및 설계를 할 때 고려해야 할 중요한 사항들이다.[5)]

3.3.1 부지계획과 현장조사

정원 부지는 사계절 햇빛이 잘 드는 곳으로 선정하고, 가능한 한 평지에 조성하며, 부지 내에 있는 기존의 자연요소는 보전한다. 대상지로서의 접근성, 주변 환경 파악, 부지 이용 현황 등은 현장에 가서 직접 조사하는 것이 좋다.

3.3.2 공간배치

정원은 시설물 내(병원, 교실, 요양소 등)에서 바라보이는 곳이나 휴식공간 근처, 놀이공간, 간이식당 근처 및 편의시설 등이 잘 보이는 곳에 배치한다.

3.3.3 접근성 및 이용성

장애인과 휠체어를 탄 이용자의 동선을 고려하여 153cm 폭 이상의 포장된 통로가 필요하다. 또한 통로에 앉아 있는 위치에서 식물을 체험할 수 있는 공간을 구성하고, 보행을 위한 난간을 만들며, 적절한 장소에 휴식공간을 만들어

5) Cooper Marcus, C. and M, Barnes. 1999. Healing gardens. John Wiley & Song. Inc., NY. p. 370-382; 吉長元孝・塩谷哲夫・近藤龍良. 1998. 園藝療法の すすめ. 創森社. 東京. p. 97-122.

가급적이면 계단보다는 경사로나 리프트를 만든다. 감각기관에 손상을 입은 환자들의 이용을 고려하여 계획하고, 모든 주요 통행로의 바닥 포장은 접근성과 안전성을 고려하여 평평하게 마감처리하며, 공동작업 및 휴게공간으로도 이용할 수 있도록 한다.

3.3.4 이용자를 위한 공간계획

장애인, 아동, 청소년, 부모, 의료관계자, 직원, 방문객 등 이용자 계층의 요구를 잘 파악하여 공간 이용에 불편이 없도록 한다. 또한 이들을 서로 연결시켜 줄 수 있는 공간을 계획하여 가능하면 다양한 유형의 장애를 지닌 대상자를 고려한 치료정원을 계획한다. 뿐만 아니라 조용히 쉬면서 개인의 프라이버시를 보호받을 수 있는 독립적인 공간도 제공해야 하므로 개개인이 자신의 수준에 맞는 각종 활동을 할 수 있는 물리적 · 사회적 환경이 지원되는 공간으로 설계한다.

3.3.5 사회적 상호작용을 촉진할 수 있는 공간

환자와 보호자, 직원, 어린이와 부모, 장애인과 일반인이 함께 교류할 수 있는 장을 마련한다. 특별한 행사 및 오락을 행할 수 있는 공간을 조성하며, 벤치는 휴식, 사람을 사귈 수 있는 공간이 되도록 한다.

3.3.6 다양한 자연환경과의 상호작용

감각기관 및 오감을 통하여 적극적으로 자연을 체험할 수 있는 공간을 계획한다. 이용자 스스로가 식재와 수확 등의 경험을 할 수 있는 공간을 제공하여 식물 · 동물 · 물 요소 등을 활용하여 다양한 자연환경을 조성한다. 계절의 변화에 따른 다채롭고 아름다운 자연경관을 볼 수 있도록 계획한다.

3.3.7 지속적인 유지 관리

치료정원 시설과 식물들을 관리하고 유지 · 보수하는 데 필요한 인력이나 비용을 고려하여 정원계획을 수립한다.

3.4 치료정원의 경관요소와 디자인

3.4.1 높임 화단

지표면에 비해 높이를 높인 화단을 의미하는 높임 화단(raised bed)은 장애인의 신체적 접근을 용이하게 하고, 체력이 부족하고 보행 보조도구를 사용하는 사람들을 위해 앉아서 작업할 수 있도록 제작되어야 한다.[6] 나무와 시멘트, 벽돌 등 다양한 형태의 재질로 제작되며, 설계치수는 ROM, 인체공학적 치수에 의해 결정한다. 타원형과 직사각형 등 여러 형태로 다양하게 설치할 수 있고, 직사각형의 경우 모서리 부분을 완만한 형태로 제작하여 대상자가 상처를 입지 않도록 한다. 높임 화단은 장소에 구애받지 않고 다양한 형태 및 크기로 제작할 수 있어 사용이 편리하다(표 6-4).

표 6-4 높임 화단의 표준 규격(Relf, 1994)

		휠체어를 이용하는 경우	보행 보조도구를 이용하는 경우	일 반 인
높이		66~82.5cm	66~82.5cm	16~33cm
넓이	한 측면 사용	66cm	66cm	66cm
	양 측면 사용	66~132cm	132cm	132cm
직경(원형)		99~132cm	132cm	132cm

3.4.2 수직 화단

수직 화단(vertical bed)은 대상자가 신체를 굽히는 수고를 덜어 주고, 정원 활동의 접근성을 강조한다. 이동이 가능한 포켓 식으로 제작하여, 작업 가능한 위치에 두고 치료도구로 활용이 가능하도록 제작한다. 정원 면적을 효율적으로 사용할 수 있고, 동선의 유도 및 공간을 분할할 수 있는 건축적인 요소로 사용할 수도 있다.

3.4.3 공중걸이 화분

공중걸이 화분(hanging basket)은 로프와 간단한 도르레 설비를 이용한 화분

6) Relf, P. D. 1994. Gardening in raised beds and containers for older gardeners and individuals with physical disabilities. Virginia Cooperative Extension Publication, Blacksburg. p. 1-10.

을 공중에 매달아 접근성을 높인 화분이다. 소재는 정신장애인의 경우 안정성을 위해 가벼운 플라스틱이나 나무 등을 사용하는 것이 좋고, 인공토양을 이용하여 화분의 무게를 가볍게 하는 것이 중요하다.

3.4.4 의자 및 벤치

의자의 소재나 재질 등은 가볍고 위험요소가 없는 것으로 선택하고, 디자인은 연령과 신체, 건강 정도 등을 고려하여 크기와 숫자, 모양 등을 결정한다. 또한 휴식을 취하는 데 편안함을 줄 수 있도록 디자인해야 한다.

3.4.5 보행통로

걸을 수 있는 환자나 휠체어 이용자들 모두에게 안전하도록 미끄럼 방지용 소재로 포장되어야 하며, 특히 위험하지 않는 소재로 포장하는 것이 필수적이다. 보도의 동선은 원예활동 동선과는 분리되도록 배치해야 한다. 주 보행통로는 적어도 두 개의 휠체어가 쉽게 통과할 수 있도록 153㎝ 이상의 넓이가 되어야 한다. 보행통로 주변은 흥미로운 요소를 도입해서 산책을 유도하고, 제한된 생활 영역으로 인해 부족한 운동량을 증가시키도록 하여야 한다. 기억력 감소 및 방향감각의 상실을 고려하여 루프 모양의 보행통로를 계획하고, 보행통로에 점 또는 무늬를 이용하여 이동할 때 방향성을 부여할 수도 있다.[7)]

3.4.6 식 물

식물은 이용자의 흥미를 끌 수 있는 것이어야 한다. 독성이나·날카로운 가시가 있어 이용자에게 위험한 식물을 제외하고, 다용도로 이용 가능한 식물로서 계절감을 느끼게 하는 초화류나 채소류, 또는 이용자의 건강에 도움이 되는 약초, 특별한 향이나 색깔, 질감을 가진 허브 식물과 열매를 맺는 식물들을 선정하도록 한다(제5장 '원예치료용 식물과 관리' 참조).

3.4.7 초점경관

장애인들에게 초점경관은 정원활동에서 보다 쉬운 길 찾기와 방향을 제공한

---

7) 김소희. 2004. 정신장애인을 위한 치료정원 계획 및 시공과 이용만족도 평가. 건국대학교 석사학위 논문.

다. 치료정원 내 산책로를 따라 시각적 자극을 유도하고, 공간 지향성을 도와줄 수 있는 랜드마크 요소를 설치하여 배회하는 환자들이 안전하고 자연스럽게 되돌아올 수 있도록 계획한다. 간판으로 제작할 경우 문자의 크기, 색의 대비를 고려하여 눈높이 위치에 설치한다.

3.4.8 경사로 및 난간

경사로는 가능한 완만할수록 좋다. 경사로의 측면에는 떨어짐을 방지하기 위해 난간을 설치해야 하는데, 이는 잡기 편하도록 벽으로부터의 거리와 두께, 질감 등이 고려되어야 한다.

3.4.9 자연적인 요소

풍경, 종소리, 물소리, 새소리 등 자연적인 요소의 도입은 원예활동의 치료효과를 더욱 높일 수 있다. 특히 물 요소는 효과적인 시청각적 요소로 심리적 안정감과 자연의 생동감을 준다. 연못이나 분수대를 설치할 경우 안정성을 고려하여 깊이를 얕게 설치하여야 한다.

3.4.10 인위적인 요소

최근 들어 첨단기술이 발달함에 따라 치료정원 내 조명, 오디오 시스템, 향기(aroma) 등을 첨가하기도 한다. 전문가의 도움을 받아 주야 및 계절에 따라 다른 조명을 설치하여 분위기를 바꿀 수 있으며, 원예치료와 더불어 음악치료 및 향기치료까지 적용할 수 있다.

3.5 국내외 치료정원 사례: 정신장애인을 위한 치료정원(충북 음성 꽃동네)[8)]

충청북도 음성군 맹동면에 위치한 사회복지시설인 꽃동네에 정신장애인 거주 병동 앞에 설치된 원예치료실에서 접근이 용이한 곳의 약 300m^2 정도 부지에 원예치료 전문가, 시설 내 스태프, 그리고 조경전문가가 협력하여 치료정원이

8) 김소희. 2004. 정신장애인을 위한 치료정원 계획 및 시공과 이용만족도 평가. 건국대학교 석사학위 논문.

조성되었다. 특히 이곳의 치료정원은 정신장애인의 특성에 적합한 기능정원으로, 정원 활동의 접근성을 강조하고, 원예치료를 위한 공간 조성을 기본목표로 하고 있다. 치료정원의 기본 방향은 정신장애인과 관리자 모두 정원에서 휴식과 산책, 자연감상, 정신장애인의 교육 및 치료공간, 정신장애인과 관리자가 함께 어울릴 수 있는 휴머니티(humanity) 공간으로 조성하였다. 정신장애인을 위한 치료정원 조성시 장애인의 문제점, 고려사항, 그리고 치료정원의 도입요소는 표 6-5와 같이 분석하였다.

표 6-5 정신장애인을 위한 치료정원 디자인 요소(충북 음성 꽃동네)

Problem	Constraints in garden resources	Solution & Comments
Mobility	Surface	▪ 보행장애로 인해 잔디나 울퉁불퉁한 포장은 적합하지 않음 ▪ 단단하고 수평이며, 미끄러지지 않는 포장 사용 ▪ 보행시 소음이 적게 발생하고, 햇빛의 반사 및 복사가 적은 포장 사용 ▪ 관수시 배수를 위해 2~8% 경사도나 흡수성 물질 사용 ▪ 배수구는 필히 뚜껑을 설치하고, 가능한 보도와 같은 높이로 설치 ▪ 홈 뚜껑의 구멍은 목발이나 지팡이의 끝이 걸리지 않는 2cm 이하로 함
	Path	▪ 안정성을 위해 위험요소 제거(예, 도구, 파편, 호스 등) ▪ 부딪힘 없이 계속적으로 걷기 위해 장애물 제거
	Doorway & gate	▪ 보행 보조도구 사용을 고려, 최소 120cm 이상의 폭이 필요 ▪ 밀기에 가볍고 미끄러워야 함
	Ramp	▪ 떨어짐이나 넘어짐의 위험성 감소를 위해 가급적이면 계단보다는 완만한 경사로 설치 ▪ 8% 이하의 경사도 ▪ 경사로 측면에는 낙하 방지를 위해 난간 설치
	Handrail	▪ 오른손잡이와 왼손잡이를 위해 양쪽에 설치 ▪ 잡기에 편하도록 두께와 질감 등을 고려
Reaching & Bending	Raised bed	▪ 높이 66~82.5cm ▪ 넓이는 한 측면 사용에는 66cm, 양 측면 사용에는 132cm ▪ 인체공학적 치수 고려
Endurance	Work space	▪ 자주 갈 수 있고 접근이 용이한 곳에 정원 배치 ▪ 정원면적은 가능한 한 작아야 함 ▪ 작업공간의 동선은 짧게 배치 ▪ 정원활동에 신체적 · 심리적 접근성 강조
	Bench	▪ 정원 곳곳에 휴식장소 마련
	Path	▪ 산책코스 주변에 시각적 흥미요소 도입
	Container	▪ 이동성을 위해 바퀴 설치
Visual Impairment	Color	▪ 좁은 시야장애로 인해 밝고 따뜻한 색만을 유일하게 인식 ▪ 시각적 피로감을 덜기 위해 정원 시설물 등은 자연색을 사용
	Surface	▪ 정원면적이 넓을 경우 마감이 명확한 재질의 포장으로 공간 구별
	Plant	▪ 수확의 결과를 인지하기 쉬운 식물 선택
Sensory Impairment	Plant	▪ 계절적 변화를 줄 수 있는 1년생 식물 식재(예, 1년생 초화류, 낙엽수, 단풍이 드는 수종 선택) ▪ 바람에 나부끼거나 소리를 내는 식물 식재(예, 관상용 갈대, 대나무) ▪ 나비, 새 등을 유인할 수 있는 식물 식재 ▪ 방향성 있는 식물 식재 ▪ 형태나 질감이 특징 있는 식물 식재 ▪ 유지 관리가 잘 되고 수확물을 얻을 수 있는 식물 식재

(표 6-5 계속)

Problem	Constraints in garden resources	Solution & Comments
Sensory Impairment	Fountain, bird feeder, bird house	▪ 자연의 청각적인 요소 도입
	Wind chime	▪ 바람에 의해 시원함을 느끼게 하는 장치
Halluci-nation & Delusion	Plant	▪ 체크무늬, 선 격자무늬 같은 패턴 지양
	Bench	▪ 사회적 교류를 위한 fixed L-shaped bench 설치
	Path	▪ 시각적 흥미 요소 도입
	Light	▪ 현장의 햇빛이나 그림자 pattern을 고려, 식재 방향 결정
Apathy	Raised bed	▪ 신체적 접근성 증가
	Plant	▪ 오감을 자극할 수 있는 식물 식재 ▪ 시각적 인지가 쉬운 식물 식재 ▪ 거리 인지 향상을 위한 밝고 따뜻한 색의 식물 식재
Passive & Social Contraction	Bench	▪ 언어적 교류를 위한 fixed L-shaped bench 설치 ▪ 스태프와 자원봉사자 등에 대한 착석공간 마련 ▪ 착석에 대한 폭넓은 선택과 수동적 참여를 위해 이동성 의자 배치
	Pergola	▪ 공동의 휴식공간 마련, 동심원으로 제작
	Work space	▪ 공동작업 공간의 마련
Solitude & Serenity	Comic symbol	▪ 사물에 대한 따분함 해소
	Fountain	▪ 심리적 안정감, 자연의 생동감 제공 ▪ 심장박동을 내는 분수, 거품분수 설치 ▪ 반영(reflection)을 일으킴
Hyper & Hypo Activity	Surface	▪ 고무 블럭, 코르크 등의 포장이 적합
	Post cap	▪ 안정성을 위해 지주목 등의 끝부분은 post cap으로 보호
	Path	▪ 정서적 안정을 위해 산책로 도입
	Plant	▪ 신경 안정에 효과가 있는 방향 식물 식재
	Container	▪ clay, ceramic, glass container는 쉽게 깨지고 흉기로 사용이 가능 ▪ 경량재 가구는 무기로 사용될 수 있으며 가구제의 소재나 재질은 가볍고 위험요소가 없는 것으로 선택
	Tool	▪ shell이나 rock 같은 craft item은 흉기로 사용
Memory & d i s-orientation	Surface	▪ 바닥공간에 점 또는 선(무늬)을 사용하여 이동상의 방향성 부여
	Path	▪ looped or circular path system 설치 ▪ path layout의 갑작스러운 변화는 피함
	Focal point	▪ 쉬운 방향성을 위해 친숙한 focal point 사용 ▪ 친숙하고 구별이 분명한 starting point 사용
	Sigh	▪ 보도에 안내판을 설치, 개방되어 보이도록 함 ▪ 문자의 크기, 색의 대비를 고려하여 설치 ▪ sign의 위치는 눈높이 정도, 크기는 10~45cm 정도
	Handrail	▪ 계속적인 handrail 설치
	Plant	▪ 익숙한 식물의 향기는 개인의 과거 경험 및 추억을 자극
	Assessory	▪ 어린 시절 추억과 관련된 친숙한 요소 사용
Concentra-tion	Frame	▪ 정원 활동은 무의식적인 집중을 이끌어 냄 ▪ 파종, 삽목 등의 원예활동은 집중력을 요함
Selfishness	Bench	▪ fixed solitary bench
	Territory	▪ 프라이버시 고려
	Plant	▪ 정서적 안정을 위한 치료적 효과가 있는 식물 식재(예, 명상정원)

(표 6-5 계속)

Problem	Constraints in garden resources	Solution & Comments
Anxiety	Fence	▪사물과 공간에 대한 지각의 혼란으로 트인 곳은 끝이 없어 보이고 울타리가 쳐진 곳은 갇혀 있는 것처럼 느낌
	Bench	▪편안함과 안락함을 배려한 디자인. 등의자
	Storage space	▪강박증 환자를 고려한 도구보관함 설치
	Plant	▪정서적 안정을 위한 향이 있는 식물 도입
	Path	▪정서적 안정을 위한 산책로 필요

정신장애인을 위한 치료정원의 기본적인 공간구성은 식물 식재공간과 휴식공간, 물[水]공간으로 나누어졌다. 식물 식재공간은 정원 활동 및 원예치료 프로그램을 위한 공간으로 정신장애인이 원예활동을 쉽고 효율적으로 받아들이고, 작업할 때 신체를 굽히는 수고를 덜어 주기 위해 다양한 높이와 형태의 높인 화단을 계획하였다. 휴식공간은 프라이버시를 고려한 공간과 사회적 교류를 위한 공간으로 나누어 시공되었다(**그림 6-10**).

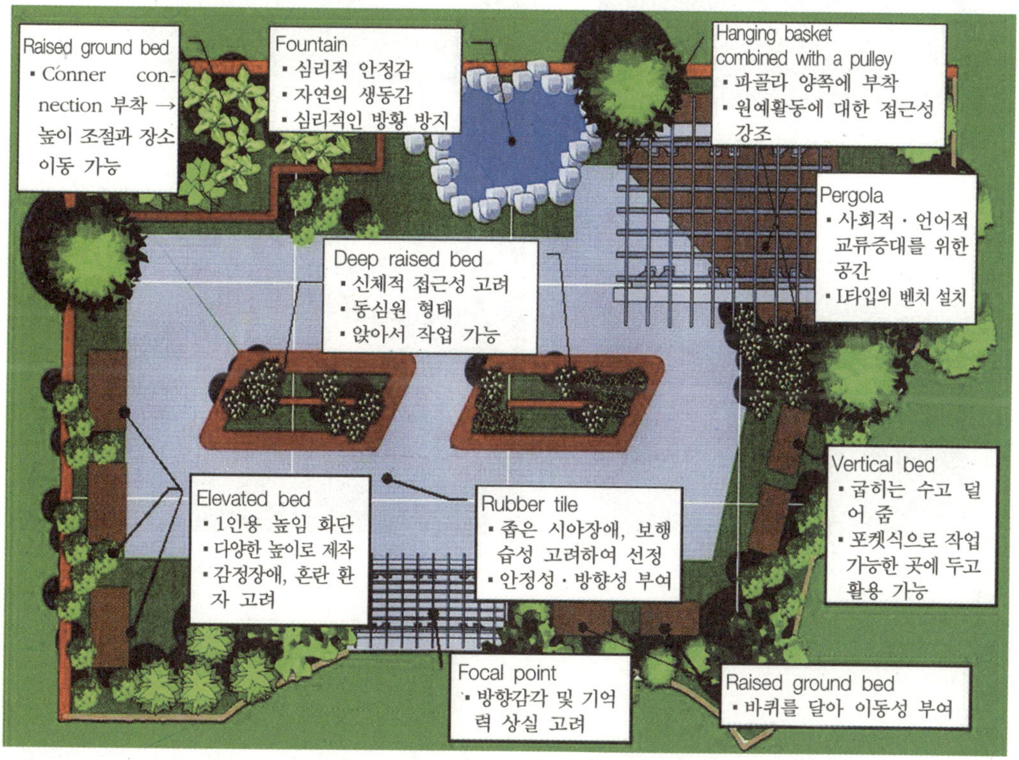

그림 6-10 충북 음성 꽃동네 정신장애인을 위한 치료정원의 시설물 계획도

Deep raised bed

Deep raised bed

Elevated bed

Raised ground bed

Vertical bed

Raised ground bed

그림 6-11 정신장애인을 위해 시공된 치료정원 내의 다양한 형태의 높임 화단들(충북 음성 꽃동네)

Pergola

Water feature

Hanging basket combined with a pulley

Storage box

Rubber block paving

Focal point

그림 6-12 정신장애인을 위한 치료정원 내 주요 정원요소들(충북 음성 꽃동네)

이외에 국내외 치료정원의 사례를 살펴보면 표 6-6과 같다.

표 6-6 치료정원 사례

■ 국 내

장소 / 항목	거제도 애광원	삼성 노블카운티	아산재단 강릉병원
위 치	경상남도 장승포시 장승포동 521-4	경기도 용인시 기흥읍 하갈리 465	강원도 명주군 사천면 방동리 415
면 적	대지면적 30,939m^2 (연면적 9,061m^2)	부지 66,836평 (연면적 47,871평)	대지면적 70,419m^2 (조경면적 49,445m^2)
설계 개념 (목적)	▪ 정신지체 장애인 시설 ▪ 치료정원 중심의 동선체계 및 건물 배치 계획	▪ 채소 조경을 즐김 ▪ 경증 노인질환자를 대상으로 채소를 키우면서 원예작업을 할 수 있는 공간	▪ 환자들의 치유 재활기능 향상 ▪ 수려한 기존 경관의 보존과 조화
특 징 (방향)	▪ 자연스러운 접근 유도 ▪ 자연 경사지를 원형 그대로 이용	▪ 뇌졸중 노인을 대상으로 감각을 최대한 느낄 수 있도록 설계 ▪ 배회공간과 보행연습을 위한 기능공간 구성	▪ 환자들의 쾌적한 환경조성과 재활공간 ▪ 분할된 공간이 하나의 공원 개념
도입 요소	▪ 애빈하우스: 유리온실로 판매장도 겸하고 스넥코너도 마련 ▪ 동선: 지붕 덮인 옥외 통로가 서로 연결 ▪ 향기정원: 주로 허브식물을 재배 ▪ 은행나무 식재: 학교 둘레에 은행나무 식재(가을에 수확과 판매) ▪ 밭작업: 배추, 상추 및 고추 등 채소 파종과 수확 ▪ 비닐하우스: 토마토 등 여러 하우스 채소와 버섯도 재배 ▪ 폐타이어: 화분 장식	▪ 항아리 조경: 옛 정서 표현 ▪ 채소원1: 휠체어 이용자 ▪ 채소원2: 활동가능 이용자 ▪ 이동식 조경: 이동식 화단 ▪ 물조경: 시청각적인 자극공간 ▪ 꽃터널: 완충시설물 ▪ 꽃탑: 박스를 이용한 탑모양 휠체어 이용자 고려 ▪ 행잉: 이용자의 흥미 유발 ▪ 휴식조경: 파골라, 허브조경 ▪ 원예치료 프로그램을 위한 재료 식재공간 ▪ 이동식 꽃수레: 임의적 배치	▪ 테마가든1(치유정원): 꽃길 산책로 조성 ▪ 테마가든2(약초정원): 체험적이고 교육적인 효과 ▪ 테마가든3(진입정원): 하차장과 휴게공간 ▪ 옥상정원1(재활정원): 재활을 위한 편리한 접근로, 간단한 운동시설, 탄성포장, 수직 벽화단 ▪ 옥상정원2(탄생정원): 신생아실이라는 것에 착안하여 태아를 연상시키는 디자인

(표 6-6 계속)

■ 국 외

항목 \ 장소	Chicago Botanic Garden	The Minnesota Landscape Arboretum	Harrison Memorial Hospital
위 치	미국 일리노이 주 1000 Lake Cook Road	미네소타 대학의 원예과학과 조경학부 운영단위	Bremeton, Washington
면 적	118,404m^2	4,046,800m^2	1,115m^2
설 계 개 념 (목적)	▪ 모든 연령과 장애를 가진 사람, 그리고 원예치료 프로그램의 중심 교육센터 ▪ Barrier free 시설 도입	▪ 환경적 정보와 연구 ▪ 필요한 국가 자원 제공 ▪ 추운 기후에서 생육 가능한 식물의 선택과 평가 ▪ 조경식물의 전시와 수집	▪ 명상과 치료의 공간을 가진 치료기능의 옥상정원
특 징 (방향)	▪ 원예치료 효과와 장애인을 위한 기본 컨셉을 계획설계 ▪ 식물소재의 선택에는 감각적인 식물과 프로그램에 도움이 될 수 있는 식물을 선정하는 것이 원칙	▪ 식물의 치유적 · 재창조적 · 융화적 특성을 고려하여 교육정책에 추가 ▪ 수목원 현장에서 사회단체와의 협력으로 원예치료를 계획하거나 수행	▪ 물을 연상하게 하는 강석, 해변돌, 자갈로 구성 ▪ 의료적 가치가 있는 이름 난 식물들만 식재
도 입 요 소	▪ Raised beds ▪ Vertical gardens ▪ Hanging baskets ▪ Plants with sensory attributes ▪ Display of enabling tools ▪ Gallu Garden ▪ Bacon Sensory Garden ▪ 외부강의 공간 ▪ 진입화단 ▪ 전망화단 ▪ 주차공간 ▪ 휠체어 접근가능	▪ Learing Center 프로그램: 매년 27,000여 명 참가 ▪ 성인교육 프로그램: 원예, 화훼장식, 허브, 조경 전정 등 관련 주제 수업 ▪ Anderson 도서관: 무료대출(10,000여 권), 식물에 대한 정보 제공, 원예치료 서비스, 일반인에게 종합적인 프로그램 제공	▪ 최소의 지면 경사 ▪ 문, 벽, 조명등의 전략적 배치로 안정성 확보 ▪ 옥상정원에 경량 재료 사용: 경량 시멘트, 경량 토양 등 ▪ 바닷가를 연상하게 하는 바닥포장 ▪ 급수량이 적은 살수시설: 점적관수관 설치

출처: 정일영. 2001. 정신지체 장애학교에서 치료조경 조성에 관한 연구. 한양대학교 석사학위논문.

Chapter 07

대상자별 특성

지금까지 국내 원예치료는 다양한 대상자에게 실시되어 왔으며, 의료적 측면에서보다는 대부분 원예적 측면에서 다양한 활동을 적용해 왔다. 그러나 최근 들어 원예치료에 심리학이나 의학 등 타 학문 분야에서의 이론적 근거 및 치료기법 등을 적용하거나, 음악치료나 미술치료 등 타 대체치료와의 연계를 통한 다양한 접근을 시도하고 있다. 본 장에서는 질환을 가진 환자의 경우 병징에 따라(정신과 재활분야), 그리고 환자 외에는 발달연령에 따라(아동 및 청소년, 노인, 치매 노인, 기타) 대상자를 임의로 구분하여, 지금까지 국내에서 수행된 원예치료의 효과를 살펴보고자 한다. 총 161편의 국내논문이 요약 정리되었으며, 대상자에 따른 질환 및 특징과 분류, 그리고 대상자에게 적합한 원예치료적 접근과 실제 연구결과가 기술되어 있다.

1. 정신: 정신분열증, 정서 및 발달 장애

1.1 정신분열증

1.1.1 특 징

1.1.1.1 정신분열증의 정의

정신분열증(schizophrenia)은 인지, 지각, 정동, 행동, 사회활동 등 다양한 정신기능에 이상을 초래하는 주요 정신 병리학적 장애이다. 일반적으로 정신분열증은 감각운동, 인지, 정신사회적 기능의 붕괴로 진행된다.[1)]

1) Min, S. G. 2001. Modern psychiatry. Ilchogak, Seoul.

1.1.1.2 정신분열증의 특징

정신분열증의 대표적인 증상으로는 사고 연상의 장애, 지각장애, 정서 및 정동 표현의 감소, 충동조절 및 행동장애, 기억력 및 지적 능력의 장애 등이 있으며, 이는 크게 양성·음성 증상으로 분류할 수 있다. 망상, 환각, 지리멸렬한 사고장애, 부적합한 감정표현 등의 양성증상은 항정신성 약물에 더 잘 반응하며, 예후가 좋은 편으로 알려져 있다. 반면, 무논리증, 감정적 둔마, 무쾌감증, 무감동, 무의욕증, 사회적 위축 등의 음성 증상은 약물치료에 잘 반응하지 않는 경향이 있으며, 이처럼 정상적인 일상생활에 필요한 기능의 손상은 환자의 원만한 대인관계나 사회생활을 방해한다.[2)]

1.1.2 원예치료적 접근 가능한 치료 목적 및 목표

1.1.2.1 원예치료적 접근

원예치료가 실시되는 장소(원예치료실, 온실 또는 정원)는 정신분열증 환자에게 조용하고 자연친화적인 장소를 제공하여 그들이 병원이나 기관에 쉽게 적응할 수 있도록 돕는다. 정신분열증 환자들은 대부분 많은 시간을 병원이나 시설에서 보내기 때문에 동기부족이나 무감각 등의 성향을 나타낼 수 있다. 대상자가 원예치료에 참여하도록 하기 위해서는 자연친화적인 환경과 더불어 치료사와 라포(rapport)를 형성하며, 신뢰를 쌓도록 유도하는 것이 무엇보다도 중요하다. 또한 장기간 사회적으로 단절된 대상자들의 사회성 향상을 위해 치료사와 자원봉사자, 치료 팀, 그리고 타 대상자와 함께 그룹 원예치료 프로그램을 하도록 한다.

토양을 혼합하거나, 파종이나 모종심기를 위해 땅을 파거나, 숯을 잘게 부수는 작업 등의 대근육 동작을 통해 불안이나 스트레스를 해소하도록 하고, 돌봄이나 관심 등에 반응하는 식물을 재배하는 프로그램을 통해 대상자들의 자아존중감을 향상시키며, 책임감과 성취감을 느낄 수 있도록 하고, 지루할 수 있는 여가시간을 건강하게 이용할 수 있도록 한다. 예를 들어, 환청증상이 있는 정신분열증 환자에

2) Cho, M. K. 2003. Effect of Phased Application of HT Programs on the Improvements of Assertiveness and Interpersonal Relationship of Chronic Schizophrenia. MS Diss., Konkuk Univ. Seoul.

게 주어진 시간 내에 분갈이 작업을 수행하도록 하는 작업지시는 식물을 다른 화분에 옮겨 심는 동안 환청으로부터 벗어나 활동에 집중할 수 있도록 하는 의도적 접근이라고 볼 수 있다.

1.1.2.2 주의 및 특이 사항

대상자가 복용하는 약물은 신체적·심리적으로 부작용을 일으킬 수 있으므로, 그들이 복용하는 약물에 관해 사전에 숙지한다(표 7-1). 또한, 대상자는 꽃가루, 곰팡이, 곤충에 의해 알레르기 반응이 나타날 수 있으므로 이를 주의하고, 실외에서 원예치료를 실시할 경우 자외선 차단제를 사용하며 모자 또는 작업복을 착용하도록 한다.

표 7-1 정신과에서 사용되는 주요 약물의 종류, 용도, 부작용 및 예방책

약물의 종류	용 도	부 작 용	예 방 책
Carbamaze-pine	간질, 신경통, 기분장애 치료	현기증, 졸음, 운동실조(ataxia), 침침한 시야, 피부가 자극에 민감해짐	민첩하거나 격렬한 활동은 피하며, 정상적인 시력을 회복하기 전까지 미세종자 파종이나 이식 등 미세 눈-손 협응동작을 요구하는 활동은 피한다.
신경이완제	정신안정제, 정신분열증, 조증, 기질성 장애 등을 포함하는 급성 또는 만성 정신이상 증상 치료	졸음과 무력증, 입안 건조, 침침한 시야, 현기증, 운동장애. 단시간 태양에 노출되어도 피부가 심하게 그을림	빠른 움직임을 피하고 주기적인 휴식이 필요하다. 물이나 신맛의 사탕을 이용하여 입안 건조와 탈수증상을 방지하고, 근육의 무의식적 움직임으로 스스로의 근육조절이 어려운 대상자는 정교한 작업은 피한다. 햇빛노출을 피하기 위해 아침시간에 실외작업을 하거나 자외선 차단제를 이용한다. 지속적으로 약물을 투입하는 대상자들은 투약 후 48시간 내 무리한 신체적 활동을 금한다.
Clozapine	항정신제 또는 강한 진정제인 신경이완제의 한 종류로 만성 정신분열증이나 급성 정신질환자 치료	졸음과 무기력, 입안 건조, 현기증 및 기절, 근육경련, 체온변화	잠이 쉽게 오는 따뜻한 온도나 폐쇄적인 공간을 피하고, 신선한 공기와 적극적 활동이 필요하다. 장기간 서 있지 않도록 하며, 무리한 눈-손 협응동작을 요하는 작업은 피한다. 근육경련이 있으므로, 날카롭거나 위험한 재료의 사용을 금지한다. 체온변화에 영향을 미치는 실외활동을 조절한다.
항우울제	우울이나 불안 치료	입안 건조, 시야가 침침해짐, 현기증과 발한, 근육경련	약물이 체온조절에 영향을 미치므로, 온도가 높거나 습할 때 실외활동의 양이나 시간을 조절한다.
흥분제·진정제	수면장애 치료	심한 피로감, 소화불량, 혼돈 및 혼미, 신경과민, 흥분, 협응력의 저하로 쓰러지거나 어지럼증	휴식 부족 등으로 불안정한 증세를 보일 때에는 흥미로운 활동으로 교체하여 다양한 작업을 하도록 유도한다.

출처: Modified from Hewson, Mitchell L. 1994. Horticulture as therapy.

1.1.3 실제 연구결과

저 자	발표연도・출처	논 문 제 목	연구대상, 연구기간 및 프로그램 횟수	사용한 평가지
김정희	2005 대구가톨릭대학교 석사학위논문	원예치료가 폐쇄병동 정신분열병 환자들의 사회생활 기술과 대인관계 변화에 미치는 영향	정신분열증 환자 7명 (남 4명, 여 3명) 실험군 주2회 3개월간 총 24회	사회생활 기술척도 대인관계 변화척도 원예치료 평가표(KHY식)
주 효과 및 결과				특 이 사 항
사회생활 기술척도 평가결과 원예치료 전후 유의한 감소를 보였으며, 인간관계 변화척도에서는 원예치료 실시 전에 비해 후에 모든 항목에서 약간의 증가는 있었으나 통계적으로 유의한 차이는 없었다. 그러나 개인별 평가결과, 7명의 대상자 중 3명의 대상자들이 향상됨을 보였다. 원예치료평가표 평가결과 통계적으로 유의한 향상을 보였으며, 항목별로는 사교성, 지도성 부분을 제외한 도덕성, 협조성, 참여도 부분에서 유의차가 나타났다.				단일 전후 실험설계

저 자	발표연도・출처	논 문 제 목	연구대상, 연구기간 및 프로그램 횟수	사용한 평가지
김효원	2005 단국대학교 석사학위논문	원예치료 프로그램이 입원한 정신질환자의 증상과 혈중 serotonin 농도에 미치는 효과	정신질환자 29명 대조군 8명, 실험군1 10명, 실험군2 21명 주2회 3개월간 총 8회	PANSS 세로토닌 농도측정 (HPLC 분석법)
주 효과 및 결과				특 이 사 항
실험군은 원예치료 실시군으로, 로즈마리향 처리 유무에 따라 실험군 1과 2로 분류하였으며, 실험군 1, 2와 대조군 모두 원예치료 프로그램 실시 전후 평가를 실시하였다. 실험군 1, 2와 대조군은 모든 항목에서 원예치료 실시 전후 집단간 동질성에서 유의한 차이를 보이지 않았다. 원예치료 실시 전후, PANSS는 세 집단 모두에서 유의한 평균 감소를 나타냈으며, 특히 양성 증상 항목에서는 실험군 2를 제외한 두 집단에서 유의한 감소를 보였다.				실험처리의 확산효과를 방지하기 위하여 실험군1, 대조군, 실험군2의 대상자를 시계열적으로 선정

저 자	발표연도・출처	논 문 제 목	연구대상, 연구기간 및 프로그램 횟수	사용한 평가지
김소희	2004 건국대학교 석사학위논문	정신장애인을 위한 치료정원 계획 및 시공과 이용만족도 평가	음성 꽃동네 정신장애인 및 관리자 설문조사: 82명 (정신장애인 65명, 관리자 17명) 만족도평가: 65명 (정신장애인 47명, 관리자 18명)	치료정원 계획 및 설계를 위한 설문지 치료정원 이용 실태 및 종합만족도 평가
주 효과 및 결과				특 이 사 항
도면 및 현장조사로 치료정원의 대상지를 분석하였고, 시설 내 치료정원 시공에 대해 시설에 거주하는 정신장애인과 관리자의 의견 파악 및 원예치료사의 의도 수렴, 치료정원 요소 개발을 중심으로 치료정원을 계획하였다. 치료정원 조성시 휴식과 산책을 위한 공간으로 이용하고 싶다고 응답했으며, 문헌조사를 통해 정원이용시의 신체적, 정신적 제한점을 고찰하였다. 시공한 후 만족도는 시설만족도와 이용만족도로 나누어 평가하였는데, 시설만족도 결과 정신장애인과 관리자 모두 높은 수준으로 만족하는 것으로 나타났으며, 특히 정신장애인은 식물의 자연스런 배치를, 관리자는 바닥포장 재료 및 질감과 바닥포장 이용시 편리라는 항목에서 각각 매우 높은 만족도를 보였다. 그러나 차양시설 수량 항목에서는 불만족하는 것으로 나타났다. 치료정원의 이용만족도는 정신장애인과 관리자 모두 높은 만족수준을 보였으나, 그늘의 양, 정원면적, 프라이버시 항목은 수정 및 보완되어야 할 것으로 조사되었다. 종합적으로 치료정원은 이용자의 의견이 충분히 반영되었으며, 정신장애인에게 적합한 공간으로 원예치료사의 기대효과가 실제로 나타났다.				대상자에게 적합한 치료정원 요소 개발 등의 치료정원 계획 및 설계부터 시공 후 만족도평가까지 전반적인 과정이 원예치료사가 직접 개입하여 이루어진 최초 연구

저 자	발표연도 · 출처	논 문 제 목	연구대상, 연구기간 및 프로그램 횟수	사용한 평가지
김혜상	2003 목포대학교 석사학위논문	원예치료가 만성 정신분열 환자의 우울정도, 자아존중감 및 대인관계에 미치는 영향	정신분열증 환자 10명 (개방병동 환자 7명, 정신보건센터 환자 3명) 실험군 주1회 5개월간 총 24회	인간관계 측정지 자아존중감 척도 SDS

주 효과 및 결과	특 이 사 항
원예치료 프로그램 실시 전후 정신분열 환자들의 인간관계 측정치가 향상되었으며, 통계적으로도 유의한 결과를 나타냈다. 우울의 경우, 점수의 감소는 있었지만 통계적으로는 차이가 없었으며, 자아존중감 역시 점수의 향상은 있었으나 통계적으로는 효과가 없는 것으로 나타났다.	단일 전후 실험설계

저 자	발표연도 · 출처	논 문 제 목	연구대상, 연구기간 및 프로그램 횟수	사용한 평가지
조문경	2003 건국대학교 석사학위논문	원예치료 프로그램의 단계적 적용이 만성정신분열증 환자의 자기주장 및 대인관계 향상에 미치는 영향	정신분열증 환자 30명 대조군, 실험군1, 실험군2 각 10명 주2회씩 3개월간 총 24회	PANSS 자기주장 척도 대인관계 척도 사회행동 척도

주 효과 및 결과	특 이 사 항
원예치료의 효과검증을 위한 원예치료 실시 전후 PANSS, 사회행동 척도, 자기주장 척도, 대인관계 척도 평가에서 대조군은 차이를 보이지 않은 반면, 작업분석군과 비작업분석군은 PANSS 중 음성증상과 일반병리 항목에서 유의한 차이를 보였으며, 특히 작업분석군은 사회행동척도 중 대화의 기술, 자기주장, 대인관계 중 만족감과 민감성 항목에서, 비작업분석군은 대인관계 중 의사소통과 민감성 항목에서 유의한 차이를 보였다. 4주로 구성된 원예치료의 각 session 전후 자기주장척도와 대인관계 척도로 작업분석군과 비작업분석군을 평가하여 단계적 향상을 비교하였으며, 작업분석군은 자기주장과 대인관계 중 만족감, 의사소통, 민감성 항목에서, 비작업군은 대인관계 중 의사소통 항목에서 단계적인 향상을 보였다.	대조군 이외에 실험군을 작업분석한 원예치료를 실시한 작업분석군과 기존의 원예치료를 실시한 비작업분석군으로 재구분. 기존의 원예치료와 새로운 접근에 따른 원예치료 효과 비교

저 자	발표연도 · 출처	논 문 제 목	연구대상, 연구기간 및 프로그램 횟수	사용한 평가지
정미화	2002 동아대학교 석사학위논문	원예치료가 정신과 환자의 재활 및 사회적응력에 미치는 효과-개방병동 정신분열증 환자 중심으로	정신분열증 환자 11명(남자 7명, 여자 4명) 실험군 주1회 약 7개월간 총 30회	자아존중감 척도 인간관계 측정지 사회행동 척도 SCL 90-R 원예활동평가표

주 효과 및 결과	특 이 사 항
정신분열증 환자에게 원예치료를 실시한 후 자아존중감과 인관계 측정에서 모두 유의하게 향상되었으며, 사회행동 척도는 대화의 내용에서는 유의한 결과가 나타나지 않았으나, 언어적인 면과 비언어적인 면에서는 유의하게 향상된 결과를 보였다. SCL-90R에서는 신체화, 강박증, 우울증, 편집증 그리고 정신증 부분에서 유의한 호전을 보였으며, 특히 편집증에서 매우 유의한 향상이 나타났다. 원예활동평가에서는 참여성, 자아개념 및 주체성, 인지 및 문제해결 능력, 운동지각능력, 숙련도와 직업적응력이 유의하게 향상되었다.	단일 전후 실험설계 폐쇄병동의 정신분열증 환자에게 원예치료

<table>
<tr><th>저 자</th><th>발표연도 · 출처</th><th>논 문 제 목</th><th>연구대상, 연구기간 및 프로그램 횟수</th><th>사용한 평가지</th></tr>
<tr><td>엄수진</td><td>2001
건국대학교
석사학위논문</td><td>원예치료가 만성정신분열증 환자의 자아존중감 및 사회성 향상에 미치는 영향</td><td>정신분열증 환자 45명
실험군 25명, 대조군 20명
주2회 6개월간
총 37회</td><td>인간관계 측정도구
자아존중감
사회행동 척도
SCL 90-R
원예활동 평가표</td></tr>
<tr><td colspan="4">주 효과 및 결과</td><td>특 이 사 항</td></tr>
<tr><td colspan="4">자아존중감과 인간관계는 대조군에서 유의한 결과가 보이지 않은 반면, 치료군에서는 향상된 결과를 볼 수 있었다. 사회행동 척도에서는 언어적인 면보다 비언어적인 면과 대화의 내용에서 치료군만 유의하게 향상된 결과를 보였다. 간이 정신건강 진단지 평가는 불안, 우울, 대인예민성 부분에서 역시 치료군만 유의하게 호전된 효과를 볼 수 있었다. 또한 신체화, 강박증, 적대감, 공포불안, 편집증 등에서 수치상 호전이 나타났으나 통계적으로 유의한 차이는 나타나지 않았다. 원예활동평가에서는 참여성과 자아 개념 및 주체성에서 유의한 차이를 볼 수 있었다.</td><td></td></tr>
</table>

<table>
<tr><th>저 자</th><th>발표연도 · 출처</th><th>논 문 제 목</th><th>연구대상, 연구기간 및 프로그램 횟수</th><th>사용한 평가지</th></tr>
<tr><td>송지현</td><td>1998
고려대학교
석사학위논문</td><td>원예치료 효과에 관한 실험적 연구-정신분열병 음성 증상을 중심으로</td><td>정신분열증 환자 16명
실험군
주2회 6개월간
총 72회</td><td>음성 증상 측정 척도(SANS)
집단활동에 의한 행동 평가표</td></tr>
<tr><td colspan="4">주 효과 및 결과</td><td>특 이 사 항</td></tr>
<tr><td colspan="4">원예치료 실시 전후 비교시, SANS의 5개의 전반적 증상에서는 정동의 둔마, 운동성, 실어증, 비사회성, 주의력의 4개 증상에서 유의한 향상이 있었으며, 특히 운동성 실어증과 정동의 둔마에서 큰 변화를 보였다. 또한 SANS 24개 증상 항목별로 비교하여 분석한 결과, 전 증상이 개선됨을 볼 수 있었다. 특히 유의수준 5%에서 신체적 무력감과 정신상태 검사시 집중력 부족이, 유의수준 1%에서 표정변화 없음, 자발적 행동의 결핍, 신체적 표현의 부족, 시선회피, 말수 적음, 말 내용의 부족, 사고의 막힘, 응답시간의 지연, 레크리에이션에 대한 흥미와 레크리에이션 활동, 친구 및 동료와의 관계, 사회에 대한 무관심, 주의력을 포함한 20개 항목에서 통계적으로 유의한 개선정도를 보였다. 24개 항목 중에 변화 없는 표정, 친구 및 동료와의 관계 그리고 말수 없음이 가장 큰 폭의 점수 차를 보여 이 부분의 음성 증상이 가장 많이 감소됨을 알 수 있었다.</td><td>단일 전후 실험설계</td></tr>
</table>

1.2 기분 및 불안 장애

1.2.1 질환별 특징

1.2.1.1 기분 및 불안 장애의 정의

기분장애(mood disorders)는 우울, 희열과 같은 기분, 즉 한 인간의 지속적인 내적 감정상태의 장애가 결정적 병리인 장애이다. 이를 때로는 정동장애(affective disorder)라고도 부르는데, 여기서 기분이란 지속적인 내적 감정 상태이고, 정동은 감정의 외적 표현을 말한다. 기분장애의 임상 양상은 크게 조증(mania)과 우울증(depression)으로 구분된다.

한편, 불안이란 매우 불쾌하거나 막연히 불안한 느낌이 광범위하게 나타나고, 가슴이 두근거리거나 진땀이 나는 등의 신체증상과 과민성 등의 행동증상을 동반한다. 불안은 위험한 동물을 만났을 때나 시험 때, 또는 여러 사람들 앞에서 연설을 해야 할 때 등 익숙하지 않은 환경이나 스트레스를 받는 상황에서 나타나는 정상적인 반응이지만, 이러한 반응이 정상적인 범위를 넘어서 오히려 문제해결에 장애를 줄 때 이를 불안장애(anxiety disorders)라고 한다. 공황장애나 공포증, 강박장애, 외상 후 스트레스장애 등이 이에 속한다.

1.2.1.2 기분 및 불안 장애의 종류와 특징

1) 우울증

우울증(depression)은 진단기준에서 이 질환을 통한 사회적 · 직업적 손상이나 그 개인에게 미친 현저한 고통을 포함시키며, 단순삽화(한두 번 일어난 단순한 에피소드)인지 반복적인지를 구별한다. DSM-Ⅳ에서는 주요 우울장애라 명명되며, 우울증 진단 기준은 **표 7-2**와 같다.

우울증은 가벼운 우울증과 심한 우울증으로 구분되는데, 가벼운 우울증은 정서적으로 우울하며 슬픈 느낌을 가지고, 자신감이나 삶의 의욕이 없으며, 피곤해하고 일하기를 싫어하고 혼자만 있으려는 증상을 보인다. 또한 체중감소, 식욕부진, 소화장애, 가슴 답답함, 두통, 수면장애 등의 신체증상이 현저하게 나타나기도 한다. 한편 심한 우울증의 경우, 가벼운 우울증 상태에서와 비슷하지만 정서적 고통에 훨씬 심각하게 나타난다. 환자는 고개를 숙이고 몸을 구부리고 무표정하거나 고통스러운 표정과 함께 아래만 내려다보는 경향이 있다. 사고진행에 억제가 나타나 대개 단음절의 낮은 목소리로, 말은 느리고 대답은 간단하게 한다. 무력감, 분노와 공격의 감정, 죄책감, 자기징벌의 욕구 또는 망상 등의 이유로 자살을 시도하거나 자해하는 수도 있다. 흔히 우울증은 아침에 일어났을 때 가장 심하고, 오후가 되어 해가 저물어 가면서 덜해지는 양상을 보인다.

특별한 외부원인 없이 생물학적인 원인에 의해 발생하는 우울증은 대부분은 정신병적 증상을 동반하지만, 신체질환이나 약물, 생활 속에서 일어나는 사건 등을 통해 발생하기도 한다(**표 7-3**).

표 7-2　DSM-Ⅳ 우울증 진단 기준

A. 다음의 증상 중 5가지(또는 그 이상)가 동일한 2주일 기간 동안에 나타났고, 과거의 기능과 차이를 나타냈다. 적어도 하나의 증상이 (1) 우울한 기분 또는 (2) 흥미 또는 즐거움의 상실이다.

주: 일반적 의학적 상태, 기분과 일치하지 않는 망상이나 환각 때문에 명백하게 생긴 증상은 포함하지 않는다.

① 거의 하루종일의 우울증.
주관적 보고(예: 슬프거나 공허하다)나 타인에 의한 관찰(예: 눈물을 글썽인다)에 의해 나타난 거의 매일 또는 거의 하루 내내 우울한 기분.

주: 소아와 청소년에서는 이자극적 기분(irritable mood)일 수 있다.

② 거의 매일 모든 것 또는 거의 모든 것, 거의 하루 대부분의 활동에서 현저히 감소된 흥미(주관적 설명 또는 타인에 의한 관찰로 나타나듯이).

③ 식이요법하지 않는 중에 현저한 체중감량과 체중증가(예: 1개월에 체중의 5% 이상 변화 또는 거의 매일 식욕의 감소 또는 증가).

주: 소아에서는 기대되는 체중증가가 안 되는 것을 고려하라.

④ 거의 매일 불면 또는 과수면.

⑤ 거의 매일 정신운동흥분 또는 지체(단순히 안절부절 또는 느려진다는 주관적 느낌뿐만 아니라 타인에 의해서도 관찰 가능한).

⑥ 거의 매일 피로 또는 에너지 상실.

⑦ 거의 매일 무가치감 또는 과도하고 부적절한 죄책(망상적일 수도 있다)(단순한 자기 비난이나 아픈 데 대한 죄책이 아닌).

⑧ 거의 매일 사고와 집중능력의 감퇴 또는 결정곤란(주관적 설명 또는 타인에 의해 관찰되듯이).

⑨ 반복적인 죽음에 대한 생각(죽음에 대한 공포 아닌), 구체적 계획이 없는 반복적 자살사고, 또는 자살시도나 자살을 자행하려는 구체적 계획.

B. 증상은 혼합삽화(mixed episode)의 기준에 맞지 않아야 한다.

C. 증상은 임상적으로 의미 있는 고통을 일으키거나 또는 사회적, 직업적, 다른 중요한 기능영역에서 손상을 일으킨다.

D. 증상은 물질에 대한 직접적 생리적 효과(예: 남용약물, 치료약물) 또는 일반적 의학적 상태(예: 갑상선 기능저하증) 때문이 아니어야 한다.

E. 사별로 인한 증상은 우울이라고 간주할 수 없다. 즉, 사랑하는 이를 잃고 나서 증상은 2개월 이상 지속되며, 현저한 기능적 손상, 무가치감에 병적 집착, 자살의도, 정신병적 증상 또는 정신운동지연의 특징이 있다.

출처: Min, S. G. 2001. Modern psychiatry. Ilchogak, Seoul.

표 7-3 우울증을 나타내는 신체질환과 약물들

심혈관계: 심근경색 위장계(우울증이 먼저인지, 위장계 증상이 먼저인지 구별하기 어려운 경우가 있음) 신장계: Huntington 병, 뇌종양, 다발성 경화증 췌장질환 갑상선 기능저하증; 갑상선 기능항진증; thyrotoxicosis 부갑상선 기능항진증 Addison 병, Cushing 병 류마티스 관절염 감염증: 특히 바이러스성 병(예: mononucleosis) 각종 종양: 암환자(특히 화학요법을 받고 있는 환자) 영양장애: 노인, 식사습관장애, 흡수장애, 단백질 및 비타민(B) 결핍증
향정신성 약물: 향정신병 약물(phenothiazines, butyrophenones), barbiturates, meprobamate, benzodiazepines, 소위 각종 'street' drugs(코카인) 코티코스테로이드 고혈압 치료제: reserpine, alpha-methyldopa, propranolol, clonidine, guanethidine 기타: L-dopa, digitalis · bromide, cyclosporin · disulfiram · isoniazid · yohimbine

출처: Min, S. G. 2001. Modern psychiatry. Ilchogak, Seoul.

2) 조증

조증(mania)은 경조증(hypomania)과 조증상태(manic state)로 구분된다. 가벼운 형태의 조증상태가 어느 정도 지속되는 경조증은 자기도취, 자기확신, 자기만족, 자신감 등이 넘쳐 금방 실패하거나 포기해 버릴 일을 벌이거나 돈을 허황되게 낭비하는 양상을 보인다. 말을 할 때에도 과장과 강조를 많이 하며, 참을성이 없어 무슨 일에나 지속적인 관심을 보이지 않고, 주의가 산만하며 사고과정이 급하고 쉽게 일탈된다. 감정의 기복도 갑작스럽게 나타나 기분이 한창 고양된 가운데 갑자기 눈물을 흘리기도 한다. 조증상태는 의기양양, 기고만장으로 표현할 수 있으며, 부와 권력에 대한 과대망상이나 피해망상 등을 보인다. 사고과정에 비약이 많고 연상이 매우 빠르며, 사고의 비약, 지리멸렬 등의 장애가 나타나 의미상 관계없는 이야기를 장황하게 지껄이지만 조증환자의 연상작용은 와해되어 있는 경우가 대부분이다.

조증은 단독으로 나타나기보다는 우울증과 반복적으로 나타나는 양극성 장애(bipolar disorder)로 나타난다. 양극성 장애는 Ⅰ형 양극성 장애와 Ⅱ형 양극성

장애로 구분된다. Ⅰ형 양극성 장애는 조증과 우울증이 교대로 또는 조증이 반복적으로 나타나는 장애로, 진단을 위해서는 기분장애가 최소 1주간 지속되어야 하며, 조증이 반복적으로 나타날 때에는 조증 삽화간 간격이 최소 2개월이어야 한다. Ⅱ형 양극성 장애는 우울증과 경조증이 교대로 나타나는 경우로, Ⅰ형 양극성 장애보다 젊은 나이에 발생하고, 주요 우울장애, 즉 우울증보다 자살위험도 더욱 크며 만성적이다.

3) 불안장애

불안장애는 크게 공황장애 및 광장공포증, 공포증, 강박장애, 외상 후 스트레스 장애, 그리고 범불안장애로 분류할 수 있다. 공황장애(panic disorder)는 이유 없이 삽화적으로(일시적으로) 갑자기 불안이 극도로 심해지며 숨이 막히거나 심장이 두근대고 죽을 것만 같은 극단적인 공포 증세를 보이는 상태이다. 공황장애 환자는 곧 죽지 않을까 하는 강한 공포와 불안을 느끼며, 호흡곤란, 흉부통증, 질식감 혹은 숨이 답답한 느낌, 현기증, 손발의 감각이상이나 몸의 떨림 등의 신체증상도 동반한다. 공황장애가 있는 환자는 대개 광장공포증(agoraphobia)도 동반하는데, 이는 광장뿐만 아니라 공공장소, 특히 급하게 빠져 나갈 수 없는 상황에 도움 없이 혼자 있게 되는 것에 대한 공포이다.

공포증(phobia)은 특정한 대상이나 행동・상황에 처했을 때, 비현실적인 두려움과 불안증세가 생겨서 이를 극복하지 못하고 그 대상이나 상황을 피해버리는 장애이다. 고소공포증, 광장공포증, 폐쇄공간 공포증 등과 같이 특정한 대상에 대해 생기는 특정공포증과 공공장소나 사회적 상황에서 다른 사람에게 관찰되는 것 또는 모욕적이 되는 것, 당황하게 되는 것을 두려워해서 회피반응을 보이는 사회공포증으로 구분된다.

강박장애(obsessive-compulsive disorder)는 의지나 간섭에서 벗어나 특정한 생각(강박사고)이나 행동(강박행동)을 반복하는 상태를 말한다. 강박증으로 내재한 불안은 조절되지만, 이 강박행동을 중지하면 불안증세가 다시 나타나기 때문에 불합리한 줄 알면서도 반복하는 것이다. 가장 흔한 증상으로는 오염되었다고 생각하여 손을 씻는 행동이나 위험 또는 폭력에 관련된 병적 의심이 들어 확인하는 행동 등이 있다.

외상 후 스트레스 장애(post-traumatic stress disorder)는 거의 모든 사람에게

외상으로 경험될 만큼 심한 감정적 스트레스를 경험했을 때 나타나는 장애이다. 예를 들면, 전쟁이나 자동차, 기차, 비행기 등으로 인한 사고 혹은 개인적 피해를 끼치는 폭행이나 강간, 테러 및 폭동, 또는 홍수나 폭풍, 지진, 화산폭발 등의 자연재해가 발생했을 당시에 받은 충격에 의해 발병된다. 위협적이었던 사고에 대한 반복적 회상이나 악몽에 시달리는 등의 반복적인 재경험으로 인해 지속적으로 과민상태에 있거나 우울, 불안, 일상생활에 대한 집중곤란, 흥미상실, 대인관계에서의 어려움, 수면장애 등을 나타내기도 한다.

범불안장애(generalized anxiety disorder)는 다양한 신체증상을 동반한 불안한 느낌이 과도하고 광범위하게 그리고 지속적으로 나타나는 상태이다. 불안감과 운동성 긴장이 지속되며, 피로, 근육통, 이마 찌푸림 등이 있고, 안절부절 못하는 상태에서 잘 놀라는 증상을 보인다. 발한이나 빈맥, 손발이 저리고, 얼굴이나 가슴이 화끈거리거나, 설사, 구토감, 위장 불쾌감, 과호흡 등을 보이기도 한다.[3)]

1.2.2 원예치료적 접근 가능한 치료 목적 및 목표

1.2.2.1 원예치료적 접근

자연친화적인 원예환경은 기분장애와 불안장애를 가진 대상자의 기분을 전환시키고, 안정감과 평화로움을 느끼게 하여 심리적인 회복을 돕는다. 치료사는 원예치료 프로그램 중 대상자를 지지하고, 그들에 대한 관심을 표현하여 긍정적인 관계를 형성하며, 대상자의 기분을 파악하여 그들의 행동이 향상되거나 변화할 수 있도록 프로그램을 구성하여 부정적인 생각을 떨쳐버리고 건강한 생각을 하도록 유도한다.

우울증 환자는 아주 작은 실패에도 고민하고, 죄책감이나 자살시도, 의욕이나 행동의 적극성을 잃은 망상, 무슨 일에도 결심하고 실천하지 못하는 무력감 등을 보이므로, 원예치료 초기에는 소재나 작업 도구 등을 다른 사람들과 나누어 쓰기보다는 개별적으로 사용하게 함으로써 타 대상자들과의 사소한 마찰 등을 피하고, 무언가를 결정하도록 하기보다는 삽목이나 분갈이 등과 같이 주어진 샘플을 보면서 쉽게 반복할 수 있는 작업을 하도록 하여 자신감을 갖도록 한다.

3) Min, S. G. 2001. Modern psychiatry. Ilchogak, Seoul.

또한 원예에 대한 경험이 있는 대상자라면, 해본 적이 있는 프로그램보다는 새로운 프로그램을 실시하여 이전에 했던 일을 반복했을 때 느낄 수 있는 절망감이나 실망 등을 피하도록 한다.

조증의 경우 과대망상이나 높은 자신감 등으로 인해 실현 불가능한 것들을 요구하는 경우가 많으므로, 스스로 해야 할 것을 분명히 정해 실천하도록 하고, 실패가 적으며 단기간에 결과를 볼 수 있는 작업을 하도록 한다. 또한 작업 중 흥미가 확산되어 집중이 어려울 수 있으므로, 몇 번이고 주의를 주도록 한다. 단, '안 돼' 라는 표현보다는 대상자와 치료사가 특정 동작 등으로 표시를 정해 놓고, 대상자가 집중하지 못할 때 사전에 정해 놓은 동작 등을 보여 주의를 주는 것이 바람직하다.

기분장애 및 불안장애 환자의 증상을 고려해 원예치료의 목표와 적합한 활동을 계획한다면 다음과 같다(표 7-4).

이 밖에 기존의 심리치료나 정신치료에서 사용되었던 다양한 치료중재 모델이나 기법 등을 통해 증상에 적합한 전문적 원예치료를 실시할 수 있다. 예를 들면, 스트레스 대처능력 향상을 통한 접근방법이나 정신 역동적 치료모델, 인간관계 및 의사소통과 관련된 모델, 자아발달 단계에 따른 모델, 행동치료 및 인지치료에서의 치료중재 모델이나 기법 등을 기분장애 및 불안장애를 가진 대상자에게 적용할 수 있다(표 7-5).

표 7-4 증상을 고려한 원예치료 목표 설정 및 적합한 활동 예

진 단		증 상	목 표	적합한 활동
기분장애	우울증	무력감 및 고립	사회성 증진	환자가 원예치료 프로그램이 실시되는 동안 원예치료실 또는 온실 등에 치료사와 함께 30분 동안 머물도록 한다.
	조증	흥분하여 혼란스럽게 왔다갔다함	흥분 및 과다행동 감소	환자가 활동량이 많은 실외활동 또는 산책에 참여하도록 한다.
불안장애	강박	끊임없이 손을 씻고 방을 청소함	먼지와 균에 대한 스트레스 및 불안감소	환자는 원예치료 프로그램 중 장갑을 끼고 여러 종류의 토양을 계량하고 혼합하도록 한다.

출처: Modified from Simson, S. P. and C. B. Straus. 1998. Horticulture as therapy. The Food Products Press, New York.

표 7-5 기분 및 불안 장애의 원예치료시 적용 가능한 치료중재 모델 및 치료기법

적용 가능한 치료중재 모델 및 치료기법	세 부 사 항
스트레스 적응 치료	▪ 스트레스는 질병을 유발시키는 주요한 요인 중 하나이며, 질병은 스트레스 또는 부적응에 대한 인간의 반응패턴이다. ▪ 질병의 원인이 되는 스트레스는 크게 상황적 스트레스와 자연재해 스트레스로 구분된다. ① 상황적 스트레스: 조산 또는 유산, 영양불량, 유전적 질환, 사고, 배우자의 죽음이나 이혼, 별거, 은퇴 등의 사건에 대한 스트레스 ② 자연재해 스트레스: 지진이나 해일 등 자연재해로 인해 인간의 힘으로는 어찌할 수 없는 스트레스 ▪ 원예치료는 대상자와의 치료적 관계형성에 초점을 두며, 문제인지와 해결, 적응전략 지원, 자존심 강화, 참여 권유, 사전 치료중재를 통해 접근한다.
정신역동적 치료	▪ 정신질환은 이드, 자아, 초자아 또는 환경에 있어 6세 이전에 발생하는 갈등에 의해 나타나는 행동장애라고 정의하며, 갈등으로부터 불안이 야기된다. ▪ 정신적 과정은 정신적 방어기제(억압, 부정, 반응형성, 투사, 합리화, 취소, 전이, 승화, 퇴행, 동일시, 섭취, 분리, 억제)를 통해 불안감소와 현실 수정, 왜곡 및 거부에 의해 충돌을 일으킨다. ▪ 정신적 방어기제에는 다음과 같은 것들이 있다. ① 억압: 고통스러운 생각, 감정, 충동을 의식으로부터 누르는 주요한 반응 ② 부정: 고통스러운 사건을 마치 없었던 일처럼 인지하는 반응 ③ 반응형성: 경험한 것과 반대의 감정으로 표현 ④ 투사: 받아들일 수 없는 사고나 감정을 다른 사람 또는 사물 탓으로 돌림 ⑤ 합리화: 행동을 정당화하기 위해 논리적으로 설명하려는 시도 ⑥ 취소: 다른 행동으로 그전에 일어난 일의 효과를 취소하려 함 ⑦ 전이: 원래의 대상(사람 또는 사물)을 다른 곳 또는 보다 안전한 대상으로 바꿈 ⑧ 승화: 받아들여지지 않는 충동을 사회적으로 받아들여질 만한 행동으로 대체 ⑨ 퇴행: 불안에 대처하기 위해 좀 더 편안했던 이전 시절로 되돌아가는 반응 ⑩ 동일시: 중요한 사람의 생각이나 행동을 모방 ⑪ 섭취: 타인의 생각이나 행동을 자신의 자아로 받아들임 ⑫ 분리: 불유쾌하거나 위협적인 상황이나 생각과 관련된 감정을 막아버림 ⑬ 억제: 의식적, 고의적으로 어떤 생각을 억누름 ▪ 한편, 프로이트는 정서와 행동을 의식적으로 조절하는 것을 돕도록 설정된 과정인 정신분석을 주장했다. 꿈 분석, 자유연상, 해석, 저항의 분석과 전이 그리고 중화를 통해서 치료사는 환자가 자신의 갈등이나 행동을 수정하는 것을 도와준다. 이처럼 지원해 주고 표현하도록 돕는 정신치료는 현대 치료의 기준이 된다.
인간관계 치료	▪ 인간관계와 의사소통의 중요성을 강조한다. ▪ 설리반은 정신학에서 성장 발달단계에 따른 인간관계 이론을 강조했다. ① 유아기: 신생아가 말을 시작할 때까지 지속 ② 아동기: 친구의 필요성을 느낄 때까지 지속 ③ 청소년: 친밀한 관계의 필요성을 느낄 때까지 지속 ④ 전 사춘기: 사춘기와 이성에 관심을 가지기 시작할 때까지 지속 ⑤ 초기 사춘기: 이성과의 관계가 발달되기까지 지속 ⑥ 후기 사춘기: 다른 사람과 안정적으로 애정관계를 맺을 수 있을 때까지 지속 ▪ 불안은 긴장이나 타인의 이해부족, 거절 등의 인간관계로부터 발생하고, 치료는 해명의 원칙, 즉 자신의 행동인지나 개념화, 평가를 할 수 있을 때 행동변화가 일어난다는 원칙에 입각해 이루어진다. 원예치료사는 대상자의 불안요인 및 경험, 피해야 할 행동들, 일어날 수 있는 인간관계의 배경 등에 주안점을 두고 프로그램을 진행한다.

(표 7-5 계속)

적용 가능한 치료중재 모델 및 치료기법	세 부 사 항
자아발달 접근	▪ 정신질환은 자아형성, 타인과의 관계 또는 사회에서 발달에 방해를 주는 문제에 의해 발생한다. 에릭슨은 전 인생에 걸쳐 자아가 발달한다고 보았으며, 전 생애를 8단계의 발달단계로 나누어 각 단계마다 특별한 감정영역의 문제가 발생될 수 있다고 주장했다. ① 유아기(출생~18개월): 일관성 있고 만족스러운 태도에 의해 신뢰감이 형성됨. 자신감, 현실감 있는 신뢰, 희망, 낙관, 믿음 있는 관계를 형성할 수 있는 능력 생김. 유아가 불신을 가지면 후에 적대감, 많은 의심, 불만족한 감정 등 경험 ② 초기 아동기(18개월~3세): 자신의 능력을 초과하는 과제 없이 자신의 행동을 조절할 수 있도록 허용할 때 자율성이 발달됨. 자율성 발달은 자존심이 상하지 않는 범위 내의 자기통제, 자긍심과 긍정적 의지, 타인과의 협조, 관대함, 융통성 등을 발달시킴. 이 시기에 이루어지는 대소변훈련에서 지나치게 대소변훈련을 강요하면 부끄러움과 수치심을 일으킴 ③ 후기 아동기(3~5세): 주도성 발달. 어떤 일을 계획하고 실행하는 능력, 활동 후 얻는 즐거움, 목적의식 등을 가지게 됨. 공격하거나 정복하는 즐거움은 자의식발달을 돕고, 자신의 잠재력을 사회적으로 받아들여질 수 있는 방법으로 사용하는 것을 배우게 됨. 죄책감은 자기 제한과 부정을 동반하며 이 단계에서의 비성공적인 협상 결과임 ④ 학령기(6~12세): 사회에 소속되고 설계, 계획, 또래집단과의 관계발달, 특수기술 개발, 존경하는 사람과의 동일시 등이 특징. 잘못되면 경쟁심, 근면함의 즐거움이 자신이 무가치하고 부적절하다고 느끼는 열등감을 초래 ⑤ 청소년기(12~18세): 주체성이 발달하는 시기. 자신에 대한 만족감, 작업수행, 사회에서 자신의 자리를 찾는 것 등이 특징. 장기계획을 세울 수 있고 자존심·감정적 안정감을 얻을 수 있으나, 반면 혼란스러운 느낌, 자신감 부족, 우유부단, 폭력적인 행동 가능성 등이 있음. 이 시기가 성공적으로 해결되지 못했을 때, 성인은 그 시기에 남아 있는 갈등을 해결하는 데 많은 에너지를 쓰게 됨 ⑥ 젊은 성인(18~25세): 친밀감이 주요 과제. 사랑할 수 있는 능력, 다른 사람들과 함께하는 참여정신, 진정한 상호관계 등을 배워야 함. 다른 사람과의 사이를 두려워하고 위축되며, 피상적인 관계를 형성하거나 편견을 가지는 등의 고립이 위험 ⑦ 성인기(25~65세): 이 시기의 성인은 아이들을 낳고, 생산적이며 건설적인 과제로 인도할 책임을 가짐. 실패하면 정체, 개인적인 빈곤, 자기방종에 빠지게 됨 ⑧ 노년기(65세~사망): 인생에 대한 용납, 자기가치의 통합이 일어나는 시기. 실망, 상실감, 인생의 덧없음, 인생목표가 성취되지 못했고 다시 시작하기에는 너무 늦었다는 느낌 등이 이 단계의 부정적 결과로 올 수 있음 ▪ 원예치료는 인생의 전 단계에서 신뢰를 형성하도록 도우며, 무의식적 동기를 인식하고, 불안을 감소시키며, 이탈된 시점에서 발달이 다시 이루어지도록 시도해야 한다.
행동치료	▪ 행동치료는 행동을 관찰하고 측정하는 과정을 강조한다. 행동은 과다행동, 행동결핍, 강화된 자극의 왜곡, 차별된 자극의 왜곡, 혐오행동으로 분류된다. ▪ 인지적 행동주의: 행동은 자극과 상관없이 인지의 영향을 받는데, 행동을 하도록 하는 중요한 요인들은 계획, 기대, 암호화, 경쟁심 등이 포함된다. 감정은 생각에 따른다. 치료는 기능적 분석, 즉 나타난 행동을 분석하는 과정을 포함한다. 행동치료에서는 긍정적 강화와 자기주장 훈련, 이완운동, 작업수행 후 강화 등을 실시한다. 인지치료는 행동변화를 위해 자신의 기대감, 왜곡, 자기명령, 자기비난, 생각의 결과 등 내적인 우연성을 바꾸는 데 중점을 둔다. 인지치료 방법에는 말로 증명하기, 현실평가, 생각바꾸기, 역할극, 자기관찰, 업무주기, 유머사용, 반영 등이 있다.

출처: Modified from Simson, S. P. and C. B. Straus. 1998. Horticulture as therapy. The Food Products Press, New York.

1.2.2.2 주의 및 특이 사항

우울증 또는 불안장애를 가진 환자들은 자해 및 자살충동을 느끼거나 충동적 성향을 갖는 것이 특징이므로, 이러한 대상자와 프로그램을 진행할 때에는 과정중 사용하는 도구에 주의해야 한다. 정신질환의 심각정도와 기관의 시설에 따라 위험수준은 다를 수 있다. 예를 들어, 일반 입원병동과 비교했을 때 폐쇄병동의 환자 상태가 더 중하며 위험수준도 보다 높을 것이다. 또한 각 정신과 시설은 나름대로의 원칙에 준하여 원예치료를 할 때에 사용하는 소재나 도구에 대한 엄격한 규칙이 있으며, 대개 환자 대 직원 비율에 대한 요구사항이 있을 것이다. 따라서 원예치료사는 원예치료 프로그램를 진행할 때 도구나 소재를 늘 염두에 두고 주의 깊게 선정 및 사용해야 한다(표 7-6).

표 7-6 정신과 환자가 주의해야 할 도구 및 소재

주의해야 할 도구 및 소재	세 부 내 용
세라믹 또는 유리용기	깨질 수 있으며, 깨진 조각 등이 무기가 될 수 있다.
밧줄, 노끈, 꼰 실, 리본, 전선, 철사	자기 또는 다른 사람을 목 조르거나 목을 맬 수 있다. 그러므로 프로그램 전 목둘레길이보다 짧게 잘라 나누어준다.
풍선, 비닐 백	질식위험이 있다.
페인트, 스프레이, 본드, 고무풀	냄새 흡입시 황홀감이나 환각상태가 올 수 있다.
날카로운 가위, 집게, 칼, 막대기, 지주	도구에 베이거나 자신이나 남을 찌르거나 상해 입힐 수 있다.
선인장, 장미 등 가시가 있는 식물	자해에 이용될 수 있다.
독성 또는 알레르기를 일으키는 식물	환자가 먹을 수 있다.
조개껍질, 돌 등의 만들기 소재	무기가 될 수 있다.

1.2.3 실제 연구결과

저 자	발표연도 · 출처	논 문 제 목	연구대상, 연구기간 및 프로그램 횟수	사용한 평가지
나경미	2006 건국대학교 농축대학원 석사학위논문	원예치료 수업이 대안학교 학생의 상태 특성 불안 감소와 자아존중감 향상에 미치는 영향	대안학교 학생 22명 실험군, 대조군 각 11명 주2회 2개월 총 16주	자아존중감 척도 상태특성불안 척도
주 효과 및 결과				특 이 사 항
원예치료 프로그램 실시 전후, 실험군의 자아존중감 총점 및 자아존중감 하위영역 중 사회적 자아존중감, 학교에서의 자아존중감 항목에서 통계적으로 유의한 향상이 나타났고, 상태 특성 불안의 결과에서도 상태 특성 불안 총점과 하위영역인 상태불안 및 특성불안 모두에서 통계적으로 유의한 향상이 나타났다. 그러나 원예치료 실시 전후 동일한 시기에 측정한 대조군에서는 두 척도 모두에서 통계적으로 유의한 차이를 보이지 않았다.				

저 자	발표연도 · 출처	논 문 제 목	연구대상, 연구기간 및 프로그램 횟수	사용한 평가지
전영순	2005 신라대학교 석사학위논문	원예활동 프로그램이 초등학교 5학년 학생의 우울 성향 치료에 미치는 효과	초등학교 5학년 총 50명 대조군, 실험군 각 25명 주1회 3개월간 총 10회	아동, 청소년 행동평가 척도 (K-CBCL) 청소년 자기행동평가 척도 (K-YSR)
주 효과 및 결과				특 이 사 항
우울정서, 신체증상, 위축에 있어 원예치료 실시 전 실험군과 대조군의 동질성이 검증되었다. 원예치료 실시 전후 우울성향, 우울정서, 신체증상, 위축 항목에서 원예치료 실험군은 통계적으로 유의한 향상을 보였으나, 대조군은 신체증상을 제외하고 통계적으로 유의한 향상이 나타나지 않았다. 또한, 원예치료 실시 후 실험군과 대조군을 비교한 결과, 우울성향, 우울정서, 신체증상에서 유의한 향상을 보였다.				

저 자	발표연도 · 출처	논 문 제 목	연구대상, 연구기간 및 프로그램 횟수	사용한 평가지
하순엽	2005 전남대학교 석사학위논문	화훼장식 활동이 중년여성의 자아존중감과 절망감에 미치는 영향	중년여성 97명 실험군 주1회 16주간 총 16회	자아존중감 척도 절망감 척도
주 효과 및 결과				특 이 사 항
자아존중감은 화훼장식 활동을 8주간 실시하였을 경우에는 유의한 차이를 보이지 않았지만, 16주간 실시 후 유의한 차이를 보였다. 또한 화훼장식 활동 실시 전과 16주 후의 자아존중감 변화를 최종 비교하였을 때에도 유의한 차이를 보였다. 절망감은 8주간 실시 후 유의한 차이를 보였으며, 화훼장식 활동 실시 전과 16주 후의 절망감 변화를 최종 비교한 결과 절망감의 정도에 유의한 차이를 보였다.				화훼장식활동 시작 전, 8주 후, 16주 후 평가

저 자	발표연도 · 출처	논 문 제 목	연구대상, 연구기간 및 프로그램 횟수	사용한 평가지
이명철	2003 순천향대학교 산업정보대학원 석사학위논문	자연음악을 도입한 원예치료가 고등학생의 우울증상 증후군에 미치는 영향	고등학생 30명 실험군 20명, 대조군10명 주1회 3개월간 총 10회	한국형 문제행동증후군 척도(K-YSR)

주 효과 및 결과	특 이 사 항
원예치료 프로그램만 한 학생을 대조군으로 선정하고, 자연음악을 도입해 원예치료 프로그램을 한 학생을 실험군으로 선정하여 프로그램을 실시하였다. 프로그램 실시 전후 비교 결과, 대조군과 실험군 모두에서 K-YSR 중 문제행동증후군 척도의 하위항목인 우울과 위축에서 유의한 감소를 나타냈으며, 신체증상 항목에서는 유의한 결과가 나타나지 않았다. 기존의 원예치료 프로그램과 자연음악을 도입한 원예치료 프로그램은 자연음악을 도입한 프로그램이 수치상 다소 효과가 있었으나 통계적으로 유의미한 차이가 나타나지는 않았다.	원예치료시 음악을 도입시켜 원예치료와 음악 감상의 시너지효과 연구

저 자	발표연도 · 출처	논 문 제 목	연구대상, 연구기간 및 프로그램 횟수	사용한 평가지
천명희	2003 청주교육대학교 석사학위논문	초등학교 정서장애아에 적용하기 위한 원예치료의 탐색		

주 효과 및 결과	특 이 사 항
초등학교 저학년 중 상당부분의 아이들이 주의력 결핍 충동성 및 과잉행동 등 원활한 사회적 관계를 유지하기 어려운 특성들도 아동의 정서불안에 기인하는 것으로 밝혀졌으며, 이는 학교생활에서의 부적응 행동으로 이어져 학교생활에 적응하기 어려운 경우가 많은 것으로 나타났고, 이러한 부적응 행동도 원예활동에 의해 치료가 가능하다는 연구결과가 많았다. 원예치료를 초등학교 현장에 적용할 수 있는 방안을 규명하고자 7차 교육과정의 초등교과에 도입할 수 있는 단원들을 교과별로 분석하여 본 결과, 실과, 슬기로운 생활, 과학 등의 교과에 밀접하게 적용 가능하며, 재량활동, 클럽활동 등의 시간을 활용하여 원예치료를 적용할 수 있는 것으로 나타났다. 그 중 원예치료 활동과 가장 밀접한 실과 교과의 꽃과 채소 가꾸기 단원에 원예치료를 적용하기 위한 재량활동 시간을 활용하여 원예치료를 적용할 수 있는 수업지도안을 개발하여 제시하였고, 원예치료 효과를 선행연구 결과들을 토대로 제시하였다.	문헌고찰을 통해 학교에서도 정서장애아를 위한 프로그램으로 활용하고자 함

저 자	발표연도 · 출처	논 문 제 목	연구대상, 연구기간 및 프로그램 횟수	사용한 평가지
최용환	2003 신라대학교 교육대학원 석사학위논문	원예활동이 중학생의 불안 감소에 미치는 영향	중학생 40명 대조군, 실험군 각 20명 주1회 12주간 총 12회	스트레스 경험 수준검사 불안 척도

주 효과 및 결과	특 이 사 항
원예치료 실시 전후 스트레스 검사결과, 실험집단은 친구와 주변 환경으로부터 받은 스트레스, 교사와 공부 및 학업으로부터 받은 스트레스가 유의하게 감소함을 보였다. 특질불안은 원예치료 실시 전후 비교시 실험집단에서 유의한 차이가 있었으며, 실험군과 대조군 사이에도 유의미한 차이가 있었다. 스트레스에서 대조군과 실험군의 원예치료 실시 전후 비교시에도 특질불안과 같은 결과를 보였다. 원예활동 자체는 정서적으로 안정상태를 가져와 가정과 부모, 친구와 주변 환경, 교사와 학업과 학교에 대한 스트레스가 줄어 불안 감소에 영향을 미쳤다. 원예활동 프로그램을 체계화하고, 구체적인 지도계획을 수립 적용하는 것은 학생들이 원예활동에 대한 흥미를 갖고, 그 필요성과 중요성을 인식하는 데 결정적인 요소가 되었다.	

저 자	발표연도 · 출처	논 문 제 목	연구대상, 연구기간 및 프로그램 횟수	사용한 평가지
구달완	2002 순천향대학교 산업정보대학원 석사학위논문	허브향을 도입한 원예치료가 중학생의 우울증상 증후군에 미치는 영향	중학생 56명 대조군, 실험군 각 28명 주2회 2개월간 총 12회	한국형 문제행동증후군 척도(K-YSR)
주 효과 및 결과				특 이 사 항
허브향을 도입하지 않고 기존의 원예치료 프로그램을 실시한 대조군에서는 원예치료 실시 전후 우울증상 증후군의 하위척도인 우울, 위축, 신체증상 모두에서 통계적으로 유의한 감소가 나타나지 않았다. 그러나 허브향을 도입한 원예치료를 실시한 실험군에서는 우울과 위축 항목에서 통계적으로 유의한 감소가 나타났고, 신체증상 항목에서는 유의한 감소가 없었다.				원예치료시 허브향을 도입하여 후각자극 여부에 따른 치료효과를 비교함.

저 자	발표연도 · 출처	논 문 제 목	연구대상, 연구기간 및 프로그램 횟수	사용한 평가지
한정숙	2001 삼육대학교 석사학위논문	원예치료가 시설 노인의 삶의 질 및 우울에 미치는 영향	시설노인 59명 실험군 29명, 대조군 30명 주1회 3개월간 총 11회	삶의 질 측정도구 단축형 노인 우울 척도
주 효과 및 결과				특 이 사 항
원예치료 실시 전 실험군과 대조군 간에는 제 특성 및 변수에 유의한 차이가 있어 연령과 여가 및 취미활동을 공변수로 하여 통계처리한 후 동질한 그룹임을 알 수 있었다. 또한, 제 변수와 삶의 질 및 우울정도를 분산분석한 결과, 연령과 과거직업이 통계적으로 유의하게 시설노인의 삶에 영향을 미쳤으며, 제 변수와 우울은 통계적으로 유의하지 않았지만 원예치료 실시 후 실험군이 대조군보다 삶의 질에서 평균 수치가 상승하였으며, 우울이 감소하는 경향을 보였다.				

저 자	발표연도 · 출처	논 문 제 목	연구대상, 연구기간 및 프로그램 횟수	사용한 평가지
유은숙	2001 순천향대학교 석사학위논문	원예치료가 여고생의 우울성에 미치는 효과	고등학생 73명 실험군 37명, 대조군 36명 주1회 3개월간 총 12회	청소년 자기행동평가 척도(K-YSR)
주 효과 및 결과				특 이 사 항
집단간 사전 동질성 검정에서 문제행동증후군의 위축, 신체증상, 우울 항목에서 실험군과 대조군 모두 동일한 것으로 나타났다. 원예치료 실시 전후 집단간 비교에서는 위축과 우울에서 대조군과 실험군간 유의한 차이를 보였다.				

저 자	발표연도 · 출처	논 문 제 목	연구대상, 연구기간 및 프로그램 횟수	사용한 평가지
이기세	2000 순천향대학교 석사학위논문	원예치료가 중학생의 우울증에 미치는 영향	중학생 40명 대조군, 실험군 각 20명 주1회 3개월간 총 10회	아동 · 청소년 행동평가 척도(K-CBCL)
주 효과 및 결과				특 이 사 항
원예치료 실시 후 실험군과 대조군 비교시, 우울에서 통계적으로 유의한 차이가 나타나 원예치료가 실험군의 우울증 개선에 영향을 주었음을 알 수 있었다. 또한 우울증의 하위요인인 위축과 우울을 개선하는 데 효과가 있었으나, 신체증상을 크게 변화시키지는 못하였다. 이는 신체증상이 여러 가지 우울증상의 후반부에 나타나는 현상인 것과 관련이 있을 것으로 추측된다.				

<table>
<tr><th>저 자</th><th>발표연도 · 출처</th><th>논 문 제 목</th><th>연구대상, 연구기간 및 프로그램 횟수</th><th>사용한 평가지</th></tr>
<tr><td>강해자</td><td>1999
순천향대학교
석사학위논문</td><td>원예치료가 아동의 불안 감소에 미치는 영향</td><td>초등학교 4학년 아동 32명
(남 14명, 여 18명)
실험군
주1회 9주간
총10회</td><td>한국아동인성검사
(KPI-C)</td></tr>
<tr><td colspan="4">주 효과 및 결과</td><td>특 이 사 항</td></tr>
<tr><td colspan="4">원예치료 실시 후 아동들의 불안이 통계적으로 유의하게 감소하였으며, 특히 불안의 하위요인 중 두려움, 무서움, 놀람 항목과 전체적인 불안이 감소하였다. 또한 원예치료와 관련된 기초 조사 결과 흥미도와 관심도가 원예치료 실시 후 더 증가하였다.</td><td>단일 전후 실험설계</td></tr>
</table>

<table>
<tr><th>저 자</th><th>발표연도 · 출처</th><th>논 문 제 목</th><th>연구대상, 연구기간 및 프로그램 횟수</th><th>사용한 평가지</th></tr>
<tr><td>박승현</td><td>1999
순천향대학교
석사학위논문</td><td>원예치료가 아동의 우울성에 미치는 효과</td><td>초등학교 5, 6학년 아동 44명
(남 22명, 여 22명)
실험군, 대조군 각 22명
주1회 3개월간
총11회</td><td>한국형 문제행동증후군 척도(K-YSR)</td></tr>
<tr><td colspan="4">주 효과 및 결과</td><td>특 이 사 항</td></tr>
<tr><td colspan="4">원예치료 실시 전후 아동의 위축, 신체증상, 우울을 집단별로 비교한 결과, 실험군에서는 위축과 신체증상, 우울 모두에서 통계적으로 유의한 감소가 있었으나, 대조군은 위축과 신체증상에서 유의한 감소가 없었으며 오히려 우울이 증가하였다. 따라서 원예치료가 아동의 문제행동증후군 즉, 위축, 신체증상, 우울의 감소에 효과적인 것으로 입증되었다.</td><td>원예치료 프로그램을 학교활동 프로그램과 가정활동 프로그램으로 구성</td></tr>
</table>

<table>
<tr><th>저 자</th><th>발표연도 · 출처</th><th>논 문 제 목</th><th>연구대상, 연구기간 및 프로그램 횟수</th><th>사용한 평가지</th></tr>
<tr><td>조영숙</td><td>1999
홍익대학교
석사학위논문</td><td>정서장애아 학교에서의 원예치료정원 조성방안에 관한 연구</td><td></td><td></td></tr>
<tr><td colspan="4">주 효과 및 결과</td><td>특 이 사 항</td></tr>
<tr><td colspan="4">정서장애아 학교에서 원예치료정원을 조성함에 있어 전체적 공간구성은 치료와 재활을 제공하는 공간, 심신의 휴양뿐 아니라 사회구성원으로 자립을 할 수 있는 능력을 갖출 기회를 제공하는 공간으로 구분하고 오감을 자극하는 소재를 도입하여 보고, 만지고, 즐기고, 느끼고, 해보는 능동적이고 창조적인 원예활동이 이루어지도록 구성하였다. 원예치료정원 조성계획시 연령별 · 계절별로 활용가능한 프로그램을 작성하였으며, 정신지체아의 흥미와 욕구를 만족시켜 정신지체 증상을 개선시키고, 다양한 원예활동을 통해 수개념, 사고력, 공간개념, 어휘력 및 사회성, 소근육 및 대근육 운동, 성취감, 책임감의 향상 등을 목표로 원예치료정원을 조성하려고 계획하였다.</td><td>국내외 원예치료정원 사례조사 및 사례분석을 통한 원예치료정원 조성방안을 정리하였으며, 대상지를 선정하여 원예치료정원 조성계획 수립</td></tr>
</table>

1.3 발달장애

1.3.1 질환별 특징

1.3.1.1 발달장애의 정의

발달장애(developmental disability)는 발달기, 즉 출생에서부터 22세 사이의 유아기, 아동기, 청소년기에 발생하는 발달상의 장애를 총칭한다. 미국 연방법에서는 발달장애를 5세 이상에서 나타나는 심한 만성적인 장애로서, 정신적 또는 신체적 결함이나 정신 및 신체의 결합적인 결함에 기인하며, 22세 이전에 명백히 나타나고 무기한으로 지속될 가능성이 있고, 다음의 주요 생활 활동영역 중 셋 또는 그 이상에서 상당한 기능적 제한을 초래하는 것으로 정의하고 있다. 즉, 발달장애는 자조관리, 수용 및 표현 언어, 학습, 이동, 자기 지시, 독립적 생활능력, 경제적 자급자족 등의 생활 활동 영역에서 기능적 제한을 가지고 있으며, 평생동안 또는 장기간 개별적으로 계획되고 조정되는 포괄적인 관리, 치료 또는 다른 복지 서비스 등을 필요로 한다. 따라서 치료 또는 복지 서비스가 제공되지 않으면 발달장애를 초래할 가능성이 높은 상당한 발달지체 또는 특정한 선천적, 후천적 조건을 지니고 있는 출생에서 5세 사이의 영유아도 발달장애의 진단기준에 적용된다.[4)]

1.3.1.2 발달장애의 종류 및 특징

1) **정신지체**

정신지체(MR; mental retarded)는 유전적 · 사회적 · 환경적 · 교육적 요인 등으로 인해 지적 발달이 불완전하거나 지체되어 사회적응에 곤란이 있는 상태로, 적응행동에 결함이 있을 뿐만 아니라 지능이 평균수준에 미치지 못하는 상태로서 발달기간 중에 나타난다(미국정신지체협회, AAMD). 정신지체는 IQ의 범위에 따라 최중도 · 중도 · 중등도 · 경도의 4단계로 구분되며, 각 단계별 신체적 · 교육적 · 직업적 특성은 **표** 7-7과 같다.

정신지체 대상자는 과거의 많은 실패경험 때문에 새로운 일을 시도하는 데 어려움을 겪고, 자신의 생활을 잘 통제하지 못하며 다른 사람들의 행동이나

4) 여광응 외 공역. 2002. 발달장애 용어사전. 학지사, 서울.

표 7-7 정신지체의 정도

분 류	IQ 범위	신체적 특성	교육적 특성	직업적 특성
최중도 (profound)	20/25 미만	신체기능이 거의 제한되어 있으며, 의사소통과 사회적 관계가 거의 이루어지지 않는다.	일상생활을 전적으로 타인의 도움에 의존하며, 교육이 거의 불가능하다.	보호수용 대상자로 작업이 거의 불가능하다.
중도 (severe)	20/25~ 35/40	신체기능상 제한이 많으면, 운동기능과 언어발달이 열등하다.	극히 초보적인 수준의 학습이 가능하며, 일상생활 기능의 많은 부분을 타인의 도움에 의존한다.	대부분의 경우, 보호된 환경 내에서 작업이 행해지나 직업의 의미는 없다. 보호작업장 수준의 작업이 가능한 경우도 있다.
중등도 (moderate)	35/40~ 50/55	신체발달에 특별한 문제는 없으나, 의사소통과 신체기능에 약간의 제한이 있다.	일상생활 기능에 필요한 수준의 학습이 가능하다.	보호작업장 등에서 반독립적으로 작업이 가능하며, 일반 취업이 가능한 경우도 있다.
경도 (mild)	50/55~ 70/75	신체발달이 거의 정상적이며, 의사소통과 신체기능에 제한이 거의 없다.	직업생활(비전문)에 필요한 수준(초등학교 3학년 이상)의 학습이 가능하다.	준기능 또는 단순적 분야에 일반취업이 가능하다.

출처: Nam, O. C. 1998. A vocational rehabilitation model for the mentally retarded: the Eun-Hyang horticultural therapy and training program. MS Diss., Kangnam Univ.

주변환경에 의해 좌우되는 경향이 많고 대부분 시설이나 기관에 장기간 거주하며 사회적 거부를 경험하는 경우가 많으므로 대인관계에 어려움을 겪는다.

2) 학습장애

학습장애(learning disorder)는 정상적인 지능과 신체 상태를 가지고 있으면서도 공부, 언어, 운동에 장애가 있을 때 진단된다. 읽기장애와 산술장애, 표현성 쓰기장애 및 기타 학습장애로 분류되는데, 읽기장애는 정상적인 지능을 가지고 있으며 지각장애가 없고, 정상적 수업을 받았는데도 글자를 인지하지 못하거나 느리게 또는 부정확하게 글을 읽고, 글을 제대로 이해하지 못하는 경우를 말한다. 과거에는 실독증이나 난독증, 발달성 읽기장애 등으로 다양하게 명명되었다. 산술장애는 개인의 학력이나 지능지수를 고려해도 예상 외로 산술능력에 장애가 있는 것을 말하며, 표현성 쓰기장애는 나이나 지능지수, 학력 등을 고려해도 예상 외로 쓰기능력에 장애가 있는 경우를 말하고, 기타 학습장애는 다른 학습장애의 진단기준에는 맞지 않지만 그 사람의 지능, 교육, 나이에 비해 학습능력에 장애가 있거나 그 정도가 낮은 경우를 말한다.

이러한 학습장애의 대부분은 원인이 아직 확실히 밝혀지지 않았으나, 뇌의 기능장애나 신경계통의 장애 등과 함께 복합적인 요인으로부터 발생한다고 추정하고 있다.

3) **자폐**

자폐(autism)는 하나의 행동적 증후군으로, 사회적 상호교류에 있어서의 질적인 지장, 의사소통 및 언어발달장애, 행동장애와 현저하게 저하된 활동 및 관심 등이 특징이다. 자폐의 원인에 대한 견해는 매우 다양하여 초기에는 가족 및 환경변화와 관련된 정신사회적 요인 또는 정신역동적 요인으로 보았으나 최근에는 유전, 염색체 이상, 뇌의 구조적 이상이나 생화학적 이상 등의 생물학적 요인으로 보는 견해가 지배적이다.

자폐의 경우, 대인관계에 질적으로 장애가 있어 부모나 다른 사람과의 사회적 관계를 발전시키지 못한다. 눈 접촉을 피하고 신체적 접촉을 싫어하며 혼자 지내려고 하고, 말할 때가 지났는데도 전혀 말이 없거나 괴상한 소리를 지르거나 적절한 언어사용을 못하거나, 또는 반향어(상대방이 말한 단어나 문장을 자동적으로 반복하는 것)를 쓰기도 한다. 행동장애로는 괴상한 행동을 반복적으로 되풀이하는 상동적 행동을 보이는데, 예를 들어 몸을 주기적으로 흔드는 등의 행동을 보이기도 한다. 주위환경의 변화에 대한 저항이 많아 새로운 환경이나 경험을 받아들이지 못하고, 특정 대상이나 장난감에 병적인 지속적 애착을 보이거나 한 가지 음식만을 고집하는 경향이 있다. 과다활동은 자폐에서 흔히 나타나는 증상으로, 주의가 산만하고 부산하며, 가만히 있지 못하고, 아무 물건이나 만진다. 또, 머리를 박는다든지, 살갗을 할퀴거나 물거나 머리카락을 뽑는 등의 자해행동을 보인다.

4) **주의력결핍 과다활동장애**

주의력결핍 과다활동장애(ADHD; attention-deficit & hyperactivity disorder)의 특징적 증상은 낮은 집중력으로 인한 짧은 주의집중기간과 충동성 및 과다활동이다. 주의력결핍 과다활동장애의 정확한 원인은 아직 충분히 밝혀지지 않았으나, 유전적 요인이나 뇌손상, 신경전달물질 계통의 기능장애, 아동의 기질, 유전적 및 가족적 요인, 아동이 처한 사회가 요구하는 일상의 행동방식 등이 거론되고 있다.

주의력결핍 과다활동장애의 특징적 증상은 빈번한 순서대로 보자면, 과다활동, 지각운동 장애, 불안정한 정서 상태, 일반적 운동조정 장애, 주의력 장애, 충동성, 기억과 사고 장애, 특수학습 장애, 언어 및 청각 장애, 뇌파 이상 등이다.

1.3.2 원예치료적 접근 가능한 치료 목적 및 목표

1.3.2.1 원예치료적 접근

발달장애를 위한 원예치료는 건강 및 신체적 발달, 인지능력 향상, 의사소통 기술 훈련, 그리고 자립 및 자조 기술(self-help)의 향상을 목적으로 한다. 또한, 타 대상자에 비해 치료적 접근 외에도 직업재활을 원예치료의 목적으로 삼는 경우가 많으므로, 작업에 대한 집중이나 간단하거나 복잡한 지시 수행 능력, 타인과의 의사소통 기술, 거대 및 미세 운동기능의 유지 또는 향상을 목적으로 삼기도 한다.

발달장애를 위한 치료목적과 그에 따른 세부목적, 원예치료적 접근 및 응용방법은 표 7-8을 참고할 수 있다.

1.3.2.2 주의 및 특이 사항

자폐 대상자에게는 공격적인 행위가 전형적으로 나타나며, 머리를 부딪치는 행위와 같은 자해도 보인다. 이들에게는 일관성 있게 프로그램을 제공해야 하며, 가까이에서의 큰 소음이나 과도한 활동 등의 부정적인 자극은 피해야 한다. 또한, 자해를 막기 위해 소재 및 도구의 사용에 있어 언제나 엄격하게 안전조치가 지켜져야 한다.

표 7-8 치료목적 및 세부목적과 원예치료적 접근의 예

치료목적: 작업에 대한 집중력 향상 **치료목적**: 대상자는 전체 작업의 일부분(약 15분)을 지속적으로 수행할 수 있다. **원예치료적 접근**: 대상자는 분갈이작업을 연속적으로 5번 가량 수행할 수 있으며, 각 한 번씩의 분갈이 작업은 15분 가량 소요된다. **원예치료 프로그램에서의 응용**: - 대상자는 최소 5분 동안 매우 번잡한 장소에서 식물 심는 작업에 주의를 집중하며, 연속적으로 5번 실행한다. - 대상자는 최소 10분 동안 매우 번잡한 장소에서 식물 심는 작업에 주의를 집중하며, 연속적으로 5번 실행한다. - 대상자는 최소 15분 동안 매우 번잡한 장소에서 식물 심는 작업에 주의를 집중하며, 연속적으로 5번 실행한다.
치료목적: 복잡한 지시에 따르는 능력 향상 **치료목적**: 대상자는 하나의 작업에 대한 여러 단계의 지시들을 따를 것이다. **원예치료적 접근**: 대상자는 치료사의 도움 없이 5단계의 모종 이식을 수행하며, 이를 세 번 연속하여 수행할 수 있다. **원예치료 프로그램에서의 응용**: - 전체적인 지시를 받은 후, 대상자는 어떻게 토양을 트레이에 채우는지 정확하게 보여줄 수 있다. - 전체적인 지시를 받은 후, 대상자는 어떻게 토양으로 채워진 트레이에 이식을 위한 구멍을 정확하게 뚫을 수 있는지 시범을 보일 수 있다. - 대상자는 전체 과정 중 처음 실시부터 두 번째 단계까지를 정확하게 실시할 수 있다. - 전체적인 지시를 받은 후, 대상자는 모종을 어떻게 모판에서 떼어내는지를 정확하게 보여줄 수 있다. - 전체적인 지시를 받은 후, 대상자는 토양이 가득 채워진 트레이에 모종을 심는 방법을 정확히 재연할 수 있다. - 대상자는 치료사가 지시한 모든 단계를 정확하게 재연할 수 있다. - 전체적인 지시를 받은 후, 대상자는 모종에 물주는 방법을 정확하게 보여줄 수 있다. - 대상자는 모종 이식의 모든 단계를 정확하게 실시할 수 있다.
치료목적: 타인과의 적절한 의사소통 기술 향상 **치료목적**: 대상자는 적어도 한 달, 하루에 최소 한 시간씩 그룹 활동을 통해 적절한 사회적 기술을 향상시킨다. **원예치료적 접근**: 대상자는 한 달 동안 매일 원예치료시간에 적절한 방식으로 의사소통 한다. **원예치료 프로그램에서의 응용**: - 치료사는 원예치료 시작 후 처음 15분간 대상자에게 맹세하기, 때리기, 이름 부르기, 소리 지르기를 하지 않도록 한다. - 시간은 점차 15분에서 30분, 한 시간으로 길어질 수 있다.
치료목적: 미세운동 조절능력의 향상 **치료목적**: 대상자는 작업의 질과 완성도를 위해 필요한 시간을 측정하여 미세운동 기술의 향상을 보여줄 수 있다. **원예치료적 접근**: 대상자는 매일 최소 하나 이상의 코사지(corsage)를 만들 것이다. **원예치료 프로그램에서의 응용**: 대상자는 한 시간 동안 신체적 보조를 포함한 구두 및 신체적 지시를 통해 하나 이상의 코사지를 만들 수 있다.

출처: Modified from Simson, S. P. and C. B. Straus. 1998. Horticulture as therapy. The Food Products Press, New York.

1.3.3 실제 연구결과

저 자	발표연도 · 출처	논 문 제 목	연구대상, 연구기간 및 프로그램 횟수	사용한 평가지
유진희	2006 가톨릭대학교 석사학위논문	원예치료 활동이 생활시설 정신지체 여성의 적응행동에 미치는 효과	정신지체여성 14명 실험군 격주로 주2회 4개월간 총 20회	AAMR적응행동 척도
주 효과 및 결과				특 이 사 항
원예치료 활동을 통해 시설에 거주하는 정신지체 여성들은 독립생활과 언어발달에서 통계적으로 유의한 향상를 보였으며, 가사활동의 경우 점수의 향상은 있었으나 통계적으로 유의한 차이는 보이지 않았다. 사회성과 자기관리에서는 통계적으로 유의한 향상이 있었으며, 직업 활동 준비에서도 통계적으로 유의한 향상이 나타났다. 적응기술의 변화에서는 활동과제를 언어적 · 행동적 지시에 따라 이해하면서 단기기억과 주의집중이 향상된 것으로 나타났다.				단일 전후 실험설계

저 자	발표연도 · 출처	논 문 제 목	연구대상, 연구기간 및 프로그램 횟수	사용한 평가지
손영식	2005 공주대학교 석사학위논문	원예치료가 고등학교 특수학급 재학생의 생활기능 및 작업수행에 미치는 영향	정신지체 학생 4명 실험군 주1회 5개월간 총 12회	생활기능평가 작업수행평가
주 효과 및 결과				특 이 사 항
원예치료를 통해 정신지체 학생의 전반적인 생활기능이 향상되었으며, 인사성 증진 및 용모단정, 충동적 행동 자제와 자신감 향상 등 긍정적인 변화가 나타났다. 작업수행 능력 또한 향상되었는데, 시간을 잘 지키고, 작업수행시 집중하며, 정서적 안정을 가져오는 등 적극적으로 작업수행에 참여하는 수준으로 향상되었다.				단일 전후 실험설계 대상 개인별 변화를 중심으로 연구

저 자	발표연도 · 출처	논 문 제 목	연구대상, 연구기간 및 프로그램 횟수	사용한 평가지
이금숙	2005 우석대학교 석사학위논문	원예활동이 정신지체 아동의 감성지능에 미치는 영향	정신지체 학생 3명 실험군 주3회 2개월간 총 24회	감성지능 체크리스트
주 효과 및 결과				특 이 사 항
원예활동이 정신지체 아동의 감성지능에 미치는 영향에 대해 알아본 결과, 하위영역 모두가 큰 차이를 보이지 않고 미세한 차이로 향상되었지만, 점수가 조금이라도 향상된 것으로 보아 원예활동이 감성지수에 긍정적인 영향을 주었음을 알 수 있었다. 또 회기별 변화에서는 미세하지만 변화가 있었으며, 초반에 실시했던 원예활동에 비해 회기가 거듭될수록 모든 아동들이 더 적극적으로 활동에 참여하는 것으로 나타났다.				단일 전후 실험설계

<table>
<tr><th>저 자</th><th>발표연도 · 출처</th><th>논 문 제 목</th><th>연구대상, 연구기간 및 프로그램 횟수</th><th>사용한 평가지</th></tr>
<tr><td>이명희</td><td>2005
단국대학교
석사학위논문</td><td>원예활동이 유치원 아동의 문제행동 및 기능에 미치는 영향</td><td>유치원 6세 아동 18명
(남 8명, 여 10명)
실험군
주1회 8개월간
총 29회</td><td>아동 행동평가 척도
교사 관찰지
부모 관찰지</td></tr>
<tr><th colspan="4">주 효과 및 결과</th><th>특 이 사 항</th></tr>
<tr><td colspan="4">원예활동 이후 문제행동에 있어서 사회적 미성숙 행동이 유의하게 감소하였으며, 성별에 따른 조사결과 여아에 있어서만 우울 · 불안이 통계적으로 유의한 감소를 보였다. 교사 관찰지 측정 결과, 자조기능, 이동기능, 의사소통기능, 자기관리기능, 사회화 기능 모두 통계적으로 유의한 증가를 보였다. 또한, 부모 관찰지 상의 결과에 따르면, 식사시 편식이 있던 아동의 식습관이 개선되었으며 솔선과 도움을 주는 행동, 주의집중시간이 증가하였고 의사소통기능의 향상과 원예 관련어의 사용이 증가하였다.</td><td>단일 전후 실험설계
아동대상 연구이므로, 교사 및 부모가 대상자의 변화 관찰</td></tr>
</table>

<table>
<tr><th>저 자</th><th>발표연도 · 출처</th><th>논 문 제 목</th><th>연구대상, 연구기간 및 프로그램 횟수</th><th>사용한 평가지</th></tr>
<tr><td>강귀년</td><td>2004
고려대학교
석사학위논문</td><td>원예치료가 정신지체 장애인의 직업적응능력에 미치는 영향</td><td>정신지체 장애인 9명
(남자 6명, 여자 3명)
실험군
주2회 9개월간
프로그램 총 35회
현장학습 총 10회</td><td>사회 · 심리 · 정서적 행동특성검사
원예활동평가
원예작업평가
관찰평가</td></tr>
<tr><th colspan="4">주 효과 및 결과</th><th>특 이 사 항</th></tr>
<tr><td colspan="4">원예치료 실시 전후 비교 결과, 정신지체 장애인의 사회 · 심리적 행동수준 점수는 유의미하게 향상되었고, 정서적 행동수준 점수도 통계적으로 유의한 결과를 얻을 수 있었다. 직업적응 능력에 미치는 영향은 원예활동 평가의 관심 및 조력성, 언어소통 능력, 대인관계 능력에서는 통계적으로 유의한 차이를 보이지 않았고, 나머지 6개 영역에서 정신지체 장애인의 참여성, 자아개념 및 주체성, 욕구, 충동적 적응력, 인지 및 문제해결 능력, 운동지각 능력, 숙련도와 직업 적응력에서 통계적으로 유의한 차이를 보였다. 특히 인지 및 문제해결 능력은 원예활동 평가항목에서 통계적으로 가장 유의한 향상을 보였으며, 원예작업의 숙련도와 능률성에 있어서 통계적으로 유의한 변화를 나타냈다. 관찰평가에 있어서 프로그램 적응능력, 얼굴표정, 시선처리, 집중도, 컨디션, 흥미도, 소리의 명확도, 소리크기, 손힘의 정도, 피드백 속도 등 10가지 항목에서도 통계적으로 유의한 변화가 나타났다.</td><td>단일 전후 실험설계
현장학습을 원예치료 시행중 포함</td></tr>
</table>

<table>
<tr><th>저 자</th><th>발표연도 · 출처</th><th>논 문 제 목</th><th>연구대상, 연구기간 및 프로그램 횟수</th><th>사용한 평가지</th></tr>
<tr><td>강상은</td><td>2003
대구가톨릭대학교
석사학위논문</td><td>원예치료가 아동의 게임중독과 공격성 완화에 미치는 영향</td><td>초등학교 4, 5학년 6명
(남 3명, 여 3명)
실험군
주1회 5개월간
총 20회</td><td>한국 아동 · 청소년 행동평가척도(K-CBCL)
공격성 척도
게임중독 척도
원예치료 평가표(KHY식)</td></tr>
<tr><th colspan="4">주 효과 및 결과</th><th>특 이 사 항</th></tr>
<tr><td colspan="4">K-CBCL 평가결과, 개인별로 차이는 있지만 전체적으로 위축, 비행, 공격성이 낮아졌다. 또한 공격성의 평가결과 모든 아동들의 수치가 낮아졌으며, 잘못된 행동을 타이르면 무안해하거나 고치려는 태도를 보이고, 거친 말투나 행동을 자제하려는 모습을 보였다. 게임중독 척도에서는 아동들이 금방 게임을 그만두거나 줄이지는 않지만 식물을 돌보거나 꽃을 장식하는 데 관심을 기울이므로 게임에 몰입하는 것을 완화시키는 데 도움이 되었으며, 한 아동을 제외한 아동들에게서 수치가 낮아졌다.</td><td>단일 사전사후 설계
사례연구</td></tr>
</table>

저 자	발표연도・출처	논 문 제 목	연구대상, 연구기간 및 프로그램 횟수	사용한 평가지
강혜영	2004 제주대학교 석사학위논문	원예활동 프로그램이 아동의 공격성에 미치는 효과	초등학교 6학년 20명 실험군, 대조군 각 10명 주1회 3개월간 총 10회	공격성 검사도구
주 효과 및 결과				특 이 사 항
원예치료 실시 후 실험군과 대조군 비교시, 공격성의 경우 원예치료 실시군의 공격성이 대조군보다 통계적으로 유의하게 감소했다. 하위항목별 차이검증에서도 부정성, 홍분성, 폭력, 언어적 폭력성 및 간접 폭력성에서 실험군이 대조군에 비해 통계적으로 유의하게 감소된 결과를 보였다. 또한 원예치료 실시 전후 실험군의 공격성 비교시, 실시 전보다 후에 공격성이 감소됨을 보였다.				

저 자	발표연도・출처	논 문 제 목	연구대상, 연구기간 및 프로그램 횟수	사용한 평가지
김진희	2004 호남대학교 석사학위논문	원예치료 프로그램이 정신지체인의 적응행동변화에 미치는 영향	정신지체장애인 13명 실험군 주1회 3개월간 총 12회	적 응 행 동 검 사 (K-ABS) 원예작업행동평가표
주 효과 및 결과				특 이 사 항
정신지체 장애인들의 행동영역인 신체적인 측면의 프로그램 전후를 비교분석한 각 기능의 검증결과 독립기능, 경제활동, 언어발달, 수학시간, 직업적 활동에서는 유의미한 증가를 보였지만, 신체발달, 자기관리, 책임, 사회영역인 신체적인 측면의 행동영역에서는 평균점수가 수치상으로 호전되었다. 적응영역인 정서적 측면의 프로그램 전후 비교 분석 결과, 반사회적 행동, 신뢰성 반항, 신뢰성 위축, 버릇, 대인관계 예법, 발성습관, 습관, 활동수준, 증후적 행동 등에서는 평균점수는 향상되었으나, 통계적으로는 유의미하게 나타나지 않았다.				

저 자	발표연도・출처	논 문 제 목	연구대상, 연구기간 및 프로그램 횟수	사용한 평가지
마종문	2004 부산대학교 석사학위논문	원예치료 프로그램이 경도 정신지체아의 선택적 주의집중력과 지속행동에 미치는 효과	정신지체아 3명 실험군 주2회 10주간 총 20회	중심, 우발적 주의집중과제(CIAT) 주의집중 지속행동 전간 기록법
주 효과 및 결과				특 이 사 항
원예치료 프로그램이 경도정신지체아의 선택적 주의집중력에 미치는 효과를 알아보기 위한 중심, 우발적 주의집중과제(CIAT)의 측정결과, 중심과제 및 우발과제에서 동일하게 기초선보다 중재시 성취도의 평균이 향상되었으며, 유지기간에서도 유지됨을 보이면서 아동 A, B, C 모두에게 원예치료 프로그램이 선택적 주의집중 향상에 효과가 있는 것으로 추론된다. 주의집중 지속행동에 미치는 효과를 알아보기 위한 정물화 그리기 시간의 표적행동을 관찰한 결과 세 아동이 동일하게 기초선보다 중재시 표적행동 발생빈도가 증가하였으며, 유지기간에서도 유지되어 아동 모두에게 원예치료 프로그램이 주의집중 지속행동에 효과가 있는 것으로 추론된다.				대상자 간 중다기초선 설계

저 자	발표연도·출처	논 문 제 목	연구대상, 연구기간 및 프로그램 횟수	사용한 평가지
문상중	2004 조선대학교 교육대학원 석사학위논문	원예활동 프로그램이 정신지체 학생의 직업준비기능 향상에 미치는 효과	정신지체 학생 9명 (남 3명, 여 6명) 실험군 주2회 80분씩 3개월간 총 29회	오세레츠키 검사 원예작업평가 Purdue Pegboard 검사 디지털 악력계 파악력계
주 효과 및 결과				특 이 사 항
작업 능률성에 미치는 효과에서는 용토 만들기와 포트에 용토 담기에서 실시 전후검사 간에 통계적으로 유의한 차이가 있었다. 구멍파기에서는 평균시간이 감소하였으나 통계적으로 유의한 변화는 나타나지 않았고 육묘 이식하기에서는 평균시간이 다소 증가하였다. 작업 숙련도에 미치는 효과에서는 용토 만들기와 육묘 이식하기에서 사전 검사와 사후 검사 간에 통계적으로 유의한 차이가 있었다. 포트에 용토 담기와 구멍파기에서는 평균 점수의 향상이 나타났으나 통계적으로 유의한 차이가 없었다. 학생들의 손 기민성에 미치는 원예활동 프로그램의 적용 결과에서는 Purdue Pegboard 네 영역(왼손, 오른손, 양손, 조립) 중 왼손과 오른손, 양손에서는 통계적으로 유의한 결과가 나타났고 조립은 점수만 향상되었다. 학생들의 악력에 미치는 영향과 관련한 검사결과는 왼손과 오른손 모두에서 통계적으로 유의한 차이가 발견되지 않았다.				단일 사전사후 설계 정신지체 학생들의 직업준비기능과 관련한 손기능의 향상을 도모할 원예활동 프로그램을 구안

저 자	발표연도·출처	논 문 제 목	연구대상, 연구기간 및 프로그램 횟수	사용한 평가지
백정경	2004 영남대학교 석사학위논문	원예활동이 정신지체 아동의 사회·정서적 및 부적응 행동특성에 미치는 효과	정신지체 고등학생 20명 대조군, 실험군 각 10명 주2회 6개월간 총 40회	KISE 사회·정서행동발달척도 적응행동검사(K-ABS)
주 효과 및 결과				특 이 사 항
원예활동을 정신지체 아동에게 실시한 결과, 사회·정서적 행동특성의 하위요인인 자아상 영역에서 실험군이 대조군보다 약간 점수가 높게 나타났을 뿐 유의미한 차이는 나타나지 않았으나, 정서적 반응, 주도적 행동, 자아의식 영역에서 유의미한 차이가 나타났으며, 전체적으로 볼 때 사회·정서적 행동특성에 있어 유의미한 차이가 있어 정서적 안정과 호기심을 가지고 참여하기 및 수확물에 대한 성취감을 통해 원예활동이 정신지체 아동의 사회·정서적 행동 특성에 있어 긍정적 효과가 있음이 밝혀졌다. 또한 부적응 행동특성 중 위축과 증후적 행동특성에 있어 실험군이 대조군에 비해 부적응 행동이 적고 통계적으로 유의한 것으로 나타났다.				

저 자	발표연도·출처	논 문 제 목	연구대상, 연구기간 및 프로그램 횟수	사용한 평가지
송진희	2004 단국대학교 석사학위논문	Gestalt를 적용한 원예치료가 실업계 정신지체 고등학생의 자기인식과 자기주장 및 문제행동에 미치는 효과	정신지체 고등학생 10명 대조군, 실험군 각 5명 주3회 2개월간 총 15회	자기인식검사 자기주장검사 K-YSR
주 효과 및 결과				특 이 사 항
게슈탈트를 적용한 원예치료 프로그램을 실시한 실험군의 자기인식 능력, 자기주장 평균점수가 대조군의 평균점수보다 통계적으로 유의한 차이로 증가하였고, 내면화 문제행동 영역에 있어서 실험군의 평균점수가 대조군의 평균점수보다 통계적으로 유의하게 감소한 것으로 나타났다. 이를 통해 본 프로그램이 정신지체 청소년의 문제행동을 감소시키고, 자기인식 및 자기주장을 통해 자신을 표현하는 방법을 익혀 대인불안 및 또래관계 증진 및 성인기 사회적응을 위한 특수반 고등학교 학습형태의 전인적 교육 프로그램으로서 가능성을 제시하였다고 판단된다.				

저 자	발표연도 · 출처	논 문 제 목	연구대상, 연구기간 및 프로그램 횟수	사용한 평가지
안혜선	2004 건국대학교 농축대학원 석사학위논문	사회적 강화를 이용한 원예치료가 자폐성 장애 학생의 문제행동 감소에 미치는 영향	발달장애 학생 12명 실험군 주2회 3개월간 총 33회	자폐증 평정척도(CARS) 자폐아행동 검목표(ABC) 문제행동 발생동기 사정척도(MAS) 문제행동 관찰
주 효과 및 결과				특 이 사 항
원예치료 실시 전과 후의 결과에 따르면 자폐증의 정도가 유의하게 감소하였으며, 이러한 결과는 자폐아행동 검목표 중 관계, 신체개념, 언어, 감각, 사회적 자립항목에서의 유의한 감소에서도 볼 수 있었다. 문제행동 발생동기에서는 감각, 회피, 관심, 보상의 4가지 변인에서 매우 유의한 감소를 나타냈다. 치료 프로그램이 끝난 후 2개월 뒤 치료 효과의 지속성을 측정한 결과, 자폐증의 정도는 유의한 차이가 없어 치료의 효과가 지속되었음이 증명되었고, 자폐적 행동에서 하위영역 중 인간관계 항목에서 유의하게 증가하여 효과의 지속성이 떨어지는 것으로 나왔으나, 나머지 영역에서는 효과가 지속됨을 볼 수 있었다. 문제행동 횟수 측정에서는 치료 후 감소되었던 횟수가 서서히 증가하여 원예치료를 중단함으로써 감소되었던 문제행동이 서서히 증가하는 것으로 나타났다.				단일집단 연속 디자인 원예치료 실시 종료 2개월 후 치료효과의 지속성 측정

저 자	발표연도 · 출처	논 문 제 목	연구대상, 연구기간 및 프로그램 횟수	사용한 평가지
윤희석	2004 단국대학교 석사학위논문	정신지체 학생의 원예활동 연구	정신지체 학생 4명 실험군 주5회 2시간씩 7개월간 총 115회	작업기능평가(체크리스트)
주 효과 및 결과				특 이 사 항
정신지체 학생을 대상으로 원예활동을 실시한 결과, 대상 학생에 따라 다소 차이는 있으나 원예교육활동의 원예일반, 채소원예, 관수원예의 모든 영역에서 모두 높은 기능 향상을 보였다. 특히 채소원예 영역에서 가장 높은 기능 향상을 보였는데, 이는 채소원예가 가장 접하기 쉬운 과제로 되어 있으며 자세한 설명과 시범식 과제 제시 그리고 반복적인 과제 수행의 결과라 할 수 있으며, 기능적 적응행동에서도 높은 향상을 보였다.				

저 자	발표연도 · 출처	논 문 제 목	연구대상, 연구기간 및 프로그램 횟수	사용한 평가지
이정희	2004 대구교육대학교 석사학위논문	원예치료 활동이 정신지체 학생의 적응기술에 미치는 효과	정신지체 학생 2명 실험군 주2회 9주간 총 18회	적응행동검사(K-ABS) 관찰기록
주 효과 및 결과				특 이 사 항
원예치료가 정신지체 학생의 적응기술에 미치는 효과를 알아보기 위하여 수량적 분석과 더불어 그들의 행동에 어떤 변화가 있는지를 관찰 기록하는 질적 연구를 통하여 알아본 결과, 자기관리 기술 향상과 의사소통 기술에 긍정적인 효과를 보이며, 작업기술을 향상시키는 데 긍정적인 효과를 보이는 것으로 나타났다.				관찰기록을 통한 질적 연구

저 자	발표연도 · 출처	논 문 제 목	연구대상, 연구기간 및 프로그램 횟수	사용한 평가지
주은연	2004 대구가톨릭대학교 석사학위논문	원예치료가 학습부진아의 행동특성 및 정서에 미치는 영향	초등학교 2학년 6명 실험군 주2회 4개월간 총 28회	그림지능검사(K-PTI) 한국 아동 · 청소년 행동평가 척도(K-CBCL) 원예치료 평가표(KHY식) 미술치료 진단검사(K-HTP) 아동들의 관찰일지
주 효과 및 결과				특 이 사 항
아동 전체의 K-PTI 결과, 원예치료 실시 후 형태변별, 상식 및 이해, 유사성 찾기, 회상능력에서 향상되는 것을 볼 수 있었다. K-CBCL 결과 개인적인 차이는 있었으나 전체 평균에서는 유의한 차이가 나타나지 않았으며, 학습부진아의 행동 특성인 비행에서는 개선효과를 나타냈다. 원예치료 평가표에서도 큰 차이는 나타나지 않았으나 판단력, 인지능력이 향상되었다. K-HTP에서도 마찬가지로 개인차는 있었으나, 대체로 불안이 해소되고 자신감이 생기고 자의식이 발달한 것을 볼 수 있었다. 대상자 특성에 따른 개별 평가결과 자리이동, 싸우는 행동, 침묵, 비어나 욕설, 폭력적인 행동이 현저하게 줄어들었다. 또한 결과물에 대한 애착을 보이며, 식물이나 소재에 대한 질문 횟수가 늘어나는 등 긍정적인 효과가 나타났다.				단일집단 사전사후 설계

저 자	발표연도 · 출처	논 문 제 목	연구대상, 연구기간 및 프로그램 횟수	사용한 평가지
현정선	2004 건국대학교 농축대학원 석사학위논문	원예치료가 장애인 공동생활 가정에 거주하는 성인 정신지체 장애인의 자아존중감 및 사회성 향상에 미치는 영향	정신지체장애인 27명 실험군 13명, 대조군 14명 주2회 5개월간 총 30회	사회성 검사지 자아존중감 검사지
주 효과 및 결과				특 이 사 항
프로그램 실시 전, 중, 후 비교 결과 사회성에서 대조군은 유의한 차이를 보이지 않았으나, 치료군은 자주성, 준법성, 사교성, 전체사회성에서 매우 유의한 결과가 나타났다. 자아존중감의 결과에서도 대조군은 유의한 차이를 보이지 않았으나 치료군은 일반적 자아, 사회적 자아, 전체적 자아에서 매우 유의한 결과가 나타났다. 프로그램 종료 두 달 후 평가한 결과에 따르면 사회성의 하위영역인 협동성 및 사교성과 자아존중감의 하위영역인 일반적 자아, 가정적 자아에서 프로그램 종료 직후에 비해서 유의하게 낮았지만 프로그램을 시작하기 전에 비해서는 유의하게 높은 것으로 나타났다.				

저 자	발표연도 · 출처	논 문 제 목	연구대상, 연구기간 및 프로그램 횟수	사용한 평가지
김정혜	2003 광주교육대학교 교육대학원 석사학위논문	원예활동이 정신지체 아동의 부적응 행동에 미치는 영향	정신지체 아동 5명 실험군 주2회 3개월간 총 24회	K-WISC 사회성숙도 검사 부적응행동 검사(ABS-SE) 행동관찰
주 효과 및 결과				특 이 사 항
원예활동이 정신지체 아동의 부적응행동에 미치는 효과를 분석한 결과, 공격행동, 위축행동, 과잉행동에 긍정적인 변화를 나타냈다. 부적응행동을 보이는 모든 영역의 점수가 감소했는데, 공격행동의 경우 다른 사람에게 간접적으로 손상을 입히는 횟수가 줄어들었고, 위협하거나 물리적인 폭행을 가하는 일과 자기의 물건이나 다른 사람의 소유물을 손상시키는 행동에 변화를 보였다. 위축행동은 활동하지 않거나 물러나 있는 행동이 감소하였고, 수줍어하는 일이 줄어들고 다른 친구와 어울리려는 행동이 나타났다. 과잉행동은 비판을 받았을 때 마음이 상하는 행동, 잘못을 지적받았을 때 소리를 지르거나 우는 행동을 보이는 횟수가 줄었고, 정서불안 증상이 감소되었다. 행동관찰결과, 아동에 따라 공격행동이나 위축행동, 과잉행동이 각기 감소되는 경향을 보였다.				사례연구

<table>
<tr><th>저 자</th><th>발표연도 · 출처</th><th>논 문 제 목</th><th>연구대상, 연구기간 및 프로그램 횟수</th><th>사용한 평가지</th></tr>
<tr><td>김주창</td><td>2003
부산대학교
교육대학원
석사학위논문</td><td>원예활동이 ADHD 아동의 주의력 결핍행동 변화에 미치는 영향</td><td>초등학교 2학년 3명
실험군
주2회 3개월간
총 20회</td><td>주의력 결핍행동 분류표
주의력 결핍행동 관찰표
주의력 결핍행동 관찰일지</td></tr>
<tr><td colspan="4">주 효과 및 결과</td><td>특 이 사 항</td></tr>
<tr><td colspan="4">시각적 분석, 통계적 분석 결과 원예활동은 ADHD 아동의 주의력 결핍행동 정도를 감소시킨 것으로 나타났다. 시각적 분석결과 학생 A는 14회기 이후 주의력 결핍행동 발생빈도수가 완만한 감소추세를 나타내었으며, 중재의 누적횟수가 증가함에 따라 발생빈도 및 비율이 점차 낮아지고 이는 프로그램 종결까지 유지되었다. 이러한 현상은 다른 학생들도 마찬가지였다. 또한 평균비교법 분석결과 세 학생 모두 기초선과 중재기간 사이에는 유도 수준에서 통계적으로 유의미한 차이가 나타나 중재 전에 비하여 중재기간에 주의력 결핍행동 발생빈도의 감소를 나타내었다. 대상 학생의 주의력 결핍행동 변화를 임상적으로 분석한 결과 선택적 주의력 결핍행동, 지속적 주의력 결핍행동, 주의력 조절능력 결핍행동이 긍정적 변화를 나타냈다.</td><td>ABAB 설계(원예치료 실시 전 기초선 자료수집, 10회 진행 후 원예치료를 실시하지 않고 2차 기초선 조건으로 돌아가 안정된 반치료적 경향이 나타나면 2차로 10회 원예치료 실시 후 실험효과 검증)</td></tr>
</table>

<table>
<tr><th>저 자</th><th>발표연도 · 출처</th><th>논 문 제 목</th><th>연구대상, 연구기간 및 프로그램 횟수</th><th>사용한 평가지</th></tr>
<tr><td>송정은</td><td>2003
대구대학교
박사학위논문</td><td>원예치료가 정신지체 학생의 작업수행과 생활기능에 미치는 영향</td><td>정신지체 학생 4명
실험군
9개월간
총 30회</td><td>생활기능 평가
작업수행 평가</td></tr>
<tr><td colspan="4">주 효과 및 결과</td><td>특 이 사 항</td></tr>
<tr><td colspan="4">원예치료가 생활기능과 작업수행에 미치는 영향을 연구대상 개개인에 대한 변화를 중심으로 살펴본 결과 원예치료는 정신지체 학생의 작업수행에 긍정적인 효과가 있었다. 작업수행에서 사전에 대상 학생 4명 모두가 미흡한 수준에서 3명은 평균이상 수준으로 향상되었고 1명은 양호한 수준까지 향상되었다. 생활기능에서 사전에 대상 학생 4명 모두가 최대한의 도움이 필요한 수준에서 2명은 최소한의 도움이 필요한 수준으로 향상되었고 2명은 중간 정도의 도움이 필요한 수준으로 향상되었다.</td><td>단일집단 실험설계
꽃꽂이로 프로그램을 전문 강사의 설명정도와 꽃바구니의 크기 등 지시 의존도 및 난이도에 따라 5단계로 구분</td></tr>
</table>

<table>
<tr><th>저 자</th><th>발표연도 · 출처</th><th>논 문 제 목</th><th>연구대상, 연구기간 및 프로그램 횟수</th><th>사용한 평가지</th></tr>
<tr><td>윤경은</td><td>2003
서울여자대학교
석사학위논문</td><td>원예적 환경에서 적용한 원예치료 사례연구: 발달장애아동 대상으로</td><td>발달장애아동 3명
실험군
주1회 3개월간</td><td>관찰평가표</td></tr>
<tr><td colspan="4">주 효과 및 결과</td><td>특 이 사 항</td></tr>
<tr><td colspan="4">관찰평가결과, 실험에 참여한 아동들은 원예적인 환경에서 신체 · 사회 · 언어 · 정서 영역의 부분에서 평균점수가 증진되었다. 이것은 원예적 환경이 아동들에게 심리적으로 긍정적인 영향을 주고, 정서적 안정을 통해 아동들의 영역별 기능이 좋아졌다고 생각된다. 또한 어머니들의 관찰에 의한 아동들이 생활 속에서 나타나는 원예치료 효과 평가에서 언어영역과 자기관리영역에서는 집중력, 인내력, 책임감이 향상되었다고 평가되었으며 사회성 영역에 있어서는 인사를 잘 한다고 평가되었다.</td><td>사례연구</td></tr>
</table>

<table>
<tr><td>저 자</td><td>발표연도 · 출처</td><td>논 문 제 목</td><td>연구대상, 연구기간 및 프로그램 횟수</td><td>사용한 평가지</td></tr>
<tr><td>조승이</td><td>2003
조선대학교
교육대학원
석사학위논문</td><td>원예치료가 고등학교 정신지체 학생의 대인관계 향상에 미치는 영향</td><td>정신지체 학생 4명
비장애학생 6명
주2회 3개월간
총 24회</td><td>자아존중감 검사
사회 · 심리 · 정서 측정지
원예활동 평가표</td></tr>
<tr><td colspan="4">주 효과 및 결과</td><td>특 이 사 항</td></tr>
<tr><td colspan="4">원예치료가 고등학교 정신지체 학생의 대인관계 향상에 미치는 영향을 알아보고자 자아존중감, 자기표현력, 사회성, 집단활동의 참여도와 적응능력의 4가지 연구목표를 설정하여 원예치료를 실시한 결과 모든 면에서 긍정적인 결과가 나타났으며, 원예치료 프로그램을 실시한 전후 원예활동 평가를 통한 작업수행 능력을 전기, 중기, 후기로 나누어서 분석한 결과 9개 영역 중 7개 영역에서 유의한 차이를 보이고 있으며 원예치료 프로그램이 장기적으로 지속될수록 효과가 증가됨을 알 수 있었다.</td><td>장애학생과 비 장애학생을 통합하여 원예치료를 실시함.</td></tr>
</table>

<table>
<tr><td>저 자</td><td>발표연도 · 출처</td><td>논 문 제 목</td><td>연구대상, 연구기간 및 프로그램 횟수</td><td>사용한 평가지</td></tr>
<tr><td>정희진</td><td>2002
건국대학교
석사학위논문</td><td>원예치료가 고등학교 정신지체 학생의 자아존중감 및 불안에 미치는 영향</td><td>정신지체학생 36명
치료군19명, 대조군17명
주2회 6개월간
총 37회</td><td>아동불안검사
자아존중감검사</td></tr>
<tr><td colspan="4">주 효과 및 결과</td><td>특 이 사 항</td></tr>
<tr><td colspan="4">대조군은 불안과 자아존중감 모두에서 유의한 차이가 나타나지 않았으며, 치료군은 불안과 자아존중감에서 session1의 사전(1차), 사후(2차)에서 유의한 향상이 나타났으나 session1의 사후(2차)와 4주간 원예치료를 하지 않은 후(3차)와 비교한 결과에서는 유의한 차이가 나타나지 않았다. 하지만 session 1의 사전(1차)과 4주간 프로그램을 실시하지 않은 후(3차)를 비교한 결과는 session 1의 사전(1차)과 사후(2차)의 결과보다 작지만 자아존중감과 불안에서 향상됨을 알 수 있었다. session 1의 사전(1차)과 session 2의 사후(4차)를 비교한 결과 원예치료 프로그램의 효과가 매우 유의하게 나타났으나 session 1과 session 2의 차이를 비교한 결과에서는 유의한 차이가 없었다.</td><td>원예치료 실시 전과 23회 프로그램 실시 후 평가하였고, 치료효과의 지속성 파악을 위해 4주간 원예치료를 실시하지 않은 후 3차 평가를 하였으며, 장기적인 치료효과를 주기 위해서 2차 프로그램을 14회 실시한 후 4차 평가함.</td></tr>
</table>

<table>
<tr><td>저 자</td><td>발표연도 · 출처</td><td>논 문 제 목</td><td>연구대상, 연구기간 및 프로그램 횟수</td><td>사용한 평가지</td></tr>
<tr><td>최근철</td><td>2002
강남대학교
석사학위논문</td><td>주의력 결핍 과잉행동장애 아동의 원예치료 사례연구</td><td>ADHD 아동 3명
실험군
주1회 2개월간
총 12회</td><td>주의력 결핍 과잉행동 포괄적 교사 평정지</td></tr>
<tr><td colspan="4">주 효과 및 결과</td><td>특 이 사 항</td></tr>
<tr><td colspan="4">원예치료 실시 후 3명의 아동 모두 주의집중 행동이 향상되었으며, 부주의 행동이 감소되었다. 학급에서 자기역할을 잘하고, 수업시간에 주의집중력이 많이 향상되었지만, 도움 없이는 주어진 과제를 해결하지 못했다. 원예치료 후 아동들의 충동적 행동이 감소되었으며, 사회적 기능이 증가되었고, 적대감 행동이 감소되었다. 프로그램이 진행될수록 꽃에 물을 주는 활동을 재미있어 하였고, 친구들과 사이좋게 지냈으며, 남을 괴롭히거나 다투는 행동이 점차 감소하였다.</td><td>사례연구</td></tr>
</table>

저 자	발표연도 · 출처	논 문 제 목	연구대상, 연구기간 및 프로그램 횟수	사용한 평가지
금은정	2001 건국대학교 농축대학원 석사학위논문	원예치료가 성인 정신지체 장애인의 사회성숙도 및 작업평가에 미치는 영향	정신지체 장애인 실험 1: 총 10명 주1회 7개월간 총 26회 실험 2: 총 6명 주1회 7개월간 총 30회	사회성숙도검사 원예작업평가
주 효과 및 결과				특 이 사 항
치료효과 검증을 위해 D시설에서는 사회성숙도 검사를, N복지관에서는 작업평가를 치료 전후로 시행하여 비교하였다. 사회성숙도 검사 결과 사회성숙도, 사회연령, 사회지수 모두 치료 전에 비해 치료 후에 평균적으로 향상되었으나, 통계적으로 유의한 차이는 없었다. 한편, N복지관 대상자에게 실시한 작업평가 검사에서는 숙련도와 능률성 모두 치료 전에 비해 치료 후 통계적으로 유의한 향상이 나타났다.				

저 자	발표연도 · 출처	논 문 제 목	연구대상, 연구기간 및 프로그램 횟수	사용한 평가지
김재현	2001 한림대학교 석사학위논문	정신지체 장애인을 대상으로 한 집단 원예치료의 효과성에 관한 연구	정신지체 장애인 30명 (남 21명, 여 9명) 실험군 월2회에서 주1회로 변경 9개월간	원예활동 그룹 평가표 사회 · 심리 · 정서적 행동특성 검사표
주 효과 및 결과				특 이 사 항
원예치료 실시 전후를 비교한 결과 사회 · 심리적 행동특성검사와 정서적 행동특성 검사, 신체적 · 지각적 능력을 알아보는 조사에서 유의한 향상이 나타났으며, 사회적 교류능력, 인식능력, 작업적 관심도에서 또한 통계적으로 유의한 결과가 나타났다.				단일 전후 실험설계

저 자	발표연도 · 출처	논 문 제 목	연구대상, 연구기간 및 프로그램 횟수	사용한 평가지
이동원	2001 부산대학교 석사학위논문	원예활동이 중도 정신지체 학생의 위축행동 개선에 미치는 효과	중도 정신지체 학생 3명 실험군 주3회 14주 총 40회	행동분류표 행동관찰표
주 효과 및 결과				특 이 사 항
시각적 분석, 통계적 분석 결과 원예활동은 중도정신지체 학생의 심각한 위축행동 정도를 감소시킨 것으로 나타났으며, 원예활동 과정에서 대상 학생의 위축행동 변화를 임상적으로 분석한 결과 다른 친구들과 어울리지 못하는 위축행동, 자기 의사를 잘 표현하지 않는 위축행동, 자기 권리를 지키지 못하는 위축행동이 긍정적인 변화를 나타냈다.				AB설계. 세 명의 학생을 대상으로 3주에 걸쳐 기초선 검사를 실시하고, 원예활동 프로그램을 적용한 뒤 6주 후에 유지효과 검증을 위하여 사후점검 실시

저 자	발표연도 · 출처	논 문 제 목	연구대상, 연구기간 및 프로그램 횟수	사용한 평가지
제의숙	2001 서울시립대 석사학위논문	원예치료가 주간보호 정신지체 청소년의 사회 · 심리 · 정서적 행동 특성 및 부적응행동에 미치는 영향	정신지체 13명 실험군 주1회 6개월간	사회성숙도검사 사회 · 심리 · 정서적 행동특성 검사 부적응행동 검목표 원예활동 관찰지

주 효과 및 결과	특 이 사 항
원예치료 실시 후, 사회 · 심리 변화에서는 치료 후에 사회 · 심리적 검사의 점수가 높아졌고, 정서적 행동검사의 점수는 낮아져 통계적으로 유의한 향상을 볼 수 있었으며 부적응행동 검사에서도 각 항목에서 부적응행동점수가 낮아졌다. 특히, 울음, 흥분, 울화 항목과 과잉행동, 일탈행동 항목은 통계적으로 유의한 향상을 볼 수 있었으며, 무기력, 사회적 고립 항목과 상동적 행동 항목은 평균적으로 감소하였으나 통계적으로 유의한 차이는 보이지 않았다. 또한 정신지체 장애인의 판별기준이 되는 사회지수는 정신지체 청소년의 사회 · 심리 · 정서적 행동 특성 및 부적응행동 변화에는 별다른 영향을 끼치지 않았다.	연속 디자인(원예치료 실시 전 사전평가를 하였으며, 마지막 프로그램 후 재평가를 실시하여 전 · 후 비교)

저 자	발표연도 · 출처	논 문 제 목	연구대상, 연구기간 및 프로그램 횟수	사용한 평가지
조현구	2001 동아대학교 석사학위논문	원예치료가 정신지체 학생의 적응행동에 미치는 영향	정신지체 장애인 10명 실험군 주2회 총 24회	적응행동검사 사회 · 심리 · 정서적 행동특성 검사 숙련도 검사 원예활동평가표

주 효과 및 결과	특 이 사 항
정신지체 학생에게 원예치료를 실시한 이후 적응행동이 향상되었는데 특히, 사회성과 대인관계, 자아 개념, 언어소통 능력 등이 향상되었으며 통계적으로 유의성이 높게 나타났다. 사회 · 심리 · 정서적 행동특성 검사에서도 평균적으로 변화가 있었으며 통계상 매우 유의성이 있는 결과를 보였다. 숙련도에 있어서는 유의성은 없었지만 이는 프로그램 선정 및 실시에 있어서 반복프로그램을 적용한다면 숙련도 향상에 있어 좋은 효과를 볼 수 있을 것이라 생각된다. 원예활동 평가표에 있어서는 모든 항목에서 대체로 증가되었고 통계상 유의미한 변화가 있었는데, 특히 언어소통 능력, 욕구 · 충동적 적응능력, 대인관계 능력, 인지 및 문제해결 능력, 운동지각 능력, 숙련도와 직업적 능력에서 통계적 유의성이 높게 나타났다.	단일 사전 사후 설계

저 자	발표연도 · 출처	논 문 제 목	연구대상, 연구기간 및 프로그램 횟수	사용한 평가지
조훈현	2001 서울신학대학교 석사학위논문	시설 정신지체 장애인을 위한 재활농장 프로그램의 효과성에 관한 연구: 정서적 안정과 재활능력 배양을 중심으로	정신지체 장애인 30명 실험군 주1회 9개월간 총 32회	정서적 안정 척도 원예치료 그룹활동 평가표

주 효과 및 결과	특 이 사 항
정서적 안정을 위한 변화를 보면, 시설 정신지체 장애인들의 사회 · 심리적 행동수준 점수와 정서적 행동수준 점수가 유의하게 향상되었다. 직업능력 배양의 효과를 알아보기 위한 검사에 의하면, 시설 정신지체 장애인들의 신체적 · 지각적 능력 점수는 유의미하게 높아졌고, 사회적 교류 능력 점수도 통계적으로 유의한 결과가 있었다. 인식능력 점수와 작업적 관심도를 측정하기 위한 조사에서도 유의한 결과가 나타났다.	단일 사전사후 설계

저 자	발표연도 · 출처	논 문 제 목	연구대상, 연구기간 및 프로그램 횟수	사용한 평가지
고언희	2000 건국대학교 농축대학원 석사학위논문	원예치료가 정신 및 지체 장애인의 재활에 미치는 영향	정신지체장애인 18명 대조군, 치료군 각 9명 지체장애인 18명 대조군9명 치료군 9명 주1회 4개월간 총 14회	원예활동 평가 원예그룹 활동평가 원예작업 평가 일상생활동작 척도

주 효과 및 결과	특 이 사 항
정신지체 장애인들의 경우, 원예활동 평가표는 참여성, 관심 및 조력성, 언어소통 능력, 자아개념 및 주체성, 욕구 · 충동적 적응력, 대인관계 능력, 인지 및 문제해결 능력, 운동지각 능력, 숙련도와 직업적응력 9가지 영역에서 모두 유의한 변화를 보였다. 원예치료 그룹 활동은 7가지의 영역 중 신체적 · 지각적 인식 능력, 쓰기 능력, 사회적 교류, 인지 능력에서 통계적으로 유의한 변화를 보였다. 일상생활 동작의 변화결과는 향상되었지만 통계적으로 유의하지는 않았다. 지체장애인의 경우 원예활동 평가표는 자아개념 및 주체성, 대인관계 능력, 숙련도와 직업 적응력에서 통계적으로 유의한 효과가 있었다. 원예치료 그룹 활동평가는 7개의 영역 중 신체적 · 지각적 인식능력에서 통계적으로 유의한 변화가 있었다. 원예 작업평가는 숙련도와 능률성 모두 통계적으로 유의하게 효과가 있었고 일상생활 동작평가는 전반적으로 효과가 있었으나 씻기 동작에서만 통계적으로 유의한 효과가 있었다.	정신지체 장애인과 지체장애인을 두 그룹으로 나누어 원예치료 프로그램을 실시함

저 자	발표연도 · 출처	논 문 제 목	연구대상, 연구기간 및 프로그램 횟수	사용한 평가지
강정순	1998 공주대학교 석사학위논문	원예활동이 정신지체 아동의 적응행동에 미치는 영향	정신지체 아동 5명 실험군 주2회 12주간 총 24회	사회성숙도검사 적응행동 검사를 기초로 제작한 부모관찰지 및 교사관찰지

주 효과 및 결과	특 이 사 항
원예활동이 아동의 자조기능 향상에는 유의한 변화가 없었으며, 이는 대상아 모두가 경도 정신지체와 심한 중복장애를 수반하지 않기 때문이라고 할 수 있으며, 원예활동이 아동 기능에 미치는 영향을 알아본 결과 학부모 관찰지에서는 변화가 없는 것으로 나타났고, 교사의 관찰결과에서는 방향감각을 나타내는 영역에서 5명 아동 모두가 향상을 보였다. 또한 원예활동이 아동의 의사소통에 미치는 영향을 알아본 결과 유의할 만한 변화가 나타났으며, 자기관리 기능과 사회화 기능 역시 5명의 아동에게 유의한 변화가 나타났다.	사례연구 원예활동 프로그램을 3단계로 구성

저 자	발표연도 · 출처	논 문 제 목	연구대상, 연구기간 및 프로그램 횟수	사용한 평가지
남오철	1998 강남대학교 석사학위논문	정신지체 장애인의 직업재활 모델에 관한 연구	정신지체 장애인 13명 실험군 주1회 2개월간 총 10회	사회 · 심리 · 정서적 행동특정 검사 부적응 행동검목표 원예활동평가서

주 효과 및 결과	특 이 사 항
원예치료가 정신지체 장애인에게 사회 · 심리 · 정서적 향상에 영향을 미치며, 특히 심리적 특성을 극복할 수 있는 긍정적인 결론을 얻었으며, 부적응행동의 경우 큰 변화는 나타나지 않았지만 부적응행동의 증가현상 또한 없었다. 이를 통해 원예치료를 장기 프로그램으로 실시할 경우 행동수정의 도구로서 원예치료의 활용이 기대되어지며, 작업수행 능력의 변화에서는 운동지각 능력과 직업적응력에서 향상의 효과가 있었다. 사회적 행동변화에서는 친구, 교사에게 호전적인 사회적 행동 향상이 있었다.	단일 전후 실험설계

저 자	발표연도 · 출처	논 문 제 목	연구대상, 연구기간 및 프로그램 횟수	사용한 평가지
정성혜	1991 고려대학교 석사학위논문	원예식물이 정신박약자의 정신건강에 미치는 영향	정신박약자 12명 (남자 9명, 여자 3명) 실험군 주4회, 1일 5시간 1년~1년 2개월(9명), 2년 2개월(3명)	부적응행동 검목표 사회성숙도 검사
주 효과 및 결과				특 이 사 항
정신박약자들은 원예작업 실시 전에 비해 1년에서 2년 2개월에 걸쳐 원예작업을 실시한 후에 부적응 행동이 뚜렷이 감소되었으며, 사회성숙도는 증가되었다. 지능지수가 높은 집단과 낮은 집단 모두 부적응행동이 감소하였으나 두 집단 간의 차이는 없었으며, 사회성숙도는 지능지수가 높은 집단이 낮은 집단에 비해 더 향상되었다. 부적응행동과 사회성숙도의 향상에 있어 남녀간 차이는 없었으며, 원예작업 실시기간에 따른 차이도 없었다.				단일전후 실험설계 실외(비닐하우스와 포장)에서 원예치료가 아닌 원예 작업 실시

2. 재활: 뇌졸중 및 뇌손상

2.1 뇌졸중

2.1.1 질환별 특징

2.1.1.1 뇌졸중의 정의

암, 심장질환, 불의의 사고와 더불어 4대 주요 사망 원인의 하나인 뇌졸중(cerebrovascular accident; CVA 또는 stroke)은 혈전 · 색전 · 출혈 등으로 인하여 뇌의 일부에 산소와 영양소를 부적절하게 공급하게 하는 혈액흐름의 장애이다. 혈액순환장애에 의해 의식장애 정도에 따라 운동기능 및 지각, 인지, 언어장애 등을 수반하는 증후군이며, 뇌 · 대뇌반구 · 소뇌 · 뇌간의 어떤 부위에도 발생할 수 있다.

2.1.1.2 뇌졸중의 종류 및 특징

뇌졸중은 혈관에서 혈액의 흐름이 막혀서 뇌조직이 망가진 허혈성 뇌졸중(뇌경색)과 혈관이 터져 뇌실질이나 다른 부위에 출혈을 일으킨 출혈성 뇌졸중으로 나뉜다. 또한, 뇌반구는 좌반구와 우반구가 서로 담당하고 있는 기능이 다르므로, 뇌졸중으로 인한 뇌반구의 손상되면 각각 다른 증상을 나타낸다(표 7-9).

표 7-9 좌측 · 우측 뇌졸중의 증상

좌측 뇌졸중	우측 뇌졸중
① 우측 안면, 몸통, 손발의 자율적인 운동 및 협응의 상실 ② 온도 판별, 통증, 우측편의 고유수용성 감각을 조합한 감각장애 ③ 입술, 입, 혀의 근육제어장애 및 구음장애 ④ 환자가 말을 할 수 없거나 언어, 쓰기 혹은 제스처를 이해할 수 없는 실어증(aphasia)과 같은 언어장애 ⑤ 우측시야에 맹점 형성 ⑥ 불안, 우울 등의 정서장애 ⑦ 최근 혹은 과거 일에 대한 기억력 결함 ⑧ 읽기, 쓰기 및 수학 장애	① 신체 좌측(안면, 팔, 몸통 및 다리)의 편마비 ② 신체 좌측 감각장애(촉감, 통증, 온도 및 고유수용성 감각) ③ 공간 및 지각 결함 ④ 환자가 신체의 좌측 혹은 환경의 좌측을 무시하는 편측 무시 ⑤ 신체에 옷을 연계시키지 못하는 옷입기 실행증(dressing apraxia) ⑥ 각 눈에 시각 결함 부위가 있는 좌측 혹은 시야 좌측 반쪽 시각 결함 ⑦ 충동적 행위, 인내력 감소, 급작스럽고 정밀하지 못한 움직임, 집중력 감소, 통찰력/판단/합리적 사고 결여

1) 허혈성 뇌졸중

대뇌경색 및 뇌조직의 죽음은 혈전이나 색전, 혹은 열공 뇌졸중(lacunar stroke)에서와 같이 허혈로 인해 혈액의 순환이 장애를 받아 나타난다. 허혈성 뇌졸중(ischemic stroke)은 혈전증과 열공 뇌졸중, 색전증 등으로 구분된다.

표 7-10 허혈성 뇌졸중의 종류 및 특성

구 분	설 명	특징 및 증상
뇌혈전증 (thrombosis)	뇌에 공급하는 동맥들 중 하나에 혈액 덩어리가 형성되어 그 위치에서 혈관장애를 유발할 때 발생, 죽상동맥경화증으로 인해 이미 손상을 받은바 있는 혈관에서 가장 흔하게 발생	보통 수면 중 발병 구음장애 진행성 증상 신체적 마비 증상
열공 뇌졸중 (lacunar strokes)	대뇌와 뇌간에 놓이는 작은 경색 대뇌동맥의 작은 가지들, 즉 중간뇌, 후대뇌, 뇌저 그리고 더 작게는 전대뇌와 추골 동맥들의 폐색으로 발생	열공 경색은 2~15mm 정도의 작은 크기이므로, 일반적으로 최소한의 신경학적 증상만 나타내며, 대부분 검출되지 않음
색전증 (embolism)	색전을 부순 곳에서 형성된 하나의 덩어리가 통과하기에 너무 작은 동맥에 도달할 때까지 혈류를 흘러 다니다가 동맥을 막을 때 발생	전형적으로 주간 활동 중 발생 신경학적 증상

2) 출혈성 뇌졸중

출혈성 뇌졸중(hemorrhagic stroke)은 혈관의 파열 혹은 대뇌조직 내 혹은 주위의 출혈로 인한 동맥류로 발생한다. 동맥류는 혈관이 약해져서 동맥의 벽이 부풀거나 밖으로 주머니 모양이 된 것으로, 언제라도 파열되기 쉽기 때문에 허혈성보다 훨씬 높은 치사율을 갖는다. 출혈성 뇌졸중은 뇌로 직접 출혈이 흘러들어간 대뇌 내의 출혈과 뇌 주변막 및 뇌척수액 내에 출혈이 발생한 두 가지 유형이 있다. 대뇌 내의 출혈의 경우, 뇌조직 등으로 혈액이 흘러들어오면서 특정 뇌 부위의 기능을 방해하게 되며, 커다란 혈종은 두통이나 구토, 간헐적 경련, 각성수준의 감소 등을 유발한다. 혼미, 혼수는 매우 큰 출혈에 대한 공통적 증상이다.

2.1.2 원예치료적 접근 가능한 치료 목적 및 목표

2.1.2.1 원예치료적 접근

뇌졸중 환자는 손상을 입은 뇌의 부위에 따라 증상이 매우 다양하게 나타나며, 잔존기능과 치료를 통해 회복 가능한 정도도 매우 다를 수 있다. 그러나 뇌졸중 환자의 치료에 있어 원예치료의 목적은 손실된 기능의 회복을 최대화하며, 남아 있는 근력이나 섬세동작 등의 운동기능을 훈련하고 이를 최대한 활용하도록 하여 독립적인 생활이 가능하도록 하는 것이다. 또한 지적 능력이나 의사소통 능력 등의 훈련도 이에 해당한다. 신체적 · 지적 능력의 회복 이외에도 원예치료는 정서적 안정과 치료동기 유발을 통해 원예치료를 포함한 재활치료의 원활한 수행을 목적으로 할 수 있다. 다음의 예를 통해 뇌졸중 환자의 경우 어떠한 점을 고려하여 원예치료의 목적을 수립할 수 있는지 살펴보자(표 7-11).

뇌졸중 환자들은 대체적으로 균형감각이 나쁘기 때문에 전후나 좌우의 체중이동, 몸의 선회 등을 연습한다. 이러한 운동을 반영한 원예치료의 한 예로, 대상자의 손 기능에 따라 양손 또는 한손으로 가벼운 물뿌리개나 물병을 사용하거나 노즐을 붙인 호스를 이용한 기능별 관수방법이 있다(표 7-12).

표 7-11 뇌졸중 환자의 원예치료 목적수립 예

○○○: 좌측 뇌혈관 사고 3주 경과 환자
▪ 인구통계적 자료: 여성/50세/이혼/간호전문가 및 급성질환 담당교사/흡연/운동이나 여가 즐기지 않음 ▪ 증상: 우측 반신부전 마비, 가벼운 실어증 ▪ 과거병력: 알코올 남용(alcohol abuse) ▪ 현재 받고 있는 치료: 재활치료/물리치료 ▪ 정신과/재활치료 및 물리치료에서의 진단 - 오른쪽 팔의 운동 및 기능 회복 가능 - 걷기 예후는 좋지 않음 - 우울 성향 있음 → 언어치료 및 원예치료가 필요하다고 판단됨 ▪ 원예치료에서의 직업적 · 기능적 목적 - 휠체어 조정을 위한 오른팔의 근력과 기능 강화 및 왼팔을 보조로 사용하기 - 전체적인 인내 - 원예와 관련된 활동을 통하여 그녀의 직업이었던 간호사와 교사로서 복귀할 가능성 탐색 - 취미활동으로 정원 가꾸기에 대한 가능성

출처: Modified from Simson, S. P. and C. B. Straus. 1998. Horticulture as therapy. The Food Products Press, New York.

표 7-12 손 기능에 따른 가능한 관수방법의 예

① 손으로 잡는 기능만 가능한 경우	① 노즐을 붙인 호스를 이용한 관수, 작은 분에 관수 분무에 의한 관수, 양치식물류 또는 착생란 재배
② 팔의 기능이 적은 경우	② 물병을 이용한 관수
③ 팔의 기능이 가능한 경우(수평까지)	③ 물뿌리개를 이용하여 관수하며, 작은 물병이라면 한손으로 사용이 가능하나, 큰 물병은 한손만으로는 사용이 어려움
④ 팔의 기능이 가능한 경우(수평이상)	④ 호스를 사용하고, 걸이 등을 활용하여 공중걸이분 등 높은 곳에 위치한 화분의 관수가 가능

출처: Modified from 豊田正博. 1998. はじめてみよう園藝療法.

2.1.2.2 주의 및 특이 사항

운동기능의 장애를 가지고 있는 뇌졸중 환자들은 대부분 '나는 보는 것만으로 좋다.' 또는 '나는 환자니까 당신이 대신해라.'라는 식의 높은 의존성을 나타낸다. 이러한 경우, 처음부터 전 과정을 대신해 주기보다는 예를 들어 왼손의 사용이 어렵다면 왼손의 동작을 대신해 주거나, 남아 있는 잔존기능을 활용하도록 권하는 발상의 전환을 통해 오른손으로 사용 가능한 도구의 활용과 방법을 생각하고 제시하며, 꾸준한 의사소통을 통해 작지만 가능한 것은 독립적으로 할 수 있도록 한다.

또한, 앞에서 언급한 것과 같이 뇌반구는 좌반구와 우반구가 담당하고 있는 기능이 각기 다르며 뇌졸중으로 인한 각 뇌반구의 손상시 상이한 증상을 나타내므로, 손상 부위에 따라 각기 다른 접근방법이 요구된다. 예를 들어, 좌측 뇌졸중의 경우 실어증과 같은 언어장애가 나타나므로 환자가 얼마나 이해하고 있으며 의사소통이 잘 이루어지는지를 규정하기 위해 실어증에 대한 사정이 필요하고, 환자들의 의사소통을 이해하기 위하여 비언어적인 암시와 몸짓을 관찰하며, 치료사는 천천히 보통의 목소리를 사용하여 단순한 문장을 사용하는 것이 좋다. 또한 복잡한 작업의 경우, 이해와 학습을 돕기 위해 단순한 작업으로 나누어 활동하며, 잦은 피드백을 통하여 성취감과 자신감을 향상시키는 것이 바람직하다. 반면 우측 뇌졸중의 경우, 좌측에 시각적 무시가 나타나므로 처음에는 환자가 오른쪽에서 작업을 시작하지만 치료가 진행됨에 따라 치료사가 환자의 왼쪽에 점점 더 많은 재료를 두고 사용하게 함으로써 환자의 온전한 시각영역이 더 넓어지도록 한다.

2.1.3 실제 연구결과

<table>
<tr><th>저 자</th><th>발표연도 · 출처</th><th>논 문 제 목</th><th>연구대상, 연구기간 및 프로그램 횟수</th><th>사용한 평가지</th></tr>
<tr><td>이손선</td><td>2006
건국대학교
박사학위논문</td><td>동작분석에 기초한 꽃꽂이 활동의 재활 원예치료적 접근</td><td>연구2. 대학생 8명(남, 오른손 우세)
연구4. 뇌졸중으로 인한 편마비 또는 사지마비 환자 8명
원예치료군, 작업치료군 각 4명씩
1일 2회씩 3주간
총 33회</td><td>뇌졸중 상지기능 평가도구(MFT)
능동관절가동범위(AROM)
장악력</td></tr>
<tr><td colspan="4">주 효과 및 결과</td><td>특 이 사 항</td></tr>
<tr><td colspan="4">연구2. 건강한 남자 대학생 8명을 대상으로, 분류된 8가지 꽃꽂이 동작을 수행하게 하여 상지의 움직임을 측정한 결과, 상지관절별로 관절운동범위에 유의한 차가 있었다. 관절운동범위는 자르기1 동작이 어깨부위의 관절운동범위에 큰 영향을 주었으며 손목부위 관절운동에는 휘기1과 휘기2 동작이 큰 영향을 주었다. 근전도 분석은 각 꽃꽂이 동작에 따라 상지근육의 부위별로 근 활성도에 유의한 차이를 보였는데, 상지근육별로 어깨 부위의 근활성도가 가장 크게 향상된 동작은 자르기1이며, 손목부위는 꽂기1, 휘기1, 감기에서 높은 근활성도를 보였다.
연구4. 재활환자 8명을 대상으로, 꽃꽂이 동작을 적용한 원예치료와 작업치료를 비교한 결과 원예치료군은 잡기, 장악력, 어깨굴곡범위, 어깨외회전, 어깨내회전, 손목굴곡, 손목신전이 향상된 것으로 나타났고, 작업치료군은 잡기, 장악력, 어깨굴곡, 어깨외회전, 어깨내회전, 손목내측, 외측편위에서 호전된 결과를 보였다.</td><td>꽃꽂이 동작의 정량적 분석을 통해서 신체재활 치료적 도구로서의 활용 가능성을 알아봄</td></tr>
</table>

<table>
<tr><th>저 자</th><th>발표연도 · 출처</th><th>논 문 제 목</th><th>연구대상, 연구기간 및 프로그램 횟수</th><th>사용한 평가지</th></tr>
<tr><td>정성애</td><td>2005
건국대학교
석사학위논문</td><td>심리적 적응단계에 따른 원예치료 프로그램 적용이 뇌졸중 환자의 심리 · 신체적 재활에 미치는 영향</td><td>뇌졸중 입원환자 40명
대조군, 치료군 각 20명
주5회 5주간
총 25회</td><td>자아존중감 척도
BDI
사회적 지지 척도
재활 동기
MMSE-K
스마일 척도</td></tr>
<tr><th colspan="4">주 효과 및 결과</th><th>특 이 사 항</th></tr>
<tr><td colspan="4">원예치료 실시 전후 비교시 치료군은 자아존중감, 우울(BDI), MMSE-K에서 유의하게 향상되었고, 재활 동기의 과제 지향적 동기, 변화 지향적 동기, 외부적 동기 항목에서 유의하게 향상되었으며, 전체적으로 유의한 차이가 나타났다. 사회적 지지는 정서적 · 정보적 · 평가적 지지 항목에서 원예치료사의 지지가 가족보다 높게 평가되었다. 환자의 기분 상태를 평가한 스마일 척도는 프로그램 시작 전보다 끝난 후에 기분이 좋아진 결과를 보였고, FIM은 대조군과 치료군 모두에서 유의하게 향상되었다. 결과적으로 치료군은 대조군에 비하여 자아존중감, 우울(BDI), 재활 동기, MMSE-K에서 매우 유의한 향상을 보였다.</td><td>신체적 장애 발생시 나타나는 심리적 적응단계 모델을 이용하여 원예치료 프로그램을 단계적으로 구성</td></tr>
</table>

<table>
<tr><th>저 자</th><th>발표연도 · 출처</th><th>논 문 제 목</th><th>연구대상, 연구기간 및 프로그램 횟수</th><th>사용한 평가지</th></tr>
<tr><td>오은경</td><td>2002
건국대학교
농축대학원
석사학위논문</td><td>원예치료가 주간보호센터에서 뇌졸중 후 편마비 및 퇴행성관절염 어르신의 우울과 자아존중감에 미치는 영향</td><td>뇌졸중 후 편마비 및 퇴행성관절염 노인 15명
실험군
주1회 17개월간
총 60회</td><td>GDS
자아존중감 척도
원예활동평가표</td></tr>
<tr><th colspan="4">주 효과 및 결과</th><th>특 이 사 항</th></tr>
<tr><td colspan="4">원예치료 실시 후 뇌졸중 후 편마비 및 퇴행성관절염 어르신 모두 우울이 유의하게 감소하였다. 자아존중감은 우측편마비 어르신의 경우, 유의한 향상이 나타난 반면, 좌측편마비 어르신과 퇴행성관절염 어르신은 유의한 차이가 나타나지 않았다. 원예활동평가는 참여성, 관심 및 조력성, 자아개념 및 주체성, 언어소통능력, 욕구-충동적 적응력, 대인관계 능력, 인지 및 문제해결 능력, 운동지각 능력, 숙련도 및 직업적응력 등 모든 항목에서 원예치료 후 호전된 결과가 나타났다.</td><td>단일 전후 실험설계
장기간의 연구</td></tr>
</table>

<table>
<tr><th>저 자</th><th>발표연도 · 출처</th><th>논 문 제 목</th><th>연구대상, 연구기간 및 프로그램 횟수</th><th>사용한 평가지</th></tr>
<tr><td>김수연</td><td>2001
건국대학교
석사학위논문</td><td>원예치료가 뇌졸중 후 편마비 환자의 기능적 재활에 미치는 영향</td><td>뇌졸중 후 편마비 입원환자 42명
대조군, 치료군 각 21명
주5회 6주간, 매회 30분씩
총 30회</td><td>자아존중감 척도
무력감 측정도구
BDI
MVPT
NCSE
FIM</td></tr>
<tr><th colspan="4">주 효과 및 결과</th><th>특 이 사 항</th></tr>
<tr><td colspan="4">치료군은 자아존중감, NCSE 중 유사성과 MVPT가 향상되었으며, 무력감, BDI가 감소되었다. FIM의 총 점수와 운동영역, 인지영역도 각각 향상되었다. 대조군은 FIM의 운동영역, 인지영역과 BDI에서 향상이 보여졌으나 자아존중감, 무력감, MVPT, NCSE는 유의한 변화가 없었다. 또한 치료군과 대조군의 점수 변화치 비교결과, 치료군은 대조군과 비교하여 자아존중감, 무력감, MVPT에서 매우 유의한 향상이 나타났다.</td><td>재활팀 내 전문가(작업치료사 및 임상심리사)와의 협조를 통한 전문평가(NCSE, MVPT, FIM, BDI) 실시, 주5회 30분씩 미국재활의학연구원(NCMRR) 기준의 집중적 치료 실시</td></tr>
</table>

저 자	발표연도 · 출처	논 문 제 목	연구대상, 연구기간 및 프로그램 횟수	사용한 평가지
박여원	2001 건국대학교 농축대학원 석사학위논문	원예치료 프로그램이 주간노인보호센터 뇌졸중 노인의 신체 · 심리 및 사회적 증진에 미치는 영향	뇌졸중 노인 6명 주2회 3개월간 총 25회	GDS ADL 원예치료 그룹활동 평가 원예활동 평가표 원예작업 평가
주 효과 및 결과				특 이 사 항
우울과 일상생활수행 능력에 있어 개인별로는 호전된 것을 볼 수 있었으나, 전체적으로 볼 때는 통계적 유의성은 없는 것으로 나타났다. 한편, 원예치료 그룹 활동평가에서는 사회적 교류와 인식능력에서, 원예활동 평가에서는 참여성과 숙련도 및 작업 적응력에서, 원예작업 기술평가에서는 능률성과 숙련도 모두에서 통계적으로 유의한 증진을 보였다. 5회 반복된 각 프로그램에서, 원예치료 그룹 활동평가에서는 조화장식을 할 때 신체적 · 지각적 능력이 유의한 향상을 보였으며, 원예활동 평가결과 조화장식에서는 관심 및 조력성과 운동지각 능력이, 모듬심기 작업에서는 욕구 · 충동적 적응력이 유의하게 향상되었다.				원예치료 프로그램을 크게 4개의 프로그램(꽃꽂이, 이식, 조화장식, 모듬정원)으로 구분하고, 각기 5회 반복

저 자	발표연도 · 출처	논 문 제 목	연구대상, 연구기간 및 프로그램 횟수	사용한 평가지
김은경	2000 건국대학교 농축대학원 석사학위논문	뇌졸중 환자의 재활에 미치는 원예치료의 효과	뇌졸중 통원환자 11명 대조군 5명, 실험군 6명 주1회 3개월간 총 10회	생활기능평가 척도(MBI) MVPT, OSOT Purdue pegboard CCSE BDI, SCL-90R 원예활동평가표
주 효과 및 결과				특 이 사 항
생활기능평가 척도에서 실험군과 대조군 모두 치료 전에 비해 치료 후 기능이 향상되었으나 통계적으로 유의한 차이가 없었으며, Purdue pegboard 검사와 MVPT에서도 실험군과 대조군 모두 향상은 있었지만 통계적으로 유의하지는 않았다. OSOT에서 2명은 수지부(손) 고유 감각이 회복되었고 1명은 통증부위를 국소화할 수 있는 능력이 생겼으나, 통계적으로 유의한 결과는 보이지 않았다. CCSE는 실험군에서 통계적으로 유의한 향상을 보였다. BDI는 실험군과 대조군 모두에서 유의하게 감소하는 결과를 보였다. SCL-90R은 실험군에서 불안, 대인 민감성, 우울의 항목에서 유의성 있는 결과를 보였고, 대조군에서는 우울에서만 유의성 있는 결과를 보였다. 원예활동평가에서는 언어소통 측면에서 유의한 향상을 나타냈다.				

2.2 외상성 뇌손상

2.2.1 질환별 특징

2.2.1.1 외상성 뇌손상의 정의

외상성 뇌손상(TBI; traumatic brain injury)은 자동차나 오토바이에 의한 교통사고, 낙상, 스포츠, 산업재해 등의 각종 사고 충격시 가속(acceleration)과 감속(deceleration)에 의한 전단력(shear force) 또는 회전력 등에 의해 뇌가 손상되거나, 관통에 의해 뇌조직이 손상되어 발생한다. 대뇌피질과 간뇌가 크게 손상되며, 이에 비하여 중뇌와 뇌간의 손상은 덜하다. 충격 정도에 따라 다양하게 진행되며, 두정엽과 측두엽이 손상된다.

2.2.1.2 외상성 뇌손상의 특징

물이 담긴 둥근 대야 속에 떠있는 부드러운 젤리를 상상해 보자. 부드러운 젤리를 한쪽에서 살짝 치면 젤리는 충격으로 인해 충격이 가해지는 방향으로 움직였다가 다시 제 위치로 되돌아간다. 그러나 제 위치로 돌아가려는 힘보다 더 큰 힘으로 젤리를 밀게 되면, 젤리는 대야의 한쪽 면에 부딪혔다가 더 큰 힘으로 반대방향으로 움직여 반대쪽 대야에 부딪히거나, 회전력이 가해지면 단순한 좌우운동이 아니라 대야의 여기저기에 마구 부딪혀 부딪힌 면은 눌리거나 깨지게 된다. 인간의 뇌는 대야 속에 떠있는 젤리와 같다. 뇌가 외부로부터 충격을 받으면 충격이 가해진 방향의 두개골에 부딪혔다가 반대편 두개골에 부딪히거나 또는 회전력으로 인해 두개골의 여기저기에 부딪히게 되고 이 때 뇌조직이 손상되는 것이다. 즉, 뇌졸중의 경우 혈액순환 장애를 나타내는 부위의 손상만을 가져오지만, 외상성 뇌손상은 정도의 차이가 있을 뿐 뇌 전반에 걸쳐

표 7-13 외상성 뇌손상의 증상들

구분	증상	증상
신체적 문제	▪ 구음장애 등의 언어 장애 ▪ 실어증 ▪ 마비 ▪ 어지러움이나 두통	▪ 시각 및 청각(hearing) 장애 ▪ 협응(coordination)의 어려움 ▪ 경련이나 발작 ▪ 관절이나 근육의 구축으로 인한 운동실조
인지적 문제	▪ 집중력 및 대처능력 저하 ▪ 지각력 떨어짐 ▪ 계획 수립 · 수행 능력 저하 ▪ 원활한 대화에 어려움	▪ 장기 및 단기 기억 장애 ▪ 판단력 저하 및 충동적 사고 ▪ 지남력 저하 ▪ 읽기 능력 · 작문 어려움
행동 및 정서적 문제	▪ 피로 ▪ 불안 ▪ 낮은 자존감 ▪ 불안정 ▪ 흥분 ▪ 극심한 감정의 기복	▪ 과도한 감정 ▪ 우울 ▪ 성적인 장애 ▪ 동기 결여 ▪ 대처능력 부족 ▪ 자기중심적

출처: Simson, S. P. and C. B. Straus. 1998. Horticulture as therapy. The Food Products Press, New York. p. 110 번역.

광범위하게 손상을 일으킨다. 따라서 외상성 뇌손상 환자들에게 신체적·인지적 행동 및 정서적 증상들이 복합적으로 나타난다(표 7-13). 환자들은 근육의 부조화로 인한 불안정한 걸음걸이 등의 운동실조 또는 실어증이나 구음장애 등의 언어장애를 겪는다. 그들은 행동뿐만 아니라 충동성이나 사고의 조절이 잘 안 되는 특징이 있으며, 과제수행이나 목표달성 등에 어려움을 보인다. 또한 이러한 상황이 자아와 자기 가치에 영향을 주어 자존감 저하, 사회적 부적응 등을 보이기도 한다.

2.2.2 원예치료적 접근 가능한 치료 목적 및 목표

2.2.2.1 원예치료적 접근

외상성 뇌손상 환자에게 가장 중요하며 우선시되어야 할 치료목적은 일상생활을 독립적으로 수행하는 것이다. 이를 위해 상지기능을 증가시키고, 자세유지 및 균형감각을 익히며, 다양한 감각을 인식하고 처리하는 훈련이 필요하고, 지남력이나 집중력, 문제해결 능력, 위기인식 및 대처능력 등 인지능력 훈련도 중요하다. 인지기능의 수준에 따라 원예치료를 통한 자기표현이나 심리적 안정을 찾고, 다양한 그룹 활동을 통해 의사소통 기술이나 정서적 이완, 사회적 참여를 향상시킬 수 있다.

외상에 의한 뇌의 신경학적 손상으로 인하여 환자의 신체적·인지적·행동적·감정적 증상이 다양하게 나타나며, 종종 이 증상들이 복합적으로 나타나는 기능장애를 초래하기도 한다. 따라서 각 영역별 증상에 따라 치료목표를 수립하고 치료를 계획해야 하며, 환자의 상태를 고려하여 두 영역 이상에서의 치료목표를 세우고 우선순위를 선정하여 치료계획을 세우는 것이 바람직하다. 각 영역별로 세울 수 있는 치료목표와 그에 따른 원예치료적 접근 예는 표 7-14에서 살펴볼 수 있다.

2.2.2.2 주의 및 특이 사항

병원에서 행해지는 원예치료는 원예치료사뿐만 아니라 치료팀과의 팀워크가 다른 어떤 장소에서의 원예치료보다도 중요하다. 특히 광범위한 손상범위와 증상으로 인해 외상성 뇌손상 환자들은 많은 재활 전문가들을 필요로 하는데,

표 7-14 영역별 치료목표 및 원예치료적 접근의 예

신체적	**치료목표**: 지구력의 증가 **초기 원예치료 접근**: 환자는 치료사의 보조를 받으며 10분간 서서 식물심기 활동에 참여할 수 있다. **확장된 원예치료 접근**: 쉬는 시간 없이 온실에서 1시간 이상 원예활동을 한다.
	치료목표: 양쪽 상지(팔)의 협응력 향상 **초기 원예치료 접근**: 환자는 치료사의 지도하에 화분에 상토를 담는 동작을 최소 4회 이상 반복하며, 이 때 건측은 수건 등으로 고정시키고 환측(neglect)만으로 신체의 정중선을 교차하도록 훈련한다. **확장된 원예치료 접근**: 공중걸이 화분을 내려 물뿌리개로 관수한 후 다시 제자리에 가져다 둔다.
인지적	**치료목표**: 여러 단계가 필요한 일을 수행하는 능력 향상 **초기 원예치료 접근**: 치료사의 언어적 지시에 따라 순서대로 3~4종류의 종자를 심는다. **확장된 원예치료 접근**: 환자는 지시사항이 적힌 목록을 따라 원예치료실이나 온실 등을 매일 관리하는 일상적인 일을 수행한다.
	치료목표: 생각을 정리해서 표현하는 능력 향상 **초기 원예치료 접근**: 환자는 원예치료에서의 작업을 수행한 후, 각 단계마다 느끼는 것이나 생각 등을 말로 분명히 표현한다. **확장된 원예치료 접근**: 환자는 치료사에게 간단한 원예치료 프로그램의 순서를 말로 설명하고, 치료사가 환자의 설명에 따라 작업할 수 있도록 한다.
행동적	**치료목표**: 충동적 행동의 감소 **초기 원예치료 접근**: 화분에 관수할 때, 물을 주기 전 약간의 시간을 두고(속으로 10까지 숫자를 세고) 다음 화분에 물을 줄 수 있다. **확장된 원예치료 접근**: 한 작업을 수행한 후 체크목록에 따라 과정을 잘 수행했는지 점검한다.
	치료목표: 실행능력의 향상 **초기 원예치료 접근**: 치료사가 혼합물을 만들 때 필요한 재료를 모아서 주면, 환자는 독립적으로 작업수행을 시작할 수 있다. 확장된 원예치료 접근: 원예치료실이나 온실에서 해야 하는 작업목록을 보고 최우선으로 해야 하는 일을 독립적으로 수행할 수 있다.
감정적	**치료목표**: 자신의 분노를 스스로 파악할 수 있는 능력 향상 **초기 원예치료 접근**: 환자는 화를 진정시킨 후 자신에게 분노를 일으키게 하는 요인에 대해 치료사와 이야기하고 파악한다. **확장된 원예치료 접근**: 원예치료 프로그램 중 분노가 생길 경우, 스스로 일정시간(약 5분 정도) 휴식하고, 다시 활동을 시작할 수 있다.
	치료목표: 감정을 이완시키는 기술 향상 **초기 원예치료 접근**: 원예치료 프로그램 실시 전 약 15분간 음악을 듣는다. **확장된 원예치료 접근**: 환자가 스스로 감정을 이완할 수 있는 원예치료 프로그램을 두세 개 선정하게 하고, 매달 한 번 정도 실시한다.

출처: Modified from Simson, S. P. and C. B. Straus. 1998. Horticulture as therapy. The Food Products Press, New York.

신경외과 의사, 신경정신과 의사, 재활간호사, 작업치료사, 물리치료사, 언어치료사, 인지치료사, 심리치료사, 원예치료사, 레크리에이션 치료사, 음악치료사, 미술치료사, 영양사, 직업상담원, 사회사업가, 가족 및 간병인 등이 치료 팀으로 구성될 수 있으며, 팀 간의 긴밀한 의사소통과 상호협력을 통해 계획적인 치료를 용이하게 하며, 환자의 손상된 기능을 강화시킬 수 있다.

2.2.3 실제 연구결과

저 자	발표연도 · 출처	논 문 제 목	연구대상, 연구기간 및 프로그램 횟수	사용한 평가지
이상미	2002 단국대학교 석사학위논문	뇌질환 환자의 원예치료 지시이행에 영향을 미치는 요인에 관한 연구	뇌손상 환자 20명 주1회 7개월간 총 28회	MMSE-K FIM MBI 사전흥미조사지 원예치료정보조사지
주 효과 및 결과				특 이 사 항
대상자가 여성일 때 치료지시 이행 정도가 높은 통계적 유의성을 나타냈고, 원예선호도가 높을 때 이행정도가 높은 경향을 보였으나 통계적으로 유의하지는 않았다. 자발성 뇌질환인 경우 FIM의 운동영역 점수가 높을 때 원예치료 지시이행정도가 높은 경향을 보였고, 보호자가 간병인일 때 원예치료 지시이행 정도가 높았으며 배우자일 때 이행정도가 낮은 경향을 보였다. 그러나 대상자와 보호자 요인 중 대상자의 성별을 제외한 모든 항목은 원예치료 지시이행과 통계적으로 유의하지 않았다.				뇌질환 환자 및 보호자요인을 독립변수로 하여 원예치료 지시이행과의 관계를 연구

3. 치 매

3.1 질환별 특징

3.1.1 치매의 정의

치매(dementia)는 정상적으로 성숙한 뇌가 후천적인 외상이나 질병 등 외인에 의해서 기질적으로 손상 내지는 파괴되어 전반적으로 지능, 학습, 언어 등의 인지기능과 고등정신기능이 감퇴되는 기질성 정신장애(organic mental disorder)이다. 단기 및 장기 기억장애가 특징적으로 나타나며, 추상적 사고장애,

판단장애, 성격변화 등이 점차 수반되어 직업, 일상적 생활 등의 사회적 · 직업적 기능 또는 타인과의 관계를 유지하는 능력을 상실하는 복합적인 임상증후군을 일괄하여 지칭한다.[5)]

3.1.2 치매의 종류 및 특징

치매는 그 원인이 다양하고 임상적 경과 또한 매우 다양하기 때문에 신경병리학적 소견에 의한 분류, 원인에 따른 분류, 병변의 진행에 따른 분류 등이 이루어지고 있다. 현재 가장 널리 사용되고 있는 국제질병분류(ICD-10)는 치매

표 7-15 치매의 분류(ICD-10)

F00 알츠하이머형 치매(dementia in Alzheimer's disease)
- F00.0 조발성 알츠하이머형 치매
- F00.1 만발성 알츠하이머형 치매
- F00.2 비정형 또는 혼합형 알츠하이머형 치매
- F00.9 분명하지 않은 것

F01 혈관성 치매(vascular dementia)
- F01.0 급성 혈관성 치매
- F01.1 다발성 경색 혈관성 치매
- F01.2 피질하 혈관성 치매
- F01.3 혼합형 혈관성 치매
- F01.8 기타 혈관성 치매
- F01.9 분명하지 않는 혈관성 치매

F02 기타 질병에 의한 치매(dementia in diseases classified elsewhere)
- F02.0 픽(Pick) 병
- F02.1 크로이츠펠트-야콥(Creutzfeldt-Jakob) 병
- F02.2 헌팅턴(Huntington) 병
- F02.3 파킨슨(Parkinson) 병
- F02.4 HIV 감염에 의한 치매
- F02.8 기타 치매

F03 분명치 않은 치매(dementia, unspecified)

5) 이윤로 외. 2000. 치매노인과 사회복지실천 — 데이케어를 중심으로. 학지사, 서울; 이해영. 2000. 케어복지론. 양서원, 서울.

원인에 따라 알츠하이머형 치매, 혈관성 치매, 기타 질병에 의한 치매, 그리고 분명치 않은 치매로 구분하고 있다(**표** 7-15).[6]

3.1.2.1 알츠하이머형 치매

알츠하이머형 치매는 치매의 약 50%를 차지할 정도로 가장 흔하다. 특징적인 뇌조직의 변화와 정상적으로 활동하던 세포의 소실로 생기는 질환으로, 연령·성별, 치매의 가족력 및 두부손상 등이 현재까지 밝혀진 주된 위험인자로 알려져 있다. 알츠하이머형 치매의 단계와 특징은 다음과 같다(**그림** 7-1, **표** 7-16).

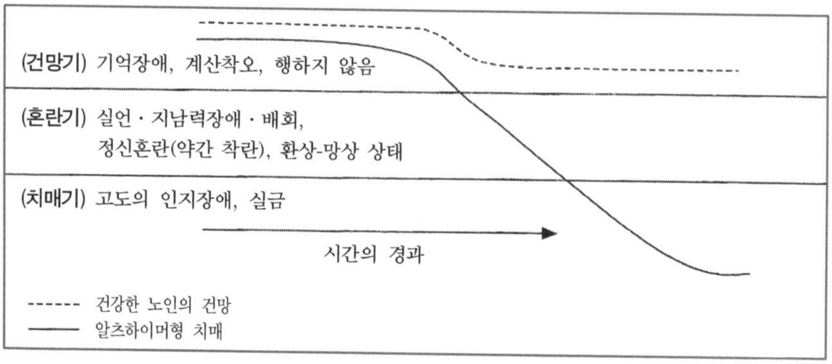

출처: 이윤로·김영숙·배숙경·김양이. 2000. 치매노인과 사회복지실천 — 데이케어센터를 중심으로. 학지사, 서울.

그림 7-1 알츠하이머형 치매의 단계

3.1.2.2 혈관성 치매

두 번째로 흔한 치매인 혈관성 치매는 뇌혈관의 경색에 의해 발생되며 고혈압, 심장질환, 흡연, 당뇨, 비만, 뇌졸중의 과거병력 등 뇌졸중 위험인자와 관련되어 있다. 혈관성 치매의 유형으로는 **표** 7-16에서와 같이 급성 혈관성 치매, 다발성 경색 혈관성 치매, 피질하 혈관성 치매, 기타 혈관성 치매, 그리고 분명치 않은 혈관성 치매 등이 있다.

---

6) World Health Organization, 1993. The ICD-10 Classification of Mental and Behavioral Disorders: Diagnostic Criteria for Research. p. 29.

표 7-16 알츠하이머형 치매의 단계별 특징

알츠하이머형 치매의 단계	특 징
1. 정상	▪ 손상된 기능 없다.
2. 기억상실(건망)	▪ 특별한 기능 손상은 없으나, 대상자가 기억력 상실을 인식한다.
3. 초기 혼동	▪ 고용 상황에서의 작업 수행이나 사적이며 친밀한 사회적 상호작용에 무력하다.
4. 말기 혼동	▪ 재정 및 쇼핑(물건사기) 조절 능력이 감소한다.
5. 초기 치매	▪ 화장실 이용이나 식사시에는 도움 불필요하나, 상황이나 날씨에 적절한 옷 고르기에는 약간의 어려움이 있으며, 목욕시 구슬리거나 달랠 필요가 있을 수 있다.
6. 중기 치매	▪ 개인적 또는 위생적 기능 장애가 있다. - 적절한 의복 착용이 어려움 - 목욕시 도움 필요, 목욕에 대한 두려움이 있을 수 있음 - 화장실 물품 사용이 어려움 - 요실금 - 대변 실금
7. 말기 치매	▪ 언어 및 운동기능 장애가 있다. - 제한된 몇몇 단어 구사 가능 - 모든 지적 단어 상실 - 모든 운동기능 상실 - 무감각 또는 마비(stupor) - 혼수상태(coma)

출처: Modified from Simson, S. P. and C. B. Straus. 1998. Horticulture as therapy. The Food Products Press, New York.

3.1.2.3 기타 질병에 의한 치매

기타 질병에 의한 치매는 픽(Pick) 병, 크로이츠펠트-야콥(Creutzfeldt-Jakob) 병, 헌팅턴(Huntington) 병, 파킨슨(Parkinson) 병, HIV 감염에 의한 치매, 그리고 기타 치매 등으로 구분할 수 있다.

픽 병은 초기 단계에서 인격의 변화, 실행기능의 장애, 감정둔화, 현저한 언어장애를 특징으로 하며, 기타 기억력장애 또는 실행증 등의 증상들이 동반되기도 한다.

크로이츠펠트-야콥 병은 정확한 전파경로나 숙주는 알려져 있지 않으나 의인성 전염, 유전성 소인 등이 알려져 있고, 임상 양상은 다양한 신경학적 이상과 함께 실어증이나 실인증 등의 피질성 치매의 특징을 보인다.

헌팅턴 병은 무도병(얼굴·손·발·혀 등이 뜻대로 움직이지 않고 저절로 심하게 움직여 마치 춤을 추는 것 같은 모습이 되는 것), 치매, 그리고 가족적인 발병을 세 가지의 주된 특징으로 하는 특발성 퇴행성 신경질환이다. 평균 발병 연령은 40세이고, 점진적으로 진행하며, 무도증, 성격변화, 정서장애, 치매 등의 임상증상을 보인다.

파킨슨 병은 근육의 강직, 가면 같은 표정, 연결운동의 장애, 총총걸음 등이 특징이며, 문제해결 능력의 지속적 장애, 기억력 장애, 시공간적 지각장애, 개념형성장애, 언어구사 능력 장애 및 정보처리 능력의 감퇴 등의 양상을 보인다. 파킨슨병 환자의 20~60%에서 치매가 동반되고 빈번하게 우울증이 동반된다.

이 외에 HIV 감염에 의한 치매, 류이 체 병, 외상 후 치매, 알코올성 치매 등 매우 다양하다.

3.2 원예치료적 접근 가능한 치료 목적 및 목표

3.2.1 원예치료적 접근

치매 환자를 위한 원예치료는 단순한 일을, 적절한 도구를 사용하여, 안전한 공간에서 할 수 있도록 해야 하며, 말초신경 자극을 지속적으로 제공하여야 한다. 따라서 정서적 안정뿐만 아니라 인지적 능력의 유지 및 퇴화 감소를 원예치료의 목적으로 세울 수 있다. 또한 치매 노인의 사회적응력을 강화시키기 위해서는 타인과의 효과적인 상호작용을 통해 그들의 다양한 욕구, 즉 인지적·정서적·사회적·신체적 욕구를 충족시켜야 한다. 그러나 그들에게는 사회적인 기술이 결여되어 있기 때문에 이러한 욕구가 충족되지 못하고 있으며, 다양한 방법을 활용하여 타인과 효과적으로 상호작용하도록 도움을 주어야 한다. 치매 환자에게 있어 수립 가능한 치료목표와 이에 따른 원예치료적 접근의 예는 표 7-17과 같다.

원예치료 중 식물 이름을 반복하여 학습하며, 식물재배법을 인지하고, 식물의 잎이나 줄기, 뿌리 등을 관찰하여 상한 부분을 제거하는 활동 또는 식물을 식재할 위치나 배치할 장소를 스스로 결정하는 등의 활동은 수개념과 어휘력,

표 7-17 치매 환자의 치료목표 및 원예치료적 접근 예

치 료 목 표	원예치료적 접근
감각자극과 정신적 자극을 제공한다.	원예치료의 작업을 단순화하여 단순한 일을 순서대로 시행할 수 있도록 한다. 예) 접시정원을 만들 때, 최소한의 작업을 약 20분 정도 실시하도록 한다.
공격적인 행동, 불안, 정서적인 동요 및 흥분을 감소시킨다.	대상자가 신체적으로 가벼운 정원활동에 참여할 수 있도록 하며, 짧게 자주 실시하도록 한다. 예) 물주기 등의 가벼운 정원활동을 일주일에 30분씩, 3번 참석할 수 있도록 한다.
현실 지남력(현실감각)을 향상시킨다.	계절별로 특징적인 식물을 접하거나 식물의 변화를 통해 계절감을 익힐 수 있도록 한다. 예) 약 20분간 수확활동을 하면서 가을에 대해 이야기해 보도록 한다. 치료사는 최소한의 역할을 수행한다.
장기 기억을 자극한다.	어린 시절을 연상할 수 있는 정원활동을 연계하여 실시한다. 예) 과거에 유행했던 스타일의 정원을 경작하도록 하고, 일주일에 3번, 약 20분 가량 그룹으로 이야기해 보도록 한다.

출처: Modified from Simson, S. P. and C. B. Straus. 1998. Horticulture as therapy. The Food Products Press, New York.

기억력 판단력 및 시공간 지남력 등 인지적 기능을 강화시킨다. 또한 식물을 직접 관찰하고, 원예치료 프로그램 후 스스로 정리하는 과정은 불안과 우울, 무력감을 감소시키고, 자신감과 성취감을 주어 자아존중감을 향상시킨다. 사회적으로는 식물과 관련된 질문과 답변을 하면서 타인과 대화할 기회가 늘어나고, 프로그램에서 공동작업을 하면서 타인과 접촉하는 빈도를 높인다. 그리고 자신이 만든 작품을 중요한 사람에게 선물하게 함으로써 사회적 기능을 강화시킨다. 마지막으로 물주기, 화단이나 텃밭 가꾸기, 작은 물건 잡기 등을 소근육과 대근육 향상 활동으로 프로그래밍하여 신체적 기능의 강화에 도움이 되도록 한다.

3.2.2 주의 및 특이 사항

정원이나 야외에서 원예치료를 실시할 경우, 치매 환자들이 거주하는 시설이나 기관과 정원이 서로 연결되도록 하여 치매 환자들이 원예치료 활동 중 또는 활동 후 시설이나 기관으로 복귀할 때 길을 잃어버리지 않도록 한다.

치매의 단계에 따라 토양이나 식물, 또는 기타 프로그램시 사용되는 재료를 분별없이 먹을 수 있으므로, 독성이 있거나 가시 등 상처를 줄 수 있는 식물은 피하고 무균토양(인공토양)을 사용한다. **표 7-18**은 치매 노인에게 원예치료를 실시할 때 요구되는 사항들이다.

표 7-18 치매 노인을 위한 원예치료시 요구사항

1. 다른 사람을 인식하거나 받아들이는 것, 지각하는 것이 둔해짐을 병으로서 받아들이며, 대상자 본인의 자존심을 상하지 않게 한다. 대상자의 가치관을 존중하며, 대상자의 활동속도에 맞춘다.
2. 환경의 변화는 혼란을 초래하기 때문에 원예활동을 하는 경우와 도구를 두는 장소, 활동의 시간대를 일정하게 한다.
3. 프로그램 중 설명에 있어서 치매 노인에게 사용하는 말은 선별해서 정하고, 함부로 외국어를 사용하는 것은 피한다. 한자로 표기하는 경우가 더 알기 쉬운 경우도 많다.
4. 지시는 한 번에 하나씩하고, 가능한 짧은 말로 한다.
5. 대상자별로 자신 있어 하는 것을 찾아내고, 이를 언급함으로써 자신감을 준다.
6. 활동에 개인차가 있거나 배회 습관, 흙과 식물을 입에 대는 것 등의 행위를 보이는 사람도 있기 때문에 보조치료사나 시설이나 기관의 직원 또는 자원봉사자를 활용한 일대일 지도가 바람직하다.

출처: Modified from 豊田正博. 1998. はじめてみよう園藝療法.

치매 노인은 단기기억력이 현저히 떨어지지만 장기기억은 꽤 오래까지 남아 있으므로, 정원에 식재하는 식물을 선택하거나 원예치료 프로그램 중 사용하는 식물을 선정할 때에는 어린 시절을 회상할 수 있는 식물이나 기타 재료들을 활용하여 치매 환자들이 가지고 있는 장기기억을 자극하도록 한다.

3.3 실제 연구결과

저 자	발표연도 · 출처	논 문 제 목	연구대상, 연구기간 및 프로그램 횟수	사용한 평가지
강문희	2005 충남대학교 박사학위논문	원예요법을 적용한 간호중재 프로그램이 알츠하이머형 치매 노인의 인지, 정서, 의사소통 및 문제행동에 미치는 효과	치매 노인 28명 실험군, 대조군 각 14명 주 3회씩 6주간 총 18회	MMSE-K Apparent Emotion Rating (AER) Instrument 의사소통도구 문제행동도구
주 효과 및 결과				특 이 사 항
실험군의 인지기능이 대조군보다 유의하게 향상되고 일정기간 유지되었으며, 정서점수와 의사소통 점수도 실험군에서 대조군보다 유의하게 긍정적으로 나타났다. 문제행동점수에서 유의한 차이는 나타나지 않았으나 실험군의 문제행동이 감소하였다. 관찰 기록 내용 분석 결과, 개인수준에서는 참여태도, 흥미정도, 수행능력, 의사소통, 얼굴표정, 자세 및 동작에서 유의한 변화가 나타났고, 집단수준에서는 집단 결속력과 시선접촉, 집단 내 대상자-대상자간, 대상자-연구자간 상호작용에서 유의미한 변화가 나타났다.				주3일, 연일로(목, 금, 토) 프로그램 실행

저 자	발표연도 · 출처	논 문 제 목	연구대상, 연구기간 및 프로그램 횟수	사용한 평가지
김기주	2004 호남대학교 석사학위논문	원예치료가 치매 노인의 우울과 자아존중감에 미치는 영향	치매 노인 9명 실험군 주1회씩 6개월간 총 24회	한국형 노인 우울 측정지 자아존중감 척도 원예활동 평가표
주 효과 및 결과				특 이 사 항
우울이 17.6점에서 13.8점으로 감소되었으며, 자아존중감이 18.6점에서 27점으로 증가하였고, 원예활동 평가표는 언어소통 능력, 자아개념 및 주체성, 욕구-충동적 적응력, 대인관계 능력, 인지 및 문제해결 능력, 숙련도와 직업적응력이 향상되었다.				단일 전후 실험설계

저 자	발표연도 · 출처	논 문 제 목	연구대상, 연구기간 및 프로그램 횟수	사용한 평가지
한경희	2004 단국대학교 석사학위논문	짝 지워 수행한 치료적 원예활동이 치매 노인의 일상생활 수행능력 및 대인관계, 의사소통에 미치는 영향	치매 노인 8명 (남 2명, 여 6명) 실험군 주1회씩 5개월간 총 19회	원예흥미도 사전조사지 HTFS, ADL 원예활동평가표 프로그램 활동일지
주 효과 및 결과				특 이 사 항
짝 지운 그룹에서 능동적 · 긍정적 변화 모습이 현저하게 관찰되었으며, 동성그룹보다 혼성그룹에서 보다 긍정적 효과가 나타났다. ADL(일상생활동작) 수행능력의 통계적 변화는 없었으나, 대인관계 및 의사소통 능력에 통계적으로 유의한 호전이 있었다. 따라서 짝 지워 수행한 치료적 원예활동은 신체적인 면보다 심리적인 면에 효과적임을 알 수 있었다.				단일 전후 실험설계 주 치료사가 전체 활동 진행, 5인의 보조치료사가 치료활동 보조 부부 한 그룹, 혼성 한 그룹, 동성 두 그룹으로 짝을 구성

<table>
<tr><th>저 자</th><th>발표연도 · 출처</th><th>논 문 제 목</th><th>연구대상, 연구기간 및 프로그램 횟수</th><th>사용한 평가지</th></tr>
<tr><td>여창호</td><td>2002
동의대학교
석사학위논문</td><td>원예활동이 치매 노인의 인지적 정서적 기능향상에 미치는 영향</td><td>치매 노인 8명
실험군
주2회씩 2개월간
총 14회</td><td>MMSE-K
한국형 노인 우울 측정지
자아존중감 척도
감정균형 척도
원예활동 평가표</td></tr>
<tr><th colspan="4">주 효과 및 결과</th><th>특 이 사 항</th></tr>
<tr><td colspan="4">인지기능은 통계적으로 전체 8명 중 6명은 향상, 2명은 거의 변화가 없는 것으로 나타났고, 노인 우울은 통계적으로 유의하게 감소하였으며, 자아존중감은 향상되었으나 통계적으로 유의한 결과는 나타나지 않았다. 한편 감정균형 척도는 통계적으로 유의한 향상이 나타났으며, 원예활동평가표에서는 관심 및 조력성을 제외한, 언어소통, 자아개념 및 주체성, 욕구-충동적 적응력, 대인관계 능력, 인지 및 문제해결 능력, 운동지각 능력, 숙련도, 직업적응력에서 유의한 결과가 있었다.</td><td>단일 전후 실험설계
질적 연구를 위해 '관찰일지'를 보조교사들이 기록하였으며, 프로그램을 개입 전 단계 3회, 개입단계 14회, 개입 후 단계 3회로 구분하여 구성</td></tr>
</table>

<table>
<tr><th>저 자</th><th>발표연도 · 출처</th><th>논 문 제 목</th><th>연구대상, 연구기간 및 프로그램 횟수</th><th>사용한 평가지</th></tr>
<tr><td>황인옥</td><td>2002
부산대학교
박사학위논문</td><td>원예치료 프로그램 적용을 통한 치매 노인의 사회적응력 강화 전략에 관한 연구</td><td>치매 노인 총 20명
실험군, 대조군 각 10명
주2회씩 2개월간
총 18회
1회당 2시간씩</td><td>MMSE-K
한국형 노인 우울 측정지
자아존중감 척도
감정균형 척도
대인관계 측정도구
ADL
원예활동 평가표
표적행동 관찰표</td></tr>
<tr><th colspan="4">주 효과 및 결과</th><th>특 이 사 항</th></tr>
<tr><td colspan="4">원예치료가 치료군의 인지 정도 향상($P < 0.05$)과 우울 정도 감소($P < 0.01$)에 매우 효과적이었으며, 자아존중감과 감정균형의 정도를 증가시키는 데 효과적($P < 0.05$)으로 나타났다. 뿐만 아니라 치료군의 사회적 기능의 변화가 통계적으로 유의하게 향상되었으나($P < 0.01$) 신체적 기능의 변화는 통계적으로 유의하지 않았다.</td><td>원예치료 프로그램을 단순 기술단계(1～5회), 복합 기술단계(6～13회), 고도 기술단계(14～18회)로 구분하여 실시</td></tr>
</table>

<table>
<tr><th>저 자</th><th>발표연도 · 출처</th><th>논 문 제 목</th><th>연구대상, 연구기간 및 프로그램 횟수</th><th>사용한 평가지</th></tr>
<tr><td>이혜진</td><td>2001
고려대학교
석사학위논문</td><td>원예치료가 치매 치유에 미치는 영향</td><td>치매 환자 12명
치료군, 대조군 각 6명
주2회씩 5개월간
총 40회</td><td>원예치료 평가표
GDS
K-MMSE
소근육 측정도구
(장악력, 손가락 근력 측정)</td></tr>
<tr><th colspan="4">주 효과 및 결과</th><th>특 이 사 항</th></tr>
<tr><td colspan="4">치료군의 GDS가 유의하게 감소되었으나, 대조군은 우울증상이 더 심해지는 결과가 나타났다. K-MMSE는 치료군은 5점 상승하여 지각능력과 인지력이 유의하게 향상된 결과를 보였으나, 대조군은 6점이 하락하여 인지기능이 많이 저하된 것으로 나타났다. 장악력과 손가락 근력 즉, 측면잡기 및 세손끝잡기 힘은 치료군에서 유의한 향상이 나타난 반면, 대조군은 손근육의 퇴화로 노인의 평균값에 못 미칠 정도로 근력이 약해졌다.</td><td>작업치료사에 의한 소근육 향상 정도 측정</td></tr>
</table>

저 자	발표연도 · 출처	논 문 제 목	연구대상, 연구기간 및 프로그램 횟수	사용한 평가지
이상훈	1999 건국대학교 석사학위논문	원예치료가 치매 노인의 우울과 자아존중감에 미치는 영향	치매 노인 9명 주1회씩 3개월 간 총 12회	우울 자아존중감 원예치료평가표
주 효과 및 결과				특 이 사 항
우울은 13.9점에서 9.8점으로 유의하게 감소하였으며, 자아존중감은 26.0점에서 28.8점으로 유의하게 증가하였다. 언어소통 능력, 자아개념 및 주체성, 욕구 · 충동적 적응력, 대인관계 능력, 인지 및 문제해결 능력, 숙련도와 직업적응력에서 유의한 변화가 나타났고, 특히 자아개념 및 주체성과 숙련도 및 직업적응력에서 매우 유의한 변화가 있었다.				단일 전후 실험설계

4. 노 인

4.1 대상자별 특징

노인이란 허약, 무기력, 생리적 기능의 쇠퇴 등 신체적 · 심리적 · 사회적인 여러 측면에서 능력이나 적응력이 퇴화되어 기능의 수행에 어려움을 겪는, 노화과정에 있는 사람이다. 과거에는 나이가 많은 사람을 노인이라 생각했지만, 사회가 변화함에 따라 노인에 대한 개념도 달라지고 있다. 과학과 의학의 발달로 이전에 생각해 오던 노인의 연령대가 높아지고 있으며, 정년퇴직이나 명예퇴직 등 사회제도적인 측면에서 노인이 구분되기도 한다.

노인은 신체구조상 몸의 균형을 유지하는 평형감각이 떨어지고, 근육의 질량이 저하되며, 뼈 구조 내 골밀도가 낮아져 골절이 쉽게 일어날 수 있다. 또한, 신체 각 부분 신경의 통증이 증가하고, 운동을 하는 데 제한적이기 때문에 골격이나 근육, 또는 피부가 빠르게 퇴화되며, 만성적 질환을 가지고 있는 경우가 대부분이다(표 7-19). 이러한 신체적 노화로 인해 고립이나 독립적인 일상생활의 어려움, 지난 세월에 대한 회한 등 우울 성향이 증가하게 되고, 지난날을 회상하며 자기 인생에 의미를 부여하고, 죽음을 준비하는 경향이 높다. 또한, 감정의 기복이 심하며, 이해력이 낮고, 자기중심적이며 보수적이어서 새로운 사람들을 만나거나 친밀한 관계를 유지하는 데 어려움을 겪는다. 대부분 노인은 퇴직

후 가정이나 사회에서 이전에 가지고 있던 역할을 상실하는 경우가 대부분이며, 그로 인한 권력이나 권위를 상실하게 되고 경제적인 여유를 잃거나 어려움에 처하기도 한다. 또, 자녀의 독립, 결혼 후 분가 또는 배우자와의 결별 등으로 인해 상실감과 고립감을 느끼게 된다.

표 7-19 노인들이 가지고 있는 대표적인 만성질환

질 환	증 상
관절염, 신경통, 류마티즘	• 관절의 경직 및 통증(골 관절염 또는 류마티즘) • 손가락 마디가 우툴두툴하게 굵어짐(골 관절염 또는 류마티즘) • 관절의 염증(류마티즘) • 갑작스런 엄지발가락 관절의 극심한 통증(통풍)
고혈압	• 일반적으로 초기 증상 없음
심장질환	• 가슴통증, 때로는 턱이나 팔, 허리 등으로 통증이 퍼짐 • 의식의 감소
뇌졸중, 중풍	• 신체의 한쪽 근육조절에 어려움 • 말하기 또는 언어 이해에 어려움 등의 언어 장애 • 환측무시 또는 시야가 좁아짐
당뇨병	• 잦은 배뇨작용 및 과도한 갈증, 체중 감소 • 다리와 발에 염증 및 무감각, 시야의 초점이 맞지 않음
백내장	• 뿌옇고, 흐릿하며, 초점이 맞지 않으며, 서서히 한쪽 혹은 양쪽 눈에서 진행됨
청력의 감소	• 소리가 잘 안 들림 • 말을 잘 알아들을 수 없고, 목소리 커짐 • 특정한 소리-새소리, 작은 소리-를 들을 수 없음 • 이명(귀에서 소리가 울리거나 쇳소리가 남)
비염	• 코의 통증, 발열 및 오한, 두통

4.2 원예치료적 접근 가능한 치료 목적 및 목표

4.2.1 원예치료적 접근

노인에게 왜 원예치료가 필요한지를 파악하는 것이 가장 중요하며, 노인의 건강상태(현 병력 또는 과거력, 복용하는 약물 등), 생활환경, 원예활동 경험 및 선호하는 식물, 일상생활 독립성 정도 등을 고려하여 치료의 과정을 설계해야 한다. 치료적 목적이나 직업재활에 목적을 둔 다른 대상자에 비해 노인의 경우 건강유지를 통한 독립적인 삶의 유지 또는 취미생활이나 친구 및 동료 등과의

사회적 관계 유지 등 삶의 질 향상을 목적으로 한 원예치료가 많이 행해지고 있다(**표 7-20**). 예를 들어 노인의 건강 유지 및 동료들과의 지속적인 관계 유지를 위해 원예치료를 실시할 경우, 개별 프로그램보다는 집단 활동을 위주로 한 원예치료 프로그램이 바람직하다. 연령이나 가족환경(예, 배우자 사별 또는 동거 여부), 또는 취미가 비슷한 대상자끼리 그룹을 정하고 원예치료를 통해서 새로운 인간관계를 형성하도록 하는 방법도 있다.

표 7-20 노인의 원예치료 목표 및 원예치료적 접근 예

목표: 사회적 고립을 줄이고 목적 있는 활동에 참여하도록 하여 사회성을 증진시킨다. **원예치료적 접근**: 대상자는 매주 두 번 정도 30분씩 진행되는 세대간(조부모와 손자가 함께하는) 원예치료 프로그램에 참여할 수 있다.
목표: 미세운동(fine motor) 기술을 유지한다. **원예치료적 접근**: 대상자들은 일주일에 세 번씩 20분 정도 화단에 물주기, 잡초 뽑기, 낙엽 모으기 등의 활동을 한다.
목표: 균형 있는 영양섭취를 한다. **원예치료적 접근**: 대상자들은 일주일에 한 번 약 6주간 정원에서 수확한 채소를 이용한 요리강습에 참여한다.
목표: 생활환경에 대한 만족도를 높인다. **원예치료적 접근**대상자들은 일주일에 세 번씩 스케줄을 정해 집 앞 또는 시설 내 정원에 물을 주거나 식물을 관리한다.

출처: Modified from Simson, S. P. and C. B. Straus. 1998. Horticulture as therapy. The Food Products Press, New York.

회상은 일정한 목적 아래 혹은 뚜렷한 목적 없이 과거에 대해 생각하는 것으로, 구체적으로 과거의 즐거웠던 경험을 재음미하고, 과거의 잘못이나 불유쾌했던 경험 등에 용서를 구하거나 왜곡된 사고를 합리적으로 재조명하고, 억눌렸던 감정을 발산하게 하는 기능이 있다. 노인은 다양한 경험을 가지고 있으므로 이러한 회상기법을 도입하는 데 적합하다. 회상을 통해 노인은 그동안 자신의 삶이 의미 있었음을 평가하고 현재의 삶을 긍정적으로 수용함으로써 삶의 가치를 높이고, 자아통합감을 긍정적으로 증진시킬 수 있으며, 다가오는 죽음을 긍정적으로 받아들일 수 있다.[7] 노인을 위한 원예치료 프로그램으로 유년기부터

7) Lee, E. S. 2005. Effect of HT program based on reminiscence on the improvement

학창시절, 청·장년기에 이르는 과거를 회상할 수 있는 각각의 프로그램이나 소재, 대화 등 회상기법을 활용할 수 있다.

4.2.2 주의 및 특이 사항

원예활동 경험이 있는 노인 중 취미활동이 아니라 생계유지를 위해 농사를 지으셨던 분들은 원예치료 프로그램 중 채소나 과수 재배 및 수확 프로그램을 치료가 아니라 노동의 연장으로 생각할 수 있으며, 이로 인해 치료사의 치료의도가 희석되거나 변질될 수 있으므로 주의해야 한다.

또한 시각적으로 노안이 되면 밝고 어두움에 대한 순응력과 색을 구별하는 능력이 저하되므로, 프로그램에서 또는 소재를 선택할 때 채광이나 조명, 일광의 강함, 색을 구분하고 선택하는 것에 대한 배려가 필요하다. 예를 들어 백내장 환자의 경우, 하얀 물체가 누런색으로 탁하게 보일 수 있으므로, 꽃식물이나 절화 등을 원예치료 프로그램의 소재로 사용할 때에는 빨간색이나 노란색, 핑크색 등을 중심으로 선명하고 산뜻한 색의 조합을 이용하거나, 빨강과 주황색 꽃 사이에는 흰색 꽃을, 노랑꽃 옆에는 보라색이나 자주색 꽃을 심어 명도차가 크거나 보색인 색을 이용하면 각각의 꽃색을 확실히 구분할 수 있다.

노인들은 작은 소리나 높은 음역의 소리 등을 듣는 것이 어려우며, 특히 소음이 많은 곳에서 대화에 집중하기가 매우 어렵다. 따라서 원예치료를 실시할 때에는 주변의 소음을 차단하여 집중할 수 있도록 하며, 언어적 설명과 제스처를 함께 사용하는 것이 바람직하다.

급작스럽게 움직일 경우 움직이는 근육의 위축 또는 심한 경우 골절 등을 유발할 수 있으므로 주의하고, 쉽게 피로를 느끼기 때문에 작업량이 많지 않도록 조절하여 일정시간 작업한 후에는 반드시 휴식하도록 한다. 또한 다른 연령의 대상자에 비해 재지시하거나 이해를 돕는 등의 치료사 보조가 더 필요하므로 보조치료사 또는 자원봉사자 한 사람 당 대상자의 수를 적게 하는 것이 바람직하다.

---

of self-integration of the aged. MS Diss., Konkuk Univ.

4.3 실제 연구결과

저 자	발표연도 · 출처	논 문 제 목	연구대상, 연구기간 및 프로그램 횟수	사용한 평가지
정수찬	2006 단국대학교 석사학위논문	색채를 활용한 원예치료 프로그램이 노인의 생활만족도에 미치는 영향	요양원에 거주하는 노인 22명 대조군, 실험군 각 11명 주1회 4개월간 총 15회	노인 생활만족도 원예활동평가표 시지각 검사

주 효과 및 결과	특 이 사 항
색채를 활용한 원예치료 프로그램 실시 후 원예치료 활동의 항목별 평가결과로 실험군은 참여성, 관심 및 조력성이 유의하게 변화를 보였으며, 언어소통능력, 자아개념 및 주체성은 유의하지는 않지만 증가를 보이고 있고 욕구 충동적 적응력, 대인관계 능력은 유의한 차이를 보이고 있고, 인지 및 문제해결 능력도 유의하지 않지만 약간의 향상을 보였다. 실험군에서 프로그램 시작 시점에는 색채구분의 어려움 등에서 오는 자신감 부족으로 사회활동이 많이 위축되어 있어 처음에는 복지사의 권유 등으로 참여하였고 참여하여도 비교적 관심도가 낮았으나 프로그램 실시 횟수가 늘어날수록 자발적인 참여가 향상되었으며 이에 따라 관심도가 높아져 프로그램의 공동체 의식에서 조력성이 향상되었고 그에 따라 활동에 참여하는 사람과의 대화가 늘고 자신감이 생겨 대인관계 능력이 크게 향상된 것으로 나타났다.	노화에 의하여 발생하는 색채 지각의 이상현상을 노인을 위한 원예치료 프로그램에 적용

저 자	발표연도 · 출처	논 문 제 목	연구대상, 연구기간 및 프로그램 횟수	사용한 평가지
김태현	2005 숭실대학교 석사학위논문	원예치료를 적용한 재가노인 역량강화 프로그램의 효과성 연구	복지관 사례관리대상자 10명 실험군 주1회 10개월간 총 49회	역량강화적 변화척도 자아존중감 척도 전문가 관찰일지

주 효과 및 결과	특 이 사 항
원예치료 실시결과 역량강화의 변화, 자아존중감의 변화 측면에서 다소의 차이는 있지만 모두 효과적인 것으로 나타났다. 그 변화의 추이를 보면 초기의 집단활동과 원예활동을 배우고 텃밭활동을 할 때까지의 참여자는 통계적으로 유의미한 긍정적인 변화가 생겼다. 집단활동을 통해 집단에 대한 소속감과 일체감을 심어주는 것과 원예활동에 대한 학습, 텃밭에서의 실습과 수확의 분배 과정들이 긍정적인 변화를 이끌어 준 요인으로 판단된다.	단일 전후 설계

저 자	발표연도 · 출처	논 문 제 목	연구대상, 연구기간 및 프로그램 횟수	사용한 평가지
이은숙	2005 건국대학교 석사학위논문	회상을 도입한 원예치료 프로그램이 노인의 자아통합감 증진에 미치는 영향	일반노인 27명 대조군 14명, 실험군 13명 주2회 3개월간 총 18회	단축형 노인우울척도 노인 생활만족도 척도 자아존중감 척도 자아통합감 척도 혈압 및 맥박 개별 프로그램 선호도 질문지

주 효과 및 결과	특 이 사 항
두 처리군의 효과를 비교한 결과, HTPRG(회상을 도입한 원예치료 실시군)는 HTPG(원예치료 실시군)보다 생활만족도, 자아존중감, 자아통합감이 유의하게 향상되었으며, 특히 자아통합감은 HTPG보다 매우 유의한 차이로 향상되었다. 한편, 두 처리군 모두 수축기혈압, 이완기혈압은 유의하게 증가하였고 맥박은 감소하여 행복, 설레임 등의 쾌정서를 보였다. 노인의 특성을 고려하여 회상을 도입한 HTPRG는 단기간 내에 통계적으로 유의한 향상을 나타냈다. 특히 자아통합감의 증진에 있어 HTPG에 비해 뛰어난 향상을 보였다.	기존의 원예치료를 실시한 그룹을 대조군으로, 회상기법을 도입한 원예치료 실시 그룹을 실험군으로 선정

<table>
<tr><td>저 자</td><td>발표연도 · 출처</td><td>논 문 제 목</td><td>연구대상, 연구기간 및 프로그램 횟수</td><td>사용한 평가지</td></tr>
<tr><td>임정옥</td><td>2005
대구가톨릭
대학교
석사학위논문</td><td>원예치료시 레몬향 처리가 만성질환 노인의 정서안정에 미치는 영향</td><td>요양원에 거주하는 노인 6명
실험군, 대조군
주1회 6개월간
총 24회</td><td>성격차원검사
혈압과 맥박검사
관찰일지</td></tr>
<tr><td colspan="4">주 효과 및 결과</td><td>특 이 사 항</td></tr>
<tr><td colspan="4">원예치료 대상자를 고혈압과 저혈압으로 구분하여 혈압을 측정한 결과 고혈압의 경우 대조군의 수축기 혈압, 이완기 혈압이 모두 내려갔다. 레몬처리구의 수축기 혈압은 내려갔으나 이완기 혈압은 올라가는 것을 볼 수 있다. 저혈압의 경우 대조군의 수축기혈압은 실시 전과 차이가 없었으며 이완기 혈압은 실시 전보다 높아졌다. 레몬 처리구의 경우 수축기혈압, 이완기혈압은 실시 후 높아졌다. 맥박을 조사한 결과 대조군의 경우 프로그램 전보다 실시 후 낮아졌으나 레몬처리구의 경우 원예치료만 실시한 대조군과는 달리 상승하였다. 성격차원 검사 평가결과 프로그램 실시 전 검사에서보다 실시 후 대부분의 환자들의 성격이 개선되는 것으로 나타났다. 특히 레몬 향기에 의해서 표정이 밝아지고 정서적으로 안정되는 것을 볼 수 있었다.</td><td>단일 전후 실험설계</td></tr>
</table>

<table>
<tr><td>저 자</td><td>발표연도 · 출처</td><td>논 문 제 목</td><td>연구대상, 연구기간 및 프로그램 횟수</td><td>사용한 평가지</td></tr>
<tr><td>김희성</td><td>2004
서울여자
대학교
박사학위논문</td><td>노인복지시설의 원예치료적 환경조성에 관한 연구</td><td></td><td></td></tr>
<tr><td colspan="4">주 효과 및 결과</td><td>특 이 사 항</td></tr>
<tr><td colspan="4">노인의 삶의 질을 높이는 쾌적한 환경조성 및 원예치료 프로그램을 적용하고 있거나 적용했던 노인종합복지관의 주간보호센터, 단기보호소 및 장기요양시설 중심으로 원예치료의 적용현황 및 환경을 살펴보았다. 노인의료복지 시설에 치료의 의미로서 원예치료 프로그램을 적용하기 위해서는 실내 · 실외 활동이 균형을 이루어야 하며, 적용대상자의 활동량 · 증상 · 기호에 맞게 적용되어야 한다. 결과적으로 선정된 노인복지시설은 시설을 이용하는 노인들의 증상과 특성에 맞는 다양한 형태의 원예치료 프로그램을 적용할 수 있는 공간과 시설을 갖추고 있지 못하였고 원예치료 프로그램의 적용범위는 제한적이며 원예치료의 효과에 있어서도 균형적이지 못하고 제한적이라고 판단된다.</td><td>심리치료적인 효과를 거둘 수 있는 치료적 환경을 조성할 수 있는 방안을 제시하고자 함</td></tr>
</table>

<table>
<tr><td>저 자</td><td>발표연도 · 출처</td><td>논 문 제 목</td><td>연구대상, 연구기간 및 프로그램 횟수</td><td>사용한 평가지</td></tr>
<tr><td>이은숙</td><td>2004
고려대학교
석사학위논문</td><td>여가로서 그룹 원예활동이 독거여성노인의 고독감과 생활만족도에 미치는 영향</td><td>독거여성노인 16명
대조군, 실험군 각 8명
주1회 7개월간
총 28회</td><td>고독감 측정
생활만족도 측정
원예활동 평가일지</td></tr>
<tr><td colspan="4">주 효과 및 결과</td><td>특 이 사 항</td></tr>
<tr><td colspan="4">대상자들의 각 회기별 일지를 기록하면서 회기를 거듭할수록 대상자들이 활동에 대한 긍정적 관심과 적극적인 참여태도를 보였고, 그룹 내 구성원들이 서로 관심을 갖고 대화를 하면서 친밀감이 형성되었으며, 활동 전의 심리상태와 달리 활동시간에 감정을 조절하고 통제하는 모습을 볼 수 있었다. 또한 창작품이나 처음 해보는 활동에 관해 두려움이나 소극적인 태도와는 달리 창작물에 대한 자신감을 갖고 적극적인 태도를 임하는 모습을 볼 수 있었고 본인의 작품, 결과물에 대해 책임감을 갖고 대하는 것을 볼 수 있었다. 이는 노인들이 원예활동으로 인한 삶의 의욕이 생기고 만족감이 향상되었다는 점을 시사한다.</td><td></td></tr>
</table>

저 자	발표연도・출처	논 문 제 목	연구대상, 연구기간 및 프로그램 횟수	사용한 평가지
이정식	2004 상명대학교 박사학위논문	유료노인 요양시설의 옥외공간에 관한 연구		
주 효과 및 결과				특 이 사 항
유료노인 요양시설을 대상으로 노인성 장애에 따른 치유대책과 요양 프로그램을 지원할 수 있는 옥외공간에 대한 개선점 및 설계시 고려사항을 제시하여 옥외공간의 활용도를 높이는 데 목적이 있다. 아직까지 옥외공간에 대한 활용이 미흡한 요양시설에 대한 적극적인 활용을 유도하기 위한 것이다. 즉, 요양시설의 옥외공간 활용은 신체적・정신적인 치료효과를 일시적으로 가져오는 방안으로서가 아니라 노인의 생활을 영위할 수 있는 공간으로 조성되어야 하며, 이를 위해서 다양한 요양 프로그램의 개발이 필요하고 노인의 일반적인 특징 및 장애의 정도에 따른 치유대책과 공간이 조성되어야 한다. 또한 제시된 노인요양시설의 옥외공간 개선점 및 설계시 고려사항은 노인요양시설의 계획 및 설계의 방향성을 제시하여 실제 노인요양시설을 조성하고 옥외공간을 디자인하는 데 기여할 수 있다.				

저 자	발표연도・출처	논 문 제 목	연구대상, 연구기간 및 프로그램 횟수	사용한 평가지
정선희	2004 경상대학교 석사학위논문	원예치료가 노인성 질환자들의 자아존중감에 미치는 영향	실험1: 노인성 질환자 14명 실험군 주2회 3개월간 총 20회 실험2:노인성 질환자 20명 원예치료군 5명, 음악치료군 5명, 원예치료 및 음악치료군 5명, 대조군 5명 주2회 총 20회 실험3: 치매 환자 13명 실험군 주2회 총 26회 실험4: 노인성 질환자 6명 주2회 총 20회	자아존중감 척도 GDS MBI 원예활동평가표
주 효과 및 결과				특 이 사 항
실험1의 경우, 원예치료 실시 전후를 비교한 결과 자아존중감, MBI, 원예활동평가표는 수치상으로 증가하고 통계적으로도 유의하게 나타났으며, 우울정도는 통계적으로 유의하게 감소하였다. MBI는 사후조사결과 일상생활 운동 정도가 좋아졌으며, 원예활동평가표에서는 참여성, 관심 및 조력성, 언어소통능력, 인지 및 문제해결 능력 항목에서 변화를 가져왔다. 실험2에서는 자아존중감의 변화가 원예치료 및 음악치료군에서 가장 효과가 컸으며, 우울의 변화도 마찬가지였다. 원예치료군에서는 욕구-충동적 적응력과 참여성에서 많은 변화를 가져왔으며, 원예치료와 음악치료 모두 노인성 질환자의 자아존중감과 우울의 향상에 긍정적이나 하나의 치료보다는 둘을 같이 실시했을 때 더 효과적이었다. 실험3에서는 치매 노인의 경우 자아존중감이 매우 향상되었으며, 원예활동 평가표는 참여성, 자아개념 및 주체성, 인지 및 문제해결 능력 항목에서 많은 변화를 보였다 실험4에서는 자아존중감의 향상 및 참여성, 언어소통능력, 자아개념 및 주체성, 욕구-충동적 적응력, 인지 및 문제해결 능력 항목에서 향상을 보였다.				

저 자	발표연도 · 출처	논 문 제 목	연구대상, 연구기간 및 프로그램 횟수	사용한 평가지
강석정	2002 연세대학교 석사학위논문	노인에서 원예요법이 신체적 기능에 미치는 효과	노인 35명(여성) 대조군 10명, 실내실험군 12명, 실외실험군 13명, 주2회 5개월간 총 40회	척추의 관절운동범위 손의 근력(RMS) 균형감각 일상생활 동작지수

주 효과 및 결과	특 이 사 항
실내 원예요법군에서는 원예요법이 진행될수록 일상생활 동작지수와 양측 손의 단무지 외전근의 수축력이 의미 있게 증가하는 소견을 보였다. 실외 원예요법군에서 척추의 신전각도, 일상생활 동작지수와 양측 손의 단무지 외전근의 수축력이 유의하게 증가되었으며 일상생활 동작지수의 소항목 중 자기관리, 이동, 운동영역에서 유의한 증가를 보였는데 척추의 굴곡각도와 균형감각 검사에서는 유의한 차이를 보이지 않았다. 대조군, 실내 원예요법군, 실외 원예요법군의 결과비교에서 일상생활동작지수에서만이 대조군에 비해 실내 원예요법군과 실외 원예요법군에서 원예요법을 진행함에 따라 지속적으로 유의하게 증가하는 것을 보였다.	임의적으로 대조군, 실내 원예요법군, 실외 원예요법군으로 나누어서 프로그램을 실시하고, 프로그램별 효과 비교

저 자	발표연도 · 출처	논 문 제 목	연구대상, 연구기간 및 프로그램 횟수	사용한 평가지
오은경	2002 건국대학교 농축대학원 석사학위논문	원예치료가 주간보호센터에서 뇌졸중 후 편마비 및 퇴행성 관절염 어르신의 우울과 자아존중감에 미치는 영향	뇌졸중 후 편마비 및 퇴행성 관절염 노인 15명 주1회 17개월간 총 60회	GDS 자아존중감 척도 원예활동평가표

주 효과 및 결과	특 이 사 항
재활 부분 참고	

저 자	발표연도 · 출처	논 문 제 목	연구대상, 연구기간 및 프로그램 횟수	사용한 평가지
조미경	2002 대구가톨릭 대학교 석사학위논문	원예치료가 독거노인의 공동체 의식 함양과 생활만족에 미치는 영향	독거노인 8명 대조군, 실험군 각 4명 주1회 5개월간 총 23회	우리성 생활만족도 성격평가를 위한 원예활동평가표 및 원예인지능력 평가표 원예활동평가표

주 효과 및 결과	특 이 사 항
원예치료가 독거노인의 생활만족도와 우리성을 향상시키는 효과가 있는 것으로 나타났다. 원예치료 실시 전후 우리성은 대조군의 경우 감소하였으나 실험군의 경우 향상되었다. 원예치료 실시 전 · 후 대조군과 실험군의 생활만족도의 차이는 대조군의 경우 감소하였으나 실험군의 경우 향상되었다. 성격평가의 경우 큰 차이를 나타내지 않았으나 원예인지능력평가의 경우 크게 향상되었다. 원예활동평가는 전반적으로 향상되었고, 특히 참여성, 관심 및 조력성, 자아개념 및 주체성, 욕구-충동성 적응력, 인지 및 문제해결 능력의 항목이 향상되었다.	

저 자	발표연도 · 출처	논 문 제 목	연구대상, 연구기간 및 프로그램 횟수	사용한 평가지
라선희	2001 전북대학교 석사학위논문	여가의 원예활동이 여성노인의 우울과 생활만족도 및 소근육에 미치는 효과	노인 복지관의 회원 7명 실험군 주1회 5개월간 총 18회	GDS 생활만족도 수지부 근육 측정도구: Hand Coordination 검사 악력 측정도구: Grip strength 검사 지력 측정도구: Key pinch 검사 HTP 검사
주 효과 및 결과				특 이 사 항
여성노인들의 원예치료 실시결과 우울 정도는 감소하였으며, 생활만족도는 증가하였고, Hand coordination을 빠르게 하는 효과는 있지만, Grip strength와 Key pinch는 통계적으로 큰 효과가 없는 것으로 나타났다. 개인의 생활과 주위의 변화를 알아보는 HTP 검사에서는 여가생활에 높은 만족을 느끼며, 사회성 향상과 가족의 관심증가로 가족관계의 변화를 보이고 개인적으로 자기표현과 자아정체성의 높은 향상을 볼 수 있었다.				단일 전후 실험설계

저 자	발표연도 · 출처	논 문 제 목	연구대상, 연구기간 및 프로그램 횟수	사용한 평가지
박여원	2001 건국대학교 농축대학원 석사학위논문	원예치료 프로그램이 주간노인보호센터 뇌졸중 노인의 신체 · 심리 및 사회적 증진에 미치는 영향	뇌졸중 노인 6명 주2회 3개월간 총 25회	GDS ADL 원예치료 그룹 활동평가 원예활동 평가표 원예작업 평가
주 효과 및 결과				특 이 사 항
재활 부분 참고				

저 자	발표연도 · 출처	논 문 제 목	연구대상, 연구기간 및 프로그램 횟수	사용한 평가지
유혜숙	2001 건국대학교 농축대학원 석사학위논문	원예치료가 시설거주노인의 균형감, 민첩성, 손 기능에 미치는 영향	시설노인 39명 대조군 13명, 실험군 26명 주2회 4개월간 총 40회	균형평가지 민첩성 Grooved pegboard
주 효과 및 결과				특 이 사 항
대조군에서 균형감, 민첩성, 손 기능이 평균적으로 퇴화를 보였으며, 실내 치료군은 손 기능이 향상되었고, 균형감과 민첩성은 유지되었다. 실외 치료군은 균형감, 민첩성, 손 기능에서 평균이 향상된 결과를 보였다. 그러나 모두 통계적으로 유의한 차이를 나타내지는 않았다. 또한 대조군과 실내치료군, 대조군과 실외치료군, 실내치료군과 실외치료군을 비교한 결과 손 기능은 치료 전 · 후에 통계적으로 유의한 차이를 보이지 않았다. 반면 균형감각과 민첩성은 대조군과 실외 치료군의 비교에서 치료 전에는 통계적으로 유의한 차이를 보이지 않았고, 치료 후에는 통계적으로 유의하게 호전된 것을 볼 수 있었다.				

저 자	발표연도 · 출처	논 문 제 목	연구대상, 연구기간 및 프로그램 횟수	사용한 평가지
정재은	2001 고려대학교 석사학위논문	노인의 원예활동참여에 따른 여가 및 생활만족도의 관계	60세 이상의 노인 400명 3개월간	자체 제작 설문지(인구통계학적 및 사회경제적 문항, 여가만족척도, 노인의 생활만족도로 구성)
주 효과 및 결과				특 이 사 항
연령별로 현재 하고 있는 원예활동을 조사한 결과, 60대, 70대, 80대 이상 모두 분화가꾸기의 비율이 가장 많이 차지하였다. 원예활동 참여시간은 하루 평균 30분 이하가 가장 많았으며, 장년기 때부터 원예활동에 참여했다는 응답이 가장 많았다. 연령과 성별에 상관없이 대체적으로 각각의 식물에 맞는 특성과 환경에 관한 지식부족 및 노화에 따른 체력저하를 어려운 점으로 꼽았다. 또한 원예활동 참여유무와 성별, 연령, 교육수준, 배우자, 경제력, 건강변인과의 관계를 보면, 각 사회인구학적 배경변인별로 참여집단이 비참여집단보다 여가만족도가 높음을 알 수 있었다. 원예활동 참여기간이 교육적 · 사회적 여가만족에 효과가 있는 것으로 조사되었으며, 여가활동 참여시간과 여가만족도와의 관계는 통계적으로 유의하지 않은 것으로 나타났다. 또한 원예활동 참여집단의 생활만족도가 비참여집단보다 높았으며, 생활만족도도 같은 결과를 나타냈다.				면접을 통한 설문 실시

저 자	발표연도 · 출처	논 문 제 목	연구대상, 연구기간 및 프로그램 횟수	사용한 평가지
한정숙	2001 삼육대학교 석사학위논문	원예치료가 시설 노인의 삶의 질 및 우울에 미치는 영향	시설노인 59명 실험군 29명 대조군 30명 주1회 3개월간 총 11회	삶의 질 측정도구 단축형 노인 우울 척도
주 효과 및 결과				특 이 사 항
정신 부분 참고				

5. 아동 및 청소년

5.1 대상자의 특징

아동은 크게 학령기 전 아동과 학령기 아동으로 나눌 수 있으며, 연령별 발달과정에 따라 각기 다른 인지적, 정서적, 행동적 특징이 있다. 그러나 각 발달단계별 아동의 공통점은 아동의 인지적, 정서적, 행동적 특징이 자라는 과정에서 주변 환경의 영향을 많이 받는다는 것이다. 에릭슨(Erickson)은 그의 발달심리 이론에서 각 발달단계별 정신사회적 동기와 각 단계별 욕구 충족 또는 불충족시의 심리사회적 특징을 설명하고 있다(표 7-21).

아동은 연령이 낮을수록 대부분의 시간을 함께 보내는 부모나 가족의 영향을 많이 받는다. 그러나 점차 핵가족화되고 여성의 구직기회가 증가하면서 어머니와 함께하는 시간이 매우 부족해지며, 이혼율의 증가로 결손가정이 늘어남에 따라 아동이 받는 스트레스가 증가하게 되었고, 아동에 대한 관심 부족 등은 우울, 불안, 과잉행동 증가 및 집중력 저하로 이어지게 되었다.

표 7-21 에릭슨의 심리사회적 발달이론(발달단계 이론)

발달단계 및 특성	세 부 내 용
제1단계(0~1세) 기본적 신뢰감 대 불안감	세상을 안전하고 믿을 수 있는 곳이라 생각하는 기본적인 신뢰감이 형성된다. 이것은 생의 의욕과 긍정적 세계관을 기르는 데 기초한다. 유아는 부모로부터의 애정과 적절한 때 젖을 먹는 것에서부터 신뢰감이 발달되며, 이러한 욕구가 충족되지 못했을 때 세상에 대해 공포와 의심, 불신을 가진다.
제2단계(1~3세) 자율성 대 수치심과 회의	자기의 요구에 따른 자율과 독립의 기초가 마련되면 적극적이고 능동적인 신체활동과 언어의 사용이 증가되고, 이를 자발성의 요구라고 한다. 그러나 그렇지 못하면 심한 죄책감을 갖게 되며, 질문과 탐색활동이 잦아진다.
제3단계(3~5세) 주도성 대 죄책감	운동능력과 지적능력의 발달 및 다양해진 경험으로 인해 아동은 주도적으로 환경을 탐구하고 경험하면서 책임감을 갖게 된다. 스스로 할 수 있는 것을 허용하고 격려하면 자율성을 형성하게 되며, 독립심과 존중감을 기르는 데 기초가 된다. 적당한 감독과 제재가 필요하다. 그러나 지나치면 자신의 능력을 의심하고 수치심을 갖게 되어 심한 자기 회의에 빠지게 된다.
제4단계(5~12세) 근면성 대 열등감	취학으로 인해 아동은 학교라는 더 넓어진 환경과 학교로부터의 도전에 직면하게 된다. 아동은 학문적 성취를 통해서 자존감을 발달시키게 되고, 선생님이나 동료들과 협동하고 성공적인 참여에 만족하게 된다. 열등의식은 아동이 자기의 학령에서 과제를 성공적으로 이루어내지 못함으로써 생긴다.
제5단계(12~19세) 정체감 대 역할의 혼동	사춘기 청소년들은 신체적 변화와 함께 어른으로 가는 과정에서 요구되는 독립성의 요구가 많아진다. 이들은 점차적으로 독자적인 자아정체성과 자존감을 갖게 된다. 이들 중 일부는 자신의 정체성과 자신의 역할에 혼동을 갖기도 한다. 이는 직업 선택이나 성 역할 등에 혼란을 가져오고 인생관과 가치관의 확립에 심한 갈등을 일으킨다.
제6단계(청년기) 친밀감 대 고립감	청소년기에 자아 정체감이 확립되면 자신의 정체성을 타인의 정체성과 연결시키고 조화를 이루려고 노력하게 된다. 자신의 고립을 배우자, 부모, 동료 등 사회의 여러 다른 성인들과의 친밀감으로 극복하고자 한다. 그렇지 못하면 의미 있는 애착관계에서 고립된 채 남게 된다.
제7단계(장년기) 생산성 대 침체성	중년의 성인은 자신에게 몰두하기보다 가정에서나 직장, 지역의 책임감 있는 자리에서 생산적인 임무를 이루어내고, 자녀 양육에 몰두한다. 이것이 원만하지 못하면 어릴 때와 마찬가지로 자신에게만 몰두하고 사회적, 발달적 정체를 면하지 못한다.
제8단계(노년기) 통합성 대 절망감	노년기의 성인들은 지나온 과거를 돌이켜보며 자신의 삶을 평가하게 되는데, 만족감이나 수용되었다는 느낌을 갖게 되거나 혹은 아무 얻은 것도, 가진 것도 없다는 절망감을 갖게 되기도 한다.

청소년기는 이전의 발달단계에서 성취된 것들을 통합하고, 자기주체성을 형성하는 시기이다. 다시 말해, 생물학적 · 심리적 · 사회적 변화가 가장 큰 시기로, 다른 시기에 비해 스트레스를 더 많이 받고, 스트레스에 적절하게 적응하지 못했을 때에는 몸과 마음의 질병이나 부적응 행동이 나타난다. 또한 청소년에 대한 사회의 여러 요구나 진학에 대한 주변의 과도한 기대 등으로 겪는 신체적 · 심리적 · 사회적 스트레스는 청소년의 갈등과 부적응을 더 크게 하는 요인이 되고 있다.

5.2 원예치료적 접근 가능한 치료 목적 및 목표

5.2.1 원예치료적 접근

아동 및 청소년을 위한 원예치료는 크게 인지능력 발달, 정서심리적 발달, 사회적 기술 습득으로 나누어볼 수 있다(표 7-22).

표 7-22 아동 및 청소년을 위한 원예치료 목적

인지적 발달	정서심리적 발달	신체적 발달	사회적 기술 습득
▪ 집중력 및 집중시간 증가 ▪ 사고력 및 탐구력 향상 ▪ 문제해결 능력 강화 ▪ 지시수행 능력 향상 ▪ 새로운 원예 지식 습득	▪ 책임감 습득 ▪ 생명의 소중함 익힘 ▪ 자부심과 자신감의 향상 ▪ 정서적 안정	▪ 눈손 협응력 향상 ▪ 미세 또는 거대 운동기능의 향상	▪ 타인에 대한 존중을 알게 됨 ▪ 협동심 및 대인관계 향상 ▪ 자기주장 능력 증가

아동 및 청소년의 심리 및 인지, 행동발달과 관계된 다양한 이론들 중 대표적인 것은 프로이트의 성격 발달이론, 피아제의 심리 및 인지발달 이론, 에릭슨의 심리사회적 발달이론, 콜버그의 도덕성 발달이론, 비고스키(Vygotsky)의 역사 · 사회적 인지발달 이론 등이 있으며, 이외에도 스키너(Skinner)의 조작적 조건화 이론, 파블로프의 조건반사 이론 등이 있다. 이 이론들은 아동 및 청소년을 위한 원예치료을 행할 때 적합하게 활용할 수 있을 것이다.

아동 및 청소년은 타 대상자에 비해 지식습득 능력이 뛰어나므로, 원예치료를 위해 학습기회를 제공하여 원예 지식을 습득할 수 있도록 하고, 대상자의 요구와

기능의 단계에 따라서 활동의 등급을 주며 단순한 것에서 복잡한 단계로 작업을 나누어 주는 것이 바람직하다. 또한 작업 그룹은 개인의 독창성과 독립성과 더불어 구성원과의 협동적인 결정이 이루어지도록 고안되어야 하며, 가능한 대상자들이 계획을 조직하고 실시할 수 있도록 한다. 아동 및 청소년을 위한 치료목적, 목표와 그에 따른 원예치료적 접근은 **표 7-23**을 참고로 한다.

표 7-23 아동 및 청소년을 위한 치료목적, 목표와 그에 따른 원예치료적 접근의 예

목적: 긍정적인 사회적 기술과 대인관계의 발달 **목표**: 부당한 요구 행동을 줄이기 **원예치료적 접근**: 대상자들은 1주일 동안에 그룹당 한 번 정중하게 도움을 요청할 수 있다.
목적: 자존감 및 자신감 향상 **목표**: 자존감 향상 **원예치료적 접근**: 대상자들은 1주일 동안 매일 하나의 작업을 완벽하게 잘 마무리할 수 있다.
목적: 조절능력 향상을 위한 환경 제어 **목표**: 식물에 대한 책임감을 인정하기 **원예치료적 접근**: 대상자들은 식물을 선정해서 한 달 동안 식물을 돌볼 수 있다.
목적: 입학 전 또는 취업 전 기술 개발(지시이행, 지속적 작업 실시, 의견수용 등) **목표**: 지속적으로 작업을 실시할 수 있는 능력 향상 **원예치료적 접근**: 대상자들은 한 가지 지시에 따른 임무를 10분 동안 수행할 수 있다.

출처: Modified from Simson, S. P. and C. B. Straus. 1998. Horticulture as therapy. The Food Products Press, New York.

5.2.2 주의 및 특이 사항

아동 및 청소년은 움직임의 범위가 넓고 또래와의 어울림 등을 통해 주의가 산만하여 자칫 안전에 대한 문제가 발생할 수 있으므로, 안전과 위생에 관한 규칙을 사전에 공지하고 따를 수 있도록 교육한다. 또한 원예치료 후에는 날카롭거나 다칠 수 있는 도구를 수거 및 정리하고, 물건을 던지거나 발로 차는 등 또래들과의 장난을 통해 상해를 입을 수 있는 행동과 프로그램 중 공격적인 행동이나 욕설 등을 금하도록 한다.

5.3 실제 연구결과

저 자	발표연도 · 출처	논 문 제 목	연구대상, 연구기간 및 프로그램 횟수	사용한 평가지
나경미	2006 건국대학교 농축대학원 석사학위논문	원예치료 수업이 대안학교 학생의 상태 특성 불안 감소와 자아존중감 향상에 미치는 영향	대안학교 학생 22명 실험군, 대조군 각 11명 주2회 2개월 총 16주	자아존중감 척도 상태특성불안 척도
주 효과 및 결과				특 이 사 항
정신 부분 참고				

저 자	발표연도 · 출처	논 문 제 목	연구대상, 연구기간 및 프로그램 횟수	사용한 평가지
이민정	2006 대구가톨릭대학교 석사학위논문	원예치료가 빈곤결손가정 아동의 자아개념과 학습능력에 미치는 영향	빈곤 결손가정 아동 9명 실험군 주1회 5개월간 총 22회	자아개념 검사 학습능력 검사 원예치료 평가표(KHY식) 아동용 문장완성 검사 관찰
주 효과 및 결과				특 이 사 항
대상자 전체의 자아개념 검사지 평가결과, 원예치료 실시 후 사회적 자아, 정서적 자아는 통계적 유의한 차가 나타났다. 학습능력 검사지 전체 결과 학습활동 영역에서 기억력 · 집중력은 통계적 유의차가 있었으며, 실행력과 학습동기 항목에서는 유의차를 보이지 않았고 학습능력 영역에서 추리력 · 수리력에서 통계적 유의차가 나타났다. 문장완성 검사 결과 자아개념 검사에서 볼 수 없었던 학업에 대한 자신감과 또래친구들과의 관계개선을 문장으로 확인할 수 있었다. 대상자 특성에 따른 개별평가 결과, 수업초반에 보이던 자리배정에 대한 불만, 자리이탈 행동들이 후반에 가서는 보이지 않았으며 스스로 자리를 찾아가는 질서 있는 모습을 볼 수 있었다. 또한 자신의 작품에 대한 자신감, 성취감이 눈에 띄게 향상되었으며 집중력과 적극성이 높아졌음을 관찰할 수 있었다.				단일 전후 실험설계

저 자	발표연도 · 출처	논 문 제 목	연구대상, 연구기간 및 프로그램 횟수	사용한 평가지
인명신	2006 대구가톨릭대학교 석사학위논문	원예활동이 취학 전 유아의 창의성 발달에 미치는 영향	어린이집 4~5세 아동 20명 대조군, 실험군 각 10명 주5회 90분씩 1개월간 총 17회	유아 간편 창의성 검사(HCTYC) 참여관찰
주 효과 및 결과				특 이 사 항
원예활동을 하지 않은 대조군은 형상 유창성을 제외한 모든 영역에서 검사 전후의 유의한 차이가 없었다. 그러나 원예활동군은 언어 창의성에 있어 유연성, 정교성, 유창성, 독창성 등 모든 항목에서 통계적으로 분명한 유의한 차이가 있었다. 형상 차이성에 있어서도 언어 창의성과 마찬가지로 대조군에서는 차이가 없었지만 원예활동군의 경우 형상 유연성, 정교성, 유창성, 독창성 등 모든 항목에서 유의한 차이가 있었다.				

저 자	발표연도 · 출처	논 문 제 목	연구대상, 연구기간 및 프로그램 횟수	사용한 평가지
조남희	2006 건국대학교 농축대학원 석사학위논문	원예치료가 저소득층 아동의 자아존중감과 사회성 향상에 미치는 영향	어린이집 내 저소득층 아동 20명 대조군 9명, 실험군 11명 주2회 6개월간 총 32회	자아존중감 척도 자아역량지각 척도 사회성발달 척도
주 효과 및 결과				특 이 사 항
원예치료 실시 전후 그룹별 변화 비교시 대조군에서 자아존중감, 자아역량지각, 사회성 모두 통계적으로 유의한 차이가 나타나지 않았다. 치료군은 자아존중감의 세부항목 중 신체적 능력에서 유의한 차이를 나타냈으나 전체 자아존중감에서는 유의한 차이가 나타나지 않았으며, 자아역량지각은 세부항목 중 신체적 지각에서 유의한 차이가 나타났으나 전체 자아역량지각에서는 유의한 차이가 나타나지 않았다. 사회성은 세부항목 중 내적 통제, 동료수용, 성취동기, 호기심에서 유의한 차이가 나타났고 전체 사회성에서 유의한 차이가 나타났다. 즉 치료군에서 신체적 능력이 향상되었으나 자아존중감과 자아능력지각에서는 변화가 없었고, 사회성은 유의하게 증가하였다.				Goleman 정서교육의 5단계를 바탕으로 원예치료 프로그램을 5단계로 구성

저 자	발표연도 · 출처	논 문 제 목	연구대상, 연구기간 및 프로그램 횟수	사용한 평가지
강대근	2005 창원대학교 석사학위논문	원예치료가 실업계 고등학교 학생들의 자아정체감 형성과 심리적 안녕감에 미치는 영향	실업계 고등학교 2학년 40명 대조군, 실험군 각 20명 주1회 2개월간 총 8회	자아정체감 검사 심리적 안녕감 검사
주 효과 및 결과				특 이 사 항
자아정체감의 하위영역 중에서는 자기수용성과 자기존재의식의 영역에서 실험의 효과를 검증할 수 있는 검사시기와 집단간 상호작용 효과가 유의한 것으로 나타나 원예활동이 실업계 학생들의 자기수용성과 자기존재의식을 향상시키는 것을 알 수 있었다. 원예활동이 실업계 학생의 심리적 안녕감을 변화시키는지 조사한 결과 실험집단은 사전에 비해 사후의 심리적 안녕감이 유의하게 향상된 것으로 나타났으며, 통제집단은 변화가 없었고, 실험의 효과를 검증할 수 있는 검사시기와 집단간 상호작용 효과가 유의한 것으로 나타났다.				

저 자	발표연도 · 출처	논 문 제 목	연구대상, 연구기간 및 프로그램 횟수	사용한 평가지
손영식	2005 공주대학교 석사학위논문	원예치료가 고등학교 특수학급 재학생의 생활기능 및 작업수행에 미치는 영향	정신지체 학생 4명 실험군 주1회 5개월간 총 12회	생활기능평가 작업수행평가
주 효과 및 결과				특 이 사 항
정신 부분 참고				

저 자	발표연도 · 출처	논 문 제 목	연구대상, 연구기간 및 프로그램 횟수	사용한 평가지
신 조	2005 서울교육대학교 교육대학원 석사학위논문	방과후 원예치료 프로그램이 맞벌이 가정 아동의 심리적 안정감에 미치는 효과	초등학교 3학년 맞벌이 가정 아동 37명 실험군 총 13개월간	설문조사 HTP 검사 PSCD 검사
주 효과 및 결과				특 이 사 항
맞벌이 가정 아동의 활동 시공간 실태 및 활동 유형을 파악하여 가정 및 학교에서의 원예치료 활동환경을 조성하고, 교육과정과 연계한 다양한 원예치료 학습지를 개발하여 활용하였으며, 방과후의 가정 · 학교 · 교실에서의 다양한 원예치료 프로그램을 구안하여 적용하였다. 다양한 원예치료 프로그램 구안 적용을 통하여 심리적인 위축감의 정도 및 공격적 심리가 유의미하게 낮아졌으며, 심리적 안정감의 정도가 유의미하게 높아진 것으로 그 효과가 나타난 것을 알게 되었다.				국어, 수학, 과학 등의 교육과정과 연계한 원예치료 학습지 개발

저 자	발표연도 · 출처	논 문 제 목	연구대상, 연구기간 및 프로그램 횟수	사용한 평가지
이금숙	2005 우석대학교 석사학위논문	원예활동이 정신지체아동의 감성지능에 미치는 영향	정신지체 학생 3명 실험군 주3회 2개월간 총 24회	감성지능 체크리스트
주 효과 및 결과				특 이 사 항
정신 부분 참고				

저 자	발표연도 · 출처	논 문 제 목	연구대상, 연구기간 및 프로그램 횟수	사용한 평가지
이명희	2005 단국대학교 석사학위논문	원예활동이 유치원 아동의 문제행동 및 기능에 미치는 영향	유치원 6세 아동 18명 (남 8명, 여 10명) 실험군 주1회 8개월간 총 29회	아동 행동평가 척도 교사 관찰지 부모 관찰지
주 효과 및 결과				특 이 사 항
정신 부분 참고				

저 자	발표연도 · 출처	논 문 제 목	연구대상, 연구기간 및 프로그램 횟수	사용한 평가지
이수관	2005 진주교육대학교 석사학위논문	원예활동이 초등학교 학생들의 인성함양에 미치는 영향	초등학교 5학년 학생 61명 주1회 6개월간	인성 검사지 원예활동 그림 그리기 원예활동 느낌일지 학부모 관찰지
주 효과 및 결과				특 이 사 항
원예활동이 전체적으로는 초등학생들의 인성함양에 긍정적인 영향을 주었으며, 학생들의 인성 덕목에서는 책임성 · 우월성 · 활동성 · 안정성 · 지배성 · 정서성 · 준법성 등의 7개 항목은 남녀 공통적으로 영향을 주었고, 자율성 · 협동성 등의 2개 항목은 여학생에게만 영향을 미치는 것으로 나타났다. 하지만, 성취성 · 사교성 등의 2개 항목은 남녀 공통적으로 영향을 미치지 않는 것으로 나타나 원예활동이 인성의 모든 덕목 함양에 긍정적인 영향을 주는 것은 아닌 것으로 밝혀졌다.				

저 자	발표연도 · 출처	논 문 제 목	연구대상, 연구기간 및 프로그램 횟수	사용한 평가지
이은숙	2005 대구가톨릭대학교 석사학위논문	원예활동이 취학전 아동의 사회성 발달에 미치는 영향	취학전 아동 7명 (7세 6명, 6세 1명) 실험군 주2회 4개월간 총 31회	유아 사회생활 적응검사 원예치료평가표(KHY식)
주 효과 및 결과				특 이 사 항
아동 전체의 유아 사회생활 적응검사 결과, 원예활동 실시 후 사회성과 생활기술이 유의하게 개선되는 것을 볼 수 있었다. 원예치료 평가표의 사회성 발달에서는 사회성과 도덕성이, 정서적 발달에는 자주성과, 활동 의욕 · 적극성이 유의하게 개선되는 것을 볼 수 있었다. 대상자 전체 평가결과, 원예활동 수행시 작업태도가 좋아졌으며 자신의 결과물에 애착심을 보였다. 그리고 공동원예 활동시 서로를 배려하면서 재료에 대해 다투는 행동이 감소하였으며, 프로그램을 실시함에 있어 식물이나 소재에 대한 질문 횟수가 늘어나는 등 식물에 대한 관심을 가지게 되었다. 아동에게 결과물에 대한 발표의 기회를 제공함으로써 자신의 감정을 표현하도록 하였다.				단일 전후 설계 및 사례연구

저 자	발표연도 · 출처	논 문 제 목	연구대상, 연구기간 및 프로그램 횟수	사용한 평가지
이은숙	2005 서울교육대학교 교육대학원 석사학위논문	원예활동이 초등학교 어린이들의 식생활습관 개선에 미치는 효과	초등학교 4학년 아동 80명 대조군, 실험군 각 40명 매일 1시간씩 9개월간	모둠별 급식일지 교정 도우미 카드 활용 재배 관찰일지 설문조사
주 효과 및 결과				특 이 사 항
원예활동 프로그램은 채소 가꾸기 기간 동안 식물에 대한 깊은 관심과 사랑하는 마음이 식물에 대한 관찰력을 높였고, 식물 관련 정보나 영양지식 습득에 적극 참여하게 하여 편식 습관을 반성하고 균형 잡힌 식사를 하려고 노력하는 과정을 통해 영양지식 향상과 편식습관 교정의 효과가 있었다. 그리고 자신이 가꾸는 식물의 성장 모습을 지켜보며 노작활동의 즐거움과 보람을 느끼고, 오랜 기간 동안 계속 반복되는 활동을 통해 인내심과 근면성을 길러주며 직접 수확하는 기쁨을 통해 나도 해낼 수 있다는 자신감과 성취감을 길러주는 효과가 있었다. 또한 벌레를 잡아가며 무공해 채소를 가꾸었고, 싱싱한 열매를 맛보는 즐거움은 자연스럽게 환경교육으로 연결되어 자연의 소중함, 농약의 해로움과 무공해 자연식품 섭취의 중요함을 일깨워주었다.				초등학교의 아침자습시간과 재량활동을 이용하여 원예활동을 실시하였으며, 각 과목 내 원예 관련 활동을 최대한 반영한 탈교과적 통합교육 실시

저 자	발표연도 · 출처	논 문 제 목	연구대상, 연구기간 및 프로그램 횟수	사용한 평가지
전영순	2005 신라대학교 석사학위논문	원예활동 프로그램이 초등학교 5학년 학생의 우울 성향 치료에 미치는 효과	초등학교 5학년 총 50명 대조군, 실험군 각 25명 주1회 3개월간 총 10회	아동, 청소년 행동평가 척도(K-CBCL) 청소년 자기행동평가 척도(K-YSR)
주 효과 및 결과				특 이 사 항
정신 부분 참고				

저 자	발표연도 · 출처	논 문 제 목	연구대상, 연구기간 및 프로그램 횟수	사용한 평가지
강혜영	2004 제주대학교 석사학위논문	원예활동 프로그램이 아동의 공격성에 미치는 효과	초등학교 6학년 20명 실험군, 대조군 각 10명 주1회 3개월간 총 10회	공격성 검사도구
주 효과 및 결과				특 이 사 항
정신 부분 참고				

저 자	발표연도 · 출처	논 문 제 목	연구대상, 연구기간 및 프로그램 횟수	사용한 평가지
김순덕	2004 조선대학교 석사학위논문	원예활동이 지체부자유 아동의 자아개념, 대인관계, 언어능력에 미치는 영향	지체부자유 아동 4명 실험군 주1, 2회 40분씩 4개월간 총 22회	KISE 발달 척도

주 효과 및 결과	특 이 사 항
KISE 발달 척도를 통한 자아개념, 대인관계, 언어능력 발달 영역의 사전사후 검사 실시결과, 아동 4명의 검사평균이 최고 수준은 변화의 차이가 작고 기초 수준과 기능 수준은 변화 차가 큰 경향을 나타냈다. 또한 사전 검사시 기능, 기초, 최고 수준의 평균 점수는 지체부자유 유치부 아동 평균 발달수준에 있었으나 사후 검사시에는 기능, 기초, 최고 수준의 평균 점수가 지체부자유 초등부 저학년 아동의 평균 발달수준 범위에 도달하였다.	사례연구

저 자	발표연도 · 출처	논 문 제 목	연구대상, 연구기간 및 프로그램 횟수	사용한 평가지
마종문	2004 부산대학교 석사학위논문	원예치료 프로그램이 경도 정신지체아의 선택적 주의집중력과 지속행동에 미치는 효과	정신지체아 3명 실험군 주2회 10주간 총 20회	중심, 우발적 주의집중과제(CIAT) 주의집중 지속행동 전간 기록법

주 효과 및 결과	특 이 사 항
정신 부분 참고	

저 자	발표연도 · 출처	논 문 제 목	연구대상, 연구기간 및 프로그램 횟수	사용한 평가지
문상중	2004 조선대학교 교육대학원 석사학위논문	원예활동 프로그램이 정신지체 학생의 직업준비기능 향상에 미치는 효과	정신지체 학생 9명 (남 3명, 여 6명) 실험군 주2회 80분씩 3개월간 총 29회	오세레츠키 검사 원예작업평가 Purdue Pegboard 검사 디지털 악력계 파악력계

주 효과 및 결과	특 이 사 항
정신 부분 참고	

저 자	발표연도 · 출처	논 문 제 목	연구대상, 연구기간 및 프로그램 횟수	사용한 평가지
박미령	2004 서울교육대학교 교육대학원 석사학위논문	식물 가꾸기를 통한 아동의 정서변화에 관한 연구 - 슈타이너의 실재심리학을 기반으로 하여 -	초등학교 3학년 48명 (남 22명, 여 26명) 실험군 1년간	청소년 · 아동의 행동변화 측정지(K-CBCL) 관찰일지 학부모용 설문지

주 효과 및 결과	특 이 사 항
다양한 경험의 결과 아동들은 글쓰기의 활동을 즐거워하게 되었다. 아동들은 활동 후 영혼의 변화로 쓴 글을 통하여 자기의 글이 시가 된다는 것도 알게 되고 글쓰기를 즐겨하게 되었다. 이는 산만한 아동들을 학습 안으로 끌어들이는 데도 효과가 있었다. 이와 같이 아동들에게 의미있는 감각 활동은 표현력 향상에 도움이 되었고, 활동 후의 변화되는 표현의 즐거움은 산만한 아동들의 집중력 향상에도 큰 도움이 되었다.	단일 전후 설계 초등학교에서의 재배활동을 위한 실과교육과정과 연계하여 원예치료 프로그램을 실시

<table>
<tr><th>저 자</th><th>발표연도・출처</th><th>논 문 제 목</th><th>연구대상, 연구기간 및 프로그램 횟수</th><th>사용한 평가지</th></tr>
<tr><td>박소영</td><td>2004
건국대학교
석사학위논문</td><td>교실 내 정원이 실내환경 개선 및 고등학생들의 스트레스 감소에 미치는 효과</td><td>K여자고등학교 2학년 학생 23명
(실험군 13명, 대조군 10명)
J여자고등학교 2학년 학생 19명
(실험군 12명, 대조군 7명)
주1회 4개월간</td><td>스트레스 측정
타액 코티졸농도 검사
신체증상 체크 리스트</td></tr>
<tr><td colspan="4">주 효과 및 결과</td><td>특 이 사 항</td></tr>
<tr><td colspan="4">K여자고등학교의 경우, 정원 설치 전후를 비교하였을 때 대조군에서는 시험에 의한 스트레스 증가를 제외하고는 유의한 변화를 보이지 않았으며, 교실 내 정원을 도입한 실험군에서는 스트레스와 코티졸 항목에서 유의한 결과가 나타났다. 반면, J여자고등학교의 경우, 스트레스와 코티졸에 있어서 유의한 차이가 나타나지 않았다. 교실환경만족도와 이미지 평가에서도 K여자고등학교와 J여자고등학교 실험군 학생들 간에 차이를 보였다. 정원 설치 전후를 비교해 볼 때 K여자고등학교 실험군은 변화가 뚜렷한 반면, J여자고등학교 실험군은 그 변화가 크지 않았다.</td><td>교실 내 정원 도입 1주일 전, 정원 도입 6주 후, 14주 후 총3회에 걸쳐 측정</td></tr>
</table>

<table>
<tr><th>저 자</th><th>발표연도・출처</th><th>논 문 제 목</th><th>연구대상, 연구기간 및 프로그램 횟수</th><th>사용한 평가지</th></tr>
<tr><td>백정경</td><td>2004
영남대학교
석사학위논문</td><td>원예활동이 정신지체 아동의 사회・정서적 및 부적응 행동 특성에 미치는 효과</td><td>정신지체 고등학생 20명
대조군, 실험군 각 10명
주2회 6개월간
총 40회</td><td>KISE 사회・정서 행동 발달 척도
적응행동검사(K-ABS)</td></tr>
<tr><td colspan="4">주 효과 및 결과</td><td>특 이 사 항</td></tr>
<tr><td colspan="5">정신 부분 참고</td></tr>
</table>

<table>
<tr><th>저 자</th><th>발표연도・출처</th><th>논 문 제 목</th><th>연구대상, 연구기간 및 프로그램 횟수</th><th>사용한 평가지</th></tr>
<tr><td>송진수</td><td>2004
건국대학교
석사학위논문</td><td>지지적 원예치료와 실내정원이 고등학생의 스트레스 감소에 미치는 영향</td><td>인문계 여자고등학생 80명
대조군, 정원군, 원예치료군, 정원원예치료군으로 구분
주1회 4개월간
총 16회</td><td>스트레스 측정지
사회적 지지 측정지
BDI
상담자 평가 질문지
작업동맹 질문지(WAI)
상담에 대한 기대감 척도(E.A.C.)
원예치료사 치료의도 평가
스마일 척도</td></tr>
<tr><td colspan="4">주 효과 및 결과</td><td>특 이 사 항</td></tr>
<tr><td colspan="4">스트레스의 하위항목인 학업문제 항목을 제외한 대인, 가정, 자신, 환경문제 항목 결과, J여고의 HT(지지적 원예치료)군과 GHT(정원+지지적 원예치료군)군, K여고의 HT(지지적 원예치료)군에서 감소하였다. 학업문제 항목 결과, J여고의 GHT군, K여고의 G(정원군)에서 감소하는 경향을 보였다. 사회적 지지 결과, J여고는 부모, 선생님 지지 항목에서 모든 그룹이 동일한 경향으로 증가하였고, 친구지지 항목에서만 HT군이 증가하였다. K여고는 HT와 GHT군에서 증가하였다. 우울결과, J여고의 GHT군, K여고의 HT군과 대조군이 단계적으로 감소하였다. 스트레스・사회적 지지・우울 간의 상관관계 결과, 두 학교 모두 유의한 차이는 나타나지 않았으나, K여고의 경우, 평균적으로 증가하였다.</td><td>교실 내 실내 정원과 사회적 지지원을 활용한 지지적 원예치료 프로그램을 통하여 청소년들의 스트레스 감소 효과 검증</td></tr>
</table>

저 자	발표연도 · 출처	논 문 제 목	연구대상, 연구기간 및 프로그램 횟수	사용한 평가지
송진희	2004 단국대학교 석사학위논문	Gestalt를 적용한 원예치료가 실업계 정신지체 고등학생의 자기인식과 자기주장 및 문제행동에 미치는 효과	정신지체 고등학생 10명 대조군, 실험군 각 5명 주3회 2개월간 총 15회	자기인식검사 자기주장검사 K-YSR
주 효과 및 결과				특 이 사 항
정신 부분 참고				

저 자	발표연도 · 출처	논 문 제 목	연구대상, 연구기간 및 프로그램 횟수	사용한 평가지
안혜선	2004 건국대학교 농축대학원 석사학위논문	사회적 강화를 이용한 원예치료가 자폐성 장애 학생의 문제행동 감소에 미치는 영향	발달장애 학생 12명 실험군 주2회 3개월간 총 33회	자폐증 평정척도(CARS) 자폐아행동 검목표(ABC) 문제행동 발생동기 사정 척도(MAS) 문제행동 관찰
주 효과 및 결과				특 이 사 항
정신 부분 참고				

저 자	발표연도 · 출처	논 문 제 목	연구대상, 연구기간 및 프로그램 횟수	사용한 평가지
윤희석	2004 단국대학교 석사학위논문	정신지체 학생의 원예활동 연구	정신지체 학생 4명 실험군 주5회 2시간씩 7개월간 총 115회	작업기능평가(체크리스트)
주 효과 및 결과				특 이 사 항
정신 부분 참고				

저 자	발표연도 · 출처	논 문 제 목	연구대상, 연구기간 및 프로그램 횟수	사용한 평가지
이순옥	2004 건국대학교 석사학위논문	원예치료가 어머니-자녀 간의 의사소통 향상에 미치는 영향	초등학생 남녀10명 주1회 6개월간 총 24회	부모-자녀 간 의사소통(PACI) 한국판 아동 · 청소년 행동평가척도(K-CBCL)
주 효과 및 결과				특 이 사 항
부모-자녀 간 의사소통 중 개방적인 의사소통은 매우 유의하게 향상되었으며, 폐쇄적인 의사소통은 유의하게 감소되었다. 아동 문제행동의 우울불안, 사회적 미성숙, 공격성, 정서불안은 유의하게 감소하였으며, 아동의 총 문제행동 또한 유의하게 감소하였다. 또한 어머니와 아동의 일상생활 스트레스에서 어머니들의 일상생활 스트레스가 유의하게 감소되었으며 아동들은 가족 관련 생활사건 항목, 친구와의 관계에서 유의하게 감소되었고, 부모의 자녀교육태도에서 받는 스트레스, 어른들과의 관계에서의 갈등이 유의하게 감소하였다.				원예치료 실시 후 효과지속성 검증을 위해 원예치료 프로그램이 끝난 후 3개월이 지난 시점에서 재조사

저 자	발표연도 · 출처	논 문 제 목	연구대상, 연구기간 및 프로그램 횟수	사용한 평가지
이정희	2004 대구교육대학교 석사학위논문	원예치료 활동이 정신지체 학생의 적응기술에 미치는 효과	정신지체 학생 2명 실험군 주2회 9주간 총 18회	적응행동검사(K-ABS) 관찰기록
주 효과 및 결과				특 이 사 항
정신 부분 참고				

저 자	발표연도 · 출처	논 문 제 목	연구대상, 연구기간 및 프로그램 횟수	사용한 평가지
주은연	2004 대구가톨릭대학교 석사학위논문	원예치료가 학습부진아의 행동특성 및 정서에 미치는 영향	초등학교 2학년 6명 실험군 주2회 4개월간 총 28회	그림지능검사(K-PTI) 한국 아동 · 청소년 행동평가척도(K-CBCL) 원예치료평가표(KHY식) 미술치료 진단검사(K-HTP) 아동들의 관찰일지
주 효과 및 결과				특 이 사 항
정신 부분 참고				

저 자	발표연도 · 출처	논 문 제 목	연구대상, 연구기간 및 프로그램 횟수	사용한 평가지
강상은	2003 대구가톨릭대학교 석사학위논문	원예치료가 아동의 게임중독과 공격성 완화에 미치는 영향	초등학교 4, 5학년 6명(남 3명, 여 3명) 실험군 주1회 5개월간 총 20회	한국 아동 · 청소년 행동평가척도(K-CBCL) 공격성 척도 게임중독 척도 원예치료 평가표(KHY식)
주 효과 및 결과				특 이 사 항
정신 부분 참고				

저 자	발표연도 · 출처	논 문 제 목	연구대상, 연구기간 및 프로그램 횟수	사용한 평가지
구자율	2003 건국대학교 석사학위논문	초등학교 교실 내 실내정원의 도입이 집단 괴롭힘과 주의 집중에 미치는 영향	초등학교 4학년 52명 대조군, 실험군 각 26명 1개월간	주위 집중 결핍 평정 척도 정서지능 검사 집단 괴롭힘 가해-피해 질문지
주 효과 및 결과				특 이 사 항
교실 내 실내 정원을 도입한 실험군과 실내 정원이 없는 대조군 모두 모든 평가에서 실내 정원 도입 전 동질한 집단임을 증명하였다. 각 그룹별 실내 정원 설치 전후를 비교하였을 때, 대조군은 주의력 집중 결핍정도에서 사후 유의하게 증가하였으며, 특히 남학생은 유의한 증가가 없는 반면 여학생은 매우 유의한 증가를 보였다. 이 외에 정서지능과 집단 괴롭힘의 가해 및 피해성향에서는 유의한 차이가 나타나지 않았다. 실험군은 주의력 집중 결핍 중 행동문제, 과잉행동문제, 주의 산만-수동적 문제 및 전체 주의력 집중 결핍에서 유의한 향상을 나타냈다. 주의력 집중 결핍의 성별 비교시 대조군과는 반대로 여학생은 유의한 향상이 없는 반면 남학생은 과잉행동과 주의력 집중 결핍에서 유의한 향상을 나타냈다.				실내 정원 도입 2주 전후로 초등학교 내 집단 괴롭힘과 주의 집중 측정

저 자	발표연도 · 출처	논 문 제 목	연구대상, 연구기간 및 프로그램 횟수	사용한 평가지
김은아	2003 한국외국어대학교 석사학위논문	원예치료 프로그램이 비인기아의 자아개념에 미치는 영향	5, 6학년 아동 16명 실험군, 대조군 각 8명 주1회 총 3개월간 총 10회	사회성 측정검사 자아개념 검사
주 효과 및 결과				특 이 사 항
원예치료 프로그램 실시 전후 비교시 실험군은 자아개념의 하위척도(학업적 · 사회적 · 신체적 · 정신적 자아개념)의 점수 향상에 긍정적인 효과가 있었다. 학업적 자아개념의 긍정적인 변화와 친구나 타인과의 관계에서 자신을 보는 관점인 사회적 자아개념의 긍정적인 변화 및 자기 신체에 대한 이해 및 외모, 자기 자신을 존중하는 신체적 · 정서적 자아개념의 유의한 향상은 원예치료 프로그램을 통해 자신에 대한 신뢰와 존중, 친구들과의 상호존중과 이해를 증진시킨 결과로 보이며, 이를 통해 총 자아긍정의 유의미한 향상을 가져온 것으로 보인다. 그러나 원예치료 프로그램을 실시하지 않은 대조군은 비인기아의 낮은 자아개념에 별다른 변화를 보이지 않았다.				

저 자	발표연도 · 출처	논 문 제 목	연구대상, 연구기간 및 프로그램 횟수	사용한 평가지
김정혜	2003 광주교육대학교 교육대학원 석사학위논문	원예활동이 정신지체 아동의 부적응행동에 미치는 영향	정신지체 아동 5명 실험군 주2회 3개월간 총 24회	K-WISC 사회성숙도 검사 부적응행동 검사(ABS-SE) 행동관찰
주 효과 및 결과				특 이 사 항
정신 부분 참고				

저 자	발표연도 · 출처	논 문 제 목	연구대상, 연구기간 및 프로그램 횟수	사용한 평가지
김주창	2003 부산대학교 교육대학원 석사학위논문	원예활동이 ADHD 아동의 주의력 결핍행동 변화에 미치는 영향	초등학교 2학년 3명 실험군 주2회 3개월간 총 20회	주의력 결핍행동 분류표 주의력 결핍행동 관찰표 주의력 결핍행동 관찰일지
주 효과 및 결과				특 이 사 항
정신 부분 참고				

저 자	발표연도 · 출처	논 문 제 목	연구대상, 연구기간 및 프로그램 횟수	사용한 평가지
남선미	2003 서울여자대학교 석사학위논문	중학생을 대상으로 한 원예치료 적용	중학생 20명 (일반청소년 10명, 비행을 보이는 청소년 10명) 실험군 주1회 6개월간 총 19회	자아정체감 척도 자아존중감 척도
주 효과 및 결과				특 이 사 항
원예활동 프로그램을 실행한 후 자아존중감과 자아정체감의 변화를 살펴보았다. 일반 청소년의 경우, 자아존중감의 변화에서 통계적으로 유의미한 차이가 나타나지 않았으나, 자아정체감의 세부항목 중 목표지향성 부분에서 유의한 차이가 보였고, 총체적인 자아정체감에서는 유의적이지 못하였다. 경미한 비행을 보이는 청소년의 경우에는 자아존중감에서 유의미한 차이가 나타나지 않았다. 자아정체감에서는 세부항목 중 독특성에서 유의미한 차이를 보였으나 총체적인 자아정체감에서는 통계적으로 유의미하게 나타나지 않았다.				단일 전후 설계

저 자	발표연도 · 출처	논 문 제 목	연구대상, 연구기간 및 프로그램 횟수	사용한 평가지
송영란	2003 대구가톨릭대학교 석사학위논문	원예치료가 시설 아동들의 행동발달 및 정서함양에 미치는 영향	초등학생 10명 주1회 7개월간 총 28회(실외 프로그램) 주1회 5개월간 총 20회(실내 프로그램)	한국 아동 · 청소년 행동평가척도(K-CBCL) 한국 아동 인성검사(KPI-C) 원예치료평가표 자아개념검사 원예활동 흥미도 조사

주 효과 및 결과	특 이 사 항
원예치료 평가표의 결과 대부분의 대상아동들은 프로그램을 실시하는 동안 사회적 발달과 정서적 발달 모두 점차 좋아지는 경향을 보였고 그 중 초화 재배그룹의 사회적 발달이 가장 많이 좋아졌다. K-CBCL과 KPI-C의 평가결과 본 연구의 실내 · 실외 원예프로그램이 대상아동들의 위축, 비행, 공격적 성향의 감소에는 비교적 좋은 영향을 주었다고 판단되나 정서적 안정에는 그다지 큰 효과를 보이지 않은 것으로 나타났다. K-CBCL 평가결과 초화, 허브, 채소재배는 각각 비행, 공격성, 위축의 감소에 제일 큰 효과를 보인 것으로 나타났다. KPI-C 평가결과는 초화재배는 비행, 허브재배는 행동발달, 채소재배는 언어발달이 프로그램 실시 전보다 크게 좋아진 것으로 나타났다. 자아개념검사 결과 대부분의 대상아동들이 프로그램 실시 전보다 프로그램 실시 후에 자신에 대해 더 긍정적인 생각을 하는 것으로 나타났다.	원예치료 프로그램을 실내 · 실외 프로그램으로 구분하여 실시

저 자	발표연도 · 출처	논 문 제 목	연구대상, 연구기간 및 프로그램 횟수	사용한 평가지
송정은	2003 대구대학교 박사학위논문	원예치료가 정신지체 학생의 작업수행과 생활기능에 미치는 영향	정신지체 학생 4명 실험군 9개월간 총 30회	생활기능 평가 작업수행 평가

주 효과 및 결과	특 이 사 항
정신 부분 참고	

저 자	발표연도 · 출처	논 문 제 목	연구대상, 연구기간 및 프로그램 횟수	사용한 평가지
육미라	2003 건국대학교 농축대학원 석사학위논문	원예치료가 결손가정 아동과 정상가정 아동의 자아존중감 및 사회성 향상에 미치는 영향	초등학생 33명 실험군 13명(결손가정 아동 11명 정상가정 아동 12명), 대조군 10명 주1회 6개월간 총 20회	자아존중감 사회성 검사

주 효과 및 결과	특 이 사 항
정상가정 아동으로 원예치료를 실시하지 않은 집단인 대조군은 자아존중감과 사회성 모두에서 유의한 향상이 나타나지 않은 반면, 치료군 결손가정 아동과 정상가정 아동에서는 향상된 결과를 보였다. 결손가정 아동은 자아존중감에서 일반적 자아와 사회적 자아, 전체적 자아에서 유의하게 향상된 결과를 보였고, 정상가정 아동은 일반적 자아와 학교적 자아, 전체적 자아에서 유의하게 향상된 결과를 보였다. 사회성에서는 결손가정 아동이 자주성, 준법성, 사교성, 전체적 사회성에서 유의하게 향상된 결과를 보였고, 정상적 아동에서는 자주성, 사교성, 전체적 사회성에서 유의하게 향상된 결과를 보였다.	

저 자	발표연도 · 출처	논 문 제 목	연구대상, 연구기간 및 프로그램 횟수	사용한 평가지
윤경은	2003 서울여자대학교 석사학위논문	원예적 환경에서 적용한 원예치료 사례연구: 발달장애 아동대상으로	발달장애 아동 3명 실험군 주1회 3개월간	관찰평가표

주 효과 및 결과	특 이 사 항
정신 부분 참고	

저 자	발표연도 · 출처	논 문 제 목	연구대상, 연구기간 및 프로그램 횟수	사용한 평가지
이명철	2003 순천향대학교 산업정보대학원 석사학위논문	자연음악을 도입한 원예치료가 고등학생의 우울증상 증후군에 미치는 영향	고등학교 1학년 학생 30명 실험군 20명 대조군10명 주1회 3개월간 총 10회	아동 · 청소년 행동평가척도 (K-CBCL) 한국형 문제행동증후군척도 (K-YSR)

주 효과 및 결과	특 이 사 항
정신 부분 참고	

저 자	발표연도 · 출처	논 문 제 목	연구대상, 연구기간 및 프로그램 횟수	사용한 평가지
조승이	2003 조선대학교 교육대학원 석사학위논문	원예치료가 고등학교 정신지체 학생의 대인관계 향상에 미치는 영향	정신지체학생 4명 비장애학생 6명 주2회 3개월간 총 24회	자아존중감 검사 사회 · 심리 · 정서 측정지 원예활동 평가표

주 효과 및 결과	특 이 사 항
정신 부분 참고	

저 자	발표연도 · 출처	논 문 제 목	연구대상, 연구기간 및 프로그램 횟수	사용한 평가지
천명희	2003 청주교육대학교 석사학위논문	초등학교 정서장애아에 적용하기 위한 원예치료의 탐색		

주 효과 및 결과	특 이 사 항
정신 부분 참고	

저 자	발표연도 · 출처	논 문 제 목	연구대상, 연구기간 및 프로그램 횟수	사용한 평가지
최용환	2003 신라대학교 교육대학원 석사학위논문	원예활동이 중학생의 불안감소에 미치는 영향	중학생 40명 대조군, 실험군 각 20명 주1회 12주간 총 12회	스트레스 경험 수준검사 불안 척도

주 효과 및 결과	특 이 사 항
정신 부분 참고	

저 자	발표연도・출처	논 문 제 목	연구대상, 연구기간 및 프로그램 횟수	사용한 평가지
구달완	2002 순천향대학교 산업정보대학원 석사학위논문	허브향을 도입한 원예치료가 중학생의 우울증상 증후군에 미치는 영향	중학교 1학년 학생 56명 대조군 28명, 실험군 28명 주2회 2개월간 총 12회	아동・청소년 행동평가척도(K-CBCL) 한국형 문제행동증후군척도(K-YSR)
주 효과 및 결과				특 이 사 항
정신 부분 참고				

저 자	발표연도・출처	논 문 제 목	연구대상, 연구기간 및 프로그램 횟수	사용한 평가지
정희진	2002 건국대학교 석사학위논문	원예치료가 고등학교 정신지체 학생의 자아존중감 및 불안에 미치는 영향	정신지체 학생 36명 치료군 19명, 대조군 17명 주2회 6개월간 총 37회	아동불안검사 자아존중감검사
주 효과 및 결과				특 이 사 항
정신 부분 참고				

저 자	발표연도・출처	논 문 제 목	연구대상, 연구기간 및 프로그램 횟수	사용한 평가지
최근철	2002 강남대학교 석사학위논문	주의력결핍 과잉행동장애 아동의 원예치료 사례연구	ADHD아동 3명 실험군 주1회 2개월간 총 12회	주의력결핍 과잉행동 포괄적 교사 평정지
주 효과 및 결과				특 이 사 항
정신 부분 참고				

저 자	발표연도・출처	논 문 제 목	연구대상, 연구기간 및 프로그램 횟수	사용한 평가지
김영옥	2001 건국대학교 농축대학원 석사학위논문	원예치료가 청소년의 정신건강과 스트레스에 미치는 영향	중학생 40명 대조군, 실험군 각 20명 주1회 5개월간 총 18회	SCL-90R 스트레스 측정지 원예활동 평가표
주 효과 및 결과				특 이 사 항
스트레스 측정에서 실험군이 대조군보다 스트레스가 감소된 결과를 볼 수 있었고 정신건강 개선상태를 조사한 결과, 실험군이 대조군에 비해 정신건강의 세부척도 모두에서 개선정도가 높았다. 특히 강박, 대인 예민, 우울, 불안, 적대감, 편집, 정신척도 등 7개 세부척도에서 매우 유의한 효과가 있었다. 그러나 신체화, 공포불안 등은 통계적으로 유의한 차이는 나타나지 않았다. 원예활동 평가에서는 참여성과 자아개념 및 주체성, 대인관계 능력에서 매우 유의한 차이를 볼 수 있었다.				

저 자	발표연도 · 출처	논 문 제 목	연구대상, 연구기간 및 프로그램 횟수	사용한 평가지
김한석	2001 영남대학교 석사학위논문	원예치료 프로그램이 아동의 부적응행동 특성에 미치는 영향	부적응 행동특성 가진 초등학생 48명 실험군 주1회 3개월간 총 12회	부적응 아동의 선별을 위한 교사관찰 검목표 부적응 행동 진단 검사
주 효과 및 결과				특 이 사 항
원예치료 프로그램이 아동의 과잉행동특성, 공격행동특성, 위축행동특성에 미치는 영향을 검증하기 위해 부적응 행동의 하위영역인 과잉행동, 공격행동, 위축행동의 3개 영역을 원예치료 실시 전과 후(1, 2차)로 검사하였다. 과잉행동과 공격행동, 위축행동은 원예치료 실시 전보다 후에 많이 감소하였으며, 실시 후 2차 검사 결과 감소된 행동 특성이 계속 유지되고 있음이 검증되었다.				대상자의 신체적 특성, 생육사 및 가정환경, 구체적 행동특성을 사전에 상세히 조사

저 자	발표연도 · 출처	논 문 제 목	연구대상, 연구기간 및 프로그램 횟수	사용한 평가지
박명숙	2001 대구가톨릭대학교 석사학위논문	유치원 아동의 정서 및 학습에 미치는 원예치료의 효과	유치원 아동 4명 주2회 3개월간 총 24회	K-CBCL PTI 검사
주 효과 및 결과				특 이 사 항
원예체험학습이 아동의 집중력 향상에 영향을 미치는 것으로 나타났는데 다양한 학습형태로 아동에게 자극과 흥미를 주는 것으로 나타났다. 또한 새로운 과제는 아동의 흥미와 관심도를 높였으며 수업에 임하는 태도도 수동적인 자세에서 능동적으로 변화시켰다. 그리고 아동의 심리적인 안정은 여러 측면에서 긍정적으로 나타났는데 언어장애의 아동에게는 언어치료에 대한 스트레스에서 벗어날 수 있는 기회를 제공하였으며, 급한 성격으로 말을 더듬는 현상도 많이 완화되었다.				원예체험학습을 적용하여 아동의 행동변화와 학업성에 미치는 영향에 대해 알아보고자 함

저 자	발표연도 · 출처	논 문 제 목	연구대상, 연구기간 및 프로그램 횟수	사용한 평가지
유은숙	2001 순천향대학교 석사학위논문	원예치료가 여고생의 우울성에 미치는 효과	고등학생 73명 실험군 37명, 대조군 36명 주1회 3개월간 총 12회	청소년 자기행동 평가척도(K-YSR)
주 효과 및 결과				특 이 사 항
정신 부분 참고				

저 자	발표연도 · 출처	논 문 제 목	연구대상, 연구기간 및 프로그램 횟수	사용한 평가지
윤순구	2001 서울교육대학교 석사학위논문	재배활동이 아동들의 인성변화에 미치는 영향	초등학교 아동 75명 (2학년 37명, 6학년 38명) 실험군 12개월간 연간프로그램 운영	심성검사를 위한 자체제작 설문지 생활기록부 일기 및 감상문
주 효과 및 결과				특 이 사 항
재배활동에 대하여 흥미를 갖고 성실하게 참여한다고 평가되는 아동이 연구 초에 비하여 증가하였다. 재배활동에 참여한 대다수의 아동이 연구 후에는 식물을 가꾸고 기르는 데 흥미와 관심이 많은 것으로 나타났으며, 가정에서도 매일 화분을 관리하는 아동이 증가하였다. 또한 재배활동의 공동 작업시 어려운 일을 서로 논의하고 돕는 아동이 증가하였고 재배활동을 통하여 도덕성의 변화를 평가한 결과 질서를 잘 지키는 아동들이 증가한 것으로 나타났다.				

저 자	발표연도・출처	논 문 제 목	연구대상, 연구기간 및 프로그램 횟수	사용한 평가지
이동원	2001 부산대학교 석사학위논문	원예활동이 중도 정신지체 학생의 위축행동 개선에 미치는 효과	중도 정신지체 학생 3명 실험군 주3회 14주 총 40회	행동분류표 행동관찰표
주 효과 및 결과				특 이 사 항
정신 부분 참고				

저 자	발표연도・출처	논 문 제 목	연구대상, 연구기간 및 프로그램 횟수	사용한 평가지
제의숙	2001 서울시립대학교 석사학위논문	원예치료가 주간보호 정신지체 청소년의 사회・심리・정서적 행동 특성 및 부적응 행동에 미치는 영향	정신지체 13명 실험군 주1회 6개월간	사회성숙도검사, 사회・심리・정서적 행동 특성검사, 부적응행동 검목표, 원예활동관찰지
주 효과 및 결과				특 이 사 항
정신 부분 참고				

저 자	발표연도・출처	논 문 제 목	연구대상, 연구기간 및 프로그램 횟수	사용한 평가지
조현구	2001 동아대학교 석사학위논문	원예치료가 정신지체학생의 적응행동에 미치는 영향	정신지체장애인 10명 실험군 주2회 총 24회	적응행동검사 사회・심리・정서적 행동특성 검사, 숙련도 검사 원예활동평가표
주 효과 및 결과				특 이 사 항
정신 부분 참고				

저 자	발표연도・출처	논 문 제 목	연구대상, 연구기간 및 프로그램 횟수	사용한 평가지
이기세	2000 순천향대학교 석사학위논문	원예치료가 중학생의 우울증에 미치는 영향	중학생 40명 대조군, 실험군 각 20명 주1회 3개월간 총 10회	아동・청소년 행동평가척도 (K-CBCL)
주 효과 및 결과				특 이 사 항
정신 부분 참고				

저 자	발표연도・출처	논 문 제 목	연구대상, 연구기간 및 프로그램 횟수	사용한 평가지
이용선	2000 순천향대학교 산업정보대학원 석사학위논문	원예치료가 여고생의 불안 감소에 미치는 효과	고등학교 2학년 여학생 74명 실험군 39명, 대조군 35명 주1회 3개월간 총 12회	자기감정평가 질문지 사회적 불안검사
주 효과 및 결과				특 이 사 항
원예활동 프로그램에 참여한 실험집단은 실시 전보다 실시 후에 상태불안, 특성불안, 대인불안이 의미 있게 감소하였다. 즉, 사회적 자아 평가불안은 통계적으로 유의하게 감소하였으나 자아존중감과 사회적 기술을 향상시키는 데 크게 기여하지 못했다. 원예치료 활동 프로그램은 교수법에 있어서 언어적 지시에만 의존하지 않으며, 교사와 상호작용하고 동료와 협조적이며 능동적이고 주체적인 활동을 할 수 있는 분야로서 심리적 부담이 없이 접근 가능한 유용한 프로그램이라고 볼 수 있다.				

저 자	발표연도 · 출처	논 문 제 목	연구대상, 연구기간 및 프로그램 횟수	사용한 평가지
최영애	2000 건국대학교 농축대학원 석사학위논문	아동을 위한 원예치료 프로그램 개발과 효과에 관한 연구	아동 20명 (남 10명, 여 10명) 실험군 주2회, 한달간 총 16회	아동 · 청소년 행동평가척도(K-CBCL) 부모가 관찰한 아동의 행동변화 평가표 어휘검사
주 효과 및 결과				특 이 사 항
원예치료 프로그램의 적용 전후를 비교한 K-CBCL의 결과에 따르면, 아동의 정서적 불안정이 감소되었고, 내재화 문제 항목과 총 문제행동 척도항목에 통계적으로 유의한 감소를 보인 것으로 나타났다. 어휘테스트에서는 생명에 대한 어휘목록, 식물에 대한 어휘목록, 식물의 이용방법에 대한 어휘목록이 증가하였다. 또한, 프로그램 실시 후 부모에 의해 관찰된 아동의 행동변화는 물리적 측면에서의 행동과 심리적 측면에서의 행동이 긍정적으로 변화된 것으로 나타났다.				단일 사전 사후 설계

저 자	발표연도 · 출처	논 문 제 목	연구대상, 연구기간 및 프로그램 횟수	사용한 평가지
강해자	1999 순천향대학교 석사학위논문	원예치료가 아동의 불안 감소에 미치는 영향	초등학교 4학년 아동 32명 (남 14명, 여 18명) 실험군 주1회 9주간 총 10회	한국아동인성검사 (KPI-C)
주 효과 및 결과				특 이 사 항
정신 부분 참고				

저 자	발표연도 · 출처	논 문 제 목	연구대상, 연구기간 및 프로그램 횟수	사용한 평가지
박승현	1999 순천향대학교 석사학위논문	원예치료가 아동의 우울성에 미치는 효과	초등학교5, 6학년 아동 44명 (남 22명, 여 22명) 실험군, 대조군 각 22명 주1회 3개월간 총 11회	한국형 문제행동 증후군 척도(K-YSR)
주 효과 및 결과				특 이 사 항
정신 부분 참고				

저 자	발표연도 · 출처	논 문 제 목	연구대상, 연구기간 및 프로그램 횟수	사용한 평가지
조영숙	1999 홍익대학교 석사학위논문	정서장애아 학교에서의 원예치료정원 조성방안에 관한 연구		
주 효과 및 결과				특 이 사 항
정신 부분 참고				

저 자	발표연도 · 출처	논 문 제 목	연구대상, 연구기간 및 프로그램 횟수	사용한 평가지
강정순	1998 공주대학교 석사학위논문	원예활동이 정신지체 아동의 적응행동에 미치는 영향	정신지체 아동 5명 실험군 주2회 12주간 총 24회	사회성숙도 검사 적응행동 검사를 기초로 제작한 부모 관찰지 및 교사 관찰지
주 효과 및 결과				특 이 사 항
정신 부분 참고				

6. 기 타

6.1 대상자의 종류

이상과 같이 병징이나 발달연령에 따라 구분된 대상자에서 제외되었으나 현재까지 소수연구가 진행된 대학생, 직장인, 일반인, 호스피스와 암환자, 주부나 임산부, 위안부 등을 대상으로 한 원예치료 연구는 기타로 분류하였다.

6.2 실제 연구결과

저 자	발표연도 · 출처	논 문 제 목	연구대상, 연구기간 및 프로그램 횟수	사용한 평가지
박재억	2005 건국대학교 석사학위논문	편백정유향의 흡입이 학생의 단기기억력과 집중력 향상 및 스트레스 감소에 미치는 영향	학부 및 대학원생 80명 실험군, 대조군 각 40명씩	뇌파 단기기억력 평가 집중력 평가 스트레스 평가 후각 감성형용사 평가 혈압
주 효과 및 결과				특 이 사 항
편백정유향의 흡입이 학생의 스트레스 경감과 집중력 및 기억력에 미치는 정신생리적 영향을 알아보고자 편백정유향 흡입 전후, 집중도 평가 중 생리신호측정과 후각감성평가, 단기기억력, 집중도, 스트레스 및 각성검사와 같은 심리검사를 수행했다. 실험군 중 남녀실험군에서 향 흡입 후 베타파 및 델타파의 감소와 세타파의 증가가 나타났으나, 성별에 따라 뇌파 발생부위가 약간의 차이를 보였으며, 성별에 관계없이 편백정유향을 흡입했을 때 스트레스와 수축기 혈압이 감소하고 단기기억력이 증가하여 정신생리와 교감신경계가 안정되는 것으로 나타났다.				

저 자	발표연도 · 출처	논 문 제 목	연구대상, 연구기간 및 프로그램 횟수	사용한 평가지
김경희	2004 배재대학교 석사학위논문	원예치료 프로그램이 호스피스 환자의 생리적, 심리적 반응에 미치는 영향	호스피스 환자 67명 실험군 34명, 대조군 33명 매일 30분씩 20일간 총 20회	혈청 코티졸 측정도구 혈압, 맥박, 호흡수 측정 도표 평정척도(통증, 수면정도, 피로정도 측정) 불안측정도구 SDS
주 효과 및 결과				특 이 사 항
원예치료 프로그램을 제공받은 실험군은 제공받지 않은 대조군보다 혈청 코티졸치와 맥박수가 유의하게 감소하였다. 반면 이완기 혈압, 수축기 혈압 및 호흡수는 유의한 차이가 없는 것으로 나타났다. 또한 원예치료 프로그램이 통증, 피로 및 수면에 미치는 영향을 알아본 결과, 실험군은 대조군보다 통증점수와 피로점수가 유의하게 감소되고 수면점수가 유의하게 증가되는 것으로 확인되었다. 원예치료 프로그램이 호스피스 환자의 심리적 반응에 미치는 효과를 검증한 결과, 실험군이 대조군보다 불안과 우울이 유의하게 감소하였다.				

저 자	발표연도 · 출처	논 문 제 목	연구대상, 연구기간 및 프로그램 횟수	사용한 평가지
김루비	2004 대구가톨릭대학교 석사학위논문	원예치료가 시설보호 여성의 삶의 질에 미치는 영향	실험1: 6명 주1회 총 13회 실험2: 4명 주1회 총 12회	실험1: 삶의 질 척도 자아존중감 척도 원예치료 평가표(KHY식) 관찰일지 실험2: BDI 정서측정 질문지
주 효과 및 결과				특 이 사 항
실험1의 결과, 대상자들은 원예치료 후 자아존중감이 향상되고, 삶에 대한 느낌이 희망적으로 변화되었으며, 삶에 대한 만족도가 원예치료 실시 전보다 높아졌음을 알 수 있었다. 실험2에서 식물 기르기와 꽃장식의 효과를 비교한 결과 식물 기르기가 꽃장식보다 좋은 결과를 나타내는 것을 알 수 있었다. 그러나 개인환경에 의한 영향이 각기 다르므로 본 실험의 결과만으로 식물 기르기가 꽃장식보다 효과적이라는 결론을 내리기에는 문제가 있다고 생각되어 앞으로 보다 비슷한 상태의 대상자를 통한 연구가 필요하다고 생각된다.				

저 자	발표연도 · 출처	논 문 제 목	연구대상, 연구기간 및 프로그램 횟수	사용한 평가지
강정식	2004 한경대학교 석사학위논문	원예치료가 여대생의 정신건강과 스트레스에 미치는 영향	여대생 40명 대조군, 실험군 각 20명 주1회 5개월간 총 18회	SCL-90R 스트레스 측정지 원예활동 평가표 원예에 대한 기초조사표
주 효과 및 결과				특 이 사 항
스트레스 측정에서 원예치료를 실시한 그룹이 실시하지 않은 그룹보다 스트레스가 감소되었고 정신건강 개선상태를 조사한 결과, 원예치료를 실시한 실험군이 실시하지 않은 그룹에 비해 정신건강의 개선정도가 높았다. 또한 대인민감성, 불안, 적대감, 공포불안, 정신증척도 항목에서도 약간 호전됨을 볼 수 있었다. 활동에 참가한 실험군만을 대상으로 집단 활동시 대상자의 참여도와 작업태도에 대한 흥미를 알아보기 위하여 원예활동 평가를 실시했는데 참여성과 자아개념 및 주체성, 대인관계 능력에서 매우 유의한 차이를 볼 수 있었다.				

저 자	발표연도·출처	논 문 제 목	연구대상, 연구기간 및 프로그램 횟수	사용한 평가지
송종은	2004 건국대학교 박사학위논문	실내식물경관 조성이 직장인의 스트레스 경감과 정신생리 향상에 미치는 영향	직장인 78명 대조군 17명, 관엽식물경관 21명, 분화식물경관 20명, 복합식물경관 20명	상태특성불안 척도 기분상태검사 경관평가 어의구별척도 뇌파·근전도·심전도 피부전기활동 말초혈류량 스트레스 자극
주 효과 및 결과				특 이 사 항
관엽식물경관에서는 다른 경관에 비해 특성불안이 많이 감소하였으며 피실험자의 좌측 전두엽의 델타파 감소와 후두엽의 알파파의 증가로 정신생리가 안정되고, 심박수가 감소하고, 말초혈류량이 유의하게 증가하여 교감신경계가 안정되어 스트레스가 경감되는 것으로 나타났다. 분화식물경관에서는 기분상태의 우호감이 증진되고, 측두엽의 세타파와 알파파 증가로 긍정적 감정 유발 효과가 나타났다. 반면 피부전기활동은 스트레스 상태보다 회복기에 피부전기 수준이 증가하여 자율신경계가 활성화되는 경향을 나타냈다. 한편 복합식물경관에서는 다른 경관에 비해 상태불안과 혼돈감이 더 많이 감소되었고, 우호감은 더 높게 나타났으며, 현 상태의 불안감 감소 효과가 큰 것으로 나타났다. 또한, 전두엽과 측두엽의 델타파 감소와 후두엽의 알파파 증가, 두정엽의 베타파 감소로 인하여 정신생리의 향상 효과가 뛰어났으며, 맥박수, TP, LF, 피부전기활동 등의 전체적인 생리적 반응이 유의하게 감소됨으로써, 자율신경계가 안정되는 효과를 통하여 스트레스 상태의 심신의 불균형을 빠르게 회복시키는 것으로 나타났다.				

저 자	발표연도·출처	논 문 제 목	연구대상, 연구기간 및 프로그램 횟수	사용한 평가지
정은경	2004 단국대학교 석사학위논문	호스피스 대상자를 위한 원예치료적 접근		
주 효과 및 결과				특 이 사 항
원예치료가 호스피스 대상자에게 중요한 이유와 적용 가능한 원예치료 과정의 정리와 분석을 통해 기초적인 자료를 제공하기 위해 연구되었다. 호스피스 대상자의 치료 목적은 삶의 질을 높이고 죽음의 과정을 수용하며 편안한 임종을 위한 것이다. 이러한 목적이 이루어지기 위해서는 호스피스 대상자가 자연의 일부로서 자신을 인식하고 심리적인 편안함을 갖는 것이 우선시되어야 한다. 여기에 자연의 대표적인 식물과 원예활동을 이용한 원예치료 프로그램의 적용이 필요하다. 따라서 호스피스 대상자에게 원예치료가 중요한 이유와 원예치료 과정에 대한 이해를 기본으로 하여야 한다.				성인 및 노인 호스피스 대상자에게 원예치료를 적용하기 위한 연구

저 자	발표연도·출처	논 문 제 목	연구대상, 연구기간 및 프로그램 횟수	사용한 평가지
최지욱	2004 단국대학교 석사학위논문	Lavender 향기요법과 식물 기르기가 특수부서 간호사의 직무스트레스 인지와 스트레스 반응에 미치는 효과연구	간호사 60명 대조군 향기요법 실험군 1, 향기요법과 식물기르기 실험군 2 2주	직무스트레스 척도 SOS(Symptoms of Stress) 척도
주 효과 및 결과				특 이 사 항
직무스트레스 인지에 있어서는 향기요법을 적용한 실험군의 경우 증가하지 않고 현상을 유지해가고 있으나, 아무 중재가 없는 대조군의 직무 스트레스 인지는 시간이 지남에 따라 증가하는 것으로 나타나 특수부서 간호사의 스트레스 중재자원으로 향기요법 프로그램이 효과적인 중재로 작용하였음을 보여주었다. 그리고 스트레스 반응의 총점에 있어서는 실험군과 대조군 모두 통계적으로 유의한 차이가 없었으나, 하부영역 스트레스 반응을 분석하였을 때 대조군의 심폐기능 스트레스 반응이 통계적으로 유의한 차이로 증가하였다.				

저 자	발표연도 · 출처	논 문 제 목	연구대상, 연구기간 및 프로그램 횟수	사용한 평가지
탁영숙	2004 호남대학교 석사학위논문	꽃꽂이를 이용한 원예치료의 효과-말기 암환자를 중심으로	암환자 12명 가정방문: 5명(남 1명, 여 4명) 입원환자: 7명(남 1명, 여 6명) 실험군 가정방문 총 10회, 병원 총 8회 프로그램 실시	자아존중감 평가지 절망감 평가지
주 효과 및 결과				특 이 사 항
꽃꽂이 디자인은 꽃을 기본으로 하고 그 외에 다른 소재들을 이용하여 신체, 정신, 삶의 향상을 도모할 수 있는 적극적인 수단으로서 많은 특성과 가능성을 지니고 있으며, 소재가 되는 자연의 식물 자체가 갖는 긍정적인 이미지로 인해 대부분의 경우 주위 사람들로부터 인정을 받을 수 있는 결과를 획득하였다. 가정방문과 병원에서 원예치료를 각각 실시한 12명의 암환자들은 원예치료를 실시하기 전과 비교하여 원예치료를 실시한 후 자아존중감이 현저하게 향상되었고 절망감은 감소되었다.				

저 자	발표연도 · 출처	논 문 제 목	연구대상, 연구기간 및 프로그램 횟수	사용한 평가지
김미선	2003 단국대학교 석사학위논문	쉼터 거주 가정폭력 여성 피해자의 자아존중감과 우울에 미치는 원예치료 효과	가정폭력 여성 피해자 24명 대조군, 실험군 각 12명 2개월간 총 27회	자아존중감 SDS 원예활동 평가
주 효과 및 결과				특 이 사 항
원예치료 프로그램 실시 후 자아존중감 점수에서 실험군은 대조군과 통계적으로 유의한 차이를 보이는 것으로 나타났다. 우울 역시 원예치료 실시 후 실험군이 대조군에 비해 유의하게 감소된 것을 알 수 있었다. 원예활동의 변화는 참여성, 관심 및 조력성, 자아개념 및 주체성, 욕구-충동적 적응력, 대인관계 능력, 인지 및 문제해결 능력, 숙련도와 직업적응력 등 모든 항목에서 통계적으로 유의한 변화가 나타나 정서 · 사회 · 인지능력 기능을 향상시킴을 알 수 있었다. 그러나 언어소통 능력과 운동지각 능력은 큰 변화를 보이지 않았는데, 이는 시작단계에서도 일상생활에 지장이 없는 수준이었기 때문인 것으로 생각된다. 원예치료의 지속적인 효과를 알아보기 위하여 프로그램 종료 45일 후 실험군과 대조군 모두 평가한 결과, 자아존중감과 우울 모두 실험군과 대조군 간 유의한 차이가 있는 것으로 나타났으나, 원예치료 실시 후와 비교했을 때 자아존중감의 감소와 우울의 증가가 나타났다.				

저 자	발표연도 · 출처	논 문 제 목	연구대상, 연구기간 및 프로그램 횟수	사용한 평가지
장경이	2002 동국대학교 석사학위논문	원예치료 프로그램이 아동양육시설 보육사의 정서지능에 미치는 효과에 관한 연구	보육사 9명 실험군 주1회 90분씩 총 12회	성인용 정서지능검사 설문(보육사의 태도, 아동들과의 관계, 프로그램 전체 평가)
주 효과 및 결과				특 이 사 항
원예치료 실시 전후 정서지능점수를 비교한 결과, 원예치료를 통해 정서지능이 통계적으로 유의하게 증가되었다. 또한 보육사들의 근무활동에 있어 원예치료 프로그램이 적극적 업무태도를 갖게 하였고, 아동 및 타인과의 관계 향상에 도움이 되었다. 보육사들은 원예치료 프로그램을 통해서 배운 점으로 자신감, 성취감, 인내심, 집중력, 상대방에 대한 배려, 꽃 이름과 관리방법 등을 들었다. 원예치료 실시 후 보육사들은 원예치료가 유쾌한 경험이었으며, 개선점으로는 특별히 지적할 것이 없다고 정리했다.				질적 연구와 양적 연구를 병행 단일 전후 설계

저 자	발표연도 · 출처	논 문 제 목	연구대상, 연구기간 및 프로그램 횟수	사용한 평가지
이민선	2000 충남대학교 석사학위논문	SEEG분석 기법에 의한 꽃의 시각적 감상과 라벤더 향이 뇌파변화에 미치는 영향	대학생 10명(남 5명, 여 5명) 대조군, 실험군	뇌파
주 효과 및 결과				특 이 사 항
꽃의 시각적 감상과 라벤더 향이 인간 뇌파변화에 미치는 영향을 알아보고자 EEG를 측정하여 기존의 분석법인 dEEG나 qEEG에서 보완된 SEEG 분석방법으로 피실험자들의 뇌파를 측정하여 SEEG Plot으로 정리하였다. 꽃을 본 실험군이 대조군에 비해 델타파가 감소했고 알파파는 증가했다. 또한 대조군은 좌우 Hz값이 좌우비대칭을 이룬 반면 꽃을 본 실험군은 좌우대칭을 이루었으며, 대조군에 비해 Ordinate값이 좌우대칭을 나타냈다. 한편 라벤더 향은 측두엽과 전두엽 부위에 정상인의 수면중 발생하는 델타파를 많이 발생시키는 효과를 보였다.				

저 자	발표연도 · 출처	논 문 제 목	연구대상, 연구기간 및 프로그램 횟수	사용한 평가지
송종은	1998 건국대학교 농축대학원 석사학위논문	실내식물의 시각적 인식이 인간의 뇌파와 뇌혈류의 변화에 미치는 영향	실험1: 대학생 23명 (남 13명, 여 10명) 실험2: 대학생 46명 (뇌파 19명, 뇌혈류 27명)	실험1: 뇌파 실험2: 뇌파 도플러 초음파(TCD)
주 효과 및 결과				특 이 사 항
주거환경 내 실내식물이 인간의 정신생리에 미치는 영향을 조사하고자, 파키라 혹은 벤자민 고무나무, 실물과 같은 크기의 벤자민 고무나무 사진, 식물이 아닌 컴퓨터, 책상, 그리고 캐비닛과 같은 대상물을 편안한 상태에서 수동적으로 인식할 때 식물이 인간의 뇌파와 뇌혈류에 미치는 영향을 조사하였다. 실험 1에서는 파키라를 본 실험군 1, 흰반입 벤자민 고무나무를 본 실험군 2, 그리고 책상 · 컴퓨터 · 캐비닛을 본 대조군의 뇌파를 측정하였는데, 대조군에 비해 파키라와 흰반입 벤자민을 본 집단에서 전두엽과 측두엽의 델타파가 감소하였으며, 이 부위에서 뇌기능의 활성도가 증가했다. 실험2에서는 흰반입 벤자민을 본 실험군과 녹색 벤자민을 본 대조군, 그리고 실물과 같은 크기의 녹색 벤자민을 본 실험군 2의 뇌파 및 뇌혈류 측정에서, 실물 대신에 사진 인식시 뇌기능 활성도가 증가된 것으로 나타났다. 뇌파측정에서와 마찬가지로 사진상의 밝은 녹색자극이 전두엽, 두정엽 그리고 측두엽의 기능을 활성화시켜 이 부위에 분포한 동맥의 혈류흐름이 향상된 것으로 판단된다.				

저 자	발표연도 · 출처	논 문 제 목	연구대상, 연구기간 및 프로그램 횟수	사용한 평가지
이손선	1998 건국대학교 농축대학원 석사학위논문	절화 및 꽃꽂이가 인간의 심리와 뇌파에 미치는 영향	실험1: 대학생 103명 (남 64명, 여 39명) 실험2: 대학생 30명 (남녀 각 15명)	실험1: 자체제작 설문지 실험2: 뇌파
주 효과 및 결과				특 이 사 항
절화에 대한 기호성향과 꽃과 인간심리와의 관계를 조사한 실험1의 결과, 꽃에 대한 선호도는 '그렇다' 수준으로 꽃을 좋아했으며, 성별에 따라 10종류 이상의 꽃을 알고 있는지의 차이를 보였다. 선호하는 꽃모양은 대체로 긴 꽃을 좋아했으며, 흰색과 빨간색 꽃을 선호했고, 향기가 있는 꽃과 은은한 향이 나는 꽃을 좋아했다. 장미, 프리지어, 튤립, 백합 순으로 선호했으며, 정열적이며 귀엽고 아름답고 청순하다는 이미지로 분석했다. 주거환경 내에서 꽃꽂이가 인간의 정신생리에 미치는 영향을 조사한 실험2에서는 동양식과 서양식의 꽃꽂이, 그리고 컴퓨터 · 책상 · 캐비닛과 같은 대상물로 이루어진 대조군을 편안한 상태에서 수동적으로 인식할 때 꽃꽂이가 인간의 뇌파에 미치는 영향이 조사되었다. 동양식 꽃꽂이는 비언어적 · 통합적 · 인식적 · 예술적 기능과 같은 감정기능에 연관이 많은 우반구의 활성화와 연관이 많은 반면, 서양식 꽃꽂이는 언어적 · 수학적 · 추상적 · 논리적 인식과 같은 비감정적인 기능과 연관이 많은 좌반구의 활성화와 연관이 많은 것을 시사하는 것으로 판단된다.				

저 자	발표연도 · 출처	논 문 제 목	연구대상, 연구기간 및 프로그램 횟수	사용한 평가지
강경철	1997 건국대학교 농축대학원 석사학위논문	관엽식물에 대한 인상평가와 식물 배치 방법이 실내 거주자의 심리에 미치는 영향	실험1: 대학생 102명(남 42명, 여 60명), 73명(남 31명, 여 42명) 실험2: 대학생 36명(남녀 18명씩)	설문지(식물인상평가, 식물선호도)
주 효과 및 결과				특 이 사 항
13종의 관엽식물에 대한 인상평가 결과, 마음이 안정되고 좋으며 옆에 두고 싶은 식물로는 파키라가 가장 높게 평가되었으며, 다음으로 스킨답서스, 골드크리산트, 스트라이트, 떡갈고무나무 등이 선호하는 관엽식물로 평가되었다. 반대로 긴장감이 있고 싫으며 두고 싶지 않은 식물로는 크로톤이 가장 높게 평가되었고, 다음으로 관음죽인 것으로 나타났다. 실내 거주자들은 식물이 없을 때보다 관엽식물이 실내공간에 있을 때, 개방적인, 녹색이 짙은, 고급스러운, 마음이 안정된, 동적인, 그리고 밝은 느낌을 받은 것으로 나타났다. 관엽식물을 창가에 일렬로 배치했을 때보다 사무실 여기저기에 점재 배치했을 때, 실내 거주자들은 개방적인, 경쾌한, 변화가 있는, 그리고 동적인 느낌을 받은 것으로 나타났다. 한 종류의 관엽식물을 배치했을 때보다 몇 가지 식물을 조합 배치했을 때 실내 거주자들은 고급스러운, 변화가 있는, 동적인 그리고 화려한 느낌을 받은 것으로 나타났다.				형용사 어휘를 이용한 설문

Chapter 08

외국에서의 원예치료 관련 연구

국내뿐만 아니라 외국의 경우에도 원예치료 혹은 치료적 원예에 관련된 문헌고찰은 거의 없는 실정이다. 최근 Sempik 등(2003)에 의해서 제출된 “social and therapeutic horticulture: evidence and messages from research” (Thrive in association with the Center for Child and Family Research, Loughborough University) 보고서에 나타난 분야별 원예치료(horticultural therapy) 또는 치료적 원예(therapeutic horticulture)의 논문, 보고서 등은 다음과 같다. 본인이 연구하고자 하는 분야에 관련된 최근 외국논문을 발견한다면 큰 기쁨일 것이다. 그러나 이곳에 제시된 논문 중에도 상당수는 실험적 논문이 아니라 경험적 기술에 관한 논문이다. 아래의 분류대로 정리된 외국논문을 살펴보는 것도 도움이 될 것이다.

1) 신체적 재활을 위한 치료적 원예
2) 정신건강을 위한 치료적 원예
3) 치매 환자를 위한 정원
4) 정신건강 문제를 가진 어린이를 위한 원예치료
5) 학습 및 행동 장애를 가진 사람들을 위한 치료적 원예
6) 노인을 위한 정원 가꾸기
7) 치료적 원예와 지역정원
8) 지역정원과 소수민족공동체
9) 길들여지지 않은 자연 체험
10) 경관과 공격성
11) 경관과 감옥 내에서의 질병
12) 재소자와 치료적 원예
13) 성범죄자와 치료적 원예
14) 감옥 내 약물중독자와 치료적 원예
15) 일반 약물중독자와 치료적 원예
16) 심신을 회복시키는 환경
17) 매혹, 주의력 회복, 회상
18) 질병에 따르는 집중피로와 치료적 원예
19) 정원 가꾸기의 유익
20) 자연경관에 대한 선호
21) 사회적 포함(social inclusion)
22) 고용 관련
23) 인종 관련
24) 신체적 활동과 운동
25) 음식
26) 책임감의 수용과 통제
27) 분노나 화의 조절
28) 식물 혹은 원예 활동의 투사나 은유
29) 원예의 영적인 면들

1) 신체적 재활을 위한 치료적 원예

Ackley, D. and L. Cole. 1987. The effect of a horticultural therapy program on children with cerebral palsy. Journal of rehabilitation 53 (4):70-73.

Colson, J. H. C. 1944. The Rehabilitation of the Injured. Cassell.

Sarno, M. T. and N. Chambers. 1997. A horticultural therapy program for individuals with acquired aphasia. Activities, Adaptation & Aging 22(1-2): 81-93.

Simson, S. P. and M. C. Straus (eds). 1998. Horticulture as therapy: Principles and practice. The Food Products Press, N.Y.

Strauss, D. and M. Gabaldo. 1998. Traumatic brain injury and horticultural therapy practice. p. 105-129. In: Simson, S. P. and M. C. Straus (eds). Horticulture as therapy: Principles and practice. The Food Products Press, New York.

Turner, A., M. Foster, and S. E. Johnson (eds). 1996. Occupational therapy and physical dysfunction: Principles, skills and practice. Churchill Livingston, N.Y.

Wichrowski, M., N. K. Chambers, and L. M. Ciccantelli. 1998. Stroke, spinal cord, and physical disabilities and horticultural therapy practice. p. 71-104. In: Simson, S. P. and M. C. Strauss (eds.). Horticulture as therapy: Principles and practice. The Food Products Press, New York.

2) 정신건강을 위한 치료적 원예

Bennett, C., N. K. So, and W. B. Smith. 1999. Horticultural therapy in an epilepsy clinic. Epilepsia 40:107-108.

Fieldhouse, J. 2002. The impact of an allotment group on mental health client's wellbeing, and social networking. British Journal of Occupational Therapy (in Press).

O'Reilly, P. O. and J. R. Handforth. 1955. Occupational therapy with 'refractory' patients. American Journal of Psychiatry 111:763-766.

Perrins-Margalis, N. M., J. Rugletic, N. M. Schepis, H. R. Stepanski, and M. A. Walsh. 2000. The immediate effects of a group-based horticulture experience on the quality of life of persons with chronic mental illness. Occupational Therapy in Mental Health 16(1):15-32.

Rush, B. 1812. Medical inquiries upon diseases for the mind. The History of Medicine Series, No 15. Hafner publishing Company, New York. 1962.

Zhan, L. 1992. Quality of life: Conceptual and measurement issues. Journal of advanced Nursing 17:795-800.

3) 치매 환자를 위한 정원

Beckwith, M. E. and S. D. Glister. 1997. The paradise garden: A model garden design for those with Alzheimer's disease. Activities, Adaptation and Aging 22(1-2):3-16.

Cohen-Mansfield, J. and P. Werner. 1998. Visit to an outdoor garden: Impact on behavior and mood of nursing home residents who pace. Research and Practice in Alzheimer's Disease, p. 419-436. Vellas, B. and L. J. Fitten (eds). Springer Publishing Company, New York.

Ebel, S. 1991. Designing stage-specific horticultural therapy interventions for patient's with Alzheimer's disease. Journal of Therapeutic Horticulture 6(1):3-9.

Fabrigoule, C., L. Letenneur, J. Dartigues, Zarrouk, M., Commenges, D. and P. Barberger-Gateau. 1995. Social and leisure activities and risk of dementia: A prospective longitudinal study. Journal of American Geriatrics Society 43:485-490.

Hoover, R. C. 1994. Healing gardens and Alzheimer's disease, p. 283-299. In: Francis, M., P. Lindsey, and J. S. Rice (eds). The Healing dimensions of people-plant relations. Center for Design Research, UC Davis, CA.

Lovering, M. J. 1990. Alzheimer's disease and outdoor space: Issues in environmental design. The American Journal of Alzheimer's Care and Related Disorders and Research, May/June, p. 33-40.

Mather, J. A., D. Nemeek, and K. Oliver. 1997. The effect of a walled garden on behavior of individuals with Alzheimer's. American Journal of Alzheimer's Disease 12(6):252-257.

Mooney, P. and P. L. Nicell. 1992. The importance of exterior environment for Alzheimer's residents: Effective care and risk management. Health Care Mnagement Forum 5(2):22-29.

4) 정신건강 문제를 가진 어린이를 위한 원예치료

Bryant, W. 1991. Creative group work with confused elderly people: A development of sensory integration therapy. British Journal of Occupational Therapy 54 (5):187-192.

Cohen-Mansfield, J. and P. Werner. 1999. Outdoor wandering parks for persons with dementia: A survey of characteristics and use. Alzheimer Disease and Associated Disorders 13(2):109-17.

Goodban, A. and D. Goodban. 1990. Horticultural Therapy: A growing concern, Part1. British Journal of Occupational Therapy 53(11):425-429.

Goodban, A. and D. Goodban. 1990. Horticultural Therapy: A growing concern, Part2; Goodban, A. and D. Goodban. 1990. Horticultural therapy: A growing concern, Part1. British Journal of Occupational Therapy 53(11):425-429; 53(11):468-470.

Kaiser, M. 1976. Alternative to therapy: Garden program. Journal of Clinical Child Psychology 5(2):21-24.

Lloyd, K. 1986. The Bec enterprises workscheme. British Journal of Occupational Therapy 49(8):257-258.

Matsuo, E., Y. Fujiki, and K. Fujiwara. 1997. Research survey on the therapeutic use of horticulture in welfare institutions and psychiatric hospitals in Fukuoka Prefecture, Japan. Science Bulletin of the Faculty of Agriculture-Kyuslu University 52(1/2):11-20.

McGinnis, M. 1989. Gardening as therapy for children with behavioral disorders. Journal of child and Adolescent Psychiatric and Mental Health Nursing 2(3):87-91.

Nixon, B. and S. Read. 1998. Therapeutic horticulture for young people with complex mental health problems, p. 67-76. In: Stoneham J. and A. Kendle (eds). Plants and human well-being. The Sensory Trust, Bath.

Reeves, C. 1998. Horticulture for young people with emotional and behavioral difficulties, p. 50-62. In: Mcdonald, J. and S. Read (eds). The therapeutic value of landscapes. Horticulture for all, Gillingham.

Rookes, K. 1998. Using the school grounds to develop a functional curriculum for children with Autism, restrictive behaviour and severe learning difficulties, p. 63-72. In: Mcdonald, J. and S. Read (eds). The therapeutic value of landscapes. Horticulture for all, Gillingham.

Smith, D. J. 1998. Horticultural therapy: The garden benefits everyone. Journal of Psychosocial Nursing and mental Health Servuices 36:14-21.

Spelfogel, B. and M. Modrzakowski. 1980. Curative factors in horticultural therapy in a hospital setting. Hospital and Community Psychiatry 31(8):572-573.

Talbott, J., D. Stern. J. Ross, and C. Gillen. 1976. Flowering plants as a therapeutic environmental agent in a psychiatric hospital. HortScience 11(4):365-366.

Vaccaro, J. V., I. Cousino, and R. Vatcher. 1992. The growth of supported employment from horticulture therapy in the veterans' garden. New Directions for Mental Health Services 53:97-104.

Williams, S. 1989. Evaluation of a horticultural therapy program in a short term psychiatric ward. Journal of Therapeutic Horticulture 4:29-38.

5) 학습 및 행동 장애를 가진 사람들을 위한 치료적 원예

Airhart, D. L., T. Willis, and P. Westrick. 1987. Horticultureal training for adolescent special education students. Journal of Therapeutic Horticulture 2:17-22.

Cowden, K. 1969. The mentally retarded can contribute. Hospital and Community Psychiatry 20(12):395.

Doutt, K. M., D. L. Airhart, and T. W. Willis. 1989. Horticultural therapy activities

for exceptional children. Journal of Therapeutic Horticulture 4:10-14.
Doxon, L. E., R. H. Matson, and A. P. Jurish. 1987. Human stress reduction through horticultural vacational training. HortScience 22(4):655-656.
Eddy, R. T. and C. S. Sadof. 1993. Training persons with mental disabilities as greenhouse integrated pest management scouts. HortTechnology 3:459-461.
Giddan, N. S. and S. J. Giddan (eds). 1991. Autistic adults at bittersweet farms. The Haworth Press, N.Y.
Hoffman, E. and D. Castro-Blanco. 1988. Horticultural therapy with a four-year old boy: A case report. Journal of Therapeutic Horticulture 3:3-8.
Kay, B. R. 1990. Bittersweet Farms. Journal of Autism and Developmental Disorders 20(3):309-321.
Sarver, M. D. 1985. Agritherapy: Plants as learning partners. Academic Therapy 20(4):389-396.
Schleien, S., J. Rynders, T. Mustonen, L. Heyne, and S. Kasse. 1991. Teaching horticultural skills to adults with autism: A replicated case study. Journal of Therapeutic Horticulture 6(1):21-37.
Smith, V. D. and D. E. Aldous. 1994. Effect of therapeutic horticulture on the self concept of the mildly intellectually disabled student, p. 215-221. In: Francis, M., P. Lindsey, and J. S. Rice (eds). The Healing dimentions of people-plant relations. Center for Design Research, UC davis, CA.

6) 노인을 위한 정원 가꾸기

Bhatti, M. 2002. Occasional paper: Gardening in later life. University of Brighton, Brighton.
Bradburn, N. M. and D. Caplovitz. 1965. Reports on happiness. Aldine, Chicago.
Burke, G. L., A. M. Arnold, D. E. Bild, M. Cushman, L. P. Fried, A. Newman, C. Nunn, and J. Robbins. 2001. Factors associated with healthy aging: The cardiovascular healthy study. Journal of American Geriatrics Society 49(3):254-262.

Caspersen, C., B. Bloemberg, W. Saris, R. Merritt, and D. Kromhout, 1991. The prevelance of selected physical activities and their relation with coronary heart disease risk factors in elderly men: The Zutphen study. American Journal of Epidemiology 133:1078-1092.

Coval, M., D. Crocket, S. Holliday, and W. Koch. 1985. A muti-focus assessment scale for use with the frail elderly populations. Canadian Journal of Aging 4:101-109.

Dipietro, L. 2001. Physical activity in aging: Changes in patterns and their relationship to health and function. The Journal of Gerontology, Series A, Biological Sciences and Medical Sciences 56:13-22.

Fabrigoule, C., L. Letenneur, J. Dartigues, M. Zarrouk, D. Commenges, and P. Barberger-Gateau. 1995. Social and leisure activities and risk of dementia: A prospective longitudinal study. Journal of American Geriatrics Society 43:485-490.

Gurel, L., M. W. Linn, B. S. Linn, J. E. Davis, Jr., and R. S. Maroney. 1979. Patients in nursing homes: Multi-disciplinary characteristics and outcomes. Journal of American Medical Association 23:390-400.

Heiker, D., A. Chadwick, and T. O'Conell. 2000. The meaning of gardening and the effects on perceived well being of a gardening project on diverse populations of elders. Activities, Adaptation & Aging 25(3):35-57.

Mooney, P. F. and S. L. Milstein. 1994. Assessing the benefits of a therapeutic horticulture program for seniors in intermediate care, p. 173-194. In: Francis, M., P. Lindsey, and J. S. Rice (eds). The healing dimensions of people-plant relations. Center for Design Research, UC Davis, CA.

Recker, G. T. and P. T. P. Wong. 1988. Aging as individual process: Toward a theory of personal meaning, p. 214-246. In: Birren, J. E. and V. L. Bengston (eds). Emergent theories of aging. Springer Publishing, New York.

Seeman, T. and X. Chen. 2002. Risk and protective factors for physical functioning in older adults with and without chronic conditions: MacArthur studies of successful aging. The Journal of Gerontology, Series B, Psychological Sciences and Socialsciences 57(3):135-44.

7) 치료적 원예와 지역정원

Armstrong, D. 2000. A survey of community gardens in upstate New York: Implications for health promotion and community development. Health and Place 6(4):319-327.

Basset, T. 1981. Reaping on the margins, a century of community gardening in America. Landscape 25(2):1-8.

Crouch, D. and C. Ward. 1997. The Allotment: Its Landscape and culture. Five Leaves Press, Nottingham.

Crouch, D., J. Sempik, and R. Wilshire. 2001. Growing in the Community: A good practice guide for the management of allotments. LGA Publications, London

Ferris, J., M. Morris, C. Norman, and J. Sempik (eds). 2001. People, land & sustainability: A global view of community gardening. Nottingham The Cooperative Group and PLS.

HOC. 1998. House of commons, environment, transport and regional affairs committee. The Future for Allotments, Volume 1, Report and Proceedings of the Committee, HC 560-1.

Maslow, A. H. 1954. Motivation and personality. Harper, New York.

Waliczek, Y. M., R. H. Mattson, and J. M. Zajicek. 1996. Benefits of community gardening on quality-of-life issues. Journal of environmental Horticulture 14(4):204.

8) 지역정원과 소수민족공동체

Armstrong, D. 2000. A survey of community gardens in upstate New York: Implications for health promotion and community development. Health and Place 6(4):319-327.

Waliczek, Y. M., R. H. Mattson, and J. M. Zajicek. 1996. Benefits of community gardening on quality-of-life issues. Journal of environmental Horticulture 14(4):204.

Winterbottom, D. 1998. Casitas, gardens of reclamation: the creation of cultural/social spaces in the barrios of New York city, p. 88-96. In: Sanford, J. and B. R. Connel (eds). People, places and public policy. Environmental Design Research Association, Oklahoma.

9) 길들여지지 않은 자연 체험(wildness experience)

Davis-Berman, J. and D. S. Berman. 1989. The wilderness Therapy program an empirical study of its effects with adolescents in an outpatient setting. Journal of Contemporary Psychotherapy 19:271-281.

Fredricson, L. A. and D. H. Anderson. 1999. A qualitative exploration of the wilderness experience as a source as a source of spritual inspiration. Journal of Environmental Psychology 19(1):21-39.

Hyer, L., S. Boyd, R. Scurfield, D. Smith, and J. Burke. 1996. Effects of outward bound experience as an adjunct to inpatient PTSD treat of war veterans. Journal of Clinical Psychology 52(3):263-278.

Kaplan, R. and S. Kaplan, 1989. The Experience of nature: A psychological perspective. Cambridge University Press, New York.

Kaplan, S. and J. F. Talbot. 1983. Psychological benefits of a wildness experience, 6:163-203. In: Altman, I. and J. F. Wolwill (eds). Human behavior and environment: Behaviour and the natural environment. Plenum.

Powch, I. G. 1995. Wilderness therapy: What makes it empowering for women? Women and Therapy 15(3-4):11-27.

Russell, K. C. 2001. What is Wilderness therapy? Journal of Experimental Education 23(3):170-176.

Williams, B. 2000. The treatment of adolescent populations: An institution vs. a wilderness setting. Journal of Child and Adolescent Group Therapy 10(1):47-56.

10) 경관과 공격성(landscape view and aggression)

Kuo, F. E. and W. C. Sillivan, 2001. Aggression and violence in the inner city: Effects of environment via mental fatigue. Environment and behaviour 33(4):543-571.

11) 경관과 감옥 내에서의 질병

Moore, E. O. 1981. A prison environment's effect on health care service demands. Journal of Environmental Systems 11:17-34.

12) 재소자와 치료적 원예

de Montmollin, M. J., E. Zimmermann, J. Berheim, and T. Harding. 1986. Sociotherapeutic treatment of delinquents in prison. International Journal of Offender Therapy and Comparative Criminology 30(1):25-34.

Finch, C. R. 1995. Green Brigade: Horticultural learn-and earn programs for juvenile offenders. HortTechnology 5(2):118-120.

Flagler, J. 1993. Correctional youth and the green industry. Journal of Therapeutic Horticulture 7(1):49-55.

Flagler, J. 1994. Corrections and the green industry, p. 283-290. In: Flagler, J. and R. P. Poincelot (eds). People-plant relationship: Setting research priorities. The Food Products Press, New York.

Flagler, J. 1995. The role of horticulture in training correctional youth. Hort-Technology 5(2):185-187.

Hirschi, T. 1969. Causes of delinquency. University of California Press, Berkeley.

McGuinn, C. and P. D. Relf. 2001. A profile of juvenile offenders in a vocational horticultural curriculum. HortTechnology 11(3):427-468.

Rice, J. S. and L. L. Remy. 1998. Impact of horticultural therapy on psychosocial functioning among urban jail inmates. Journal of offender rehabilitation 26(3-4):169.

Rice, J. S. and L. L. Remy. 1994. Cultivating self development in urban jail inmates, p. 229-256. In: Francis, M., P. Lindsey, and J. S. Rice (eds). The Healing dimensions of people-plant relations. Center for Design Research, UC Davis, CA.

Rice, J. S. and L. L. Remy. 1994. Evaluating horticultural therapy: The ecological context of urban jail inmates, p. 203-224. In: Flagler, J. and R. P. Poincelot (eds). People-plant relationship: Setting research priorities. The Food Products Press, New York.

13) 성범죄자와 치료적 원예

Gibson, R. B. and M. P. Hughes. 2000. Treatment of the sexually violent predator: A horticultural approach. Journal of therapeutic Horticulture 11:20-25.

14) 감옥 내 약물중독자와 치료적 원예

Rice, J. S., L. L. Remy, and L. A. Whittlesey. 1998. Substance abuse, offender rehabilitation, and horticultural therapy practice, p. 257-284. In: Simson, S. P. and M. C. Straus (eds). Horticulture as therapy: Principles and practice. The Food Products Press, New York.

Richards, H. J. and D. M. Kafami. 1999. Impact of horticultural therapy on vulnerability and resistance to substance abuse among incarcerated offenders. Journal of Offender Rehabilitation 29(3):183-195.

15) 일반 약물중독자와 치료적 원예

Cornille, T. A., G. E. Rohrer, S. G. Phillips, and J. G. Mosier, 1987. Horticultural therapy in substance abuse treatment. Journal of Therapeutic Horticulture 2:3-8.

Neuberger, K. R. 1995. Pedagogics and horticultural therapy: The favorite task of Mr. Huber, digging up potatoes. Acta Horticulture 391: 241-251.

16) 심신을 회복시키는 환경

Kaplan, R. and S. Kaplan, 1989. The Experience of nature: A psychological perspective. Cambridge University Press, New York.

Kaplan, R. and S. Kaplan. 1990. Restorative experience: The healing power of nearby nature, p. 238-243. In: Francis, M. and R. T. Hester, Jr. (eds). The Meaning of gardens. The MIT Press, Cambridge, MA.

Kaplan, S. 1995. The restorative benefits of nature: Toward an integrative framework. Journal of Environmental Psychology 15:169-182.

17) 매혹, 주의력 회복, 회상

Herzog, T. R., A. M. Black, K. A. Fountaine, and D. J. Knotts. 1997. Reflection and attentional recovery as distinctive benefits of restorative environments. Journal of Environmental Psychology 17:165-170.

Kaplan, R. and S. Kaplan, 1989. The Experience of nature: A Psychological Perspective. Cambridge University Press, New York.

Kaplan, S. 1995. The restorative benefits of nature: Toward an integrative framework. Journal of Environmental Psychology 15:169-182.

18) 질병에 따르는 집중피로와 치료적 원예

Cimprich, B. 1992. Attentional fatigue following breast cancer surgery. Research in Nursing and Health 15:199-207.

Cimprich, B. 1993. Develpoment of an intervention to restore attention in cancer patients. Cancer Nursing 16:83-92.

Unruh, A. M., N. Smith, and C. Scammell. 2000. The occupation of gardening in life-threatening illness: A qualitative pilot project. Canadian Journal of Occupational Therapy 67(1):70-77.

19) 정원 가꾸기의 유익

Kaplan, R. 1973. Some psychological benefits of gardening. Environment and Behavior 5(2):145-162.

Kaplan, R. and S. Kaplan. 1990. Restorative experience: The healing power of nearby nature, p. 238-243. In: Francis, M. and R. T. Hester, Jr. (eds). The Meaning of gardens. The MIT Press, Cambridge, MA.

20) 자연경관에 대한 선호

Kaplan, S. 1995. The restorative benefits of nature: Toward an integrative framework. Journal of Environmental Psychology 15:169-182.

Ulrich, R. S. 1983. Aesthetic and affective response natural environment, 6:85-125. In: Altman, I and J. F. Wohlwill (eds). Human behaviour and environmnet: Behaviour and the natural environment. Plenum Press, New York.

Ulrich, R. S. 1984. View through a window may influence recovery from surgery. Science 224:420-421.

Ulrich, R. S., R. F. Simons, B. D. Losito, F. Fiorito, M. A. Miles, and M. Zelson. 1991. Stress recovery during exposure to natural and urban environments. Journal of Environmental Psychology 11:201-230.

21) 사회적 포함(social inclusion)

Burchardt, T., J. Le Grand, and D. Piachaud. 2002. Degrees of exclusion: Developing a dynamic, multidimensional measure, p. 30-43. In: Hills, J., J. Le Grand, and D. Piachaud (eds). Understanding social exclusion, Oxford University Press, New York.

22) 고용 관련

Aish, R. and M. Israel. 2001. Preliminary report of a research project into the effectiveness of supported work rehabilitation in a therapeutic horticultural environment at cherry tree nursery. SWOP, Bounemouth.

DeHart-Bennett, M. E. and P. D. Relf. 1990. Horticultural careers for persons with mental retardation. Journal for Vocational Special Needs Education 12(3):11-15.

Dobbs, G. S. and P. D. Relf. 1991. Enclave employment of disabled individuals in a university grounds maintenance department: A case report. Journal of Therapeutic Horticulture 6:38-48.

Dobbs, G. S. and P. D. Relf. 1995. Enclave employment of disabled individuals in a university grounds maintenance department: A case report. Acta Horticulture 391:233-240.

Sharples, A. and K. Galvin. 1995. Evaluation of cherry tree nursery: A Pilot study by bournemouth university. Bournemouth University, Bournemouth.

Warr, P. B. 1987. Work, unemployment and mentalhealth. Oxford Science Publications, Oxford.

23) 인종 관련

Crouch, D., J. Sempik, and R. Wiltshire. 2001. Growing in the community: A good practice guide for the management of allotments. LGA Publications, London.

Fredrickson, L. A. and D. H. Anderson. 1999. A qualitative exploration of the wilderness experience as a source of spritual inspiration. Journal of Environmental Psychology 19(1):21-39.

Kuo, F. E. and W. C. Sullivan. 2001. Aggression and violence in the inner city: Effects of environment via mental fatigue. Environment and Behaviour 33(44):543-571.

Powch, I. G. 1994. Wilderness therapy: What makes it empowering for women?

Women and Therapy 15(3-4):11-27.
Unruh, A. M., N. Smith, and C. Scammell. 2000. The occupation of gardening in life-threatening illness: A qualitative pilot project. Canadian Journal of Occupational Therapy 67(1):70-77.

24) 신체적 활동과 운동

Burbach, F. R. 1997. The efficacy of physical activity interventions within mental health services: Anxiety and depressive disorders. Journal of Mental Health 6(6):243-267.
Kellert, S. R. and E. O. Wilson (eds). 1993. The Biophilia hypothesis. Island Press, Washington. DC.
Lindenmuth, G. F. and B. Moose, 1990. Improving cognitive abilities of elderly Alzheimer's patients with intense exercise therapy. The American Journal of Alzheimer's Care and Related Disorders and Research 5(1):31-33.
Reynolds, V. 1999. The Green gym: An evaluation of a pilot project in sonning common, Oxfordshire. Report no. 8. Oxford Brookes University, Oxford.
Reynolds, V. 2002. Well-being comes naturally: An evaluation of the BTCV green gym at Portslade, East Sussex. Report no. 17. Oxford Brookes University, Oxford.
Wilson, E. O. 1984. Biophilia: The human bond with other species. Harvard University Press, Cambridge.

25) 음 식

Armstrong, D. 2000. A survey of community gardens in upstate New York: Implications for health promotion and community development. Health and Place 6(4):319-327.
Kaplan, R. 1973. Some psychological benefits of gardening. Environment and Behavior 5(2):145-162.
Maslow, A. H. 1943. A theory of human motivation. Psychological Review 50:370-396.

Seller, J., J. Fieldhouse, and M. Phelan. 1999. Fertile imaginations: An inner city allotment group. Psychiatric Bulletin 23(3):291-293.

Waliczek, T. M., R. H. Mattson, and J. M. Zajicek, 1996. Benefits of community gardening on quality-of-life issues. Journal of Environmental Horticulture 14(4):204.

26) 책임감의 수용과 통제

Langer, E. J. and J. Rodin. 1976. The effects of choice and enhanced personal responsibility for the aged: A field experiment in an institutional setting. Journal of Personality and Social Psychology 34(2):191-198.

Schulz, R. 1976. Effects of control and predictability on the physical and psychological well-being of the instituionalized aged. Journal of Personality and Social Psychology 33(5):563-573.

27) 분노나 화의 조절

Flagler, J. 1995. The role of horticulture in training correctional youth. HortTechnology 5(2):185-187.

Hirschi, T. 1969. Causes of Delinquency. University of California Press, Berkeley.

28) 식물 혹은 원예활동의 생명에로의 투사나 은유

Relf, D. 1981. Dynamics of horticultural therapy. Rehabilitation Literature 42 (5-6):147-150.

29) 원예의 영적인 면들

Boardman, B. 2001. Restorative gardens and the world-wide quiet garden movement, p. 20-21. In: Ferris, J., M. Morris, C. Norman, and J. Sempik (eds). People, land and sustainability: A global view of community. The

Co-operative Group and PLS, Nottingham.

Heliker, D., A. Chadwick, and T. O'Connell. 2000. The meaning of gardening and the effects on perceived well being of a gardening project on diverse populations of elders. Activities Adaptation & Aging 25(3):35-57.

Unruh, A. M. 1997. Spirituality and occupation: Garden musings and the Himalayan blue poppy. Canadian Journal of Occupational Therapy 63: 88-94.

Unruh, A. M., N. Smith, and C. Scammell. 2000. The occupation of gardening in life-threatening illness: A qualitative pilot project. Canadian Journal of Occupational Therapy 67(1):70-77.

Chapter 09

원예 및 원예치료 용어 정리

원예치료는 기존의 대상지향적 학문이 아니라 식물-인간의 관계지향적 학문이다. 즉, 식물을 기본으로 한 원예과학과 인간을 대상으로 하는 의학의 상관관계를 새로운 차원에서 구명하는 시도에서 도출된 새로운 학문인 것이다. 따라서, 원예치료사의 학문적 기초가 어디에 있다 할지라도 원예치료의 전체를 파악하기에는 어려운 실정이다. 이런 점에서 볼때 원예치료라는 학문을 보다 쉽게 접근하기 위해서는 무엇보다도 각 분야의 전공용어에 익숙해지는 것이 급선무라 생각된다.

본 장에서는 원예치료를 크게 원예와 원예치료(의학, 상담심리, 간호, 사회복지, 통계 포함)로 나누어 해당되는 분야에서 자주 사용되는 용어를 간략히 설명하였다. 이러한 용어 설명은 그 분야의 비전공자가 일반적인 내용을 이해하도록 하기 위한 수준으로 기술되었을 뿐 전문적으로 심도 있게 기술된 것은 아니다. 따라서, 보다 정확한 내용을 파악하기 위해서는 아래에 언급된 책들을 참고하는 것이 좋을 것이다.

원예 분야는 '농경과 원예'사의 허락을 맡아 출간된 『원예사전』(1999)을 기본으로 하여 일반적으로 많이 사용되는 원예용어를 선정하여, 그 내용의 일부를 발췌 · 기술하였다.

한편, 원예치료 분야는 아래의 책들을 참고하여 관련된 용어를 발췌 · 기술하였다.

김삼섭 역. 1996. 중증 장애인의 교육과 재활. 이화여자대학교 출판부, 서울

민성길 외. 1999. 최신정신의학 제4개정판. 일조각, 서울

여광응 외 공역. 2002. 발달장애 용어사전. 학지사, 서울

이재신 · 김경미. 1997. 작업치료. 도서출판 정담, 서울

이재신 · 이택영, 이지연, 유은영. 2004. 최신 작업치료학 개론. 탑메드, 서울

주왕기 · 주진형 역. 2003. 약물과 사회 그리고 인간행동. 라이프 사이언스, 서울

최혜숙 외. 2004. 질환별 작업치료: 작업수행 방법론. 한미의학, 서울

통계청. 통계용어사전 검색(http://www.nso.go.kr).

1. 원예 관련

가시광선(可視光線; visible light): 인간의 눈에 감지되는 파장 영역으로서, 380~780nm로 표시됨.

가정원예(家庭園藝; home gardening): 판매목적으로 원예작물을 생산하는 것이 아니라, 일반 가정에서 즐기면서 또한 무공해 작물을 섭취할 목적으로 하는 원예.

가지(枝; branch): 식물의 원줄기에서 갈라져 나온 줄기.

개화(開花; blooming, flowering) : 종자식물의 생식기관인 꽃이 피는 현상.

개화소요일수(number of days to flowering, number of days to anthesis): 씨뿌리기, 정식, 적심 또는 온실 반입 등 임의로 설정한 계산일로부터 꽃이 필 때까지의 일수.

결구(結球; head formation, heading): 결구배추, 양배추, 결구상추 등에서 생육이 진행됨에 따라 잎이 점점 안으로 말리면서 비대해지고 서로 포합하게 되어 엽구(葉救)를 형성하는 현상.

결핍증(缺乏症; mineral deficiency symptom, nutrient deficiency symptom): 질소, 인, 칼리 등의 필수영양원소 또는 특정한 원소의 부족, 즉 결핍으로 인하여 일어나는 영양장애.

겹꽃, 겹피기(double flowered): 홑꽃의 수술, 암술 및 꽃받침 등이 꽃잎으로 변하여 꽃잎수가 증가한 것.

경삽, 줄기꽂이(莖揷, 枝揷; stem cutting): 식물체의 일부인 줄기를 절단한 후 삽목상에 삽목하여 새로운 싹, 잎, 줄기, 뿌리 등이 생겨 하나의 완전한 독립된 식물체를 만들어 내는 방법.

관목(灌木; shrub): 개나리와 장미처럼 비교적 키가 작은 식물로서, 일반적으로 곧은 뿌리가 없으며 목질이 발달한 여러 개의 줄기를 이룸.

관상식물(觀賞植物; ornamental plants): 관상을 목적으로 하는 식물의 총칭.

관수(灌水; watering): 식물에 필요한 물을 공급해주는 작업.

관엽식물(觀葉植物; foliage plant, ornamental foliage plant): 주로 잎의 색깔 또는 형태의 아름다움을 관상하는 식물로서, 초본성과 목본성, 양치류 등이 포함됨. 대부분 열대지방에서 자생하지만, 팔손이나 식나무처럼 온대지방에 자생하는 것도 있음.

광도(光度; light intensity): 태양과 같은 광원으로부터 방출되는 빛의 세기. 그 단위는 주로 lux 또는 약자로 lx를 사용함.

광발아종자(光發芽種子; light germinating seed): 광선을 쪼여주어야만 발아하는 종자. 담배, 상추, 뽕나무, 차조기, 우엉 등이 여기에 속함.

광주성(光週性; photoperiodism): 명기와 암기의 시간 비율은 식물의 생장과 발육을 지배하는 중요한 요인인데, 일장에 대한 식물체의 반응을 광주성이라 함.

광질(光質; light quality): 빛을 구성하고 있는 광선을 파장별로 나누어 구분한 것.

광합성(光合成; photosynthesis): 녹색식물이 빛, 공기 중의 CO_2와 물을 이용하여 탄수화물을 생산하는 과정.

괴경(塊莖; tuber): 식물체가 양분을 땅속줄기의 끝부분에 저장시켜 비대해진 부분으로 덩이줄기라고도 함. 감자, 아네모네 등이 이에 해당됨.

괴근류, 덩이 뿌리류(塊根類; tuberous loot vegetables): 뿌리가 비대하여 덩이를 형성한 것으로, 다알리아, 고구마 등이 해당됨.

교목(喬木; tree): 밤나무와 상수리나무처럼 키가 크며, 다년생 목질인 곧은 줄기가 있고, 줄기와 가지의 구별이 명확한 수목.

구경, 알줄기(球莖; corn): 단축된 줄기가 비대하여 둥근 형태의 모양으로 변한 것. 글라디올러스, 크로커스, 토란, 생강 등이 있음.

국화과(菊花科; compositae): 쌍떡잎식물아강 초롱꽃목의 한 과. 쌍떡잎식물 가운데서 가장 진화된 식물로 세계에 956속 2만여 종이 분포하며, 한국에는 과꽃, 국화, 해바라기, 금잔화 등 390여 종이 있음. 작은 꽃들이 모여 두상꽃차례(頭狀花序)를 이룸.

근경(根莖; rhizome): 지하경 또는 뿌리줄기라고도

하는데, 지하경이 구상으로 되지 않고 전체적으로 비대한 것으로, 지하에서 옆으로 기어가는 줄기. 칸나, 아이리스, 대나무 등이 있음.

근권(根圈; rhizosphere, rooting zone): 뿌리에 밀착한 토양 주변. 뿌리의 영향을 직접 받으며 그 주변 토양과는 달리 식물의 영양, 생장 및 상호작용에 관여하는 부분.

근삽, 뿌리꽂이(根揷; root cutting): 뿌리를 잘라 삽목하는 방법으로, 경삽이 어렵거나 부정아 발생이 쉬운 식물에서 이용됨.

기공(氣孔; stoma): 잎의 뒷면에 존재하여 산소, 이산화탄소 및 수분이 출입 및 교환되는 입구.

기비(基肥; basal dressing, basal fertilizer): 파종, 묘이식, 구근을 심기 전에 시용하는 비료.

기생(寄生; parasitism): 어떤 생물이 다른 생물의 체표 또는 체내에 붙어서 양분을 취하며 생활하는 일. 기생하는 생물을 기생생물, 기생당하는 생물을 숙주(宿主), 기주(寄主)라고 함.

길항작용(拮抗作用; antagonism): 어떤 현상에 있어서 두 개의 요인이 동시에 작용할 때, 한 요인이 타 요인의 효과를 없애는 경우. 마그네슘(Mg^{2+}) 흡수를 칼리(K^{+})가 저해하는 것이 한 예.

꽃눈(花芽; flower bud): 발아하면 꽃이 되는 눈.

꽃받침(calyx): 꽃을 구성하는 바깥쪽 화피(花被), 악(萼)이라고도 함. 심피(心皮), 수술, 꽃잎과 더불어 꽃을 구성하는 4요소 중의 하나임.

꽃봉오리(花蕾; flower bud): 꽃이 피기 전의 꽃. 식물에 따라 다양한 형태의 꽃봉오리를 가지며 특수한 모양의 꽃받기(화탁)나 조직으로 싸여서 보호함.

나자식물, 겉씨식물(裸子植物; gymnosperm): 암꽃의 심피(心皮)가 벌어져 있어서 밑씨가 드러나는 식물.

낙과(落果; fruit drop, fruit abscission): 과실이 과경(果梗)이나 가지로부터 떨어져 낙하하는 현상.

낙뢰(落雷; flower bud abscission): 꽃봉오리가 개화하지 않고 낙하하는 현상.

낙엽(落葉; leaf abscission, leaf fall): 고등식물에 있어 휴면기 이전의 저온감응으로 인해 잎이 떨어지는 현상.

낙엽수(落葉樹; deciduous tree): 낙엽이 떨어진 휴면상태로 월동하는 나무.

내음성(耐陰性; shade tolerance): 약한 광선 하에서도 식물이 자라는 성질.

내한성(耐寒性; cold resistant): 저온에 잘 견디는 성질.

냉온장애(冷溫障害; chilling injury): 식물이 조직내에 결빙이 생기지 않는 범위의 저온에 의해서 받는 피해.

냉해(冷害; cool-weather damage): 고온이 필요한 여름철에 식물이 저온을 만나서 입는 피해.

노지재배(露地栽培; outdoor culture): 자연의 기상조건에서 식물을 기르는 것.

눈(bud): 어린 줄기나 다수의 어린잎의 원기(原基)로 되는 부분. 식물체의 일정한 부분에 생기는 눈을 정아(定芽), 그 밖의 부분에 생기는 눈을 부정아(不定芽)라고 함. 줄기 끝에 생기는 눈을 끝눈(頂芽), 줄기 옆쪽에 생기는 눈을 곁눈(側芽)이라 하는데, 끝눈과 곁눈은 모두 일정한 부위에 생기는 눈이므로 정아임. 종자식물의 곁눈은 잎이 줄기에 부착되어 있는 잎겨드랑이에 생기므로 겨드랑이눈(腋芽)이라고 함.

다량원소(多量元素; macro elements): 식물이 생육하는데 있어 다량으로 필요로 하는 원소로 질소, 인산, 칼리가 여기에 속함.

다육식물(多肉植物; succulents, succulent plant): 잎, 줄기, 뿌리 등이 여러 형태로 비대하여, 많은 수분을 함유한 유조직이 저장기관으로 발달한 식물.

단일식물(短日植物, short-day plant): 하루의 낮 길이가 일정한 한계시간보다 짧아졌을 때 꽃눈이 만들어져서 꽃이 피는 식물.

단자엽식물, 외떡잎식물(monocotyledonous plant): 속씨식물 중 떡잎이 1개인 식물. 단자엽식물(單子葉植物)이라고도 함.

덩굴성 식물(climbing plant, liane): 줄기가 덩굴상태로 있어 다른 식물이나 구조물에 붙어서 자라나가는 식물. 등나무, 크레마티스, 능소화, 담쟁이덩굴 등이 있음.

도시원예(都市園藝; urban horticulture): 도시환경

속의 호외(戶外)에서나 실내 조건에서 각종 원예 식물(채소, 과수, 꽃과 기타 관상식물류)을 재배하는 것.

도장(徒長; succulent growth, spindly growth): 식물이 고온, 약광, 다습, 질소과다 등의 환경조건에서 가로방향의 생장보다는 신장이 우세한 것.

두상화서(頭狀花序; capitulum, caput, heal): 많은 꽃들이 넓은 원반형의 화탁 위에 두 종류의 꽃들로 이루어져 있음. 화서의 가장자리에 있는 혓바닥 모양의 설상화(ligulate flower)와 화서의 중앙에 있는 통상화(tubular flower)로 이루어져 있으며 국화과 식물이 이에 해당됨.

드라이 플라워(dry flower, dried flower): 화훼류를 건조해서 보존하는 꽃. 건조화(乾燥花) 또는 영구화(永久花, everlasting flower)라고도 함.

런너(runner): 포복경(葡匐莖) 또는 포복지(葡匐枝)라고 함. 줄기의 일부로부터 기다란 가는 줄기를 내어 지상을 포복하며, 그 마디로부터 뿌리 및 줄기를 생성하여 자주(子珠)를 형성하는 것을 가리키며 자주를 런너라고도 함.

로제트(rosette): 화훼에서 줄기가 거의 신장하지 않고 뿌리에 직접 잎이 붙어 있는 것 같이 보이는 근출엽(根出葉)의 상태.

마디(節; node): 줄기 가운데 잎에 부착되어 있는 부분을 마디, 그 이외의 부분을 절간이라고 함.

멀칭(mulch, mulching): 토양 표면을 폴리에틸렌 필름이나 벼, 보리 짚, 풀 등으로 피복하는 것.

모세관 현상(毛細管 現想, capillary phenomenon, capillarity): 액체 속에 모세관을 넣었을 때, 관내의 액면이 외부의 자유표면보다 높거나 낮아지는 현상.

목본(木本; arbor): 세포벽이 많이 발달하여 목질화된 조직이 현저한 다년생의 줄기를 가진 식물.

무기질 비료: 광물같이 탄소가 없어서 불에 태워도 재가 되지 않는 화학비료. 질소비료, 인산비료, 칼륨비료, 복합비료, 석회 등이 있음.

무성번식(無性繁殖, asexual propagation): 식물영양체의 일부를 사용하여 증식하는 방법으로 영양번식(vegetative propagation)이라고도 함. 숙근초, 구근류, 화목류의 접목, 취목, 분주삽목 등의 방법이 무성번식임.

미량원소(微量元素; micro elements): 식물의 생육에 필요하면서도 아주 적은 양의 성분이 필요한 원소. 철(Fe), 망간(Mn), 붕소(B), 아연(Zn), 구리(Cu), 몰리부덴(Mo) 등이 여기에 속함.

발근(發根; rooting): 식물의 종자, 괴근, 괴경 등의 번식기관이나 잎, 줄기, 뿌리 등의 기관 또는 그 일부와 캘러스 등의 조직으로부터 뿌리를 분화시켜 생장하는 것.

발아(發芽; germination): 식물의 종자, 포자, 화분 및 가지나 뿌리 등에 생긴 싹이 발생 또는 생장을 개시하는 현상.

발육(發育, development): 생육이 시간축에 따라서 양적 · 질적으로 발달하고 자라는 것.

배수성(排水性): 물이 빨리 배출되는 성질.

배합토, 배양토(培養土, 培合土; compost, mixed soil, growing medium): 식물생육에 적합한 몇 가지 상토를 각각의 비율로 혼합한 용토.

버미큘라이트(vermiculite): 질석을 1,000℃ 정도로 가열하여 입자 내 공극을 팽창시킨 것. 가볍고 보수력, 보비력이 뛰어나며 삽목 용토에 적합함.

보광(補光, supplemental lighting): 식물의 생육에 필요한 태양광의 양을 보충하기 위해서 인공광원으로 조명하는 것.

보비성(補肥性): 토양이 비료성분을 유지하는 성질.

보수성(保守性): 물을 오래 담아두는 성질.

복토(覆土; soil covering): 종자를 파종할 때나 구근류, 감자 등을 심을 때 이들을 흙으로 덮어 주는 일.

복합비료(complex fertilizer, compound fertilizer): 질소, 인산, 칼리 세 가지 성분 중 두 가지 성분 이상을 함유한 화학비료.

부엽토(腐葉土, leaf mold): 낙엽을 퇴적, 부패시켜서 토양화한 것으로, 다공질이고 보수력이 크며 염기치환용량도 극히 높음.

부정근(不定根, adventitious root): 줄기 특히 절간부나 줄기로부터 발생한 뿌리.

부정아(adventitious bud): 막눈이라고도 하는데, 원래 눈이 없는 조직에서 발달한 눈.

분갈이(repotting): 종자를 정식할 건실한 육묘를 위해 지피 포트나 비닐 포트 혹은 플라스틱 포트 등에 파종하여 어느 정도 식물이 성장한 후에 이식을 행하는 것. 이 경우 화단이나 포장 등에 마지막 단계로 심는 것을 정식이라 하고, 화분에 정식하는 것을 분식이라 함. 필요에 따라 뿌리가 찬 화분으로부터 흙과 함께 식물을 빼내어 다른 화분에 옮겨 심는 것을 일컬음.

분구(分球; division, separation, splitting, multiplication): 구근류에서 자연히 나누어져 수가 증가하는 과정.

분식물(盆植物; pot-plant, potted plant): 화분에 심어서 관상하는 화훼의 총칭.

분주, 포기 나누기(分株; division): 숙근초 및 관목류와 같이 포기의 지하로부터 많은 분얼지가 나오거나 뿌리에 부정아가 생겨 총생하는 것을 나누어서 늘리는 번식방법. 숙근초(거베라, 꽃창포, 심비디움, 국화, 딸기 등)나 화목(명자나무, 조팝나무, 남천, 모란 등), 관엽식물(산세베리아, 접란, 엽란 등) 등에 사용함.

비늘줄기(bulb): 짧은 줄기 둘레에 많은 양분이 있는 다육의 잎이 밀생하여 된 땅속줄기. 인경(鱗莖)이라고도 함. 백합, 파, 튤립, 수선화 등에서 볼 수 있음.

살균제(殺菌劑, fungicide, bactericide): 사상균을 죽여 없애는 약제(fungicide)와 세균을 죽여 없애는 약제(bactericide)를 영어에서는 구별해서 부르지만, 우리나라에서는 일괄해서 살균제로 부르고 있음.

삽목, 꺾꽂이(cutting): 식물체의 일부인 줄기, 잎, 뿌리 등을 잘라 부정근과 부정아를 발생시켜 하나의 독립된 개체를 얻는 영양번식의 한 방법.

상배축, 하배축(epicotyl, hypocotyl): 유아의 자엽의 위쪽에 있는 줄기(잎은 제외)를 상배축, 아래쪽(유근)을 하배축이라 함.

생장점(生長點; growing point): 세포분열을 통하여 식물체의 새로운 조직이나 기관을 생성하는 부분.

생활환(生活環; life cycle): 생물개체가 발생하여 죽을 때까지의 기간.

소엽(小葉; leaflet): 엽신이 한 장의 잎으로 하나인 것을 단엽(simple leaf)이라고 하고 엽신이 둘 이상으로 나뉜 잎을 복엽(compound leaf)이라고 하는데, 이 복엽의 하나하나를 소엽이라 함.

속효성 비료(速效性肥料; quick acting fertilizer): 시비했을 때 비료성분의 이용 속도가 빨라 효과가 빨리 나타나는 비료.

솎음(間引; thinning): 묘상이나 포장에서 작물의 생육이 양호하게 이루어지도록 재식밀도를 맞추기 위하여 밀식된 작물을 솎아내는 것.

수경재배(水耕栽培; water culture): 식물의 생육에 필요한 영양분을 녹인 배양액만으로 식물을 재배하는 방법. 물가꾸기, 물재배 또는 수경법(水耕法)이라고도 함.

수관(樹冠; tree crown, tree canopy): 나무의 가지와 잎이 수평 · 수직 양 방향으로 뻗어나가 자란 범위.

수분(受粉; pollination): 피자식물의 화분이 암술의 주두(株頭)에, 나자식물의 화분이 배주의 주공부에 부착하는 현상.

수생식물(aquatic plant): 물속에서 계속 생육하는 식물. 개구리밥, 부레옥잠과 같이 물 위에 뜨는 부생식물과 수련, 연과 같이 물 밑바닥에 뿌리를 고착해서 자라는 수중식물로 구분.

수세(樹勢; tree vigor): 나무 생육력의 종합적 표현.

수정(受精; fertilization): 수분된 화분이 발아해서 그 핵이 배낭 속의 난핵과 결합하는 것.

수태(水苔; sphagnum moss): 이끼의 일종으로, 잎이 많은 저수(貯水)세포로 되어 있고 보수성이 뛰어나며 잘 썩지 않음.

숙근초(宿根草; perennial): 씨를 뿌린 뒤 2년 이상 기를 수 있는 초화류.

순화(馴化; acclimatization): 생물이 새로운 환경(특히, 광환경)에 대응하는 데에 수일에서 수주간을 필요로 하는 적응.

시설원예(施設園藝; protected horticulture, horticulture under structure): 유리온실이나 플라스틱 하우스에서 재배환경을 어느 정도 조절하면서 원예작물을 생산하는 방식.

식물호르몬(plant hormone): 식물체 내에서 합성되는 유기화합물질. 매우 낮은 농도로 모든 종의 생장, 분화 및 기타 생리과정을 조절함. 옥신, 지베렐린, 시토키닌, 아브시스산, 에틸렌이 이에 해당.

신초(新梢; shoot): 당년에 자라난 가지. 새 가지라고도 함.

쌍떡잎식물(decotyledonous plant): 속씨식물 중 떡잎이 2개인 식물.

C3, C4, CAM 식물(C3, C4, CAM plant): 광합성에서 CO_2를 고정하는 방법에 따라 구분된 식물.

알렐로파시(allelopathy): 타감작용 혹은 원격작용이라고도 함. 서로 다른 종속생물이 어떠한 화학물질을 배출하여 이로 인한 화학적 작용을 통해 영향을 미치게 하는 현상. 작용물질은 타감작용 물질(allelochemics)이라 함.

암발아종자(暗發芽種子; dark germinating seed): 광선 하에서는 발아하지 못하고, 암흑 상태에서만 발아하는 종자. 팬지, 일일초, 스타티스 등이 여기에 속함.

액체비료(液肥; liquid fertilizer, liquid manure): 액체상태의 비료를 통틀어서 말하며 간단히 액비라고 지칭함.

양지식물(陽地植物; sun plant): 내음성(耐陰性)이 약하고, 양지에 활발하게 생육하는 식물.

엽록소(葉綠素; chlorophyll): 녹색식물의 잎 속에 들어 있는 화합물. 클로로필이라고도 함. 엽록소는 엽록체의 그라나(grana) 속에 함유되어 있으며, 그라나를 구성하고 있는 단백질과 결합하고 있음.

엽맥(葉脈; vein, nerve, rib): 엽신 내의 유관속. 잎의 형태를 유지하는 골격작용과 더불어 양수분과 동화물질의 통로가 됨. 엽맥의 배열모양에 따라 망상맥, 평행맥, 차상맥 등으로 나뉨.

엽면시비(葉面施肥; foliar application of fertilizer): 질소를 위주로 한 인산, 칼리 등을 액비로 하여 엽면에 살포하는 것.

엽병(葉柄; petiole, leaf stalk): 잎은 엽신, 엽병, 탁엽으로 구성되어 있는데, 엽신과 줄기 사이에 위치한 가는 자루 모양의 부위를 엽병이라고 함. 흔히 잎자루라고도 함.

엽삽, 잎꽂이(leaf cutting): 한 장의 잎이나 잎의 일부를 잘라 삽목하여 부정근이나 부정아를 발생시켜 독립된 개체를 얻는 방법. 잎 전체를 삽목하는 것(세이트폴리아, 페페로미아 등), 잎을 몇 부분으로 절단하여 삽목하는 것(산세베리아, 렉스베고니아 등)이 있음.

엽신(葉身; leaf blade): 잎몸이라고도 하며, 태양으로부터 빛을 받는 납작한 부분을 일컬음.

영양계(營養系; clone, clonal strain): 식물체의 한 개체로부터 꺾꽂이, 휘묻이, 접붙이기, 포기 나누기, 구근 등의 영양번식에 따라 증식된 개체군.

완효성 비료(緩效性 肥料; controlled releasing fertilizer, slow releasing fertilizer): 토양 중에 비료 성분이 서서히 녹아서 지속적으로 장기간에 걸쳐 비료의 효과가 나타나도록 한 비료.

유관속(維管束; vascular bundle): 양치식물과 종자식물에 특유한 양수분 통로를 위한 조직.

유기질 비료(有機質肥料; organic fertilizer): 짚, 깻묵, 가축의 분뇨 등 동식물을 원료로 하는 물 타는 비료.

유성번식(有性繁殖; sexual propagation): 꽃이 진 후에 결실되는 종자를 이용해서 번식하는 것. 즉, 자성배우자와 웅성배우자가 수정에 의해 이루어지는 것.

육묘(育苗; raising of seeling, growing seedling): 종자나 영양체를 파종 또는 기타 방법에 의하여 일정 기간 동안 정식하기에 가장 적합한 양질의 묘를 키우는 제반작업 과정.

음지식물(陰地植物; shade plant): 그늘진 곳에서 잘 자라는 식물. 내음성이 강함.

이식(移植; transplanting): 파종부터 수확에 이르기까지 식물을 옮겨 심는 것.

일년초, 이년초(annual, biennial): 일년초는 파종 후 1년 내에 개화 결실한 다음에 고사하고, 이년초는 파종 후 2년 만에 개화 결실 후 고사하는 초본식물임.

임성, 불임성(稔性, 不稔性; fertility, sterility): 식물이 개화하였을 때 수정 능력이 있는 암술과 수술은 임성이 있다고 하며, 반대로 암술이나 수술 이상으로 수분능력을 갖지 못하는 것을 불임성이라고 일컬음.

장일식물(長日植物; long-day plant): 하루의 낮 길

이가 일정한 한계시간보다 길어졌을 때 꽃눈이 만들어져서 꽃이 피는 식물.

적심(摘心; pinching, topping): 생육 중의 줄기나 가지들의 끝을 따버림으로써 남아 있는 부분의 영양 상태를 증진시키는 것.

절화(切花; cut flower): 화훼의 이용상 분류에 의하여 꽃자루, 꽃대(또는 화경) 또는 가지를 잘라서 꽃꽂이, 꽃다발, 꽃바구니, 화환 등에 이용하는 꽃.

접목(grafting): 증식을 목적으로 하는 식물체 일부인 접수를 잘라 타 식물체인 대목에 접착시켜 독립된 하나의 식물체로 양성하는 방법.

정부우세성(頂部優勢性; apical dominance): 가지 끝에 있는 눈이 가장 왕성하게 생장하고, 끝의 눈 또는 제일 높은 눈 아래로 내려올수록 생장력이 약해지는 성질.

정식(定植; planting, setting): 어떤 작물을 최후까지 장기간 재배할 포장에 그 작물의 묘나 구근 등을 심는 일.

증산(蒸散; transpiration): 식물체 내의 수분이 수증기 형태로 대기 중으로 배출되는 현상.

지피식물(地被植物; ground cover plant, cover plants): 지표면을 덮고 자라서 토양의 유실, 열방사, 건조, 모래의 비산을 방지하는 동시에 미관상 아름다움을 유지하는 식물.

지하경, 지상경(地下莖, 地上莖; subterranean stem, terrestial stem): 땅 속에 존재하는 줄기를 총칭해서 지하경이라 하고, 지상부에 있는 보통 줄기를 총칭하여 지상경이라고 함.

착생식물(着生植物; epiphyte): 나무의 줄기, 가지, 잎, 바위 등에 붙어 물이나 양분을 흡수하며 자라는 식물. 이끼류, 조류, 난류의 반다, 덴드로비움, 풍란이 여기에 속함.

초본(草本; herb): 보통 풀이라 부르며, 줄기가 목질화되지 않은 식물.

초세(草勢; plant vigor): 식물의 줄기나 잎의 번성 또는 생장의 활력 등 특히 영양생장의 상태.

초장(草長; plant height): 땅 표면부터 생장되어 있는 줄기의 끝부분까지를 줄기길이라고 하며, 잎이나 화기가 있는 경우 그것의 끝부분까지를 초장이라고 함.

총포(總包; involucre): 화서의 기부에 많은 포엽이 뭉쳐서 형성된 것으로 해바라기나 민들레 같은 두상화서에서 흔히 볼 수 있음.

최아(催芽; hastening of germination, forcing of sprouting): 종자를 인위적으로 싹을 틔우는 것.

추대(抽臺; flower stalk development, bolting): 장일식물과 저온요구성 식물이 영양생장을 계속하고 있을 때는 로제트 상태로 있으나, 화아가 분화된 후 개화에 이를 때는 비교적 짧은 기간에 급속히 꽃대가 신장된 상태.

추비(追肥; supplement fertilizer): 파종, 묘이식 또는 식재 전에 주는 비료. 주로 퇴비, 녹비, 깻묵 등 지효성 비료를 주로 사용함.

추파일년초(秋播一年草; winter annual): 팬지, 프리뮬러, 데이지 등과 같이 가을에 씨를 뿌려 그 이듬해 봄에 꽃을 피우며 생장하는 초본식물.

춘식, 추식(春植, 秋植; spring planting, fall planting): 노지에 심는 초화류나 구근은 가을에 심어야 하는 것과 봄에 심어야 하는 것이 있음. 전자를 추식, 후자를 춘식이라고 함.

춘파일년초(春播一年草; summer annual): 페튜니아, 샐비어, 코스모스처럼 봄에 씨를 뿌려 그 해에 꽃이 피고 열매를 맺는 초본식물.

취목, 휘묻이(取木; layering): 모주로부터 가지를 절단하지 않고 흙속 또는 공중에서 부정근을 발생시켜 발근한 가지를 분리하여 한 개체를 얻는 방법.

측지(側枝; lateral branch): 원가지에 붙은 가지. 곁가지라고 함.

카로티노이드, 카로틴(carotenoids, carotene): 꽃, 과실, 뿌리 또는 가을 단풍에서 황색부터 적색계까지의 다채로운 색을 발현하는 데 관여하는 색소.

클로로시스(chlorosis): 황백화 또는 백화 현상이라 하며, 엽록소의 생성에 필요한 필수요소의 결핍에 의하여 엽록소가 소실되어 대부분 카로티노이드 색소의 색을 나타내는 현상.

통도조직(通道組織; conductive tissue): 양치식물, 종자식물에서 양분, 수분의 통로기능을 하는 조직. 유관 속의 조직이 이것에 해당함.

파종(播種; seedling, sowing): 종자를 땅에 심는 것.

펄라이트(perlite): 진주암을 약 1,000℃에서 구운 백색 다공의 인조토양. 보수성, 통기성이 좋고 청결한 무균토양이므로, 파종 및 삽목 용토로 단용 또는 다른 재료와 혼용함.

포엽(包葉; bract, bract leaf): 포(包)라고도 하며, 꽃의 아래쪽 또는 꽃자루에 형성되는 잎. 포는 보통 작으며 발달하는 꽃을 보호하는 작용을 함.

포트멈(pot-mum): 화분에 심는 국화.

포트묘(pot seedling): 육묘시 작은 플라스틱 포트(plastic pot)나 종이포트(paper pot)에 흙을 넣고 이것에 종자를 파종해서 키운 묘.

피트모스(peatmoss): 수태가 퇴적되어 완전히 분해되지 않고 탄화된 것으로 원예용으로 많이 이용됨. 보비력, 보수력이 크고 산성이며 통기성도 좋아 호산성 식물에 좋음.

필수원소(必須元素; essential element): 식물이 자라는 데 필수적으로 필요한 16가지 원소.

하이드로볼(hydroball): 황토를 이용하여 1,000℃ 이상 고온에서 구워 만든 인공 배양토. 물 빠짐과 통기성이 좋음.

학명(學名; scientific name): 동・식물을 학술적으로 표시할 때 사용되는 용어로, 세계적으로 공통되게 쓰임. 학명을 쓸 때에는 속명(genetic name)을 먼저 쓰고, 종명(species name)과 명명자 순으로 씀.

형성층(形成層; cambium): 줄기나 뿌리의 물관부와 체관부 사이에 있는 분열조직.

화관(花冠; corolla): 꽃잎 전부를 칭함. 꽃부리라고도 함.

화기(花器; flower organ): 꽃 또는 꽃의 기관. 꽃은 꽃잎, 꽃받침, 암술, 수술로 되어 있는데, 그 중 가장 중요한 기관은 암술과 수술임.

화서(花序; inflorescence): 꽃대에 꽃이 배열된 모양.

화청소(花青素; anthocyan): 식물의 꽃, 과실, 잎 등에 나타나는 수용성 색소로, 빨강, 자주 등의 빛깔을 나타내는 색소.

화판(花瓣; petal): 개개의 꽃잎.

화피(花被; perianth): 꽃받침조각과 화판을 총칭하여 일컬음.

화훼원예, **화훼원예학**(花卉園藝; floriculture, floricultural science): 화훼원예란 화훼를 재배 관상하는 것을 말하고, 이것을 식물학, 재배학 또는 사회・문화적인 측면에서 학문적인 연구를 하는 것을 화훼원예학이라고 함.

환상박피(環狀剝皮; girdling, ringing): 식물의 줄기나 가지의 형성층 외측의 수피를 환상으로 떼어내는 것.

활착(活着; graft-take, successful union): 접을 붙인 후 대목과 접수의 절단면에 캘러스(유합조직)가 결합하여 정상적인 한 식물체로 된 상태. 삽목 후 발근하거나 묘를 옮긴 후 뿌리가 완전히 자리를 잡아 정상적인 생육을 한 것도 활착이라 함.

황화(黃化; etioloation, yellowing): 녹색식물을 암소에서 키울 때 엽록소가 형성되지 않아 카로티노이드의 황색이 나타나는 현상.

2. 원예치료 관련

가설검정(test of hypothesis): 모집단의 모수 또는 분포 등에 관하여 귀무가설과 대립가설을 설정한 후에 표본을 통하여 얻어지는 정보에 따라서 어떤 가설이 맞는가를 결정하는 통계적 분석.

가족치료(family therapy): 가족이 치료 및 중재의 단위가 되는 요법으로서, 요법의 과정 중에 가족의 전부 또는 대부분이 관찰됨. 회기 중에는 한두 명의 구성원이나 전체 구성원이 포함될 수 있고, 가족 내에서는 개별 구성원이나 관계의 쌍에 초점을 두지만, 가족 수준에서는 상호작용 형태의 변화에 초점을 둠.

각성(arousal): 깨어 있음의 상태.

각성수준(arousal level): 의식의 명료도와 주위의 자극에 대하여 보이는 반응 정도.

간뇌(diencephalons): 시상, 시상하부 등을 포함하는 뇌의 한 부분. 시상은 모든 감각계의 중계중추로 피질과 변연계를 연결하며, 여러 가지 신경정보를 통합, 중계 처리함. 시상하부는 변연계와 뇌간을 연결하며, 아래로 뇌하수체로 연결. 간뇌는 내분비와 자율신경계 중추로서 각종 대사에 있어 항상성을 유지하며, 특히 식사행동, 성기능, 감정기능, 생물리듬, 수면, 면역기능, 기타 여러 자율신경계 기능 등을 주관. 연수, 중뇌 및 간뇌를 합쳐 뇌간이라 부르는데, 이들은 많은 정신장애와 관련되며, 향정신성 약물의 작용 부위가 됨.

간질(epilepsy): 뇌신경들의 비정상적인 과도한 변화에 의해 갑작스럽고 짧게, 간헐적으로 나타나는 운동행동이나 감각이상 또는 비정상적인 행동들을 보이는 신경정신계 질환의 하나. 발작증상 이외에 자생적 또는 타의적 요인으로 인해 인격 변화, 정신병, 폭력, 우울증 등 여러 정신병리 현상을 동반하는 경우가 많음.

감각 간 통합(inter-sensory integration): 과제를 수행함에 있어서 두 개의 감각양식을 사용하는 것. 예를 들면, 일련의 숫자를 들으면서 쓰는 것은 청각-운동 통합을 필요로 하고, 반면에 일련의 숫자를 보면서 말하는 것은 시각-언어 통합을 필요로 함.

감각운동 요소(sensory motor component): 자극을 받아 정보를 처리하고 결과를 받아들이는 능력.

감각운동기(sensory motor stage): 피아제의 인지발달 첫 단계로, 신생아에서 보이는 반사활동을 포함하여 자신의 신체를 중심으로 자아를 탐구하는 시기. 우연히 일어났던 흥미를 끄는 신체활동을 반복하여 경험하게 되고, 이를 통해 자신과 주위환경에 대한 존재를 인식하는 단계.

감각인식(sensory awareness): 감각자극을 받아들이고 구별하기.

감각통합(sensory integration): 사람이 자신의 신체와 환경으로부터 감각을 구조화하고, 환경 안에서 자신의 몸을 효과적으로 사용할 수 있게 하는 신경학적 과정. 다른 감각 양식으로부터 입력되는 정보의 시공간적인 양상이 해석되고 서로 관련지어지고 통합됨. 뇌는 유연하고 계속 바뀌는 패턴으로 감각정보들을 선택, 강화, 억제, 비교하고 연관지음.

감정(emotion): 정동과 기분에 관련된 정신적・신체적・행동적인 요소들. '기분'과 '정동' 항목 참고.

감정이입(empathy): 통찰적 인식. 타인의 정서나 행동, 특정한 상황에서의 경험의 성질이나 중요성에 대한 객관적이고 지적인 인정. 감정이입은 도움을 주는 전문가로 하여금 환자의 입장에서 사상을 보게 함. 이와 달리 동정은 유사한 개인적・인지적 또는 감정적 경험을 갖고 있는 데에서 비롯됨.

강박장애(obsessive-compulsive disorder): 강박신경증 또는 강박반응장애라고 함. 반복적인 강박관념이나 충동적인 행동들을 가지고 있으며 내부에 강한 저항의식을 가지고 있는 정신병적인 상태. 정상적인 대처방법으로는 다루기 힘들어 대처방법을 변화시키는 지속적이고 쉴 새 없이 무자비하고 비이성적인 생각, 느낌 또는 할 수밖에 없는 행동(예를 들어, 세균오염에 대한 걱정 때문에 지나치게 손을 씻는 행동). 드문 강박 사고와 강박행동은 무의식적인 갈등과 불안에 대한 부적응적인 대처 기제로 간주될 수도 있음.

강화(reinforce): 행동에 따라서 자극을 부여함으로써 행동 경향을 강화(행동을 유지하거나 그 강도를 증가시킴)하는 과정. 어떤 행동을 통해 상을 받으면 그 행동이 증가하는데 이를 긍정적 강화라 하고, 벌이나 고통을 피하기 위해 특정 행동이 감소하는데 이를 부정적 강화라 함. 행동치료에서 반응 후 즉시 긍정적, 부정적 자극을 사용하여 반응을 증가시키는 데 많이 사용되는 방법.

건(tendon): 힘줄. 뼈에 근육을 부착시키기 위해 변성된 결체조직 구조물(인대는 관절을 유지시키는 결체조직이며, 이에 반해 건은 근육자체가 뼈에 부착되기 위해 변형된 결체조직).

건강 염려증(hypochondria): 신체 건강에 관해 과도한 관심을 갖는 것으로, 흔히 어떤 장기가 특정 병에 걸리지 않았나 하고 걱정하는 것.

건강(health): 신체적 · 정신적 · 사회적으로 안녕한 상태로서, 질병이나 허약함이 없는 상태만을 의미하는 것은 아님.

게슈탈트 심리학(gestalt psychology): 한 개체를 통합된 상호 연관성 있는 전체로 파악하며, 그 자신과 주위 환경 간의 균형적 관계 그리고 실제 경험, 가치, 의미, 형태 등을 중시하는 심리학의 한 이론. 이 이론의 핵심 중 하나는 '전체는 부분의 합 이상'임.

게슈탈트(gestalt): 고유한 특성을 갖는 조직화된 분야로서, 각 구성요소들을 질적으로 통합한 형태.

격리(isolation): 고통스러운 생각이나 기억을 그에 수반된 감정 상태와 분리시키는 것. 화나는 일을 말하면서도 그 분노의 감정을 못 느끼게 됨.

견관절(shoulder joint): 어깨 부위의 팔과 상체를 이어주는 관절로, 견갑골과 상박골 사이에 있는 전형적인 구 형태의 관절. 견갑관절이라고도 함.

경련(convulsion): 신경성 간질에 의한 수의 근육의 수축. 재발되는 경련은 간질로 정의.

경색(infarct): 조직이나 기관의 괴사에 의해 동맥의 흐름이 멈추거나 심장으로 가는 정맥의 흐름에 이상이 생기는 것.

경직(spastic): 비정상적으로 증가된 긴장의 결과로 근육이 빠르게 반사될 때 나타나는 일련의 빠른 수축. 대뇌로부터 척수의 운동세포에 전달되는 영향이 뇌손상으로 인하여 억제성 신경충동이 약해지고 과다한 흥분성 충동이 오기 때문에 근육의 긴장도가 증가하고, 심부건 반사가 항진되며, 수동적으로 관절가동을 시킬 때 저항을 느낌.

고관절(coxa): 골반과 대퇴골을 잇는 관절.

고립(time-out): 문제행동이 발생했을 때 강화를 받지 못하도록 일정 시간 동안 분리시키는 방법.

고유수용감각(proprioception): 위치 감각. 몸의 한 부분과 다른 부분들의 위치관계에 대한 정보를 얻기 위해 근육, 관절, 기타 내부조직을 통해 받아들여진 자극을 인식 및 해석하는 것.

고착(fixation): 어떤 스트레스에 부딪힐 때 인격 발달이 중단된 상태.

고혈압(hypertension): 수축기 혈압이 140mmHg 이상이고 이완기혈압이 90mmHg 이상으로 비정상적으로 혈압이 높은 경우.

공간 내 위치지각(position in space): 자신과 사물 또는 다른 형태와 사물들의 공간적 관계를 결정하는 것.

공감(sympathy): 자기 자신을 다른 사람의 입장에 두고 선입관이나 편견 없이 이해하는 것.

공황장애(panic disorder): 이유 없이 일시적으로 갑자기 불안이 극도로 심해지며 숨이 막히거나 심장이 두근대고 죽을 것만 같은 극단적인 공포증세를 보이는 상태.

과다행동(hyperactivity): 활동의 양이 지나치게 과도하며, 쉼 없이 움직이거나 연령 및 주어진 과제에 비해서 움직임의 양이 부적절한 경우. 나이에 비해 지나친 자발적인 대운동. 과잉행동은 연령 또는 정신연령이 감소하면 증가하고, 질병(예를 들어 갑상선 기능 항진증), 심리상태(예를 들어 불안), 상호작용 상태(예를 들어 엄마의 우울). 신경학적인 질환(예를 들어 주의력 결핍 장애)이 존재할 때도 증가. 과잉행동 자체에 대한 특정 진단이 아닌 다른 소견들과의 상관성을 생각해야 함.

관계(rapport): 사람들 사이의 조화로운 일치 또는 친밀한 관계.

관계망상(delusion of reference): 주변의 일이 자기 자신과 관련되며 누군가가 또는 신문, 라디오가 내 말을 하고 있다는 망상. 이는 자기비판이 투사된 것.

관문 조절(gate control): 말초 신경 섬유에서 뇌까지 신경 충격 흐름을 조정하기 위한 문으로 활동하는 척수에서 신경 기전을 가정한 통증 이론. 관문 구조는 과거 경험으로 언급된 내려가는 신경 충격에 대해 영향을 받고 통증 자극의 같은 등급이 다르게 해석될 수 있음.

관절(joint): 움직임을 위해 두 개의 뼈가 만나는 곳.

관절가동 범위(range of motion): 신체 부위가 호를 그리면서 움직이는 범위.

교감신경계(sympathetic nervous system): 위험이나 공포에 반응하는 자율신경계의 부분. 스트레스에 대항하는 기능, 즉 싸우느냐 도망하느냐라는 과정을 수행함. 각성 상태에 따라 에너지를 생산하기 위해 에피네프린(epinephrine)의 작용으로 혈중 포도당 농도가 높아지며, 상동, 혈압 증가, 심장박동 증가, 골격근동맥 확장, 내장동맥 수축, 호흡증가, 피부점막 수축, 땀 증가, 간의 당원분해 증가(혈당 증가), 지방조직의 지방분해 증가가 야기되는 반면, 소화기계 기능은 감퇴됨.

구강기(oral stage): 프로이트가 성적 본능의 발현 양상에 따라 다섯 단계로 나눈 정신성적 발달의 첫 번째 단계. 출생부터 1.5세 정도까지의 시기이며, 본능적 욕구로서 입을 빠는 행동, 즉 먹는 데 쾌감을 느끼는 시기. 수용적이며, 대상에 대한 개념이 없이 자기애가 특징적으로 나타나며, 그 예가 손가락 빨기 등. 이 시기에 고착된 성격형태를 구강적 성격이라 하는데, 의존성, 자기중심, 미숙, 수동성, 먹거나 마시거나(알코올 중독 등) 말하는 행동에 치중하는 것이 그 특징. 이 시기의 공격성은 깨무는 것으로 나타남.

구음장애(dysarthria): 조절능력 장애로 인한 운동성 언어 손상.

구체적 조작기(concrete operational stage): 피아제의 인지발달 단계 중 세 번째 단계로, 7~12세까지 해당하는 시기. 문제해결 과정에서 직관적 분류보다는 논리적 조작이나 규칙을 적용.

구축(contracture): 근조직들의 비정상적인 짧아짐으로 인해 근육의 신장에 저항이 생겨 관절 가동범위에 제한을 주기도 하나 능동·수동으로 지속적인 관절 가동운동이나 관절의 충분한 지지와 근육과 주위조직의 신장을 충분히 주면 예방이 가능함.

군집, 집락(cluster): 조사단위의 모임.

굴곡(flexion): 관절을 구부리는 것.

귀무가설(null hypothesis): 고려 하에 있는 대립가설에 대하여 검정하고자 하는 어느 특정 가설.

근 긴장도(muscle tone): 안정(휴식)시와 신장시의 반응으로 나타나는 근육의 저항 또는 긴장의 정도.

근력(muscular strength): 중력 또는 사물의 저항에 의해서 운동이 저항을 받을 때 발휘되는 근육 힘의 정도.

근육(muscle): 관절에 의지하여 관절에 다양한 움직임을 주는 탄력성 있는 조직.

근전도(EMG; electromyogram): 근 골격계의 전기적 반응을 기록하는 것.

기능장애(dysfunction): 기관이나 장기의 기능에 장애가 발생한 상태.

기능적 접근(functional approach): 개인이 환경을 통제·수정하거나 상호작용하는 데 필요한 기술에 우선순위를 두는 접근법.

기면증(narcolepsy): 최소 3개월 동안 매일 반복되는 저항할 수 없는 졸음과 함께 수면 후 상쾌함을 느끼는 수면 발작. 졸도발작(짧은 기간 동안의 강한 감정과 연관된 갑작스런 양측성 근력의 손실) 또는 수면과 각성 사이에 REM 수면 요소가 반복적으로 갑자기 뛰쳐나오는 경우 중 하나의 증상이 나타나거나, 또는 두 증상이 동시에 나타남. 약물에 의한 직접적인 생리작용이나 일반적·의학적 상태에 의한 것이 아니어야 함.

기분(mood): 자신에 의해 주관적으로 경험되고 보고되는 전반적이고 지속적인 감정. 우울증, 의기양양, 분노 등.

기분장애(mood disorder): 일정한 기간 이상으로 기분이 비정상적으로 억압되거나 고양되는 일군의 정신의학적 장애로서, 개인의 정상수준의 기능에 대해 특색을 이루지 못하는 행동적·인지적 변화를 수반. 기분장애의 예에는 우울장애, 공포상태 및 조울증(일극형 및 양극형)이 포함됨. 아동, 특히 발달장애를 지니고 있는 아동에게 있어서 기분장애는 능동적인 우울이나 고양보다, 불행증

(행복감을 느끼지 못함)이나 과민성으로 종종 나타나며, 아동 및 성인에게서의 이러한 변산은 보다 고전적인 기분 일탈에 대한 진단적 동치로 간주됨.

기억(memory): 정보를 상기하는 능력.

기억상실(amnesia): 사람이 행위를 하고 있었지만 그것을 기억하지 못하는 것. 두부 외상 후의 기억상실은 역행성(두부 외상 전의 것을 잊어버리는) 또는 상행성(두부 외상 후의 것을 잊어버리는)일 수 있음.

기초선(baseline): 특정 교수방법의 적용에 따른 행동의 변화를 관찰하기 위해서 교수를 시작하기 전에 자연적인 상황에서 자료를 수집하는 것을 의미. 행동을 변화시키는 시도가 시작되기 전에 일정한 시간 동안 발생하는 행동의 빈도, 지속시간, 강도에 대한 기록. 예를 들어 교실에서 학생이 말하는 횟수를 3일 동안 기록하여 횟수가 어느 정도 안정적이면, 이것이 기초선 자료를 나타내는 것이며, 행동을 계속 점검하면서 구체적인 행동관리 방법을 배치하거나 그 다음 3일 동안 다시 그것을 차트화하고 중재의 효과를 지적할 수 있도록 그것을 기초선 자료와 비교할 수 있음. 예를 들어 1분간 정확하게 읽은 단어의 수가 차트화되며, 기초선 행동은 심장 박동률과 같은 생리적인 측정도 포함 가능.

길항운동 반복(diadochokinesis): 빠른 반복적 운동. 정상적인 힘으로 팔다리를 반복적으로 움직이는 것. 굴곡과 펴는 것, 내 회전, 외 회전 등. 이러한 운동 협력은 그들의 무릎 위에서 빠르게 손바닥을 뒤집는 것을 반복하게 함으로써 검사할 수 있음.

깊이 지각(depth perception): 사물, 형태, 표시점, 관찰자 그리고 평면에서의 변화와 관련된 거리를 인지하는 능력.

난청(hard of hearing): 보청기를 착용하여 개선될 수 있는 청력 손실의 정도. 비록 청각활동과 음(소리)에 대한 양쪽 귀의 민감도가 줄어들지라도 구두적으로 의사소통하는 능력은 일반적으로 유지됨.

남근기(phallic stage): 프로이트 정신성적 발달의 세 번째 단계. 4~7세의 시기이며, 본능적 욕구로서 성기가 주된 관심의 대상 내지 쾌락의 근거가 됨. 남자 아이들은 자신들의 성기를 힘과 우월성의 상징으로 보고, 여자 아이는 그것이 없다는 점에서 남근 선망과 더불어 열등감을 가지게 되며, 부모와의 성적 차이를 인식하게 됨. 아들은 어머니에 대해 성적 관심을 가지고 독차지하려는 반면 아버지에 대해서는 적대감을 갖는 오이디푸스 콤플렉스(Oedipus complex)가 나타내며, 여자 아이의 경우 아버지와 가까이 하고 어머니를 적대하는 행동을 보이는 일렉트라 콤플렉스(Electra complex)가 나타나기도 함. 이 시기와 관련된 성격 특성으로 경쟁심이나 히스테리성 등이 있으며, 이 갈등 등은 욕구를 포기하고 동성의 부모를 닮으면서 해소됨. 또한 이 동일시 과정을 통해 부모의 규범과 그가 속한 사회의 규범을 내재화하면서 자아와 초자아가 발전.

내재화(introjections): 자신과 타인의 어느 정도 구분 상태에서 일어나는 원시적 동일시로서, 대상의 특질을 자기 것으로 만드는 것.

내적 동기(intrinsic motivation): 개인의 성장과 변화를 유도하는 내적인 욕구, 탐색욕구에서 시작하여 경쟁심, 성취욕 등으로 형태가 발달됨. 외적 보상보다는 흥미나 개인적 유능감으로 인해 과제를 완수하는 것. 내적 동기 이론은 인간이 능력을 발달시키고 새로운 사상이나 활동에 호기심이 있으며, 자기가 자율적이고 자신의 의지에 의해 활동에 참여한다고 느끼는 타고난 경향을 지니고 있기 때문에 어떤 과제가 내적으로 동기화된다는 것을 제시.

내전(adduction): 팔이나 다리가 인체의 중심축을 기준으로 좌우방향으로부터 가까워지며 움직이는 동작.

놀이치료(play therapy): 아동이 장난감을 자유롭게 선택하여 가지고 노는 것을 관찰함으로써 아동을 검진하고 치료하는 방법.

뇌간(brain stem): 연수, 뇌교, 중뇌, 척수와 전뇌 사이에 위치. 호흡, 연하(삼킴) 등의 기본 기능을 위한 '가장 오래된'(진화론적으로) 그리고 가장 원시적인 조절 중추를 포함. 많은 정신장애와 관련되며, 향정신성 약물의 작용부위가 됨.

뇌반구(hemisphere): 뇌는 두 개의 부분으로 나뉘는

데, 좌측 대뇌 반구는 이해력과 언어능력을 담당하며, 우측은 비언어적 · 공간적 · 시각적 능력을 담당.

뇌변연계(limbic system): 감정적 반응에 관여하는 다양한 뇌 구조 시스템.

뇌성마비(cerebral palsy): 출생 전 또는 출생시에 뇌에 손상을 입음으로 인해서 신체 여러 부위의 마비와 자세 및 운동 능력장애. 운동장애, 자세 이상, 운동발달 저하, 신경검사에서는 비정형적 운동 기능이 있는 증후군의 일종. 크게 운동장애의 유형과 마비유형에 따라 분류하며, 운동장애는 척수나 말초신경보다 뇌 이상 때문. 정신박약(50~70%), 청력장애, 간질, 시력장애가 흔하며, 말더듬증, 사시, 음식섭취 장애, 신체 성장 장애, 비대칭적 발육, 비대칭적 신경 증상은 드물지 않음.

뇌파, **뇌전도**(EEG; electroencephalogram): 뇌의 전기적인 활동들을 분석하고 기록하는 것. 전기적 신경전달은 일단 생성된 활동전위가 전기적 신경신호로 되어 있어 축삭돌기의 세포막을 따라 이동하는 것인데, 이러한 뇌의 각 지점에 따라 측정 가능한 이러한 전기적 반응의 변화를 증폭하여 역전류 검출관으로 나타낸 것. 뇌파검사는 기면, 수면, 깨어 있는 상태를 포함하여 측정되어야 하며, 가능하다면 과호흡이나 빛 자극을 줄 때도 측정.

뇌혈관질환, **뇌졸중**(CVA; cerebral vascular accident, Stroke): 혈액공급의 손상으로 발생하는 대뇌혈관의 장애와 뇌 일부에서의 허혈.

눈-손 협응(eye-hand coordination): 시각체제와 상호작용하여 손의 소근육 운동을 이끄는 것. 눈-손 협응에 필요한 활동은 추적하기, 그리기, 쓰기, 끈으로 묶기 및 가위질하기 등을 포함.

다변량 분석(multivariate analysis): 다변량 자료를 분석하는 방법. 주된 기법으로 인자분석, 성분분석, 판별분석, 정준상관분석 등이 있으며, 동질성 검정에 이용되는 D^2-통계량 등이 이 분석법에서 사용됨.

다운증후군(Down syndrome): 정신지체의 대표적인 원인 중 하나로 21번 염색체의 비분리 현상으로 발생. 정상인의 46개 염색체가 아닌 염색체 수가 47개이며, 21번째 염색체가 3개인 삼체성 가짐. 특징은 영아에서 저장성이 발견되고, 머리가 편평하고, 안열이 위로 치솟고 좁으며, 미간에 주름이 많으며, 손가락이 짧고 넓고 두터우며, 손금이 한 줄로 되어 있고, 특히 다섯째손가락의 중절골의 형성부전과 선천성심장이상 등. 대체로 중등도 이하(IQ 50 이하) 정신지체를 나타냄.

단기 기억(short-term memory): 잠깐 동안 정보가 보존된 상태로, 부호화되어 저장되기 전까지 자극과 재생의 간격이 1분 정도의 것을 말하며 일차기억(primary memory)이라고도 함.

대뇌피질(cerebral cortex): 대뇌의 가장 겉 부분이며, 뇌신경세포의 70%가 있어 그 기능의 대부분을 차지. 발생학적으로 최상부 구조로서, 촉각, 시각, 청각, 후각, 미각 등 외계로부터의 정보와 신체 내부 그리고 다른 뇌 부위로부터 정보를 받고 인식, 사고, 감정, 운동을 만들어냄. 전두엽, 두정엽, 측두엽 및 후두엽으로 나누어짐.

대동작 협응(gross coordination): 잘 조절된 정확한 움직임을 위하여 대근육군을 사용하여 수행하는 것.

대인관계 기술(interpersonal skills): 다양한 상황에서 상호작용하기 위하여 사용되는 언어적 · 비언어적 의사소통능력.

대처기술(coping skill): 스트레스 및 관련된 요소를 인식하여 관리하기.

대체의학(alternative medicine): 약물이나 수술 등의 기술적 방법으로 질병이 치유될 수 있다고 가정하는 정통적 개념에 근거하지 않은 질병의 치유법이나 예방법. 흔히 정통적 치료법에 보조적이라는 점에서 보완적(complementary) 또는 질병이나 신체적 조건만 보지 않고 인간 전체를 본다는 점에서 전체적(holistic) 의학이라 불리기도 함. 전체적으로 질병에 있어 정통의학이 소홀히 해온 정신의 힘 또는 역할을 중요시.

도파민(dopamine): 뇌기저 신경절(basal ganglia)과 뇌의 다른 부위에서 발견되는 신경전달 물질.

독립변수(independent variable): 회귀분석에서는 설명변수. 일반적으로 어떤 집합 X의 원소를 대입하는 것이 허용되는 문자 x를 변수라 하며 함수 f의 정의역과 치역을 각각 X와 Y라 할 때 X를 변역으로 하는 변수 x를 f의 독립변수라 함. 또는 변량 Y가 변량 x_1, x_2, ……의 함수로 표시될 때 x_1, x_2, …… 독립변수라 함.

독립성 검정(test of independence): 관측값들이 다수의 인자(factor)들에 의해 분할되어 있는 경우 그 인자들이 서로 독립적으로 관측값에 영향을 미치는지를 검정하는 것. 보통 Pearson x^2-검정이 이용됨.

동기화(motivation): 행동을 보다 잘 이해하고 예측하기 위해서 고안된 가설적 구인. 초기 학습 경험으로부터 1차적으로 초래되는 무의식적인 또는 의식적인 신념과 가치의 입장에서 개념화하면서 최근의 성공 및 실패의 경험의 효과를 강조. 예를 들어 개인은 특정한 목표를 달성하기 위하여 어떤 것에 주의를 집중하고 다른 것에는 집중하지 않는 것. 동기화의 변화는 '왜?'라는 질문으로 시작하며, 내적 동기와 외적 동기로 분류.

동작성 검사(performance test): 언어의 역할이 최소화된 일련의 과제. 언어적 반응이라기보다는 다양한 운동 기술의 제시가 요구되는 것. 웩슬러 지능검사의 동작성 하위 검사는 모양 맞추기, 도형, 토막 짜기, 미로, 빠진 곳 찾기가 포함.

동측 반맹(homonymous hemianopsia): 양측 시각 범위 내에서 오른쪽 절반이나 왼쪽 절반의 시야에 이상이 있는 것.

되먹임(feedback): 행동에 대한 반응.

두정엽(parietal lobe): 시각-공간기능(우측), 읽기, 계산 등 각종 감각정보의 통합과 연상을 주관하는 뇌의 한 부분.

둔감, 둔화(obtundation): 어려움(통증이 있는 자극이 없이)을 가지고 개인을 깨울 수 있는 의식이 떨어져 있는 상태이며, 깨어 있는 상태를 지속할 수 없음.

둔한 감정(blunt affect): 감정적인 표현의 결여, 감정이 단조롭게 됨.

등급 매기기(grading): 환자의 최대 능력을 위하여 필요한 경우 작업의 난이도를 적절하게 변형하고 진전시키는 것.

뚜렛 증후군(Gilles de al Tourette syndrome): 아동기 중기에 다초점성 틱(보통 안면)으로 시작해서 기침, 목 가다듬기, 동물 소리, 반향 언어, 욕설증 같은 음성 틱으로 진행. 주의력 결핍, 과잉운동장애, 학습장애, 수면장애, 자해 같은 강박행동 동반. 환자 약 1/3은 가족력이 있으며, 상염색체 우성으로 유전됨.

마비(paralysis): 자발적인 수축의 손상 혹은 실패. 신경학적인 손상.

만성(chronic): 장기간에 걸쳐 발생함. 만성 약물 사용은 장기간의 사용을, 만성 약물작용은 장기 사용에 의해 유발되는 지속적인 작용을 의미.

망상(delusion): 불합리하며 잘못된 생각이나 신념, 인격의 균형을 유지하기 위한 편견이나 이데올로기 등 가공적 사고를 발달시키는 과정에서의 병적인 상태. 망상의 종류로는 과대망상, 피해망상, 관계망상, 자책망상, 조종망상, 질투망상, 연애망상, 빙의망상 등이 있음.

메타-분석(meta analysis): 양적 연구의 종합으로서, 연구자들의 자료를 통합하기 위한 통계방법. 특별한 관찰에서 일반적인 포괄적 진술로 나아가는 귀납적 방법이며, 이 연구에서 보고된 실험 효과의 크기를 대표하는 통계를 산출. 동일한 연구 문제에 대한 누적된 연구결과들을 종합적으로 검토하는 계량적 연구 방법으로서 기존의 문헌 연구에서 연구 간의 주관적 견해에 다른 연구의 편파성을 극복하고, 선행 연구들의 결과를 객관적으로 요약하기 위한 통계적 방법.

모방(imitation): 모델의 행동을 흉내 내는 것. 발달단계에 따라 여러 가지 형태의 모방이 나타남.

모집단(population): 어떤 정보를 얻기 위해서 연구대상으로 된 집단 전체를 뜻하는 통계학적 용어.

무긴장증(atonia): 정상근 긴장도의 결여 또는 결손.

무의욕, 의욕상실(avolition): 목적 있는 활동이나 의지의 결여.

문제해결(problem solving): 문제인식, 문제 정의, 가능성 있는 계획의 수립 및 선택, 계획의 실행과 결과에 대한 평가를 포함한 일련의 과정.

미술치료(art therapy): 그림, 조소, 디자인, 서예, 공예 등 미술의 전 영역에 걸쳐 미술과 치료라는 두 개념에 근거한 치료기법. 치료로서의 미술(art as therapy)과 치료 과정 내 미술(art in therapy)을 사용하는 두 개의 맥락으로 나뉨. 치료로서의 미술은 자발적인 자기표현으로 개인적인 창조적인 작업과정 자체가 치료가 된다는 창의적 과정의 치료로서의 미술로 표현되며, 치료 내에서의 미술은 의사소통의 도구로서의 심리치료 과정에서 미술을 이용하는 방법으로 평가와 치료를 포함.

바빈스키 증후(Babinski sign): 양성은 발가락이 젖혀지는 것으로 양성반응은 생후 첫 1년까지는 흔하며, 음성은 발가락과 발바닥이 구부러지는 것임. 엄지발가락의 첫 움직임과 발가락이 바깥쪽으로 접히는 불완전한 바빈스키 반응과 구분하는 방법. 바빈스키 양성 반응은 강직성 대뇌 마비시 추체로(pyramidal tract)가 침범되었을 때이고, 자발적(비자극적인) 바빈스키 양성은 추체외부 뇌성마비시 나타남.

반사(reflex): 감각자극에 의해 유발되는 불수의적인 근육반응. 신경계의 즉각적이고 자유적이며 정형화된 반응.

반향어(echolalia): 상대방이 말한 단어나 문장을 자동적으로 반복하는 것. 장애가 없는 아동에게서 이러한 흉내 내는 단계는 18개월과 24개월 사이에 있는 전환기. 정신지체, 언어장애 및 자폐증이 있는 아동에게서 이러한 반향어 단계는 보다 뚜렷하고 길며, 30개월까지는 정신연령과 상관. 적절한 발달단계 이후의 반향어는 언어 일탈의 징표.

발달장애(developmental disability): 정적인 뇌질환(산소부족으로 인한 뇌손상) 또는 뇌상해가 뇌에 의해 통제되는 하나 또는 그 이상의 기능에 심각한 결함 또는 제한을 가져오는 상태. '상해'는 뇌 발달에 구조적으로 프로그램화될 수 있음. 모든 발달장애는 뇌 병리(원인)에 있어서의 공통적인 기저로 인해 '과 유사성'(family resemblance)을 지니고 있음. 발달장애는 발달기(출생에서 12세 사이 또는 출생에서 22세 사이 등으로 다양하게 정의되고 있음) 동안에 시작됨. 미국의 경우, 미 연방법을 통해 발달장애를 다음과 같이 정의하고 있음. "5세 이상의 사람이 보이는 심한 만성적인 장애로서 정신적 또는 신체적 결함 또는 정신·신체 결합적인 결함에 기인하며, 22세 이전에 명백히 나타나고 무기한으로 지속될 가능성이 있으며, 다음과 같은 주요생활 활동 영역 중 셋 또는 그 이상에서 상당한 기능적 제한을 초래. 자조관리, 수용 및 표현언어, 학습, 이동, 자기 지시, 독립적인 생활 능력, 경제적 자급자족 그리고 평생 동안 또는 장기간 개별적으로 계획되고 조정되는 특수하고 간학문적이며 포괄적인 관리, 치료 또는 다른 서비스에 대한 개인의 요구를 반영." 이 연방 정의는 발달장애가 '서비스가 제공되지 않으면 발달장애를 초래할 높은 가능성이 있는 상당한 발달지체 또는 특정한 선천적·후천적 조건을 지니고 있는' 출생에서 5세 사이의 영유아에게도 적용된다고 기술.

방어기제(defense mechanism): 오랜 기간 동안의 인격발달 과정을 통해 스트레스에 대해 자신을 방어하고, 갈등을 일으키는 충동들을 타협시키고, 내적 긴장을 완화시킬 수 있는 심리적 기교. 무의식 하에서 선택되고 자동적으로 작동되는 자아기능. 자아는 원초아, 초자아 및 외적 현실에 있는 위험에서 유래하는 갈등을 경계하기 위해 방어기제를 선택적으로 활용. 일반적인 방어기제는 부정, 합리화, 억압 및 투사 등.

베크 우울 검사(BDI; Beck Depression Inventory): 21문항으로 된 자기보고식 설문지로서, 17세에서 80세에 이르는 개인의 우울의 강도를 선별, 사정하는 4단계 평정 척도.

변수(variable): 일반적으로 변하는 어떤 양을 뜻하는 용어.

변연계(limbic system): 후각, 감정, 성욕, 식사행동, 동기, 공격성, 기억, 학습의 중추. 인간에게서는 기억의 생성과 변형에 관계하며, 감각경험과 기억된 경험에 감각적 무게를 더하는 일을 수행. 전전두엽과 측두엽과도 연결되며, 특히 기저신경절과 연결되어 감정변화에 따른 운동기능 변화(예: 우울할 때 정신운동 지연)가 나타나는 근거가 됨. 정신분열병 때에는 이 부위가 위축되는 모습을 보이기도 함.

병인(etiology): 조건, 증후군, 질병 등의 기원이나 원인.

보상(compensation): 다른 변화에 대한 반작용으로, 주어진 방향에서 변화를 가지는 무의식적 과정, 보조기구나 대안적 행동으로 제한된 능력을 지속적으로 적응하고 허용하는 과정.

보정구(orthosis): 몸의 일부분을 지지하거나 정렬, 기형을 교정하여 증진시키거나 움직일 수 있도록 하는 데 사용하는 정형 외과적 용구나 부속물.

부교감신경(parasympathetic nervous system): 신경전달물질로 아세틸콜린을 가지며 심장 박동수를 감소시키고 장운동을 촉진시키는 자율신경계의 분지.

부적응 행동(maladaptive behavior): 개인, 가족 또는 단체가 목표를 달성하거나 환경의 요구에 부합하는 것을 방해하는 습관적인 행동 또는 행동 형태.

부정맥(arrhythmia): 심장의 정상적인 동율동(sinus rhythm)에서 벗어난 경우. 빈맥(성인은 분당 100회 이상)은 운동이나 감정상태, 열에 의해 발생하고, 서맥(분당 60회 이하)은 운동선수나 두개내압이 상승되어 있는 환자에게서 나타남.

분리(splitting): 자아나 대상을 좋은 또는 나쁜 사람(또는 것)으로 구분하는 것. 예를 들어 의사는 무조건 좋은 사람이고, 간호사는 나쁘다 하여 이간질시킴. 흔히 경계성 인격장애 환자에게서 나타남.

불안(anxiety): 광범위하게 매우 불쾌한, 그리고 막연히 불안한 느낌 또는 외부적 또는 지각된 위험에 대한 반응에서 내부적 두려움의 상태. 관련된 신체증상(가슴 두근거림, 혈압상승, 빈맥, 진땀, 반사항진, 동공확대, 떨림, 위장장애, 빈뇨 등 자율신경계 항진증)과 행동증상(과민성, 서성댐 등)을 동반. 불안은 친숙하지 않은 환경에 적응하고자 할 때 나타나는 가장 기본적인 반응 양상이지만, 같은 자극에도 부적절하게 반응하게 되는 병적 불안은 신경증적 장애나 각종 정신병적 장애, 인격장애 또는 기질적 신체질환이 있을 때 나타남.

불안장애(anxiety disorder): 심한 걱정, 공포, 도피성, 위험 임박감 등으로 특징 지워지는 정신적 장애.

사례 관리(case history): 개인의 의학적, 심리학적, 교육적, 가족적, 사회적 누적 기록.

사례 정의(case definition): 증상과 증후의 발전과 맞게 질병이 원인과 치료에 제공되는 임상적 진단. 임상적 훈련에 대하여 진단하는 것은 임상적 치료 시작에 매우 어렵고, 사례 정의는 수술적 진단 기준을 제공.

사정(assessment): 이전의 수행을 평가하고, 현재 행동을 설명하고, 미래 행동을 예언하려는 목적으로 수집하는 정보. 포괄적인 사정은 과거 기록, 평가, 의미 있는 사람에 대한 면접, 현재 행동의 관찰, 표준화 검사의 결과, 다른 특별한 절차를 종합하는 것. 사정은 검사와 다른 것인데, 검사는 특정 시간의 수행을 반영하는 반면 사정은 여러 결과들 사이의 내적 관계와 전반적 패턴에 의미를 주기 위한 임상적 판단이 요구됨.

사지마비(quadriplegia): 네 부위의 마비. 네 개의 팔다리 모두가 심하게 마비된 상태. 좌우 비대칭인 경우가 많음.

사회적 지지(social support): 자신에 대해 친구가 되어주고, 정보를 제공해주며, 이해를 보여주는 사람 또는 집단과 개인적인 관계를 갖는 것.

사회활동(socialization): 개인의 정서적 · 신체적 욕구에 따라 상황에 적합하고 문화적으로 어울리는 방법으로 다른 사람과 상호작용하기.

산포(dispersion): 관측값의 퍼짐을 의미. 관측값들이 평균을 중심으로 얼마나 집중되어 있는지 또는 얼마나 퍼져 있는지를 알고자 하는 경우에 사용. 산포의 측도방법으로는 범위(range), 4분위편차(quartile deviation), 평균편차, 표준편차, 지니평균차(Gini's mean difference) 등이 있음.

삶의 질(quality of life): 자신의 삶의 만족(자신의 목표를 향한 진행의 지각), 자아개념(자신에 대한 신념 및 느낌의 복합체), 건강 및 기능(건강상태, 자조활동 능력, 역할 능력)과 사회 · 경제적 요소(예, 직업 · 교육 · 수입)에 대한 역동적 평가.

상관(correlate): 약물사용 등의 일부 다른 변수와 통계적으로 관련된 변수.

상관계수(correlation coefficient): 두 변수 간의 상호 종속관계를 특정해 주는 계수. −1에서 1까지의 값. 값이 0이면 상관이 없다고 해석.

상동행동(stereotypy): 비기능적 · 반복적 행동으로 손바닥 치기와 같은 의미 없는 제스처나 동작을 계속 반복하는 것. 자폐증이나 심한 정신지체인의 자기-자극적 행동에서 일반적으로 나타남.

생식기(genital stage): Freud 정신성적 발달의 다섯 번째 단계로 13～19세에 해당. 신체적 성기능이 성숙되면서 성적 관심이 높아지는 시기. 이성에 대한 성적 욕구는 독서, 운동, 과외 활동 등으로 대체되며, 성인의 책임감이 발달하는 시기.

생체 되먹임(biofeedback): 조작적 조건화의 적용 과정과 결과. 이것을 이용해서 사람은 자율신경계에 기초한 생리적 기능을 고위 피질의 통제 하에 두는 능력을 획득하게 됨. 예를 들면, 편두통으로 인한 혈관 수축(혈관이 좁아짐)시 수의 조절이 가능해져, 생체 되먹임 과정을 시작하여 혈관을 확장시킬 수 있음. 이들 훈련과정은 피부 온도, 심장 박동, 피부 발한 온도 같은 신체과정에 관한 정보를 개인에게 피드백해 주는 모니터를 통해 이들 자율적인 문제들을 깨닫게 하는 것을 포함. 개인은 전자 표지자에 반영된 이들 신체과정의 박동수와 정도를 의식적인 모니터링과 신체 피드백을 통해 변화시키는 것을 배우게 됨.

성격장애(personality disorder): 개인의 적응능력을 심하게 제한하는 행동 및 습관을 포함하는 경직된 성격 유형.

세로토닌(serotonin): 봉선 핵(raphe nuclei)에서 발견되는 신경전달물질. 충동이나 우울증에 중요한 역할.

소거(extinction): 특정 행동을 유지하는 것으로 여겨지는 강화를 제거함으로써 행동을 감소시키는 과정.

소근육 운동 기능(fine motor skill): 신체의 소근육의 협응, 특히 손의 협응을 필요로 하는 활동. 눈-손 협응, 장난감이나 퍼즐을 통한 문제 해결, 글쓰기, 그리기, 바느질하기 등이 소근육 운동을 사정하는 데 사용됨.

소뇌(cerebella): 뇌의 뒤쪽에 위치. 운동의 부드러움과 조화를 관장하며, 비정상 기능은 길항운동 반복 불능증, 비틀거리며 걷기, 의도 진전, 운동실조 등.

소동작 협응(fine coordination): 작은 사물을 조작하고, 조절된 움직임을 위해 소근육군을 사용하는 것.

손상(impairment): 심리적 · 생리적 · 해부학적 구조 및 기능의 일시적 · 연구적 손실 또는 비정상. 손상은 병리학적 상태의 외면화를 의미하며, 원칙적으로 기관 차원에서의 장애를 나타냄. 손상의 예로는 모반, 뇌손상, 불완전, 기형 사지 등.

수근관 증후군(carpal tunnel syndrome): 손목의 수근관에 있는 정중신경의 압박으로 엄지, 검지, 중지의 감각손상과 손가락 끝의 영양학적 장애, 모지구(thenar eminence)의 위축과 마비가 생긴 상태.

수용성 언어장애(receptive language disorder): 소아의 언어 이해력이 그의 정신연령에 적합한 수준보다 저하된 특수발달장애. 거의 모든 경우에 있어서 표현성 언어도 현저히 저하되어 있고, 발음의 이상도 흔히 나타남.

스트레스(stress): 신체적 · 감정적 · 지적인 압박이나 긴장으로 정상적인 평형이 깨진 것.

슬관절(knee joint): 대퇴골 하단과 경골(脛骨) 상단 및 슬개골(무릎 뼈)의 후면 사이에 있는 관절. 무릎 관절.

시각-운동 통합(visual-motor integration): 활동하는 동안 눈과 신체의 움직임으로부터 오는 정보를 상호 협응시키는 것.

시각 완성(visual closure): 물건의 일부 혹은 형태를 보고 전체를 인식하기.

시각(visual): 눈을 통해 들어오는 색깔과 형태, 시력, 주변 시야의 자극 해석하기.

시상하부(hypothalamus): 뇌하수체 바로 위 뇌기저부에 있는 핵의 집단.

시지각 운동 기능(VPM; visual perceptual motor): 눈을 통해 획득된 정보를 해석하고 통합하는 능력으로서, 운동적 행위는 그 정보에 기초하여 수행되는 방식으로 이루어짐. VPM 능력은 아동으로 하여금 기하학적 형태 및 도형을 복사하게 함으로써 측정될 수 있으며, Beery의 시각 운동 통합 발달 검사(DTVMI)와 Bender Gestalt 검사는 VPM 능력을 측정하는 데 일반적으로 사용됨.

식사 및 섭식 장애(eating and feeding disorders):

식사행위에 현저한 문제가 있는 신경정신과적 질환. DSM-Ⅳ에서는 신경성 식욕부진증, 신경성 대식증 및 기타 식사장애로 분류.

신경전달물질(neurotransmitter): 하나의 신경세포에서 분비되어 다른 신경세포의 전기적 활동을 변경시키는 화학물질.

신경증(neurosis): 주로 불안장애라고 불리는 정신적 장애의 한 유형. '불안장애' 항목 참고.

신뢰계수(confidence coefficient): 신뢰구간이 실제로 모수를 품게 될 가능성에 대한 척도. 신뢰구간이 모수를 품게 될 확률의 최소값을 말함.

신뢰구간(confidence interval): 임의의 모수 Pθ ([L(X) ≤θ≤U(X)] ≥1−α, 0<α<1 가 성립하면, 구간[L(X), U(X)]를 θ의 신뢰수준(1−α)의 신뢰구간이라 함.

신뢰도, 신뢰성(reliability): 신뢰성은 시간의 측면에서 본 품질로서 일정 기간 동안 주어진 기능을 원활하게 수행할 수 있는 제품의 능력을 말함.

신체지각(body scheme): 각 신체 및 연관성을 인식하기.

신체화 장애(somatization disorder): 수년간 지속되고 의학적 자문을 받을 정도로 반복적이고 많은 정신 신체 증상으로, 기저에 신체질환이 있는 것은 아님. 불안과 우울이 빈번하게 보임.

실어증(aphasia): 질병이나 뇌 손상의 결과로 인해 뇌의 언어중추에 이상이 생겨 말을 하거나 글을 쓰는 등의 표현 언어나 말을 이해하고 글을 이해하는 등의 습득한 언어기능 중 수용언어에 이상이 생긴 것.

운동성 실어증: 말은 이해하나 말하지 못하는 경우.

문장적 실어증: 올바르게 단어를 연결하지 못하는 경우.

명사성 실어증: 대상에 맞는 이름을 발견치 못하는 것.

지각적 실어증: 말을 이해하지 못하는 것.

실인증(agnosia): 대상사물에 대한 인지장애. 감각영역은 손상되지 않았으나 청각, 시각 또는 다른 감각들을 이해하는 데 문제가 있는 것으로 사물을 인식하는 능력이 결여된 상태. 자극을 받는 1차 중추성 수용기와 추상작용을 통한 기억들 사이가 오류가 발생할 때 나타남. 시각 실인증, 청각 실인증, 촉각 실인증, 신체 실인증 등이 있음.

실행(praxis): 목적 있는 움직임을 계획하고, 수행하는 능력.

실행증(apaxia): 운동(마비)이나 감각의 손실로 인한 의도적인 움직임을 수행하는 데 있어서의 장애. 근력, 감각, 협응 능력의 손상 없이 목적 있는 움직임의 수행이나 계획된 운동을 실행하는 능력이 결여된 것. 두정엽의 기능장애로 인해 발생. 실행증은 실어증, 실인증과 함께 대뇌(두정엽)의 국소증상으로 나타남.

아세틸콜린(acetylcholine): 부교감신경 말단 및 대뇌피질에서 발견되는 신경전달 물질.

아스퍼거 증후군(Asperger syndrome): 기괴하고 강박적인 흥미, 사회적 상호작용의 어려움, 평균에서 평균이상의 지능, 대근육 운동의 서투름, 의사소통의 장애를 가지는 행동 증후군. 아스퍼거 증후군 아동은 자폐증 스펙트럼에서 보면 경도에 속하며, 자폐증과 아스퍼거 증후군과의 주된 차이점은 초기 언어 지연이 없고, 정신지체가 없으며, 운동의 서투름이 있다는 것.

안녕(wellness): 건강을 올바르게 인식하고 즐기는 것을 포함한 좋은 건강 상태. 질병의 증상이 없는 것 이상을 의미하며, 신체적·정신적으로 균형을 이룬 적합한 상태.

알츠하이머 병(Alzheimer's disease): 늦은 나이에 시작되는 뇌조직의 퇴행성 질환 또는 진행성 신경학적 질환. 기억상실을 일으키며 지적·사회적 기능을 점차 심하게 손상시킴. 건망증(기억 손상), 실행증(의도된 행동을 실행할 수 없는 능력), 실인증(대상들이나 친밀한 사람들을 알아보지 못하는 것. 알츠하이머 질환에 걸린 많은 사람들은 그들의 배우자를 알아보지 못한다), 실어증(언어기술의 상실), 사고와 판단력의 손상, 지남력 상실, 기존의 성격 특성의 강화, 행동의 황폐화, 적응 능력의 상실을 초래.

알코올 남용(alcohol abuse): DMS-Ⅳ에서 사회적 또는 직업적 기능의 손상을 일으키는 병리적 음주의 한 패턴으로 정의됨.

알코올 중독(alcoholism): 병적인 음주 행위(예를 들면 이틀 동안 계속 취해 있는 것) 또는 기능부전(예를 들면 건망증)을 의미할 수도 있고 신체적인 의존성을 의미할 수도 있음. 알코올 남용 참조.

약물남용(drug abuse): 향정신성 약물의 비의학적 사용. 약물 사용이 문제를 일으키거나 문제가 발생할 확률을 높이는 방법, 즉 비정상적인 사용량이나 상황에서의 약물 사용.

양극성 장애(bipolar disorder): 주된 정서장애 중 하나. 극도의 행복감과 슬픔 그리고 기분을 반영하는 지나친 행동이 특징인 정신질환. Ⅰ형 양극성 장애는 조증과 우울증이 교대로 또는 조증이 반복적으로 나타나는 장애이며, Ⅱ형 양극성 장애는 우울증과 경조증이 교대로 나타나는 경우. 우울증 단계에서, 완전히 의욕이 없는 상태의 우울에 도달하면 이 질병에 걸린 사람들은 인생을 도망갈 곳이 없고 희망이 없는 블랙홀로 간주할 수 있음. 이 질환의 '극'(polar)에 있는 동안 사람은 먹지 않고 방에만 있다가 마침내는 자살을 시도하기도 함. 우울이 호전됨에 따라 다행감과 열정이 비현실적인 다행감, 조절되지 않은 열정과 낙관주의, 도를 지나친 행동 등 반대 극으로 향하게 됨. 이 극의 끝에서 질환에 있는 사람은 수일 또는 수주일 동안 잠을 자지 않으며, 계속해서(수시간 또는 수일 동안) 말할 수 있으며, 진탕 마시고 노는 데 많은 돈을 쓸 수도 있고, 과도한 성욕에 몰두할 수도 있음. 양극성 질환에 걸린 사람들은 이 질환의 비현실적인 양극단을 반영하는 사고 과정과 행동이 결합된 정서 조절 시스템이 제대로 작동하지 않음.

양성 증상(positive syndrome): 정신분열병의 증상 중 정신기능의 왜곡이나 과도한 면을 보이는 증상. 양성증상에는 망상, 환각, 지리멸렬한 사고장애, 괴이하고 혼란된 행동 등 생산성 증상이 포함. 양성증상은 항정신병 약물에 더 잘 반응하고 예후가 좋은 것으로 알려져 있음.

양전자사출단층촬영법(PET; positron emission tomography): 뇌의 생리학적인 기능을 영상화하는 방법.

양측검정(two-sided test): 검정통계량의 값이 매우 크거나 또는 작은 영역이 기각역으로 동시에 주어지는 검정.

양측 마비(diplegia): 사지 모두에서 마비된 것. 상지가 하지보다 덜 이완되었을 때를 나타냄. 미숙아에서 흔히 나타나며, 발가락 보행, 가위 보행, 사시, 정상적 지능을 함께 보이기도 함. 뇌성마비의 종류 중 가장 흔함.

언어 장애(language disorder): 언어의 수용, 통합, 회상, 산출 등에서 불능을 나타내는 발달장애. 언어장애는 구어, 문어 혹은 두 가지 경우에서 나타날 수 있음. 듣기와 말하기, 읽기와 쓰기, 기술적인 대화, 사회적 상호작용을 모두 포함하는 언어에서의 장애.

엔돌핀(endorphins): 인간이나 기타 동물의 뇌 속에 자연적으로 생성되는 아편물질과 유사한 화합물. 몇 가지 특유한 엔돌핀이 있으며 엔돌핀이라는 용어는 일반적으로 엔돌핀(endorphins)과 엔케팔린(enkephalins)을 나타내는 데 모두 사용됨.

역학(epidemiology): 질병의 분포, 결정요인 그리고 이들 질병의 발생을 막는 예방법을 개발하는 학문. 사람이 살아가는 데에서 발생하는 건강과 관련된 부분이나 질병, 질환들의 유행이나 빈도, 영향을 미치는 요인과 이를 예방하고 전염되는 것을 방지하는 방법들을 연구하는 학문. 거시적 관점에서 (큰 단위의 사람들의) 질환을 연구. 예를 들어, 질환에 걸린 사람들과 질환에 걸리지 않은 사람들의 차이점들을 결정하기 위해 질환을 가진 집단과 질환을 가지지 않은 집단을 연구하며, 분포를 측정하기 위해 이 질환이 남자 또는 여자, 북부 사람들 또는 남부 사람들에게서 더 널리 퍼졌는지를 연구하기도 함. 또한 질환의 결정인자들을 찾기 위해 이 질환이 유전인지 또는 행동습관의 결과인지 판단할 수 있으며, 질병의 발생을 막는 것이 무엇인지 찾기 위해 그들은 어떤 음식이 다른 음식보다 더 이 질환을 방지하는 데 도움이 되는지 알아봄.

역할수행(role performance): 사회 안에서 담당하고 획득하는 기능들을 알고, 균형을 맞추어가며 유지하는 것.

연수(medulla oblongata): 척수 바로 위의 뇌 구조. 두부신경의 핵들과 기타 호흡, 심장박동, 혈압 조절, 소화기능 등의 생명 중추들이 있음.

연하곤란(dysphagia): 씹거나 삼키는 동작에 필요한 근육의 조절력이 떨어져 씹고 삼키는 능력의 손실 또는 손상으로 먹는 능력이 저하되는 것.

예술치료(art therapy): 창작활동을 통하여 즉 음악, 미술, 조각, 무용, 시작, 서예 등을 통하여 내적 갈등을 통찰 표현하거나 해소함으로써 치료적 효과를 얻는 기법. 즐거움을 통하여 의사소통과 친밀감을 증대시켜서 대인관계를 개선하고 울적한 감정이나 스트레스를 즉각 해소시킴으로써 치료적 효과를 높임.

외상 후 스트레스 장애(PTSD; posttraumatic stress disorder): 강간, 근친상간 같은 커다란 스트레스나 외상 후에 생기는 심리 증후군. 증상은 갑작스럽고 침습적이며 생생한 시각 혹은 청각기억의 플래시백, 과도한 각성 상태, 주의집중의 어려움, 둔한 감각 그리고 친밀한 관계에 이르지 못하는 능력을 포함할 수 있음.

외상(trauma): 상처 또는 상해.

외재화(externalization): 감정이나 행동의 원인을 외적 원천에 귀속시키는 것.

외적 동기(external motivation): 과제 자체로부터, 성공적인 완성에 의한 성취감으로부터 분리된 목표를 달성하기 위하여 과제에 종사하는 것. 다른 사람을 기쁘게 하기 위하여 과제를 완성하는 것, 좋은 학점을 얻으려는 것, 보상을 얻으려는 것 등을 외적 동기 목표의 예. 학습에 대한 보상은 과제에 대한 흥미를 감소시킬 수도 있으므로, 사려 있게 사용되어야 함. 외적 보상은 내적 매력이 제한된 과제에 대해 적절하고 효과적인데, 대부분의 되풀이되는 과제가 이 범주에 해당됨. 특정한 수행 수준에 유관적이고 숙달의 수준에 관한 정보를 제공하는 보상은 흥미를 해칠 가능성이 적음. 학급 상황에서 보상은 학생들이 별 흥미를 지니고 있지 않은 과제를 수행하도록 유인하기 위해 종종 필요하며, 한번 시작되면 과제를 흥미 있고 도전할 만하며 성취할 수 있고 가치 있는 것으로 만듦으로써 내적 보상으로 주의를 이동시키려는 시도가 이루어져야 함.

외전(abduction): 팔이나 다리가 인체의 중심축을 기준으로 좌우 방향으로 멀어지며 움직이는 동작.

요인분석(factor analysis): 변인들의 내적 상관을 분석하기 위한 계산 절차. 내적 상관은 변인 그 자체보다는 극소수의 근원적인 관찰할 수 없는 사실에 의해 설명될 수 있다는 가정에 근거함. 요인분석의 산출은 각 검사가 상관이 있거나 하나 이상의 요인이 부하된 정도를 나타내는 요인 행렬표이며, 요인 부하는 요인과 검사 간의 상호관계. 부하는 각 검사에 대한 수행을 결정하는 데에서 각 요인의 비중을 나타내는 것임. 요인의 명명은 요인에 부하된 검사의 내용에 따름.

욕구(impulsion): 초자아에 의해 억압되어 있는 감추어진 내적 욕구.

욕창(bedsore): 압력과 줄어든 움직임으로 생긴 욕창. 와위상욕창, 압박 욕창을 감소시킴으로써 예방 가능. 특별한 침대와 매트리스, 패드, 쿠션 등이 이용됨.

우성측(laterality): 고난위도의 기술을 요구하는 활동을 위하여 선호하는 한쪽 신체 부위 사용하는 것.

우울(depression): 슬픔, 절망, 실망의 정동으로 가장 흔한 증상 중 하나. 외현적인 징표는 상당히 변산적이고 문화적으로 특수함. 우울은 여러 가지 정신적 · 신체적 장애의 증상이거나, 밑에 깔린 장애의 2차적인 연합된 증상의 증후군이거나, 특수한 정신의학적 장애일 수 있음. 둔해진 사고, 기쁨의 감소, 죄의식과 절망감, 감소된 신체 활동, 음식이나 수면의 혼란 등이 일반적인 특성. 우울은 심한 정도, 재발 및 정신병과의 연합에 의해 분류. 아동에게서 우울은 등교 거부, 반사회적 행동, 부모와의 격리에 대한 과도한 반응, 불안 및 신체적 불평 등으로 표출됨. 아동은 우울을 진단하기가 더 어려운데, 그 이유는 증상이 더욱 변산적이고 진단의 준거가 보편적으로 합의되지 않았으며, 보다 분명하고 외현적인 장애(주의력 결핍, 과잉행동장애, 수행장애)와 동시 발생해야 우울의 존재를 가릴 수 있기 때문.

운동감각(kinesthesia): 관절 움직임의 방향과 몸으로부터 벗어난 정도를 인식하는 것으로, 위치, 무게, 움직임을 지각하는 능력.

운동성 실어증(motor aphasia): 언어 이해는 가능하나 자발적으로 말로 표현하기에 장애가 있어, 말하는 것이 줄어들고 무언에 가까우며, 말하더라도 더듬거리고 문법이 없는 상태. 자동적인 말귀나 노래는 가능하나 복창은 어려움. 전두엽의 Broca 영역에 병변이 있을 때 나타남.

운동실조(ataxia): 수의적인 운동을 할 때 근육의 활동을 조정하지 못하는 것으로, 근육 등의 협응운동 상실로 발생. 척수의 후주의 손상으로 인해 조정불능과 고유수용 감각손실, 균형과 관계되는 위치이상의 문제들이 나타나며 소뇌운동 실조증으로 인해 비틀거리며 넓은 기저의 보행이 나타남. 예를 들어 다량의 알코올을 마신 사람의 비틀거리는 발걸음.

운동장애(motor disorder): 성취에서의 지연이나 대근육 운동(자세와 이동) 수행에서의 제한, 소근육(눈-손) 기술과 관련된 동작 장애.

운동조절(motor control): 기능적이고 다양한 형태의 움직임을 사용하는 것.

운동조절 곤란(dysmetria): 능동적으로 움직일 때 목표에 도달하기 위해 필요한 관절 가동범위를 조절하는 능력이 결핍된 것.

위약(placebo): 약물투여의 비특이 효과를 통제하기 위한 실험에 흔히 사용되는 약효 없는 약품(가짜약).

위축(atrophy): 정상적으로 존재하는 신체의 공간(cavity)이나 관(canal)의 발달의 실패 또는 선천적 결손, 해부학적 구조물의 크기의 감소. 세포나 조직의 기관이나 일부분의 크기가 감소되거나 쇠약해지는 것.

유의성(significance): 가설검정에 있어서 검정 통계량의 값이 채택역을 벗어나 기각역에 놓일 때를 유의하다고 하며, 어떤 효과가 존재하지 않는다고 규정한 귀무가설이 기각된다면 그 효과는 유의적이라고 말함.

유한: 분산 δ^2과 평균 μ를 갖는 서로 독립이며 동일한 분포를 따르는 n개의 확률변수 X_1, X_2, ……, X_n의 평균의 분포가 n이 무한대로 증가함에 따라 원래 분포와 무관하게 정규분포가 됨.

유의성 검정(significance test): 규정된 귀무가설 Ho 하에서 검정통계량 T의 분포를 고려하여 얻어진 관측값에 기초를 두고 계산한 T의 값이 극한적(유의적)인 값을 취할 때 이를 근거로 Ho를 기각하는 형식을 취하는 과학적 추론의 한 방법.

유전성 대사 장애(inborn error of metabolism): 기원이 유전적이고 한 유전자의 결손이나 변형에 의해 초래된 특정 효소 결핍증. 이 경우 효소는 존재하지 않거나 비활성화 형태로 존재하며, 정상 대사를 차단시킴. 다양한 정도의 기능 이상을 초래하는데, 중추신경계와 간의 기능장애가 가장 많이 초래됨.

음성 증상(negative syndrome): 정신분열증의 한 증상으로, 무논리증(현저하게 빈약한 언어, 또는 내용이 없는 언어). 감정적 둔마(감정 표현 능력의 감소), 무쾌감증(기쁨 체험 불능, 사회적 상호작용에서의 흥미상실), 무의욕증(목적지향적 행동을 시도하거나 유지하지 못함) 증상, 그리고 사회적 위축, 운동지체, 사고차단 등이 포함됨. 대개 나쁜 병전 상태, 대뇌구조적 이상, 인지장애, 만성화 등과 관련되며, 예후가 나쁘고 약물치료에 잘 반응하지 않는 경향이 있음.

음악 치료(music therapy): 정신건강과 사회성 발달, 정서상의 적응, 운동 조화를 촉진하기 위한 다양한 형태의 음악과 활동을 이용하는 치료 기법. 여가활동이나 교육적인 목적을 달성하기 위한 재활의 치료도구로서 사용하는 데에는 악기 연주하기와 음악 감상하기, 음악 만들기, 노래하기, 음악 듣기가 포함됨. 음악치료는 개인과 단체를 상대로 병원이나 학교, 시설, 사설 장소에서, 가끔은 다른 형태의 치료와 재활을 연결하여 다양하게 적용.

의사소통 장애(communication disorder): 조음, 유창성, 음성 등을 포함한 청각, 언어 혹은 말 장애.

이드(id): 개체의 존속과 만족을 위한 생물학적 욕구와 충동, 즉 본능으로 구성된, 거의 전적으로 무의식적이고 복합적인 구조. 개인으로 하여금 현실을 고려하지 않고 본능적 욕구의 즉각적인 만족을 얻기 위해 쾌락 원칙에 따라 행동하게 하는 정신적 체계. 사고는 현실을 무시하고 자유롭게 변화하거나 압축되거나 상징으로 나타나며, 상반된 생각들이 공존하고, 정상적인 시간 개념이 없음.

이식증(pica): 부자연스런 음식물을 먹고 싶어하는 욕구로서 히스테리, 임신부 및 영양불량의 소아에서 보는 것과 같은 도착된 식욕.

이완(flaccidity): 근긴장이 상실된 상태. 심부건반사(deep tendon reflex)와 능동적인 움직임이 소실됨. 주로 척수 혹은 대뇌손상 후 쇼크 상태일 때 발생하는 현상으로, 외상 후 초기에 보이는 증상.

이완(relaxation): 근육의 긴장을 풀어 주는 것. 천천히 진동시키기, 율동적인 회전 및 점잖게 흔들기 등을 통해 근육의 긴장을 풀어 줄 수 있음.

인식(recognition): 친숙한 사람이나 사물, 과거에 보았던 것들에 대한 변별력.

인자(factor): 수학적 의미로, 대수학적인 표식의 요인. 실험계획에서 가능한 변동의 원인으로서 관측 대상이 되는 요인. 평균값 또는 지표수에 있는 구성항목. 다변량 분석에서, 주로 선형인 관측된 변량의 함수.

인지(cognition): 의식적인 사고의 과정. 사물에 대한 지식과 인식, 지각, 사고, 기억 추론 등을 통하여 사물의 인식과 지식을 얻는 의식의 과정. 이해력, 이성, 판단력 등을 포함.

인지장애(agnosia): 기질적 뇌장애 때문에 사물을 인지하거나 감각자극의 의미를 해석하지 못하는 것. 자신의 병을 인정하지 않거나, 자신의 신체부분을 인정하지 않는 것, 촉각으로 사물을 인식하지 못하는 것, 사물이나 사람을 보고도 몰라보는 것, 얼굴을 인지하지 못하는 것 등 여러 형태.

인지행동 치료(cognitive behavioral therapy): 환자 개인 또는 집단에게 일정기간 동안 정기적으로 프로그램에 따라 인지분석과 재구성, 공포를 일으키는 사회적 상황에의 노출, 그리고 다양한 행동치료를 숙제로 주어 생활에서 실습하고 기록하게 하는 치료법.

일반화(generalization): 새로운 상황에 과거에 학습한 개념과 행동을 적용하는 능력.

일상생활 활동(ADL; activities of daily living): 자신의 환경에서 독립성을 성취하기 위해 개인이 할 수 있는 신변처리, 운동성, 의사소통 그리고 가정관리 등의 활동들. 목욕하기, 화장실 사용하기, 식사하기, 요기하기, 이동하기, 단순한 건강관리하기, 가계 꾸미기 등의 자조(self-help) 활동. 일상생활 활동은 사회 적응교육 또는 재활에서의 주요 목적임.

임상심리학(clinical psychology): 정신 장애 및 대인적 문제를 검사하고 진단하고 연구하고 처치하는 것과 관련된 인간행동의 연구 분야.

임의표집, **확률표집**(random sampling): 모집단에서 크기 n인 표본을 선출할 경우 모집단의 모든 개체가 표본으로 선출될 확률이 같도록 표본을 추출하는 방법.

입체지각(streognosis): 형태지각. 촉각, 고유수용성 감각, 인지를 통하여 사물을 식별하는 능력. 신경학적 사정의 요소로서, 입체 인지 곤란은 두정엽 기능 장애에 기인함.

자기 존중감(self esteem): 자기 자신에 대한 개인의 지각 및 가치화. 자기 존중감은 광범위한 영역에서 성공을 경험함으로써 향상될 수 있음. 개인의 강점과 약점을 현실적으로 인식하고 긍정적인 관계를 맺으며, 개인이 공정하고 정확하게 비교할 수 있는 적절한 참조 집단을 사용하여 긍정적인 자기 존중감을 향상시킬 수 있음.

자기 개념(self concept): 자신에 대한 신체적 · 정서적 · 성적 가치에 대한 개념. 자기 자신에 관하여 개인이 형성하고 유지하려고 애쓰는 평가로서, 자기 개념은 개인이 자기 존재에서 중요하다고 간주되는 사고, 태도, 특성, 느낌, 행동 등을 포함. 자기 개념은 모든 사람에게 근본적인 문제이지만, 특히 장애인에게 중요. 고려해야 할 두 가지 문제는 개인이 자신을 어떻게 보느냐(개인이 자기의 특정한 장애 및 장애라는 개념을 어떻게 전체적인 자기 개념 속에 통합하느냐), 개인이 자기의 장애가 개인적 · 사회적 · 문화적 수준에서 타인에게 어떻게 간주된다고 느끼는가임.

자기표현(self-expression): 자신의 생각, 느낌, 욕구를 표현하기 위해 다양한 기술 및 스타일을 사용하는 것.

자료, **데이터**(data): 모집단이나 표본조사 또는 실험의 관측결과 얻어진 개체의 특성값. 개체의 특성은 여러 가지로 표현할 수 있으나 통계학에서는 수량으로 표현된 것이 대부분이므로, 통계적 자료

(statistical data)라고도 함. 자료를 데이터라고 부르기도 함.

자아(ego): 현실을 감지하는 데서 형성되기 시작하며, 현실에 맞도록 개인을 조정해 가는 집행 부분. 개인의 현실 파악을 기초로 형성되어 행동의 조절, 자아의 일차적 · 자율적 기능으로 알려진 언어, 학습, 직관, 이해, 지각, 기억, 사고를 수행. 결과를 예측하는 판단기능을 수행하고, 대상관계를 수립하며, 조직, 조정, 일반화 등 여러 요인들을 통합하는 기능을 하며, 충동과 초자아의 요구, 그리고 사회환경으로부터의 영향간의 충돌을 중재. 또한 억압 등 방어기제를 사용하여 개체를 보호. 자아는 부모와의 닮음, 즉 동일시에 의해 형성되기 시작하며, 성인으로 발달함에 따라 더욱 성숙함.

자아중심주의(egocentrism): 어린아이가 다른 사람의 관점을 이해하지 못하는 것. 피아제의 초기 발달 이론에서 이것은 인지적 한계를 나타내지만, 이와 같은 행동은 어른에게서 퇴화적 함축을 의미.

자유도(degrees of freedom): 역학계에서 그 위치 결정을 위하여 독립적으로 변화시킬 수 있는 좌표값의 수. 피셔(R. A. Fisher)에 의해서 통계학에 도입된 자유도는 관측값 수에 대하여 특정체계 내에서 임의로 결정될 수 있는 수를 뜻함.

자율신경계(autonomic nervous system): 불수의적 신경계. 심혈관계, 호흡기계, 소화기계, 생식기계 등 자율 기능을 규제하는 말초신경계의 분지. 교감신경계와 부교감신경계로 나뉨. 생명유지에 필요한 기본적 기능 즉, 내장기관의 활동, 혈압, 심장박동, 혈당, 체온 등에 대한 정보를 수집.

자폐증(autism): 사회적 상호작용과 의사소통에서의 비정상적인 발달을 보이면서 활동과 관심 영역이 제한된 특성을 보이는 장애. 캐너 증후군, 자폐성 장애, 초기 유아 자폐증, 사회적 관계 형성 실패, 언어지체 및 일탈, 과잉행동, 촉각 방어, 정형화된 행동, 불변에 대한 고집 등의 극단적인 일탈행동이 특징. 치료는 매우 구조적이고 비자극적인 환경, 행동관리기법 그리고 언어에 바탕을 둔 교과 과정 등을 이용한 교육 체계를 통해 이루어짐. 자폐증은 진단상 전반적 발달장애로 분류됨.

자해(self-injury): 머리를 박거나 스스로를 물어뜯는 등 국소화된 자기 파괴의 한 형태. 자해하는 이유는 대개 자신이나 타인에 대한 분노, 긴장의 완화 그리고 죽고 싶은 마음 등. 정신 역동적으로 자해는 자신 또는 내부화된 대상을 벌하고자 하는 무의식적 욕구에 의해 생긴 공격적 충동 때문.

작업(occupation): 사람들이 해야 하는 모든 것. 자신을 돌보는 일(신변처리), 인생을 즐기는 일(여가), 자신이 속한 지역사회에 사회적 · 경제적으로 기여(생산성)하는 모든 일을 포함.

작업분석(activity analysis): 작업의 심리적 의미와 과제(단계가 포함된 운동의 수행)를 수행하는 데 요구되는 것을 결정하기 위하여 작업을 세분화하는 과정.

작업치료(OT; occupational therapy): 신체적 · 정신적 · 사회적 문제가 있는 사람들을 대상으로 평가하고, 개인의 상태에 맞는 의미 있고 목적 있는 작업을 선택, 수행하는 것. 이 과정을 통하여, 손상의 악화방지, 예방, 잔여 기능을 향상시킴으로써 독립된 사회생활을 증진시키는 의료전문 분야.

작화증(confabulation): 꾸며낸 사실과 경험으로 기억을 구성하여 무의식을 채우는 것. 유기적인 건망증의 증후군에서 나타나며 상대방을 속이려는 의도 하에 있는 것이 아니며, 실제적인 것처럼 꾸며낸 기억 안에 있게 됨.

잠복기(latency stage): 프로이트 정신성적 발달의 네 번째 단계. 6~13세에 해당하며, 성적 욕구가 약해지고 그 욕망을 억누르는 시기. 지적 활동인 학업에 열중하고, 앞으로의 사회생활에 필요한 여러 가지 기술을 습득하는 시기로 동성 친구와 더욱 가까워 이성에 배타적인 시기(일시적 동성기).

장기 기억(long term memory): 자극과 재생의 간격이 수분 이상 지속되는 경우. 단기 기억이 장기 기억으로 되기 위해서는 반복수행, 연습 등을 통해 저장되는 과정이 필요. 이차 기억(secondary memory)이라고 함.

장애(disability): 건강 경험의 관계에서 장애란 인간에게 통례적인 것으로 간주되는 방식으로 또는 범위 내에서 활동을 수행하기 위한 능력의 제한 또는 결핍(손상의 결과로서). 신체적 · 감각적 등의 손상에 대한 개인의 반응(특히 심리적)으로서 발생. 장애는 일시적·영구적, 가역적·비가역적, 그리고 진행적·퇴행적일 수 있음.

재활(rehabilitation): 신체적 또는 정신적인 질환을 의학적으로 치료할 뿐만 아니라 기능적인 회복과 심리적·사회적·직업적인 측면까지 치료하는 과정. 잔존 능력을 개발하여 가능한 한 독립적 생활과 주어진 역할을 수행할 수 있는 인간으로 복귀시키는 것.

저혈압(hypotension): 혈압이 비정상적으로 낮은 것.

적응기술(adaptive skill): 개인이 생활 환경에 적응하는 데 필요한 기술로서 의사소통, 자기관리, 사회성기술 등이 포함되며 지적 능력과 함께 정신지체의 주요 요인.

전두엽(frontal lobe): 이마 바로 뒤에 있는 뇌의 앞부분. 중앙구(뇌의 중요한 뇌구 중의 하나인 Rolando 뇌구) 앞에 있는 뇌의 영역. 전두엽의 손실은 수동성과 동기 상실을 초래. 전두엽의 후반부는 운동 피질을 포함하고 있는데, 이는 의지적 동작에 포함.

전이(transfer): 어떤 행동에서 발생한 수정이 유사한 행동의 변화를 초래하는 것(학습의 전이) 또는 어떤 자극 상황의 면전에서 강화된 행동이 다른 자극 상황에서 발생하는 것(훈련의 전이).

전정감각(vestibular): 머리의 위치와 움직임에 관하여 내이의 수용기로부터 받아들여진 자극을 해석하는 것.

전정 배경(figure ground): 전정과 배경 사이에서 물체와 형태의 차이를 아는 것.

전 조작기(preoperational stage): 아동이 자아중심적인 방식으로 기호나 상을 내면화하고 조작하기 시작하는 피아제의 인지 발달 단계로, 2~6세까지가 해당. 직접 경험과 체험적인 행동에 대한 것들만 이해가 가능하기 때문에 사물을 단일 차원에서 분류하게 되고, 대상을 여러 관점으로 보지 못하고 한 가지 방식으로만 보는 자아 중심적 사고를 보임.

정규분포(normal distribution): 도수분포곡선이 평균값을 중앙으로 하여 좌우대칭인 종 모양을 이루는 것.

정규성 검정(test of normality): 관측값들이 정규분포를 따르는 모집단에서 취해졌는지를 검정하는 것이며, 흔히 표본 분포함수를 정규분포 함수와 비교함. 간혹 어느 표본 통계량이 그에 해당하는 정규분포 함수에서의 통계량과 같은지를 검정하는 것도 정규성 검정이라 함.

정동(affect): 자신에 의해 표현되고 타인에 의해 관찰되는 감정 경험. 한 틀의 주관적인 느낌으로서 개인으로 하여금 행위를 하도록 이끄는 생리적 변화를 수반. 이러한 정서의 예에는 두려움, 사랑, 놀람, 미워함 등이 포함.

정동장애(affective disorder): 사고장애와 대비되는 마음가짐이나 분위기, 감정의 장애. 우울증, 조증, 양극성 또는 조울성 장애 등이 그 예.

정신병(psychosis): 환상과 환각으로부터 현실을 구별해 내기 어려운 상태. 현실과의 접촉 상실과 사회 및 지적 기능의 저하로 특징 지워지는 정신장애의 한 유형.

정신분석학(psychoanalysis): 프로이트(1856~1939)의 개척적인 연구에 기초하여 정신 장애를 진단하고 처치하는 체제. 이러한 접근은 억압된 본능과 방어 기제 사이의 무의식적 갈등을 드러내고 해소하기 위하여 자유 연상과 꿈의 해석을 사용.

정신분열병(Schizophrenia): 인지, 지각, 정동, 행동, 사회활동 등 다양한 정신기능에 이상을 초래하는 주요 정신병. 뇌의 기질적 이상이 없는 상태에서 사고, 감정, 지각, 행동 등 인격의 여러 측면의 장애를 초래하는 뇌의 기능장애. 주된 임상 증상들은 사고(사고과정, 사고형태, 사고내용)의 장애, 지각의 장애(환청이나 환시 등의 환각), 감정의 장애, 충동조절, 의욕 및 행동의 장애, 의식, 기억력 및 지적 능력의 장애, 양성 및 음성증상 등.

정신지체 및 상동적 운동과 관련된 과다활동 장애(over active disorder associated with mental retardation and stereotyped movements): 활동과다와 주의집중에 문제를 보이는 심한 정신지체(IQ 50 이하) 아동들이 흔히 보이는 상동적인 형태. 발달상 부적절하게 심한 과다활동, 운동성 상동증, 심한 정신지체가 진단 기준.

정신지체(MR; mental retardation): 출생 후부터 생후 1년 이내 발달 단계에서 발생하며 지능이 정상 이하인 경우. 유의하게 평균 이하인 지적 기능과 동시에 그와 관련된 적응적 제한성이 두 가지 혹은 그 이상의 실제 적응기술 영역들 중 의사소통, 자기관리, 가정생활, 사회성 기술, 지역사회 활용, 자기 지시, 건강과 안전, 기능적 학업교과, 여가, 직업기술의 영역에서 존재하는 것으로, 18세 이전에 나타남. IQ의 범위와 질병의 심각성에 따라 경도, 중도, 고도, 최고도로 분류.

정신치료(psychotherapy): 치료사와 환자가 치료적 계약 하에 의사소통의 과정을 통해 상호작용으로 정신질환을 치료하는 것.

정적 강화(positive reinforcement): 행동이 발생한 직후에 제공되어 그 행동의 미래 발생률을 증가시키는 유쾌한 사건.

제반응(abreaction): 무의식 속에 억압된 억울한 기억이나 감정을 터뜨려 표현함으로써 누적된 스트레스나 긴장을 정화 또는 완화시키는 치료기법. 슬픈 감정, 공포감, 혐오감, 분노 및 적개심 등을 발산하게 함.

조작적 정의(operational definition): 특정한 개념이 효과적인 것이 되게 하기 위한 특정한 절차 내 단계. 특정 개념에 대한 항목화된 객관적 준거를 합하거나 정리하는 것.

종속변수(dependent variable): 다른 변수의 영향을 받는 변수를 종속변수 혹은 반응변수.

주간 관리(day care): 비거주 원칙으로 아동, 노인, 발달장애인 또는 다른 의존적인 사람들에게 보호, 자극, 사회화 등을 제공하는 시설 또는 프로그램. 낮 동안 관리되며, 고객은 저녁에 귀가. 아동에게는 오랫동안 사용되어 왔으며, 1980년대에 다른 인구집단에게로 이 개념이 확대됨.

주의력 결핍, 과잉행동장애(ADHD; attention deficit hyperactivity disorder): 신경 행동적 증후군으로 짧은 주의집중 시간, 산만성, 충동성, 과잉행동이 특징이며, 학습장애와 중복하여 나타남. 안절부절 못함, 가만히 앉아 있지 못함, 산만함, 순서를 기다리지 못함, 불쑥 대답하기, 과제물을 완성하지 못함, 주의집중을 지속하지 못함, 과도한 자리 이동, 소란함, 과도한 말, 방해하기, 경청하지 못함, 자주 물건 분실하기, 신체적 위험 행동하기. 반항성 장애(oppositional defiant disorder)도 약간 중복되며, 어색한 운동동작과 시각적 지각 운동장애 또한 나타남.

주의집중(attention): 선택적이고 목표지향적인 지각. 주의집중의 조작적 정의가 무엇이든지 간에 자극에 대해 아동이 주의를 집중할 수 있는 시간은 연령, 관심, 지능 수준에 따라 증가.

줄기-잎-그림(stem-and-leaf display): 도수분포나 히스토그램 같은 성격을 가지면서 각 관측값들도 나타나는 정리방법. 이것은 자료의 관측값들 중 큰 단위에 해당하는 값을 줄기로 하고 작은 단위로 나타나는 값을 잎으로 하여, 세로줄에는 줄기를 표시하고 가로줄에는 각 줄기에 해당하는 잎을 적어 넣어서 작성함.

중도 정신지체(moderate mental retardation): IQ 범위 35~55 사이인 정신지체. 기본적인 읽기 능력, 간단한 숫자 개념, 제한적 언어를 이용한 의사소통을 배울 수 있으며, 화장실 가기, 옷 입기, 식사하기 등 기본적인 신변처리를 할 수 있는 자조기술의 습득 가능함. 가족이나 친구, 친지와 만족할 만한 상호관계를 발전시킬 수 있음. 중도 정신지체를 지닌 성인의 경우 감독 및 지도하에 일할 수 있는 교육과 재활능력을 가지고 있으므로 훈련가능 정신지체(TMR; trainable mental retardation)라고도 함.

중복 장애(multiple disabilities): 한 개인에게 한 가지 이상의 장애가 공존. 한 장애가 심각할수록 2차적 장애가 나타날 가능성이 더 많음. 중복장애의 복합적인 영향은 각 장애들의 영향을 합한 것보다 더 큼.

중심극한정리(central limit theorem): 정규분포가 통계학, 특히 표본론과 확률론에서 중심적 위치를 점할 수 있는 이론적 배경이 된 정리.

중위수, 중앙값(median): 데이터를 크기순서로 나열했을 경우 가장 중앙에 위치하게 되는 데이터의 값이나 이에 해당되는 값.

중재(intervention): 부적합한 행동 또는 현존 상태를 수정하고 성장 및 변화를 촉진하는 계획된 전략 또는 활동. 의학적 용어인 처치(treatment)와 유사. 사회사업가, 심리학자, 그리고 다른 전문가들은 그들이 보조하는 개인들에게 광범위한 활동을 암시하기 위해 흔히 중재라는 용어를 선호. 중재는 옹호, 심리치료, 말-언어 치료, 자격 획득, 적응기구 획득, 환경 수정, 자원 개발 촉진 그리고 네트워크 등과 같은 활동을 포함.

중추신경계(central nerve system): 말초신경계와 대비하여 뇌와 척수로 구성된 시스템. 중추신경계는 전체 신경계를 조절하는 수의근을 조절하는 기능이 있다. 발달장애는 척수와 말초신경계가 아닌 뇌의 만성 손상을 의미. 중추신경계는 몸으로부터 감각을 받아서 근육을 수축시키는 신경자극을 보냄. 예를 들면 선생님이 학생에게 원을 그리라고 하면 감각의 유입은 소리 구조인 8번 청신경을 따라 전달되고, 이 정보는 소리 영역으로 가서 해석됨. 다음으로 이 자극은 운동영역으로 보내져서 학생의 손을 움직이고 손과 팔의 근육은 원을 그리기 위해 수축.

즉각적 기억(immediate memory): 일반적으로 1분 이내의 기억.

증상(symptom): 의학 용어로 질병을 나타내는 비정상적 상태. 비정상적 행동에 적용되는 경우 어떤 질병이 비정상적 행동을 유발하는 의학적 모델을 암시.

지각(perception): 감각기관을 통한 사물이나 사상의 인식으로, 지각은 자극에 대한 반응의 한 형태. 눈이나 귀, 피부 등의 감각기관을 통하여 외부의 사물이나 이미지 혹은 자신의 신체 내부의 상태를 인지하고 통합, 해석하는 것. 특정한 자극의 선택, 조직 및 해석은 이전의 학습, 경험 및 관심에 의해 부분적으로 결정됨.

지구력(endurance): 심장, 폐, 근골격계가 일정시간 이상 지속하는 능력.

지남력(orientation): 자신, 환경, 시간의 흐름에 대한 지속적인 상황을 인식하는 능력으로 기억력과 연관성이 높음. 주로 사람, 장소, 시간, 상황에 대한 변별력을 평가.

지지(support): 환자의 이야기를 치료자가 수용적 태도로 잘 들어줌으로써 불안이나 갈등을 경감시켜 주고 적응능력이나 용기를 증가시켜 주는 것. 충고, 설명, 격려, 보증 및 지도 등이 직접적 지지요법이며, 어려운 환경 여건을 개선해 줌으로써 안심하고 적응하도록 해 주는 것을 간접적 지지요법.

지지적 정신치료(supportive psychotherapy): 정신분석적 개념에 의거하기는 하되 불안, 죄의식, 수치, 좌절, 외부의 압력 등에 대해 환자의 손상된 방어기제와 통합 능력을 회복시키고 강화하는 것이 목적인 정신치료의 한 방법. 치료자가 환자를 당분간 받아주고 의존을 허용하여 죄의식, 불안, 수치, 좌절, 외부압력 등으로 고통받는 약해진 환자의 자아를 지지해 줌으로써 문제점을 처리해 나가도록 도와 주는 것.

직업재활(vocational rehabilitation): 직무 지도와 훈련, 취업 알선 등의 직업적 서비스를 포함한 연속적이고 협력적인 재활과정의 일부로, 장애인이 적절한 고용을 확보하고 유지하도록 돕는 것.

진단(diagnosis): 질병의 성격을 규명하는 과정. 질병의 감별 및 처방, 사후관리 등을 위한 판단을 내리는 의료 행위. 개인에 의해 나타난 징표나 증상(의학적 · 정서적 · 사회적)을 수집하고 범주화하며, 그러한 수집에 기초하여 해결을 구성하는 과정. 진단은 또한 특정한 병리적 조건을 알아내기 위해서 다른 가능한 범주화 및 원인을 제거하는 것을 포함.

집-나무-사람 검사(house-tree-person test): 5세 이상의 아동 또는 성인에게 집, 나무, 사람을 순서대로 그리고 나서 해석하게 하는 투사법 검사.

집단강화(group contingency): 집단 내의 한 명이나 소수의 학생, 또는 전체 학생의 행동이 정해진 기준에 도달했을 때 그 집단 전체에게 강화를 제공함으로써 집단에의 또래들이 대상 학생의 행동 변화를 위해서 영향을 미치게 하는 행동교정 방법 중의 하나.

집중기간(attention span): 작업에 집중을 유지하는 일정기간.

청각(auditory): 소리의 인식과 해석, 배경소리와 구별하기.

청력 손상(hearing impairment): 경미한 수준에서부터 최고도 수준까지의 청각 능력의 손실 정도.

청력 손상은 일반적으로 전도성(중이 및 와이) 혹은 감각신경성(내이 및 청각신경) 청력 손상으로 분류. 또한 청력 손상은 선천성(출생시), 언어 이전(구어 및 언어기술이 발달하기 전), 언어 이후 (구어 및 언어기술들이 발달한 후) 청력 손상으로 분류.

초인지(meta cognition): 과제를 효과적으로 수행하기 위해서 필요한 기술이나 전략들을 이해하고, 과제를 성공적으로 완수하기 위해서 자기-조절 체계를 사용하는 능력을 의미.

초자아(superego): 자아가 발전하는 과정 중 사회적 금지와 도덕규범을 동일화하는 데서 생긴 개인의 양심, 도덕, 이상(ideal) 등으로 무의식적 구조. 남근기에 부모와 사회의 금지와 도덕규범을 동일화하는 데에서 생겨남. 개인의 양심, 도덕심, 이상이 그 내용이 되며, 주로 무의식적 구조. 초자아는 자아의 행동에 대해 감독자, 검열자로서 기능하므로 이드(id)만큼 자아에 대해 위협적 존재가 됨.

촉각(tactile): 피부를 통해 들어온 가벼운 접촉, 압각, 온도, 통증, 진동 등을 해석하기.

최근 기억(recent memory): 장기기억과 동시에 사용되며 자극 후 수시간 혹은 수개월 후의 기억을 포함.

출혈성 뇌졸중(Hemorrhagic stroke): 뇌조직 안이나 지주막하 공간의 혈관들에 출혈이 생기는 뇌졸중의 형태.

충동(impulse): 주의 깊은 생각이나 목적 없이 행동하려는 경향. 행동함으로써 본능적 욕구의 억압에 의한 긴장과 본능적 욕구에 대한 자아방어기제의 약화로 생긴 긴장을 해소시키려는 것. 대개 그 행동에는 충동만족과 그에 대한 징벌까지 포함되어 있음(폭행에 대한 처벌, 도박에 대한 재산손실 등).

충동조절 장애(disorders of impulse control): 자기 자신이나 타인에게 해가 될 만한 행동을 하려는 충동, 욕구, 유혹을 억제하지 못하는 등 충동조절에 장애가 있는 것. 충동적 행동을 저지르기 전까지 긴장감이나 각성상태가 고조되고, 일단 행동으로 옮기면 쾌감, 만족감 또는 긴장으로부터의 해방감을 경험하게 됨. 병적 도박, 절도광, 방화광, 간헐적 폭발성 장애, 발모광, 그리고 기타 충동조절장애 포함.

측두엽(temporal lobe): 대뇌의 전두엽과 후두엽 사이에 있는 부분. 이 부분은 기억력, 자율신경반응, 운동감각 반응과 연관되어 있음.

측정오차(error of measurement): 획득한 점수와 진 점수 간 차이의 표준편차. 검사도구나 검사자의 비신뢰성과 변산성에 그 원인이 있음. 측정의 오차는 신뢰 구간의 형태로 대표됨. 예를 들어 평균점수가 100이고, 표준편차가 15이고, 측정오차가 3이면, 이 때 검사점수 100에 대하여 68% 수준에서 신뢰구간은 100±3, 즉 97에서 103임(피험자의 진 점수가 97에서 103의 점수 범위에 놓여 있을 우연이 68% 있음). 95% 수준에서 범위는 평균 ±1.96(표준오차), 즉 100±6으로 정의(피험자 진 점수는 94에서 106의 범위에 있을 우연이 95% 있음).

측정의 표준오차(standard error of measurement): 오차점수의 분포의 표준편차. 한 피검사자의 관찰점수를 가지고 진 점수를 추정하는 데서 생기는 오차의 정도에 관한 정보를 제공.

치매(dementia): 정상적으로 성숙한 뇌가 후천적인 외상이 아닌 질병 등 요인에 의해서 기질적으로 손상 내지는 파괴되어 전반적으로 지능, 학습, 언어 등의 인지기능과 고도 정신기능이 감퇴하는 복합적인 임상증후군. 잘못된 판단, 기억 내용과 과정들의 손상, 사고의 구체화와 경직성 등 기억력, 판단력, 추상력 등 인지능력의 손상뿐만 아니라 성격의 변화가 생김.

카이제곱검정(chi-square test): 카이제곱 통계량에 기초하는 유의성 검정의 일종. 관측도수와 기대도수 사이의 적합도 검정에 흔히 사용됨.

컴퓨터 단층 촬영(CT; computed tomography): 횡으로 자른 부분의 몸의 부분을 보여주는 방사선적 기술. 뇌의 다른 부분을 보는 연속 단층이 가능하다. 두부 CT는 암, 중풍, 선천성 이상, 감염에 의한 2차적인 뇌의 손상 부위를 볼 수 있음. CT는 30분이면 끝나지만, 촬영시 움직이지 않아야 함.

타당성, 타당도(validation): 통계적 방법에서의 일치성과 대조되는 개념으로 독립적 요소에 대한 참조로서의 방법을 말하며 요구되는 목적에 따르거나 편의에 무관한 연구에 있어 모집단의 합리적 대표성을 갖고 표본이나 수집된 정보가 정확한 경우에는 그에 맞는 표본을 추출하는 것을 말함.

탈구(dislocation): 뼈가 관절 내의 정상 위치에서 완전히 벗어나 전위된 상태.

통찰(insight): 자신의 행동이나 감정 상태를 아는 능력, 즉 '심리적 깨달음' 또는 자기 자신이나 타인에 대한 개인의 이해를 촉진하는 자기-지식. 개인 행동의 중요성과 목적을 이해하는 것뿐만 아니라 개인의 행동 및 정서의 부적절성이나 비합리성을 인지하는 능력을 포함.

통합(integration): 교육, 직업, 주거, 지역사회, 고용과 관련된 필요한 지원을 제공함으로써 장애인들을 일반 지역 사회로 편입시키는 것. 교육에 관해서 통합이란 이전에는 학교가 응수하지 않았던 필요나 관심을 가진 모든 아동들(예를 들어, 장애를 가진 학생, 민족적 및 문화적으로 다른 학생)을 분리된 환경이 아닌 일반 교육환경에서 교육시키는 과정을 말함.

통합교육(integrated education): 다양한 교육적 필요와 능력을 지닌 학생들이 함께 교육받는 프로그램. 장애 아동과 비장애 아동들이 사회적 활동이나 교수 활동에서 의미 있는 상호작용을 하는 것으로 특징 지워짐.

퇴행(regression): 이전에 획득된 발달적 이정표의 상실. 중추신경계통의 퇴화적 질환이나 때때로 심한 정서장애와 더불어 발생. 이런 기능 상실은 측정된 IQ의 감퇴와 연합될 수 있음.

퇴행성 질환(degenerative disease): 조직이 점진적으로 퇴행되는 중추신경계 및 근골격계 질환.

투사(projection): 용납할 수 없는 자신 내부의 문제나 결점의 원인이 자기 외부에 있다고 생각하는 기제. 예를 들어 자신이 누구를 미워할 때, 그가 자기를 몹시 미워하기 때문에 자신도 그를 미워한다고 생각함. 착각과 환각은 투사에 의한 현상.

특수 아동(exceptional child): 영재 아동(탁월한 일반 지적 능력을 가진) 또는 장애를 가진 아동을 지칭하는 용어.

특수교육(special education): 특수아동이 개인적인 자기충족감을 최대한으로 달성하고 현재와 미래 환경에서 성공할 수 있도록 도와주기 위해서 개별적으로 계획하고, 체계적으로 실행하고, 주의 깊게 평가하는 교수, 즉 특수아동의 개별적인 필요를 충족시키기 위해서 특별히 고안된 교수를 의미.

틱 장애(tic disorder): DSM-Ⅳ에서는 뚜렛 장애, 만성운동 또는 음성 틱 장애, 일과성 틱 장애 및 기타 틱 장애로 분류.

틱(tic): 불수의적으로 갑자기 빠르게 반복적으로 불규칙하게 움직이는 상동적 근육의 움직임이나 발성. 얼굴이나 상부 몸통에서 반복적으로 경련을 일으키는 것. 눈을 깜빡깜빡하기, 얼굴을 찡그리기, 그리고 어깨를 움츠리기가 예. 또한 코 훌쩍이기, 기침하기, 즉 헛기침하기 같은 음성 틱도 있으며, 뚜렛 증후군은 심각한 운동 틱과 음성 틱이 같이 있는 경우.

파킨슨병(Parkinson's disease): 간뇌의 변성, 또는 동맥경화적인 변화를 주로 한 중추신경계의 퇴행성 질환. 느린 움직임, 진전, 근육 강직, 자세유지의 감퇴, 안면근육 마비로 인한 가면 같은 얼굴 표정, 구음장애 등이 나타남.

편마비(hemiplegia): 몸의 한쪽이 마비된 것. 종양이나 뇌혈관 장애와 같은 뇌 병변에 의해 발생하며 마비부위는 뇌 손상의 반대 부위의 신체에 나타남.

편무감각증(hemianesthesia): 몸의 한쪽이나 환측 부위에 감각이 없는 것.

편측 증후군(hemisyndrome): 의학 움직임, 자세, 운동의 비대칭성. 반신불수성 뇌성마비를 보이나, 경증의 비대칭성은 학습 장애, 행동 장애, 기질 장애와 관련이 있음.

평균(mean): 통계 집단의 특성을 한 개의 수 값으로 나타내는 대표값의 일종. 평균값을 얻는 방법에 따라 산술평균, 기하평균, 조화평균이 있음.

표본(sample): 모집단 특성에 관한 정보도출을 목적으로 모집단으로부터 추출한 값들의 집합을 말함.

표준오차(standard error): 추정량의 정도를 나타내는 측도로 추정량에 관한 표본분포의 표준편차를 말함.

표준편차(standard deviation): 확률분포의 산포 정도에 관한 척도로서 피어슨(K. Pearson, 1983)에

의하여 소개되었으며, 이는 곧 분산의 제곱근을 말함.

피질(cortex): 대뇌의 가장 바깥쪽에 있는 1/2 인치 두께의 회백질.

하지마비(paraplegia): 중추신경계의 마비에 의한 결과로 다리가 마비되거나 몸의 하부가 마비되는 것.

학습(learning): 경험에 의한 수행의 변화 또는 증가.

학습된 무력감(learned helplessness): 똑같은 또는 유사한 상황에서 이전에 통제할 수 없는 사상을 경험한 것 때문에 어떤 상황에 적절히 반응하지 못하는 것. 학습된 무력감은 인지적 · 정서적 혼란으로 특징되는데, 이는 개인의 반응하려는 욕구와 동기를 저해하고 성공을 지각하고 반응의 작용에 대한 학습을 왜곡시키며, 불안이나 우울로 인한 고조된 정서를 초래.

학습 장애(learning disorder): 정상적인 지능과 신체 상태를 가지고 있으면서도 공부, 언어, 운동에 장애가 있는 것. 읽기 장애, 산술장애 및 표현성 쓰기장애로 분류. 이 장애는 듣기, 사고하기, 말하기, 읽기, 쓰기, 철자 혹은 수학적 계산을 하는데 불완전한 능력 자체로 나타날 수 있음. 학습장애는 지각장애, 뇌상해, 미세 뇌손상, 난독증과 발달상의 실어증(언어기술의 상실)의 상태를 포함.

항문기(anal stage): 프로이트의 심리성적 발달의 두 번째 단계로, 1~3세에 해당. 대소변 가리기 훈련의 시작으로 아동의 본능적 충동이 외부에 의해 통제를 받게 되고, 본능적 욕구에 대한 만족을 지연해야 한다는 필요성이 인식되는 시기.

항불안제(anxiolytics): 범불안과 긴장을 감소시키고 진정을 일으키는 약물. 대량으로는 수면제로, 더 많은 양으로는 마취제로도 쓰이며, 항경련제나 근육이완제로도 쓰임. meprobanate와 benzodiazepine계 약물들로서, barbiturate에 비해 그 중독 증상이나 금단 증상이 경한 편이며, benzodiazepine계 약물은 다른 약물에 비해 다행감은 적으나 심리적 의존성이 강함. 대개 처방에 의해 복용하다가 남용에 이르며, 내성이 빠르게 발달함. 중독 증상으로는 졸음, 보행 실조, 저혈압, 심장 및 호흡기능 억제, 착란 등.

항상성(homeostasis): 다양한 조절 메커니즘에 의해 유지되는 생리적 균형 상태.

항우울제(antidepressant): 우울성 장애의 치료에 사용되는 약물. 모노아민 산화효소 억제제(MAO inhibitors; monoamine oxidase inhibitors), 3환계 항우울제(tricyclic antidepressants) 그리고 선택적 세로토닌 흡수 억제제(SSRI; selective serotonin-reuptake inhibitors)등이 예.

항정신병약, **정신병치료약**(antipsychotics): 정신분열증 등의 정신장애의 치료에 사용되는 일군의 약물. 신경이완제 또는 강력 신경안정제(major tranquilizer)라고도 함.

해리(dissociation): 인격의 부분들 간에 의사소통이 잘 이루어지지 않을 때, 괴롭고 갈등을 느끼는 인격의 일부분을 인격의 다른 부분과 분리시키는 기제.

핸디캡(handicap): 손상(impairment)이나 장애(disability)가 없다면 정상적으로 할 수 있는 역할 수행이 그 손상이나 장애로 인해서 제한되거나 방해를 받게 됨으로써 개인에게 오는 불이익. 개인의 상황이나 경험이 정상에서 벗어났을 때 그 상황이나 경험에 붙여지는 가치와 관계있음. 핸디캡은 개인의 수행, 지위와 그 개인 또는 그 개인이 속해 있는 그룹의 기대 사이의 불일치로 손상 또는 장애의 사회화와 그 개인에 대한 결과를 나타냄. 핸디캡이라는 용어는 종종 장애와 동의어로 부정확하게 사용되고 있으며, 장애를 가진 사람이나 그렇지 않은 사람은 그들에게 주어지는 사회적인 기준이나 조건을 가질 수 있음.

행동 수정(behavior modification): 학습 이론의 체계적 적용에 기초를 둔 일련의 기술. 정적 강화가 행동을 증가시키고, 부정 강화나 벌은 행동을 감소시킬 것이라는 생각을 기본으로 함. 이러한 기본 신조로부터 여러 가지 심리 치료적 기법과 부모 훈련 모형이 발달 · 개발됨.

행동치료(behavior therapy): 잘못 학습된 행동을 학습 이론에 따라 체계적으로 교정하여 증상의 해소 및 건설적인 행동으로 다시 학습하는 것을 목적으로 하는 정신치료의 한 방법. 행동을 바꾸면 감정은 뒤따라온다고 보기 때문에 장애가 있는 행동은 학습되거나 조건화된 것으로 보고, 이를 새로운 적응적 행동으로 대치시키려 함.

허혈(ischemia): 주위 조직의 괴사로 인해 혈관의 흐름이 방해되거나 기능적인 압축이 어려워 혈액이 부족해짐.

허혈성 뇌졸중(ischemic stroke): 동맥이 혈전으로 인해 막혀서 뇌의 혈액공급이 부족해짐으로써 발생하는 뇌졸중의 한 종류.

혈관성 치매(vascular dementia): 치매의 한 종류로, 반복되는 뇌졸중으로 뇌의 여러 부위에 경색이 생김으로써 인지기능이 황폐되는 것. 위험 요인으로는 고지질증, 심장질환, 당뇨병, 주정중독 등. 국소적 신경증상과 심건반사항진, 보행 장애, 사지무력 등이 나타남. 알츠하이머병과 달리 갑자기 나타나 점진적으로 악화되는 경우가 많음.

협력, 공동운동(synergy): 활동하는 근육 부분에 대한 이차적인 움직임이나 불필요한 운동을 제한하는 근육의 활동. 예를 들면 주먹을 쥘 때 수근관절의 신전이 유지되며 수지의 장굴근은 수지의 굴곡뿐만 아니라 수근관절의 굴곡도 동시에 일으키게 되어 손가락이 벌어지거나 쥐는 것이 느슨해지게 됨.

협응력(coordination): 과제 수행을 지지하는 방법으로, 물체와 상호작용하기 위해 신체의 한 부분 이상을 사용하는 것.

형식적 조작기(formal operational stage): 피아제의 인지발달 단계 중 네 번째 단계로, 11~15세까지의 청소년기가 해당됨. 추상적 개념, 사회적 규범, 가치관 등을 이해하게 되며, 문제 해결과정에서 인과관계, 가설검증 능력, 추리력과 응용력 등이 발달.

형태 항상성(form constancy): 다양한 환경, 위치, 크기에서 형태와 사물을 같은 것으로 인식하는 것.

혼수(coma): 동 자극에 반응하지 않은 의식이 감소된 상태.

확률 분포(probability distribution): 확률변수가 취할 수 있는 모든 값에 대응하는 확률을 나타내는 분포로써 일반적으로 이산 혹은 연속변수의 확률밀도와 누적 확률 분포를 포괄하는 용어.

환각(hallucination): 외부의 자극이 실제로는 없으나 마치 자극이 들어온 것처럼 지각하는 현상. 사실적 외부감각이 아닌 그릇된 감각이나 지각. 정신이상이 있을 때 동반.

환경 치료(milieu therapy): 거주하는 사회 내의 모든 긍정적인 생활 환경을 창조하고 유지하려는 주거 치료의 한 형태.

환기(ventilation): 가정이나 직장 생활을 통해 발생한 여러 가지 갈등이나 불안, 의문, 충동성 및 죄악감을 치료사에게 속 시원히 털어놓음으로써 불만이 해소되거나 긴장이 풀리게 하는 치료법.

환측 무시(unilateral Inattention): 운동이나 감각의 손상 없이 뇌손상의 반대쪽에서 제공되는 자극에 반응하는 능력의 손실.

회귀분석(regression analysis): 변수들 간의 회귀식의 추정 및 검정, 그리고 회귀식을 이용할 예측 등에 관한 통계학적 추론.

후두엽(occipital lobe): 뇌의 뒤쪽 부분이며, 두정부의 뒤에 위치. 시각 중추를 포함. 시각기능을 주관하므로 이 부분의 손상은 시각 손실을 유발함.

***F*-검정**(*F*-test): *F*분포를 이용한 검정으로써 분산비 검정에 주로 쓰임.

MRI(magnetic resonance imaging): 인체에 관한 정상 해부학적 또는 비정상 병리학적 정보를 영상으로 나타내 주는 진단 방법. 강력한 자력장을 지닌 자석장치와 고주파 발생장치, 컴퓨터로 구성되어 있음.

***t*-검정**(*t*-test): 두 모집단 평균의 차이를 비교할 때 사용됨. 독립표본인지 대응표본인지에 따라 독립 *t*-검정과 대응 *t*-검정으로 구분.

부 록

1. 과정분석을 위한 양식

원예치료 프로그램을 실시하기 전에 원예치료사는 프로그램에서 이루어질 각 활동을 분석하여 대상자의 상태와 병징에 따라 적절하게 대응하는 순서를 나열해야 한다. 과정분석은 각 활동을 만화의 한 장면 장면을 그리듯이 정리하면 되므로 그다지 어렵지 않다. 아래의 표를 이용하여 프로그램에서 이루어질 활동을 정리해 보자. 각 과정은 가능한 자세하고 구체적으로 나열하는 것이 바람직하며, 간략한 과정분석에서는 원예치료 프로그램의 도입-전개-정리 중 전개 부분에 해당하는 활동만을 정리해 본다(표 1).

표 1 간략한 과정분석표

활동명	
준비물	
활 동 과 정	
1. 2. 3. 4. 5. 6. 7. 8. 9. 10.	

간략한 과정분석을 통해 원예치료에서 이루어질 활동들의 순서를 정했다면, 원예치료 한 회기 전체를 분석해 보도록 하자. 앞서 언급했듯이, 한 회기의 원예치료 프로그램은 본격적인 원예활동이 시작되는 전개부뿐만 아니라 자연스러운 활동을 유도하고 동기를 부여하는 도입부, 활동을 마무리하는 정리부로 구성된다. 원예치료의 한 회기를 무리없이 이끌어가기 위해서는 각 부(도입, 전개, 정리)의 시간안배뿐만 아니라 각 부에

해당되는 활동의 소요시간도 계획해야 한다. 또한 각 치료과정 수행시 기대되는 효과를 계획하여 대상자의 치료목적에 부합하는 치료과정을 계획한다. 그 외에 대상자별 주의사항 또는 참고사항 등을 비고란에 정리한다(표 2). 경우에 따라서는 각 과정별로 주의해야 할 사항이나 참고할 사항, 대상자 개별 주의사항 등을 Tip & tech.란에, 그리고 프로그램을 준비하는 과정에서 참고한 문헌이나 웹페이지를 기재하여 자료로 활용한다(표 3).

보다 전문적인 원예치료 프로그램을 계획하기 위해 표 4를 참고로 살펴보자. 표 4는 어떤 대상자를 위해 프로그램이 계획되었는지, 프로그램이 실시되는 장소는 어떠한지, 프로그램의 난이도는 어느 정도로 계획하는지, 그리고 프로그램이 이루어지는 계절은 언제인지를 표기하여 프로그램에 사용되는 소재(특히, 식물소재)와 활동의 범위 및 난이도 등을 프로그램 계획표만 보고도 파악할 수 있도록 구성되어 있다. 특히 원예치료를 실시하는 주 원예치료사와 보조치료사의 역할을 구분하여 제시함으로써 프로그램 전반을 파악하며 실제로 프로그램을 진행해 나가는 주 원예치료사와 집단 프로그램에서 대상자를 개별적으로 보조하며 프로그램이 매끄럽게 진행되도록 보조하는 보조치료사의 역할을 과정별로 분담하였다.

표 2 원예치료 프로그램의 과정분석표 예 1

<table>
<tr><td colspan="2">프로그램 명</td><td></td><td>장소</td><td></td></tr>
<tr><td colspan="2">목 표</td><td colspan="3"></td></tr>
<tr><td colspan="2">준비물</td><td colspan="3"></td></tr>
<tr><td>활동</td><td>시간</td><td>치 료 과 정</td><td colspan="2">클라이언트의 기대효과</td></tr>
<tr><td>도입</td><td></td><td></td><td colspan="2"></td></tr>
<tr><td>전개</td><td></td><td></td><td colspan="2"></td></tr>
<tr><td>정리</td><td></td><td></td><td colspan="2"></td></tr>
<tr><td colspan="2">비 고</td><td colspan="3"></td></tr>
</table>

표 3 원예치료 프로그램의 과정분석표 예 2

<table>
<tr><td colspan="2">프로그램 명</td><td colspan="2"></td><td>작성자</td><td></td><td>작성일</td><td></td></tr>
<tr><td colspan="2">준비물</td><td colspan="6"></td></tr>
<tr><td colspan="2">목 표</td><td colspan="6"></td></tr>
<tr><td colspan="3">치 료 과 정</td><td colspan="3">기 대 효 과</td><td colspan="2">Tip & tech.</td></tr>
<tr><td>시간</td><td colspan="2">○ 도입:
1.
2.
3.</td><td colspan="3"></td><td colspan="2"></td></tr>
<tr><td></td><td colspan="2">○ 전개:
1.
2.
3.
4.
5.
6.
7.
8.
9.</td><td colspan="3"></td><td colspan="2"></td></tr>
<tr><td></td><td colspan="2">○ 정리:
1.
2.
3.</td><td colspan="3"></td><td colspan="2"></td></tr>
<tr><td colspan="8">○ 참고사항 및 참고문헌, 참고 웹페이지:</td></tr>
</table>

표 4 원예치료 프로그램의 과정분석표 예 3

장소	□실내 □실외 □실내외 가능	대상자	□정신과 □재활과 □정신지체 □치매 노인 □허약 노인 □청소년 □어린이 □전 대상 가능
계절	□봄 □여름 □가을 □겨울 □연중 가능	난이도	□상 □중 □하

목 표			
준비물			
활동 (총 소요 시간)	시간 (분)	치 료 과 정	기 대 효 과
도입 ( )			
전개 ( )			
정리 ( )			

(표 4 계속)

Tip & tech.	치 료 사 의 역 할	
	주 원예치료사의 역할	보조치료사의 역할

2. 작업분석을 이용한 원예치료의 실례: 재활을 위한 꽂꽂이 프로그램과 적용

원예치료에서 꽂꽂이 프로그램은 전문적인 기술로 재활치료에 적용되고 있다. 꽂꽂이는 재료를 다듬고, 자르고, 꽂는 여러 활동을 반복 수행함으로써 상지기능 증진을 위한 정교한 재활치료 수단이 될 수 있다.

꽂꽂이 작품을 제작할 때의 가위질은 손의 악력과 운동을 촉진하며, 휘기(구부리기), 소재다듬기, 꽂기, 말기, 철사감기, 테이프감기 등의 다양한 꽂꽂이 기법들은 상지의 팔과 손, 손가락의 운동을 촉진시켜 상지의 기능 회복에 도움을 준다. 또한 꽂꽂이 작업은 대뇌를 자극시키는 다양한 치료적 요소를 갖추고 있다.

꽂꽂이 활동의 치료적 적용을 위하여 꽂꽂이 작업의 수행동작에 따른 작업분석을 통해 꽂꽂이 동작을 파악하면 다음과 같다.

1) 꽂꽂이 활동의 작업분석

꽂꽂이 작업은 작업치료[8]의 작업수행요소(performance component)의 감각운동요소인 감각, 신경근육, 운동의 수행요소에 따라 활동요소가 추출되어 작업분석될 수 있다.

수행요소의 감각요소는 감각인식(sensory awareness)과 감각처리(sensory processing), 지각처리(perceptual processing)의 요소로 구분되며, 감각처리요소와 지각처리요소는 세부항목으로 구분된다. 감각처리요소는 촉각, 고유수용감각, 전정감각, 시각, 청각, 후각의 세부항목 요소별로 구분되고, 그에 따른 꽂꽂이 활동이 분석된다. 또한, 지각처리의 수행요소는 입체인지지각, 운동감각, 좌우구별, 형태 항상성, 공간 내 위치감각, 시각완성, 전경배경, 깊이지각, 공간관계의 세부항목으로 구분되어 그에 대한 꽂꽂이 활동이 분석된다.

꽂꽂이 활동의 작업분석 결과, 감각인식은 꽂꽂이의 여러 가지 재료를 눈을 감고 구분하여 선별하는 작업에 적용되고, 감각처리요소들은 꽃 재료의 색이나 모양을 구분하고 방향성 식물과 꽃을 이용하여 후각을 자극하며, 거친 질감의 재료를 선정하여 촉각을 자극하는 활동이 적용된다. 한편, 지각처리요소에 적용되는 꽂꽂이 활동은 꽃의 형태를 만져서 꽃 이름을 맞히는 것의 입체인지지각과 상하, 좌우 방향을 조절하여 꽃을 꽂는 동작, 그리고 용기의 깊이와 재료의 길이를 조절하여 꽂는 활동은 형태의 항상성(form

8) AOTA. 1994. Uniform Terminoiogy-III/Lee 등. 2004. 최신 작업치료학개론

constancy), 공간 내 위치감각(position in space), 깊이 지각(depth perception)과 같은 수행요소로 분석된다.

신경근육(neuromusculoskeletal)의 수행요소들 중 지구력(endurance)은 줄기를 휘거나 넝쿨 종류를 감거나 엮어서 만드는 데 시간이 많이 걸리지만 하나의 완성품을 만드는 과정의 작업으로 분석되고, 관절가동범위(range of motion) 요소는 반복해서 자르기, 꽂기, 휘기, 감기 동작을 하는 꽃꽂이 작업이 적용된다. 또한, 수행요소 자세배열과 균형(postural control & alignment)의 적용은 굵은 나무줄기를 양쪽으로 균형을 맞춰 휘거나 꺾기를 하는 동작으로 추출된다.

운동수행요소에 해당되는 대근육 협응(gross coordination)은 굵은 나무를 휘거나 꽂기 동작으로 적용되고, 양손을 이용하여 말기를 하는 동작은 양측통합(bilateral integration) 요소로 적용된다.

나무 소재의 길이와 굵기에 따라 구분하여 휘는 동작은 운동제어(motor control) 요소에 적용되고, 정중선 교차(crossing the midline)는 플로랄 폼을 좌우로 나눠 대각선으로 꽃을 꽂는 동작으로, 잎 종류와 줄기를 접거나 엮거나 땋는 동작은 소동작 협응과 민첩성(fine coordination & dexterity) 요소에 적용된다. 또한 실행(praxis) 요소의 적용은 샘플을 만들어 놓고 그대로 따라 꽂는 작업으로 적용된다. 이와 같이 작업수행요소에 따른 꽃꽂이 활동을 작업 분석한 내용은 표 5와 같다.

표 5 작업수행요소에 따른 꽃꽂이 활동의 작업분석

감각운동 요소		수 행 요 소	꽃 꽂 이 활 동
감각	감각인식		▪ 꽃꽂이에 필요한 재료들을 눈감고 구별하기
	감각처리	▪ 촉각 ▪ 고유수용감각 ▪ 전정감각 ▪ 시각 ▪ 후각	▪ 다양한 소재의 꽃잎, 줄기 감촉 느끼기 ▪ 침엽수와 같은 재료들로 신체 일부 자극 ▪ 플로랄 폼 배치의 높낮이 조절하여 중심선 맞추어 꽂기 ▪ 꽃 재료의 색, 모양 구분하여 꽂기 ▪ 프리지아, 백합, 방향성 식물 등 후각자극
	지각처리	▪ 입체인지지각 ▪ 운동감각 ▪ 좌우 구별 ▪ 형태 불변성 ▪ 공간에서의 위치 ▪ 시각연결 ▪ 전정배경 구별 ▪ 깊이지각 ▪ 공간관계	▪ 꽃의 형태를 만지고 이름 맞히기 ▪ 상하 좌우 방향 조절하여 줄기 휘감기 ▪ 좌우 구별 꽃 꽂기 ▪ 용기와 손 위치 방향 전환 꽂기 ▪ 플로랄 폼에 일정한 깊이로 꽂기 ▪ 구성형태와 많은 색깔의 꽃을 적용한 꽃꽂이 ▪ 꽃의 길이를 조절하여 꽂기 ▪ 용기의 깊이와 크기에 따라 꽂기 ▪ 재료를 다듬기 및 선별하기
신경근육		▪ 반사 ▪ 관절가동범위 ▪ 근긴장 ▪ 근력 ▪ 지구력 ▪ 자세배열	▪ 플로랄 폼 위치와 높낮이 조절하여 꽂기 ▪ 반복하여 자르기, 꽂기, 휘기, 감기 ▪ 작업의 집중시간을 조절하여 꽂기 ▪ 휘기활동을 반복하기 ▪ 넝쿨 종류를 엮거나 감아 작품 완성하기 ▪ 굵은 나무줄기의 양쪽 균형을 맞추어 휘거나 꺾기
운 동		▪ 근육협응 ▪ 정중선 교차 ▪ 편측성 ▪ 양측통합 ▪ 운동제어 ▪ 운동계획 ▪ 소동작 협응 ▪ 시각-운동 통합	▪ 굵은 나무줄기 휘기와 자르기 반복하기 ▪ 플로랄 폼을 좌우로 나누어 대각선으로 꽃을 꽂기 ▪ 어깨높이 이상의 위치에 꽂거나 휘기 ▪ 양손으로 잎 말기 ▪ 나무 소재를 길이와 굵기별로 휘기 ▪ 샘플을 만들어 놓고 그대로 따라 꽂기 ▪ 잎 종류와 줄기를 접거나 땋기 및 엮기 ▪ 플로랄 폼의 면적을 적게 적용하여 꽂기

2) 꽃꽂이 동작에서 상지 움직임에 대한 정량적 동작분석

꽃꽂이 활동의 치료적 적용을 위해 꽃꽂이 동작의 상지 움직임을 정량적 동작분석하였고, 꽃꽂이 활동유형 중 꽃꽂이 동작의 자르기, 꽂기, 말기, 휘기, 감기 동작을 굵고 가는 것으로, 또는 길고 짧은 것으로 구분한 세부동작을 상지 움직임의 관절운동범위와 근 활성도로 정량분석하였다.

관절운동범위는 상지의 13부위 관절가동범위(ROM)를 동작분석하였고, 근 활성도는 상지의 대표적인 근육인 6부위 근육의 근 활성도를 측정하여 던칸(Duncan)의 사후검정 결과분석을 통하여 운동량이 활성된 순위를 표로 나타내었다. 운동량 결과 순위표는 관절운동범위와 근 활성도가 높은 운동량의 순서로 별 다섯(★★★★★)에서 별 하나(★)로 구분하여 표 6, 7에 나타냈다.

꽃꽂이 동작은 굵은 나무 자르기가 어깨 부위의 어깨 신전과 굴곡, 어깨 외전과 내전, 어깨 외회전과 내회전의 관절운동범위에 큰 영향을 주는 것으로 나타났고, 손목 부위의 관절운동에는 굵은 나무줄기 휘기와 가는 나무줄기 휘기 동작이 관절 운동량에 큰 영향을 주는 것으로 나타났다. 상지근육의 근 활성도에서는 굵은 나무 자르기가 어깨 부위의 근 활성을 가장 크게 향상시키는 동작이었으며, 손목 부위에서는 긴 줄기 꽂기와 굵은 나무 휘기와 감기 동작이 높은 근 활성도를 나타내었다. 이러한 결과를 토대로 표 6, 7에 운동량 순위표를 활용하여 재활치료 적용을 위한 꽃꽂이 프로그램 예제를 표 4에 기재하여 재활원예치료적 접근을 시도하였다.

표 6 꽃꽂이 동작에 따른 각 관절 부위의 운동량의 순위표

	굵은 나무 줄기자르기	가는 나무 줄기자르기	긴 줄기 꽂기	짧은 줄기 꽂기	말기	굵은 줄기 휘기	가는 줄기 휘기	감기
어깨신전	★★★★★	★★★★	★★★★	★★★	★★★★	★★★	★★★	★★★
어깨굴곡	★★★★★	★★★	★★★★	★★★ ★	★★★	★★★★	★★★	★★★★
어깨외전	★★★★★		★			★★★★	★★★	
어깨내전	★★★★★			★		★★★★		★★★
어깨외회전	★★★★★		★			★★★★	★★★	
어깨내회전	★★★★★		★★	★★		★★★★	★★★	★★
팔꿈치 굴곡	★★	★★	★★	★		★★★★	★★★	★★★★★
손목뒤침	★★★★	★★★			★	★★★★★	★★★★★	★★★★★
손목엎침	★★★★		★			★★★★★	★★★	★★★
손목 내측편위	★★★★	★★★★	★	★★★	★	★★★★★	★★★★★	★★
손목 외측편위			★			★★★★★	★★★★	★★★
손목굴곡	★	★	★★★	★★★	★★★	★★★★★	★★★★	★★★
손목신전	★		★★★			★★★★★	★★★★★	★★★★

운동량의 순위	1	2	3	4	5	6
	★★★★★	★★★★	★★★	★★	★	

표 7 꽃꽂이 동작에 따른 각 근육별 활성도의 순위표

	굵은 나무 줄기자르기	가는 나무 줄기자르기	긴 줄기 꽂기	짧은 줄기 꽂기	말기	굵은 줄기 휘기	가는 줄기 휘기	감기
상부승모근	★★★★★	★★★★			★	★★		★★★
삼각근	★★★★★		★★★	★		★★		★★★★
상완이두근	★★★★★	★★★		★		★★★★	★★	★★★
상완삼두근	★★★★	★★★★	★★★★★	★★	★	★★★		
손목신전근	★★★★★	★★★★	★★★	★★	★	★★	★	★★★
손목굴곡근	★★★★		★★★★★	★★	★	★★★		

운동량의 순위	1	2	3	4	5	6
	★★★★★	★★★★	★★★	★★	★	

3) 뇌졸중 환자의 상지기능 재활을 위한 꽃꽂이 동작 중심으로의 프로그램 예제

재활원예치료적 접근을 하고자 뇌졸중 환자를 위한 재활프로그램으로 꽃꽂이 동작을 분석한 운동량 순위표(표 6, 7)를 활용한 프로그램 예제는 표 8과 같다.

표 8 어깨 부위의 관절운동(ROM)을 위한 프로그램 예제(4주 16회기)

운동량의 순위와 난이도 구분	회기	세부동작 및 횟수	프 로 그 램
★	1	가는 줄기 자르기(10회 이상)	편백나무 가는 줄기의 길이를 짧게 하여 플로랄 폼 전체에 꽂는다. 꽃은 편백나무 길이보다 조금 더 길게 꽂아 마무리를 하고 양초를 중앙에 장식한다.
	2	긴 줄기 꽂기(10회 이상) 짧은 줄기 꽂기(10회 이상)	
★★	3	감기(10회 이상) 가는 줄기 자르기(10회 이상)	가는 가지의 수양버들을 준비하여 둥글게 만들고 가는 줄기로 여러 번 감기를 하여 둥글게 공처럼 엮어 만든다. 공처럼 엮어 놓은 줄기 사이사이에 꽃을 짧게 꽂는다.
	4	짧은 줄기 꽂기(10회 이상)	
★★★	5	가는 줄기 휘기(10회 이상) 감기(10회 이상) 말기(10회 이상)	가는 나무줄기(실버들)를 구부려 둥글게 엮어서 공처럼 만들어 꽃병 입구에 꽉 차도록 줄기 엮은 것을 넣은 후 절화 길이가 긴 것과 짧은 것을 섞어 꽃의 높낮이가 다르게 꽂꽂이를 한다.
	6	가는 나무 자르기(10회 이상) 짧은 줄기 꽂기(10회 이상)	
★★★★	8	굵은 나무줄기 휘기(10회 이상)	굵은 나무를 자르고 휘기를 하여 와이어로 감아서 줄기와 줄기를 연결시켜서 큰 볼(ball)처럼 둥우리(frame)를 만든다. 둥우리의 틀 속에 여러 가지 절화의 길이를 길게 둥우리 밖과 위로 높게 꽂고 짧은 길이는 둥우리 안쪽에 꽂아 마무리한다.
	9	굵은 나무줄기 휘기(10회 이상) 말기(10회 이상) 감기(10회 이상) 가는 나무 자르기(10회 이상)	
	10	긴 줄기 꽂기(10회 이상) 짧은 줄기 꽂기(10회 이상)	
★★★★★	11	굵은 나무줄기 자르기(10회 이상)	굵은 나무를 손목을 돌려가며 자르기 한다. 굵은 나무를 10cm 정도 길이로 20개 이상을 자르기하여 큰 투명컵에 꽉 채워 꽂는다. 투명컵 속의 나무줄기에 고정되도록 꽂꽂이를 한다.
	12	굵은 나무줄기 자르기(10회 이상) 긴 줄기 꽂기	
★★★★★	13	굵은 나무줄기 자르기(10회 이상)	라피아를 가늘게 여러 가닥의 줄로 만들고, 나무토막을 준비한다. 라피아 끈의 양쪽 끝에 나무토막 매달려 있는 것을 양쪽의 균형을 맞추어 꽃병 입구 중앙에 걸쳐놓는다. 나무토막이 연결된 라피아는 꽃병 입구에 그물망처럼 만들고 그물망 사이에 꽃을 꽂는다.
	14	굵은 나무줄기 자르기(10회 이상) 짧은 줄기 꽂기	
★★★★★	15	굵은 나무줄기 자르기(10회 이상) 긴 줄기 꽂기 짧은 줄기 꽂기	굵은 나무 Y자 모양의 가지 2개를 수반의 폭 만큼의 길이로 자르기를 하여 수반의 좌우에 고정시킨다. 굵은 나무줄기를 반복해서 자르기하여 여러 개의 나뭇가지를 수반 양쪽에 있는 Y자 모양의 가지 속에 꽂아 고정시킨 다음 그 사이에 꽃을 꽂고 마무리한다.
	16		

3. 치료중재 모델 및 치료기법을 이용한 원예치료의 실례

1) 집단사회화 모델을 이용한 원예치료

집단사회화 모델을 근거로 하여 원예치료를 계획할 때, 먼저 작업분석을 통해 원예치료 프로그램의 활동을 분석한 후, 단계별 특성에 맞게 재구성한다. 집단사회화의 각 단계별로 적용한 원예치료 프로그램의 적용원칙은 다음과 같다(**그림** 1).

첫 번째, 관찰자 단계에서는 원예의 제반 지식을 제공하고, 개별활동 위주의 작업을 통해 원예에 대한 흥미를 유발시키며 자신감과 성취감을 부여한다. 또한, 이러한 과정을 통해 대상자가 원예치료에 대한 정보를 수집할 수 있도록 한다. 두 번째, 참여자 단계에서는 2인 1조 작업을 통해 서로 도움을 주고받으며, 활동 중 개인의 의사전달이나 의견교환의 기회를 갖도록 한다. 개별작업으로 전체적인 작품을 구성하여 집단 내의 구성원으로서의 소속감을 느끼도록 하고, 긍정적인 경험을 공유할 수 있도록 한다. 마지막으로 리더

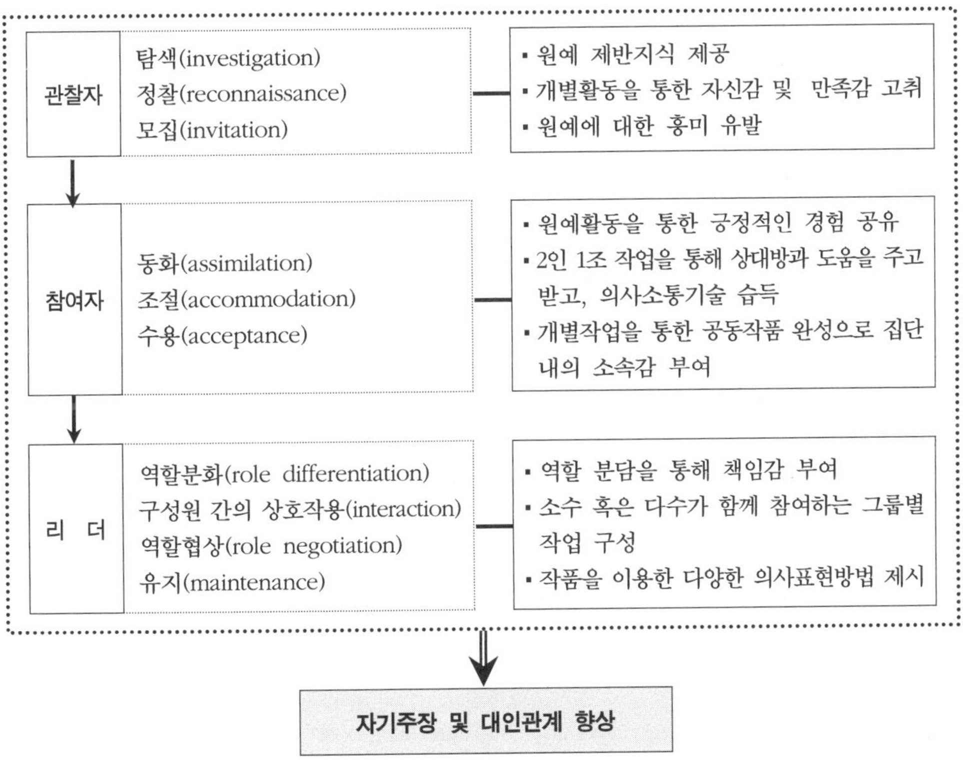

그림 1 그룹 사회화 모델을 적용한 원예치료

단계에서는 작업 중 역할분담을 통해 책임감을 부여하고, 그룹의 형태를 소수에서 다수로 구성하였으며, 유사한 성향의 구성원, 상보적인 성향의 구성원, 상호적인 성향의 구성원 등으로 그룹 내에 다양하게 배치되도록 한다.

표 9는 관찰자 - 참여자 - 리더의 세 단계를 고려하여 원예치료 프로그램을 구성하였고, 특히 두 번째 참여자 단계에서 실시된 종자파종 프로그램의 예는 표 10과 같다.[9)]

표 9 집단사회화 모델을 이용한 원예치료 프로그램

회 기	원 예 치 료 프 로 그 램	
1	I 관찰자	해바라기 꽃포장
2		트레이에 종자파종
3		잔디인형 만들기
4		색돌을 이용한 수경재배
5		코사지 만들기
6		점토를 이용하여 화분 만들기 1
7		포푸리 만들기
8		선인장 모아심기
9		트레이에 종자 파종
10	II 참여자	콩을 이용하여 액자 만들기
11		압화 사진액자 만들기
12		식물 관리하기
13		틀 만들기
14		나뭇잎 엽서 만들기
15		허브 삽목
16		종자 파종
17		물병 꽃싸기
18	III 리더	숯부작
19		접시정원
20		토피어리 만들기
21		공동 꽃꽂이
22		사탕부케 만들기
23		잔디인형 만들기
24		작은 꽃바구니 만들기

9) Cho, M. K. 2003, Effect of phased application of HT programs on the improvements of assertiveness and interpersonal relationship of chronic Schizophrenia. MS Diss., Konkuk Univ., Seoul.

표 10 집단사회화 모델을 적용한 원예치료 프로그램의 예(종자 파종)

제 목	종자 파종 (트레이 이용)	장 소	실내(실외)
목 표	씨앗에서 식물이 자라남을 통해 삶의 희망을 갖게 한다. 또한 흙반장, 씨앗반장, 물반장 등을 선출해 작업에 참여하도록 유도하고 즐겁게 작업할 수 있도록 한다.		
준비물	종자(쑥갓, 상추, 치커리, 들깨), 트레이, 혼합상토, 라벨, 네임펜, 큰 대야		

활동	시간	치 료 과 정	클라이언트의 기대효과
도입 (7)	7	테이블별로 흙반장, 씨앗반장을 뽑는다(자원하거나 주변인이 추천).	책임감·집중력 향상, 흥미 유발
전개 (45)	5	① 혼합상토를 나누어주고, 흙을 손으로 만져보고 부순다.	① 손의 감각자극(촉각자극), 공격성 완화, 정서적 안정
	3	② 상토를 트레이에 담는다.	② 손의 감각자극
	2	③ 씨앗 네 가지 중에서 심고 싶은 것 두 가지를 선택한다(테이블별로 선택한 것이 중복되지 않게 한다).	③ 자기 의사표현력 증가
	2	④ 손가락으로 트레이에 씨앗이 들어갈 만한 구멍을 뚫는다.	④ 눈-손 협응력, 공간인식
	3	⑤ ③에서 선택한 씨앗을 두세 알 정도 구멍에 넣는다.	⑤ 집중력 향상, 손의 기민성 향상
	3	⑥ 씨앗을 심은 후, 윗부분의 토양을 살짝 덮어 준다.	⑥ 눈-손 협응력
	9	⑦ 다른 테이블의 씨앗과 바꾸어 심는다(④, ⑤, ⑥의 과정과 동일).	⑦ 사회성 향상, 집중력 향상, 손의 기민성 향상, 눈-손 협응력
	3	⑧ 파종한 씨앗 이름을 쓴다.	⑧ 운동기능 기억(motor memory)
	10	⑨ 물반장의 주도로 다함께 물을 준다.	⑨ 책임감 부여
	5	⑩ 트레이를 적당한 위치에 옮겨준다.	⑩ 책임감 부여
정리 (5)	5	어떤 씨앗이 싹 틀지 이야기한다.	궁금증 유발, 책임감 부여
비 고		대상자들이 자신의 감정을 잘 표현하지 않고, 프로그램에 적극적으로 참여하지 않기 때문에 부담을 주지 않으면서 책임감을 부여하는 놀이치료적인 방법을 이용했다. 작업이 진행되면서 자연스럽게 작업에 참여하는 모습을 볼 수 있었다. - 흙반장: 정○○, 이○○, 최○○, 강○○ 씨앗반장: 황○○, 이○○, 이○○, 오○○ 물반장: 김○○, 이○○, 남○○, 장○○	

2) 회상기법을 도입한 원예치료

회상기법을 도입한 원예치료 프로그램은 구조화된 회상과 집단회상의 효과성을 바탕으로 전 생애 발달단계(아동기~노년기 및 미래계획)와 회상의 심화과정(신뢰감 형성~회상의 마무리)을 고려하여 1기와 2기 두 단계로 구성하여 각 기마다 전 생애 회상이 가능하도록 하였다. 깊이 있는 회상을 위해서는 라포 형성이 선행되어야 하며, 회상의 빈도가 높을수록 자아통합감 증진에 더욱 효과적이므로 다음과 같이 회기를 구성하였다(표 11). 회상을 도입한 원예치료 프로그램의 선정은, 각 시기별로 긍정적인 회상이 가능한 주제를 선정한 뒤, 주제와 관련된 회상 활동과 회상을 촉진할 수 있는 소재

표 11 회상기법을 이용한 원예치료적 적용

전 생애적 발달단계	회상의 주제	회상과 관련된 활동	회상을 위한 재료	원예치료 프로그램
아동기	▪ 고향 ▪ 놀이 ▪ 친구 ▪ 명절(축제) ▪ 학창시절 ▪ 부모	▪ 흙놀이 ▪ 소꿉놀이 ▪ 인형 만들기 ▪ 물장난 ▪ 명절에 관한 추억	강렬한 색을 가진 재료들(돌, 꽃, 나뭇잎), 물, 실, 인형, 면 소재 옷, 오배자, 코사지, 작은 토기, 숯 등)	종자 파종 다육식물 기르기 수경재배 잔디인형 만들기 압화액자 만들기 천연염색 코사지 만들기 토피어리 만들기 접시정원 수경재배 Ⅱ
청소년기 및 성인기	▪ 사랑과 결혼 ▪ 자녀 출산 및 양육 ▪ 자녀들의 결혼	▪ 옷입기(의상) ▪ 인기 있던 노래 부르기 ▪ 출산 및 양육 ▪ 장식하기 ▪ 뜨개질하기 ▪ 명절에 관한 기억	사진, 면 소재 옷, 오배자, 코사지, 면실, 실패, 작은 토기, 숯, 돌 등	종자 파종 압화액자 만들기 천연염색 코사지 만들기 천연염색을 통해 벽장식 만들기 접시정원
노년기 및 미래설계	▪ 생각나는 것들(재료 및 사건) ▪ 손주 양육 ▪ 건강에 대한 동기 ▪ 미래 가족계획	▪ 운동 ▪ 휴가 ▪ 손주 양육 ▪ 명절에 관한 기억	대나무 바구니, 숯, 사진, 싹채소 종자, 채소 종자 등	공동 꽃꽂이 바구니에 모아심기 숯부작 압화비누 만들기 싹채소 기르기 아로마 오일을 이용한 로션 만들기 수경재배 Ⅱ

파악을 통해 선정되었으며, 전체 회기구성과 각 프로그램별 회상주제 및 시기, 회기별 프로그램 구성, 그리고 프로그램의 예는 아래의 표 12, 13과 같다.[10)]

표 12 회상을 적용한 원예치료 프로그램 구성의 예

회기		원 예 치 료 프 로 그 램	회 상 주 제
1	1기	종자 파종	아동기, 청소년기 및 성인기
2		다육식물 키우기	아동기, 청소년기 및 성인기
3		수경재배 I	아동기, 청소년기 및 성인기
4		잔디인형 만들기	아동기
5		공동 꽃꽂이	노년기
6		바구니에 모아심기	노년기
7		숯부작	아동기, 청소년기 및 성인기
8		압화액자 만들기	전 생애
9		평가	노년기
10	2기	싹채소 키우기	노년기
11		천연염색	아동기, 청소년기 및 성인기
12		코사지 만들기	아동기, 청소년기 및 성인기
13		수경재배 II	아동기 및 노년기
14		압화 비누와 아로마 오일을 이용한 로션 만들기 I	노년기
15		천연염색을 이용한 벽장식 만들기	청소년기 및 성인기
16		토피어리 만들기	아동기
17		접시정원	전 생애
18		희망나무 만들기	노년기 및 미래 설계

10) Lee, E. S. 2005. Effect of HT Program based on Reminiscence on the Improvement of Self-Integration of the Aged. MS Diss., Konkuk Univ., Seoul.

표 13 회상을 도입한 원예치료 프로그램의 예(다육식물 키우기)

구분	시간	진행 순서	기대효과와 tip
목 표		1. (아동기, 청 · 장년기) 다양한 원색의 돌을 물에 씻고, 색상별로 용기에 담아 보는 과정을 통해 어린 시절의 기억 혹은 아이들에 관한 기억을 떠올리고 추억을 이야기 나눈다. 2. 다육식물의 특징과 관리법에 대해 배우고, 마사토와 색돌을 사용하여 다육식물 모듬 화분을 만들어본다.	
준비물		다육식물(십이지권, 수), 색돌, 투명한 유리용기, 대야, 물뿌리개, 라벨, 네임펜	
진행 순서			기대효과와 tip
도입 (25)	15 2 8	① 혈압을 측정한다. ② 이전 프로그램에 대한 피드백을 한다. ③ 색돌 나누기 및 색깔이 관련된 어린 시절의 기억을 이야기 나눈다.	▪ 흥미 유발 ▪ 색깔과 관련된 기억의 예: 만국기, 미술시간, 크레파스, 색동저고리 등
전개 (35)	5 2 5 3 2 5 5 3 5	④ 식물 나누기 및 이름 소개: 다육식물과 선인장의 공통점 및 차이점을 배운다. ⑤ 대야, 용기를 나눈다. ⑥ 대야에 물을 담아 색돌을 씻는다. ⑦ 각자 세 가지 색깔의 색돌을 나누어 갖는다. ⑧ 용기에 색돌을 한 층 담는다. ⑨ 마사토를 이용하여 다육식물 심는다. (뿌리 주위에만 마사토가 있도록 한다.) ⑩ 식물의 뿌리가 보이지 않을 때까지 색돌을 두 층 더 채운다. ⑪ 라벨에 식물명, 날짜, 이름을 써서 용기에 꽂아준다. ⑫ 다육식물 관리법에 대해 배운다.	▪ 원예지식 습득 ▪ 사회성 증진: 재료 나누기, 물 떠오기, 씻기 등 역할을 분담 ▪ 과제조직화 능력 강화 ▪ 지각기능 강화: 색돌을 이용한 작업에서 개인적인 일화에 대해 묻고 이야기를 들어줌 ▪ 책임감 강화 ▪ 관리요령 습득
정리 (25)	5 3 15 2	⑬ 오늘의 프로그램에 대한 소감을 나눔: 원예치료를 통한 기억, 감성 유발의 중요성을 안다. ⑭ 다육식물과 선인장의 차이점, 다육식물의 관리법에 대해 복습한다. ⑮ 매회 평가지 작성 및 혈압을 측정한다. ⑯ 다음 프로그램을 소개한다.	▪ 성취감 표현 ▪ 기억력 강화 ▪ 기대감 촉진
관련 지식			